高等学校水利学科教学指导委员会组织编审

高等学校水利学科专业规范核心课程教材·农业水利工程

城镇给排水

主　编　河北农业大学　韩会玲
副主编　武 汉 大 学　罗金耀
　　　　云南农业大学　李　靖
主　审　重 庆 大 学　何　强

中国水利水电出版社
www.waterpub.com.cn

内 容 提 要

本书着重介绍了城镇给水与排水系统的基本知识、基本理论，给水处理及污水处理的基本方法，处理构筑物。全书共分绪论，城镇给水系统，城镇取水构筑物及设备，给水管网设计，给水水质及处理，城镇排水系统，排水管渠及附属构筑物，城镇污水处理与利用8章。

本书内容精炼，系统性强，概念清楚，可作为水利类专业本科生必修或选修教材，也可供从事水利、建筑及城镇给排水工程的技术人员参考。

图书在版编目（CIP）数据

城镇给排水/韩会玲主编．—北京：中国水利水电出版社，2010.2（2022.1重印）
高等学校水利学科专业规范核心课程教材．农业水利工程
ISBN 978-7-5084-7243-0

Ⅰ．①城…　Ⅱ．①韩…　Ⅲ．①城镇-给排水系统-高等学校-教材　Ⅳ．①TU991

中国版本图书馆CIP数据核字（2010）第026984号

书　　名	高等学校水利学科专业规范核心课程教材·农业水利工程 **城镇给排水**
作　　者	主　编　河北农业大学　韩会玲 副主编　武汉大学　罗金耀　云南农业大学　李靖 主　审　重庆大学　何强
出版发行	中国水利水电出版社 （北京市海淀区玉渊潭南路1号D座　100038） 网址：www.waterpub.com.cn E-mail：sales@waterpub.com.cn 电话：（010）68367658（营销中心）
经　　售	北京科水图书销售中心（零售） 电话：（010）88383994、63202643、68545874 全国各地新华书店和相关出版物销售网点
排　　版	中国水利水电出版社微机排版中心
印　　刷	天津嘉恒印务有限公司
规　　格	175mm×245mm　16开本　20.25印张　468千字
版　　次	2010年2月第1版　2022年1月第4次印刷
印　　数	7001—9000册
定　　价	**54.00**元

高等学校水利学科专业规范核心课程教材

编审委员会

农业水利工程专业教材编审分委员会

总 前 言

随着我国水利事业与高等教育事业的快速发展以及教育教学改革的不断深入，水利高等教育也得到很大的发展与提高。与1999年相比，水利学科专业的办学点增加了将近一倍，每年的招生人数增加了将近两倍。通过专业目录调整与面向新世纪的教育教学改革，在水利学科专业的适应面有很大拓宽的同时，水利学科专业的建设也面临着新形势与新任务。

在教育部高教司的领导与组织下，从2003年到2005年，各学科教学指导委员会开展了本学科专业发展战略研究与制定专业规范的工作。在水利部人教司的支持下，水利学科教学指导委员会也组织课题组于2005年底完成了相关的研究工作，制定了水文与水资源工程、水利水电工程、港口航道与海岸工程以及农业水利工程四个专业规范。这些专业规范较好地总结与体现了近些年来水利学科专业教育教学改革的成果，并能较好地适用不同地区、不同类型高校举办水利学科专业的共性需求与个性特色。为了便于各水利学科专业点参照专业规范组织教学，经水利学科教学指导委员会与中国水利水电出版社共同策划，决定组织编写出版“高等学校水利学科专业规范核心课程教材”。

核心课程是指该课程所包括的专业教育知识单元和知识点，是本专业的每个学生都必须学习、掌握的，或在一组课程中必须选择几门课程学习、掌握的，因而，核心课程教材质量对于保证水利学科各专业的教学质量具有重要的意义。为此，我们不仅提出了坚持“质量第一”的原则，还通过专业教学组讨论、提出，专家咨询组审议、遴选，相关院、系认定等步骤，对核心课程教材选题及其主编、主审和教材编写大纲进行了严格把关。为了把本套教材组织好、编著好、出版好、使用好，我们还成立了高等学校水利学科专业规范核心课程教材编审委员会以及各专业教材编审分委员会，对教材编纂与使用的全过程进行组织、把关和监督。充分依靠各学科专家发挥咨询、评审、决策等作用。

本套教材第一批共规划52种，其中水文与水资源工程专业17种，水利水电工程专业17种，农业水利工程专业18种，计划在2009年年底之前全部出齐。尽管已有许多人为本套教材作出了许多努力，付出了许多心血，但是，由于专业规范还在修订完善之中，参照专业规范组织教学还需要通过实践不断总结提高，加之，在新形势下如何组织好教材建设还缺乏经验，因此，这套教材一定会有各种不足与缺点，恳请使用这套教材的师生提出宝贵意见。本套教材还将出版配套的立体化教材，以利于教、便于学，更希望师生们对此提出建议。

高等学校水利学科教学指导委员会

中国水利水电出版社

2008年4月

前　言

本书是根据2006年10月教育部高等学校水利学科教学指导委员会确定的本科专业核心课程教材的基本要求和作者们多年的教学实践编写的。

本书参照我国最新颁布的《城镇给水排水工程规范》、《室外给水设计规范》(GB 50013—2006)、《室外排水工程规范》(GB 50014—2006)及其他规范标准，从城镇给排水工程设计的实际出发，系统地介绍了城镇给水系统、城镇取水构筑物及设备、给水管网设计、给水水质及处理、排水系统、排水管渠及附属构筑物、城镇污水处理与利用等主要内容。本教材内容丰富，实用性强，力求反映当前城镇给排水工作中的最新成果和技术，可作为高等院校水利类专业的本科生教材，也可作为其他相近专业的教材和参考书，还可供城镇给排水设计人员参考使用。

本书的编写分工是：第1章由张志（内蒙古农业大学）编写，第2章由刘宏权（河北农业大学）编写，第3章由韩会玲（河北农业大学）编写，第4章由白丹（西安理工大学）编写，第5章由罗金耀（武汉大学）、董文楚（武汉大学）编写，第6章由绳莉丽、夏辉（河北农业大学）编写，第7章由李靖（云南农业大学）、杨蓉（云南农业大学）、张志（内蒙古农业大学）编写，第8章由刘东（东北农业大学）编写。全书由韩会玲教授任主编，罗金耀教授和李靖教授任副主编，重庆大学何强教授任主审。

限于编者的能力和水平，书中缺点与错误在所难免，敬请读者批评指正。

编　者

2009年10月

目　录

第1章 绪论

1.1 我国城镇供水行业的现状与发展趋势

1.1.1 城镇供水行业现状

1.1.1.1 供水能力大幅度增长，公共供水得到快速发展

近年来，国家和各地方都加大了包括城镇供水在内的基础设施的投资，促进了城镇供水设施建设，供水能力大幅提高。从新中国成立初期至2008年底，全国城市供水综合生产能力增加了115倍，用水人口增加了34倍。截至2008年底，全国城市供水综合生产能力2.8亿m^3/d，较2000年增长了28.4%；用水普及率95%，较2000年提高了31%；供水总量505亿m^3，用水人口3.55亿人。

从总体上看，城镇供水已经由主要依靠自备水源供水转变到主要依靠公共供水，由主要向生产运营提供用水服务转到主要向城镇生活用水提供服务，全国城镇供水设施能力基本可以满足城镇用水的需要。

1.1.1.2 供水行业技术有新的发展，缩短了与国际先进水平的差距

《城市供水行业2000年技术进步发展规划》实施以来，我国城镇供水行业积极引进吸收国外的先进技术和经验，采用国内较为成熟的科技成果，取得了明显成效。

（1）新建水厂在净化工艺构筑物上采用了国内外较先进和成熟的形式，选配了性能较好的机电设备和仪器仪表等。

（2）上百座老水厂经过技术改造，基本实现了技术升级。通过技术改造，有的提高了供水水质，有的增加了供水能力，有的降低了能耗和物耗，有的提高了生产自动化控制水平，有的则改善了综合技术性能。

（3）组建了“国家城市供水水质监测网”，组织开展了城市供水水质监测站的计量认证和国家实验室认可工作，促进了水质检测能力的建设，提高了企业供水水质检测技术水平，为加强行业供水水质监测和政府监督管理奠定了基础。

1.1.1.3 初步建立水质监管制度，供水水质有所提高

1999年建设部发布了《城市供水水质管理规定》（建设部令第67号），确立了企

业自检、行业监测和行政监督相结合的城市供水水质管理原则，实行了供水水质信息公报制度，以“两级网三级站”为核心的国家城市供水水质监测网络的技术支撑体系基本形成。建设部每月对国家站所在城市的供水水质基本情况公布一次。城市供水水质管理制度的实行，在一定程度上加强了政府对城市供水水质的监管，促进了城市供水水质的提高。

1.1.2　城镇供水行业面临的主要问题

1.1.2.1　水资源短缺，水环境污染形势加剧

我国水资源匮乏，人均占有量低、空间和地域上分布不均、年际和年内变化大。近几年来随着城市的发展，城市供水水源短缺的情况开始出现，并且有从地区性城市缺水向全国性城市缺水演变的趋势。在全国城市供水设施能力总体上基本解决的情况下，城市供水的主要矛盾是水源短缺。

水环境虽然局部好转，但总体上仍呈恶化趋势，水源污染形势严峻。2008年上半年环境监测结果显示，113个环保重点城市的243个地表水水源地中，达标水源地为159个，占65%；不达标的为84个，占35%。其中，涉及到16个省、自治区、直辖市的40个城市。从主要污染物来源上看，不同类型水源地有不同来源，如在不达标的饮用水源地中，湖库型水源地主要超标因子为总氮，主要污染物来源为生活面源、农业面源和土壤本底。河流型水源地主要超标因子为类大肠菌群、氨氮，主要污染物来源于流域污染、生活污染以及农业面源污染。

1.1.2.2　二次供水设施和管理落后，自备井供水缺乏水质安全保证

二次供水设施大部分采用混凝土水池，内壁粗糙，容易附着污垢，孳生青苔，部分钢板水箱也存在严重锈蚀现象；多数容积过大，滞留时间过长，水中余氯迅速消除；有的密闭性差、工艺和管材不合格，卫生防护较差；管理不善，技术落后，水箱、水池不能定期清洗消毒；二次供水设施落后和疏于管理，造成的二次污染普遍存在。

自备井供水大多存在设施落后、人员素质低和管理不到位的问题，有的甚至没有必要的消毒措施，运行管理人员缺乏基本的专业知识，水质管理失控。

1.1.2.3　供水设施建设不平衡、不协调，公共供水设施利用率低

近十几年来城镇供水设施投资不断增长，设施能力大幅度提高，但地区间不平衡，城市、县城及村镇间也有明显差异。例如2007年末，城市供水普及率为93.8%，县城供水普及率为81.2%，建制镇建成区供水普及率为76.6%，乡镇建成区供水普及率为59.1%。东部城镇供水普及率高于中西部地区。

部分城镇的供水管网建设不配套，同时自备井供水设施的发展也造成了对公共供水的冲击，使得公共供水设施利用率偏低。全国设市城市的公共供水设施生产能力闲置达20%以上，个别城市超过50%，有的甚至达80%。

1.1.2.4　供水管网漏损控制及安全运行问题需高度重视

一些城市20世纪70～90年代敷设的管道材质低劣、接口技术落后、施工质量差，城市管网易损、易裂、易爆，抗腐蚀和抗冲击能力弱，供水管网漏损问题比较突出，近十几年来总体呈上升趋势。据相关统计资料，我国城市供水管网平均漏损率在20%左右，有的城市甚至超过30%，这种状况不仅造成水资源的浪费，还增加了供

水成本，降低了用水效率。管网漏损率居高不下，造成水资源和能源的极大浪费。当前国家正大力提倡节能减排，城市供水企业如何运用技术和管理手段，有效控制管网漏损，提高供水效率，降低供水企业的给水成本，是目前需要高度重视并急需解决的问题。

管道腐蚀结垢，使水中铁、锰、色度、浊度、细菌等指标升高，造成管网的二次污染，影响供水水质。有关调查显示，城市供水流经管网到水龙头时水质的相关指标合格率下降约10%。有的城市对供水管网安全运行重视不够，近年来爆管事故率上升，这已经成为我国城市供水系统安全运行的主要问题之一。

1.1.2.5 技术水平总体上仍然较低，自动化和信息化技术的应用相对滞后

由于水源水质不断恶化，对某些特殊有机污染物还缺乏有效的去除技术和措施。传统的预氯化工艺，使得高浓度的氯与原水中较高浓度的有机污染物直接作用，生成的氯化消毒副产物浓度会更高。针对原水水质的污染状况和特点，强化常规处理工艺、预处理和深度处理技术、含藻水处理技术的研究和应用亟待加强。

国产设备故障率较高、寿命较短的问题依然存在，加快国产设备的技术升级，摆脱依赖进口设备的局面，仍然是我国城镇供水行业提高经济效益方面的重要课题。

采用自动控制方式加药和消毒较少，多数中小城市供水企业仍然采用人工方式，投加量控制不够准确，不能充分发挥药剂的效能，不利于降低制水成本和保证供水水质。

信息化技术方面，硬件设备安装的多，软件应用的少；简单的单项应用多，能支持管理的少；查表收费管理系统得到普遍应用，但其他系统的应用较少，特别是行业信息管理系统、决策支持系统仍是空白。

1.1.2.6 水质检测能力发展滞后，检测技术水平仍需加强

目前部分一类、二类供水企业配置了较为先进的水质检测仪器设备，但是仍有一些一类、二类供水企业尚不具备《城市供水行业2000年技术进步发展规划》要求的88项检测能力，按新颁布的《城市供水水质标准》（CJ/T 206—2005）的要求尚有不少差距；三类、四类供水企业中的绝大部分目前则不具备检测《生活饮用水卫生标准》（GB 5749—2006）中106项指标的能力。检测技术方法标准不完善，各城市检测技术发展不平衡，目前只有少数城市具备《城市供水水质标准》（CJ/T 206—2005）全部项目的检测能力，多数城市还不具备隐孢子虫和贾第鞭毛虫的检测技术。

1.1.3 城镇供水行业的发展趋势

1.1.3.1 设施建设由不均衡、不协调向均衡、协调发展

城市供水设施建设地区间不平衡，东部地区发展较快，中西部地区相对滞后；大中城市发展较快，小城市相对滞后。随着国家中部地区崛起、西部大开发战略的实施，中西部地区城市和小城市的供水基础设施建设将得到优先发展。

针对一些地方因管网建设不配套造成公共供水设施利用率低的问题，供水设施发展的重点将是管网的建设与改造。在不断完善现有供水管网的基础上，逐步实现厂网协调发展，进一步提高公共供水设施利用率和城市供水普及率。

1.1.3.2 设施的建设和运行管理主体由国有独资向多元化转变

根据国家的相关政策和规定，我国的城市市政公用事业市场已经开放。近年来，

在城市供水设施建设和经营方面吸引了大量外资和国内的其他社会资本，城市供水企业由原来的国有独资经营向投资主体多元化发展，特许经营制度正在逐步实施，我国城市供水行业正面临新的形势和挑战。针对行业发展中可能出现的各种情况，国家的有关政策措施将逐步到位，包括以科技进步带动和促进行业发展的方针政策，以及市场化改革进程中推进技术进步的相关措施。

1.1.3.3 贯彻科学发展观要求城市供水行业更加重视资源节约

推进资源节约工作，是全面落实科学发展观和建设节约型社会的要求，建立资源节约保障体系，节约资源、降低消耗，是城市供水行业发展中的一项重要任务：①提高城市供水行业的科学管理水平，把资源节约贯穿于城市供水设施规划、建设和管理的全过程；②改变粗放的生产管理方式，提高供水设施利用率、原水利用率和人力物力资源的使用效率；③切实加强供水管网改造和运行管理，降低供水管网漏损率，减少不必要的水资源浪费；④进一步发展和应用先进的科学技术，推广应用先进高效的节能、节水设备，运用高新技术和先进适用技术改造落后的供水工艺设备，提高资源节约的整体技术水平。

1.1.3.4 供水安全保障的综合能力将进一步提高

城市供水关系到国计民生和社会的稳定，美国“9.11”恐怖袭击事件以后，城市供水安全受到世界各国的普遍重视。当前我国城市供水安全方面还存在不少薄弱环节，今后城市安全供水保障体系的建设工作将得到加强，其主要体现在：为加强行业监测和行政监督、建立城市供水水质预警制度，城市供水水质监管法律法规和标准将逐步完善；为及时掌握城市供水水质动态，提高科学决策能力和应急能力，行业信息化管理水平将进一步提高；在加强二次供水和自备井供水管理的同时，城市公共供水将获得更大的发展空间；城市供水水源保护得到进一步加强，水源预警和供水应急预案制度广泛实行。

1.2 我国污水处理概况与发展规划

1.2.1 我国城市污水处理现状

我国是一个水资源严重缺乏的国家，水源不足已成为制约我国国民经济发展和人民生活水平提高的重要因素。在不少城市缺水的同时，城市污水的排放量却逐年递增，目前我国的城市污水量正以每年6.5%的速度增长，然而由于资金、能源等方面原因的制约，城市污水处理率很低，大部分污水未经任何处理直接排入水体，使我国城市的地下水和地表水受到严重污染。

我国在新中国成立初期只有几个过去由外国租界留下来的城市污水处理厂，主要集中在上海，日处理量不过几万立方米。新中国成立后，城市污水处理厂有了较大的发展，特别是近些年发展更为迅速。据统计，2003年全国污水处理量为4682万m^3，到2008年全国的污水处理量已翻了近一番，达到8295万m^3，截至2009年3月底，全国城镇共建成污水处理厂1590座，处理能力达9204万m^3/d。全国在建城镇污水处理项目1885个，设计能力约5517万m^3/d。总体看，城镇污水处理设施建设仍保持增长态势。但是，目前全国仍有约1/4的设市城市和近80%的县城未建成污水处理厂。中部地区和东北老工业基地相关省份的城镇污水处理设施建设任务仍十分艰巨。

数据显示，我国的城镇污水处理率已由 2005 年的 52%提高到了 2007 年的 63%，取得了显著的成效。但是，污水处理厂实际污水处理量和设计规模的巨大反差，污水处理成本投入远远高过收益，污水管网设施的不完善以及污水处理、流域治理和水污染防治所面临的诸多技术瓶颈等问题仍然制约着我国污水处理行业的平稳发展，阻碍了我国水环境的持续改善。如何快速并有效解决现阶段存在的问题，实现 2010 年全国城镇污水处理率不低于 70%的目标，成为了如今我国污水处理事业与环保事业的重中之重。

1.2.2 城市污水处理技术现状

污水处理技术从其机理上分两类：一是物化技术，二是生物技术。据统计，全国大部分城镇污水处理厂采用的处理工艺，仍然以活性污泥处理技术为主体，虽然其处理工艺不尽相同，但其基本原理是一样的。常用的处理工艺有普通活性污泥法、氧化沟法、间歇式活性污泥法（SBR 法）、AB 法等。长期以来，我国城市的污水处理技术都是沿袭了欧美国家近年来的路线和处理技术，在吸收、消化国外技术的同时形成了自己的处理模式，城市污水处理技术有了很大的发展。但是我国现阶段采用的污水处理技术与同期国外城市的技术水平相比依然还较为落后，始终存在着效率低、能耗高、维修率高、自动化程度低等缺点。另外，传统的处理技术较复杂，而我国目前操作人员的技术及管理水平较低，严重制约了已建城镇污水厂的正常运行，污水处理技术的发展趋势是简易、高效率、低能耗。当前国外主要以生物处理为核心单元进行治理，要求出水水质指标较高时，物化技术给以辅助。生物处理根据微生物呼吸方式不同，分为厌氧技术、缺氧技术和好氧技术。这三种技术中，好氧技术又是污水治理的核心。

城市污水处理工艺的选择应正确处理技术的先进性和成熟性的辩证关系。一方面应当重视工艺所具备的技术指标的先进性，另一方面必须充分考虑适合中国的国情和工程的性质。城市污水处理工程不同于一般点源治理项目，它作为城市基础设施工程，具有规模大、投资高的特点，且是百年大计，必须确保百分之百的成功。工艺的选择更应注重成熟性和可靠性，因此，我们强调技术的合理，而不简单提倡技术先进，必须把技术的风险降到最低。城市污水处理设施的建设，应采用成熟可靠的技术。根据污水处理设施的建设规模和对污染物排放控制的特殊要求，可积极稳妥地选用污水处理新技术。其宗旨是城镇污水处理设施的出水应达到国家或地方规定的水污染物排放控制的要求和标准。

城市污水处理是我国的新兴行业，专业人才相对缺乏。在工艺选择的过程中，必须充分考虑到我国现有的运行管理水平，尽可能做到设备简单，维护方便，适当地采用可靠、实际的自动化技术。应特别注重工艺本身对水质变化的适应性及处理出水的稳定性。

1.2.3 城市污水处理发展规划

国家环境保护“十一五”规划中指出，要加快城市污水处理与再生利用工程建设。到2010年，所有城市都要建设污水处理设施，城市污水处理率不低于70%，全国城市污水处理能力达到1亿m^3/d。污水处理厂的建设要坚持集中和分散相结合，因地制宜，优化布局，大力推进技术进步和推广先进适用技术。污水处理设施建设要厂网并举、管网优先，并与供水、用水、节水和污水再生利用统筹考虑。切实重视污水处理厂的污泥处置，实现污泥稳定化、无害化。加强污水处理厂的监管，所有污水处理厂全部安装在线监测装置，实现对污水处理厂运行和排放的实时监控。不断提高城镇污水收集的能力和污水处理设施的运行效率，保证污水处理厂投入运行后的实际处理负荷，在一年内不低于设计能力的60%，三年内不低于设计能力的75%，可见污水处理率存在着很大的提升空间。

1.3 给排水系统的规划设计原则和任务

给排水工程是现代城镇和工业企业不可缺少的一项重要设施，是城镇和工业企业基本建设的一个重要组成部分，同时也是控制水污染、改善和保护环境的重要措施。

给排水工程的设计对象是需要新建、改建或扩建给排水工程的城镇、工业企业和工业区，它的主要任务是规划设计给排水系统的一整套工程设施和构筑物，即给排水管道系统和水厂的规划与设计。

给排水工程的规划与设计是在区域规划以及城镇和工业企业的总体规划基础上进行的。因此，给排水系统规划与设计的有关基础资料，应以区域规划以及城镇和工业企业的规划与设计方案为依据。给排水系统的设计规模、设计期限，应根据区域规划以及城镇和工业企业规划方案的设计规模和设计期限而定。

给排水工程设计工作，可分为三个阶段（初步设计、技术设计和施工图设计）设计和两个阶段设计（初步设计或扩大初步设计和施工图设计）。大中型基建项目，一般采用两阶段设计，重大项目和特殊项目，根据需要，可增加技术设计阶段。

给排水工程的规划与设计，应遵循下列原则：

（1）给排水工程的规划应符合区域规划以及城镇和工业企业的总体规划，并应与城市和工业企业中其他单项工程建设密切配合，互相协调，如总体规划中的设计规模、设计期限、建筑界限、功能分区布局等是给排水工程规划设计的依据，又如城镇和工业企业的道路规划、地下设施规划、竖向规划、人防工程规划等单项工程规划对给排水工程的规划设计都有影响。要从全局观点出发，合理解决，构成有机的整体。

（2）排水工程的规划与设计，要与邻近区域内的污水和污泥的处理和处置协调。一个区域的污水系统，可能影响邻近区域，特别是影响下游区域的环境质量，故在确定规划区的处理水平的处置方案时，必须在较大区域范围内综合考虑。

根据排水规划，有几个区域同时或几乎同时修建时，应考虑合并起来处理和处置的可能性，即实现区域排水系统。因为它的经济效益可能更好，但施工期较长，实现较困难。

（3）排水工程规划与设计，应处理好污染源治理与集中处理的关系。城镇污水应以点源治理与集中处理相结合，以城镇集中处理为主的原则加以实施。

（4）城镇污水是宝贵的淡水资源，在规划中要考虑污水经再生后回用的方案。城镇污水回用于工业或市政用水是缺水城镇解决水资源短缺和水环境污染的可行之路。

(5) 给排水工程的设计应全面规划，按近期设计，考虑远期发展有扩建的可能。并应根据使用要求和技术经济的合理性等因素，对近期工程作出分期建设的安排。给排水工程的建设费用很大，分期建设可以更好地节省初期投资，并能更快地发挥工程建设的作用，分期建设时首先建设最急需的工程设施，使它能尽早地服务于最迫切需要的地区和建筑物。

(6) 对于城镇和工业企业原有的给排水工程在进行改建和扩建时，应从实际出发，充分利用和发挥其效能，有计划、有步骤地加以改造，使其逐步达到完善和合理化。

(7) 在规划与设计给排水工程时，必须认真贯彻执行国家和地方有关部门制定的现行有关标准、规范或规定。

第2章 城镇给水系统

2.1 给水系统组成和布置

2.1.1 城镇给水系统分类

给水系统是保证城镇、工矿企业等用水的各项构筑物和输配水管网组成的系统。城市给水系统常见分类标准主要有以下几种：

（1）按供水水源种类，可分为地面水给水系统（如江河湖泊、水库等）和地下水给水系统（地下水、泉水等）。

（2）按供水的方式，可分为重力自流供水系统、水泵压力供水系统和混合供水系统。

（3）按使用目的，可分为生活用水给水系统、生产用水给水系统和消防用水给水系统。

（4）按服务对象可分为城市给水系统、工业给水系统。

2.1.2 城镇给水系统组成

通过给水系统，从水源取水，按照用水对象对水质的要求对水进行处理，然后将处理后的水输送到给水区，并通过配水管网向用户配水。给水系统由相互联系的一系列构筑物和输水配水管网组成，主要包括以下几部分：

（1）取水构筑物。用于从地面水源或地下水源取水的建筑物。

（2）水处理构筑物。是将取水构筑物取得的原水进行处理，使水质符合用水对象的要求。这部分构筑物通常集中布置在水厂范围内。

（3）泵站。用来将用水对象所需水量提升到其所要求的高度，可以分为抽取原水的一级泵站、输送清水的二级泵站和管网中的增压泵站。

（4）输水管渠和管网。输水管渠是将未经处理的原水送到水厂的管渠；管网是将处理后的水送到各个给水区的全部管道。

（5）调节构筑物。主要是指用于储存和调节水量的各种类型的储水构筑物（高地水池、水塔、清水池等）。其中，高地水池和水塔还兼有保证水压的作用，通常布置在较高地区，根据地形特点，可构成网前水塔、网中水塔和对置水塔的给水系统。

以上各组成中，泵站、输水管渠管网和调节构筑物又总称为输配水系统，它是给水系统整体中投资最大的子系统，通常会占到总投资的70%以上。

地下水源给水系统如图2-1所示。

地面水源给水系统如图2-2所示。

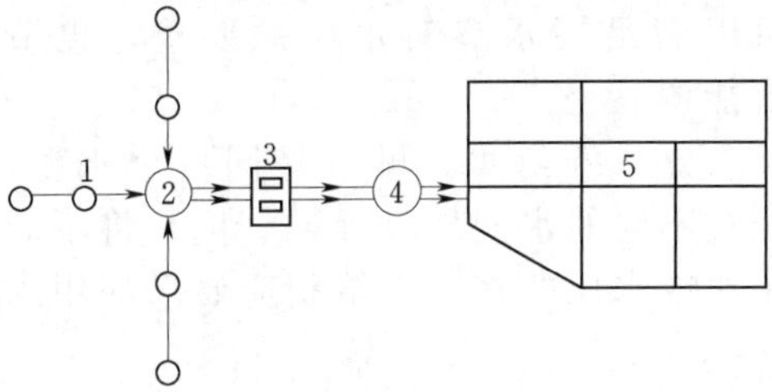

图2-1　地下水源给水系统示意图

1—取水井群；2—集水池；3—泵站；4—水塔；5—给水管网

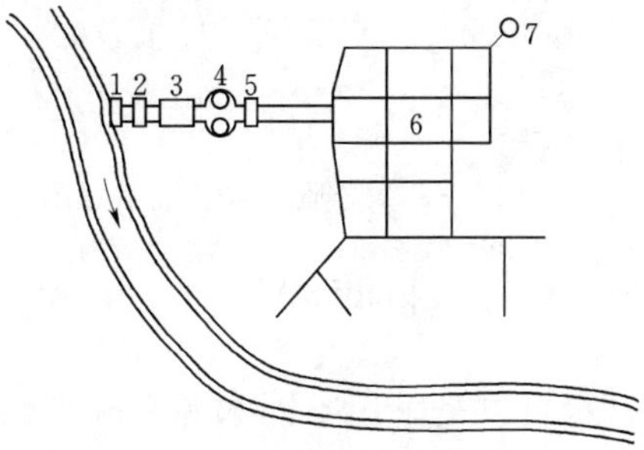

图2-2　地面水源给水系统示意图

1—取水构筑物；2—一级泵站；3—水处理构筑物；4—清水池；5—二级泵站；6—给水管网；7—调节构筑物

图2-2表示以地表水（如江河、湖泊、水库等）为水源的给水系统：取水构筑物从江河取水，经过一级泵站送往水处理构筑物，处理过后的清水储存在清水池中。二级泵站从清水池中取水，经给水管网供给各用水户。有时，为了调节水量、水压，可根据具体情况建造高地水池或水塔。通常，从取水构筑物到二级泵站都属于自来水厂的范围。

给水管网遍布整个给水区范围内，根据管道的作用，可分为干管和分配管。干管主要用来输水，管径较大；而分配管主要是将水送到各用户，管径较小。

以地下水（如浅层地下水、深层地下水、泉水）作为给水水源，通常需要通过水井来取水，如地下水的水质良好，基本符合用水标准，可以省去水处理构筑物，使得给水系统大大简化，如图2-1所示。

2.1.3　城镇给水系统布置形式

根据供水水源情况、城市地形、用水对象的用水要求以及城市的发展规划等具体情况，给水系统可以采用不同布置形式。主要的布置形式有以下两种。

1. 统一给水系统

按照生活饮用水标准，由同一供水系统来供应生活、生产和消防等各种用水，图2-1和图2-2所示都属于统一给水系统。目前我国绝大部分城市采用的都是统一给水系统。这种系统构造简单，投资较小，但是后期运行的成本较高。

2. 分系统给水系统

分系统给水系统主要包括分质给水系统和分压给水系统。

在城市供水中，工业用水量所占比重一般都很大，对于一些用水量大、水质要求较低或较特殊的工业用水对象，可以单独设置管网来供水，属于分质给水系统。

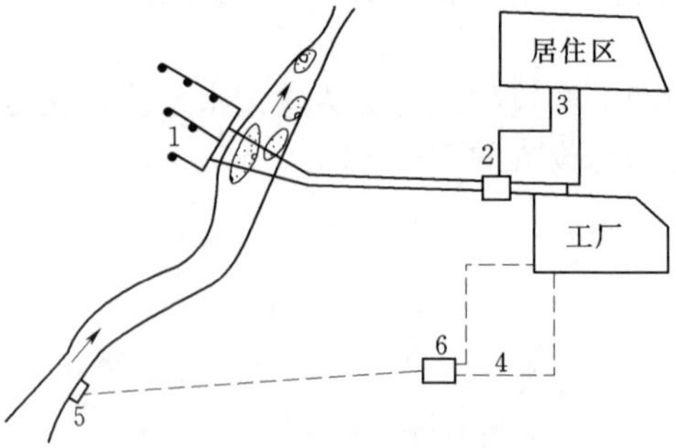

图2-3　分质给水系统示意图

1—取水井群；2—泵站；3—生活给水管网；4—生产给水管网；5—取水构筑物；6—工业用水处理构筑物

分质给水系统如图2-3所示。

因为给水区要求的水压力不同而分系统给水，比如高层较集中的区域，生活供水可单独设置一个高压管网供水系统。

分压给水系统如图2-4所示。

对于同一泵站内的不同水泵分别供水到高压管网和低压管网，这样既可以满足用水户对水压的要求，也节省能源。

分系统给水，可以是同一个水源，经过不同的水处理过程或管网，将不同水质或水压的水输送给相应要求的用水户；也可以是采用不同水源来分别供水。

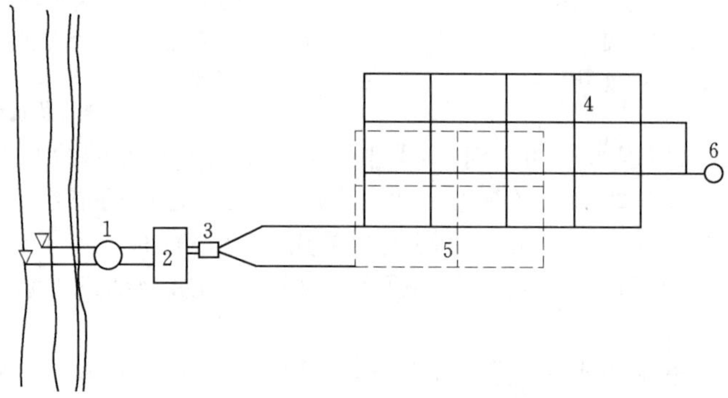

图2-4　分压给水系统示意图

1—取水构筑物；2—水处理构筑物；3—泵站；4—高压给水管网；5—低压给水管网；6—水塔

2.1.4　城镇给水系统布置原则

城镇给水系统布置一般应该符合以下原则：

(1) 城镇给水系统布置要能够保证提供规划期限内城镇所需的水量，并符合对水质、水压的要求。

(2) 城镇给水系统布置应该按近期设计，考虑远期发展，并尽可能利用原有相关设施。

(3) 城镇给水系统布置形式（统一、分压或分质）的选择应根据水源、地形和用水户的要求以及城镇的原有给水工程情况等条件综合考虑，必要时可以通过对不同方案进行技术经济分析加以确定。

(4) 输水管道工程在给水系统中所占投资较大，应做多方案经济比较。

(5) 城镇给水系统布置应该符合城镇的总体规划和相关的规范规定。

2.2　城镇给水系统的水质、水量和水压

给水工程是生产、生活的重要基础设施，它必须保证足够的水量、合格的水质、充裕的水压来满足各个用水户的用水需求。

2.2.1　水质标准

水质标准是用水对象（主要是生活用水和工业生产用水等）所要求的各项水质参数应该达到的指标和限值。不同用水对象，要求的水质标准不同，而随着社会的发展，水质标准也会发生变化，如 2006 年国家对《生活饮用水卫生标准》（GB 5749—85）进行了修改补充。

2.2.1.1　生活饮用水水质标准

生活饮用水水质直接关系着人们的身体健康，水质应无色、无味、无臭、不浑浊、没有有害物质，特别是不含传染病菌，必须符合我国《生活饮用水卫生标准》（GB 5749—2006）的规定。

由于水污染日益严重和水质检测技术的发展，生活用水的水质标准在不断地修改、补充和提高。2006 年卫生部、标准化委员会发布《生活饮用水卫生标准》（GB 5749—2006）对原标准《生活饮用水卫生标准》（GB 5749—85）做了修改。新标准中的饮用水水质指标由原标准的 35 项增至 106 项，增加了 71 项。其中，微生物指标由 2 项增至 6 项；饮用水消毒剂指标由 1 项增至 4 项；毒理指标中无机化合物由 10 项增至 21 项；毒理指标中有机化合物由 5 项增至 53 项；感官性状和一般理化指标由 15 项增至 20 项；放射性指标仍为 2 项。由于我国地域广阔，各地具体情况不同，新标准中的水质实施日期将由各省级人民政府根据当地实际情况确定，全部指标最迟于 2012 年 7 月 1 日实施。生活饮用水水质标准见表 2-1。农村小型集中式供水和分散式供水部分水质指标及限值见表 2-2。

表 2-1　　生活饮用水卫生标准（GB 5749—2006）

指　　标	限值
1. 微生物指标①②	
总大肠菌群（MPN/100mL 或 CFU/100mL）	不得检出
耐热大肠菌群（MPN/100mL 或 CFU/100mL）	不得检出
大肠埃希氏菌（MPN/100mL 或 CFU/100mL）	不得检出
菌落总数（CFU/mL）	100
2. 毒理指标	
砷（mg/L）	0.01
镉（mg/L）	0.005
铬（六价，mg/L）	0.05
铅（mg/L）	0.01
汞（mg/L）	0.001
硒（mg/L）	0.01
氰化物（mg/L）	0.05
氟化物（mg/L）	1
硝酸盐（以 N 计，mg/L）	10；地下水源限制时为 20
三氯甲烷（mg/L）	0.06
四氯化碳（mg/L）	0.002
溴酸盐（使用臭氧时，mg/L）	0.01
甲醛（使用臭氧时，mg/L）	0.9
亚氯酸盐（使用二氧化氯消毒时，mg/L）	0.7
氯酸盐（使用复合二氧化氯消毒时，mg/L）	0.7

续表

指标	限值	指标	限值
3. 感官性状和一般化学指标		锌 (mg/L)	1
色度 (铂钴色度单位)	15	氯化物 (mg/L)	250
浑浊度 (NTU-散射浊度单位)	1; 水源与净水技术条件限制时为3	硫酸盐 (mg/L)	250
		溶解性总固体 (mg/L)	1000
		总硬度 (以 $CaCO_3$ 计, mg/L)	450
臭和味	无异臭、异味	耗氧量 (COD_{Mn}法, 以 O_2 计, mg/L)	3; 水源限制, 原水耗氧量>6mg/L时为5
肉眼可见物	无		
pH 值 (pH 单位)	不小于6.5且不大于8.5	挥发酚类 (以苯酚计, mg/L)	0.002
铝 (mg/L)	0.2	阴离子合成洗涤剂 (mg/L)	0.3
铁 (mg/L)	0.3	4. 放射性指标②	指导值
锰 (mg/L)	0.1	总 α 放射性 (Bq/L)	0.5
铜 (mg/L)	1	总 β 放射性 (Bq/L)	1

① MPN 表示最可能数; CFU 表示菌落形成单位。当水样检出总大肠菌群时, 应进一步检验大肠埃希氏菌或耐热大肠菌群; 水样未检出总大肠菌群, 不必检验大肠埃希氏菌或耐热大肠菌群。

② 放射性指标超过指导值, 应进行核素分析和评价, 判定能否饮用。

表 2-2 农村小型集中式供水和分散式供水部分水质指标及限值 (GB 5749—2006)

指标	限值	指标	限值
1. 微生物指标		pH 值 (pH 单位)	不小于 6.5 且不大于 9.5
菌落总数 (CFU/mL)	500		
2. 毒理指标		溶解性总固体 (mg/L)	1500
砷 (mg/L)	0.05	总硬度(以 $CaCO_3$ 计, mg/L)	550
氟化物 (mg/L)	1.2	耗氧量 (COD_{Mn} 法, 以 O_2 计, mg/L)	5
硝酸盐 (以 N 计, mg/L)	20		
3. 感官性状和一般化学指标		铁 (mg/L)	0.5
色度 (铂钴色度单位)	20	锰 (mg/L)	0.3
浑浊度 (NTU-散射浊度单位)	3; 条件限制时为 5	氯化物 (mg/L)	300
		硫酸盐 (mg/L)	300

2.2.1.2 工业生产用水水质标准

不同的工业企业对水质的要求不同, 即使是同一企业, 不同的生产过程对水质的要求也不相同。如发电企业中的锅炉用水和冷却用水的水质要求就不一样, 因此, 在确定工业生产用水水质标准时, 应进行调查研究, 按生产实际情况来确定。

对于食品、酿造企业的原料用水, 水质要求高于生活饮用水的标准; 而纺织、造纸企业用水要求水质清澈, 铁、锰含量低, 硬度小; 电子、医药企业普遍要求使用纯水或高纯水；而电力、化工和钢铁等企业中需要的冷却水，首要要求是水温低。

总之，工业用水的水质要求应该由相关工业部门结合自身生产的实际情况来制订。

2.2.2 用水量标准

城镇管网的设计年限，应符合城镇总体规划，远近期相结合，以近期为主。一般近期宜采用5～10年，远期规划宜采用10～20年。给水系统设计时，首先要确定该系统在设计年限内达到的用水量，从而确定给水系统中取水构筑物、水处理构筑物、泵站和管网等设施的规模。

2.2.2.1 用水定额

城镇水厂设计规模，应按管网最高日用水量（最高日用水量是在设计规定的年限内，用水最多的一天所用的水量）时综合生活用水（包括居民生活用水和公共建筑用水）、工业企业用水、浇洒道路和绿地用水、管网漏损水量和未预见水量确定。

1. *居民生活用水定额*

居民生活用水定额是指一个居民平均每日的生活用水量，常用单位是［L/（人·d)］。居民生活用水定额和居住条件、给排水设施的完备程度、生活水平、区域水资源情况、生活习惯等都有一定关系。影响生活用水定额的因素很多，设计确定时可以参考《室外给水设计规范》（GB 50013—2006）的规定。居民生活用水定额见表2-3，综合生活用水定额见表2-4。

表2-3　居民生活用水定额表　单位：［L/人·d］

城市规模	特大城市		大城市		中、小城市	
用水情况分区	最高日	平均日	最高日	平均日	最高日	平均日
一	180～270	140～210	160～250	120～190	140～230	100～170
二	140～200	110～160	120～180	90～140	100～160	70～120
三	140～180	110～150	120～160	90～130	100～140	70～110

表2-4　综合生活用水定额表　单位：［L/人·d］

城市规模	特大城市		大城市		中、小城市	
用水情况分区	最高日	平均日	最高日	平均日	最高日	平均日
一	260～410	210～340	240～390	190～310	220～370	170～280
二	190～280	150～240	170～260	130～210	150～240	110～180
三	170～270	140～230	150～250	120～200	130～230	100～170

注 1. 摘自《室外给水设计规范》（GB 50013—2006）。
2. 居民生活用水指城市居民日常生活用水。
3. 综合生活用水指城市居民日常生活用水和公共建筑用水。但不包括浇洒道路、绿地和其他市政用水。
4. 特大城市指市区和近郊区非农业人口100万及以上的城市；大城市指市区和近郊区非农业人口50万及以上，不满100万的城市；中、小城市指市区和近郊区非农业人口不满50万的城市。
5. 一区包括：贵州、四川、湖北、湖南、江西、浙江、福建、广东、广西、海南、上海、云南、江苏、安徽、重庆；二区包括：黑龙江、吉林、辽宁、北京、天津、河北、山西、河南、山东、宁夏、陕西、内蒙古河套以东和甘肃黄河以东的地区；三区包括：新疆、青海、西藏、内蒙古河套以西和甘肃黄河以西的地区。
6. 经济开发区和特区城市，根据用水实际情况，用水定额可酌情增加。
7. 当采用海水或污水再生水等作为冲厕用水时，用水定额相应减少。

2. 工业企业生产用水定额

根据城镇的性质、经济结构和发展要求可以对工业企业生产用水量进行估算。企业生产用水主要包括工业企业生产用水水量定额和工业企业职工生活用水量和淋浴用水量的定额。

由万元产值用水量、工业总产值、用水重复率计算确定工业企业生产用水量。工业企业生产用水定额应该根据生产工艺过程的要求确定。用水定额主要使用万元产值用水量、生产单位产品用水量或每台设备每天用水量等来表示。一般生产用水量由企业的工艺部门提供。在缺乏资料时，可以参考同类企业用水量定额。

由职工人数、用水定额、淋浴人数、淋浴用水量可以计算确定企业职工生活用水量和淋浴用水量。工业企业职工生活用水定额是指每个职工每班的生活用水量和淋浴用水量。企业职工生活用水量根据企业的性质决定，一般可采用 25～35L/（人·班）；工业企业内工作人员的淋浴用水量，应根据车间卫生特征确定，一般可采用40～60L/（人·班），其延续时间为下班后 1 小时。工业企业建筑淋浴用水定额见表 2-5。

表 2-5 工业企业建筑淋浴用水定额

<table>
<tr><th colspan="3">车间卫生特征</th><th rowspan="2">每人每班淋浴用水定额（L）</th></tr>
<tr><th>有毒物质</th><th>生产性粉尘</th><th>其他</th></tr>
<tr><td>极易经皮肤吸收引起中毒的剧毒物质（如有机磷、三硝基甲苯、四乙基铅等）</td><td></td><td>处理传染性材料、动物原料（如皮毛等）</td><td rowspan="2">60</td></tr>
<tr><td>易经皮肤吸收或有恶臭的物质，或高毒物质（如丙烯腈、吡啶、苯酚等）</td><td>严重污染全身或对皮肤有刺激的粉尘（如炭黑、玻璃棉等）</td><td>高温作业、井下作业</td></tr>
<tr><td>其他毒物</td><td>一般粉尘（如棉尘）</td><td>重作业</td><td rowspan="2">40</td></tr>
<tr><td colspan="3">不接触有毒物质及粉尘，不污染或轻度污染身体（如仪表、金属冷加工、机械加工等）</td></tr>
</table>

3. 公共建筑用水量定额

估算居民生活用水量时若采用综合用水定额，则公共建筑用水量包括在居民生活用水量之中，不必再进行估算；如果采用居民生活用水定额来估算生活用水量，则公共建筑用水量可以按生活用水量、工业用水量总和的百分数来估算，一般可以取 5%～15%。也可参考表 2-6 确定。

4. 消防用水定额

消防用水只有在出现火灾时使用，历时短暂，但从数量上看，它在城市用水中占一定的比例。消防用水量、水压和火灾延续时间等应按现行的《建筑设计防火规范》（GB 50016—2006）及《高层民用建筑设计防火规范》（GB 50045—95）等规范执行。

城镇或居住区的消防用水量，可按照同时发生火灾的次数和一次灭火的用水量确定，见表 2-7。

表 2-6 公共建筑用水定额

序号	建筑物名称	单位	最高日生活用水定额（L）	使用时数（h）	小时变化系数 K_h
1	单身职工宿舍、学生宿舍、招待所、培训中心、普通旅馆				
	设公用盥洗室	每人每日	50～100		
	设公用盥洗室、淋浴室	每人每日	80～130		
	设公用盥洗室、淋浴室、洗衣室	每人每日	100～150	24	3.0～2.5
	设单身卫生间、公用洗衣室	每人每日	120～200		
2	宾馆客房				
	旅客	每床位每日	250～400		
	员工	每人每日	80～100	24	2.5～2.0
3	医院住院部				
	设公用盥洗室	每床位每日	100～200	24	2.5～2.0
	设公用盥洗室、淋浴室	每床位每日	150～250	24	2.5～2.0
	设单独卫生间	每床位每日	250～400	24	2.5～2.0
	医务人员	每人每班	150～200	8	2.0～1.5
	门诊部、诊疗所	每病人每次	10～15	8～12	1.5～1.2
	疗养院、休养所住房部	每床位每日	200～300	24	2.0～1.5
4	养老院、托老院				
	全托	每人每日	100～150	24	2.5～2.0
	日托	每人每日	50～80	10	2.0
5	幼儿园、托儿所				
	有住宿	每儿童每次	50～100	24	3.0～2.5
	无住宿	每儿童每次	30～50	10	2.0
6	公共浴室				
	淋浴	每顾客每次	100	12	
	浴盆、淋浴	每顾客每次	120～150	12	2.0～1.5
	桑拿浴（淋浴、按摩池）	每顾客每次	150～200	12	
7	理发室、美容院	每顾客每次	40～100	12	2.0～1.5
8	洗衣房	每 1kg 干衣	40～80	8	1.5～1.2
9	餐饮业				
	中餐酒楼	每顾客每次	40～60	10～12	1.5～1.2
	快餐店、职工及学生食堂	每顾客每次	20～25	12～16	1.5～1.2
	酒吧、咖啡馆、茶座、卡拉 OK 房	每顾客每次	5～15	8～18	1.5～1.2
10	商场				
	员工及顾客	每 $1m^2$ 营业厅面积每日	5～8	12	1.5～1.2
11	办公楼	每人每班	30～50	8～10	1.5～1.2

续表

序号	建筑物名称	单位	最高日生活用水定额（L）	使用时数（h）	小时变化系数 K_h
12	教学、实验楼 中小学校 高等院校	 每学生每日 每学生每日	 20～40 40～50	 8～9 8～9	 1.5～1.2 1.5～1.2
13	电影院、剧院	每观众每场	3～5	8～12	1.5～1.2
14	健身中心	每人每次	30～50	8～12	1.5～1.2
15	体育场（馆） 运动员淋浴 观众	 每人每次 每人每场	 30～40 3	 — 4	 3.0～2.0 1.2
16	会议厅	每座位每次	6～8	4	1.5～1.2
17	客运站旅客、展览中心观众	每人次	3～6	8～16	1.5～1.2
18	菜市场地面冲洗及保鲜用水	每 $1m^2$ 每日	10～20	8～10	2.5～2.0
19	停车库地面冲洗水	每 $1m^2$ 每次	2～3	6～8	1.0

注 1. 摘自《建筑给水排水设计规范》(GB 50015—2003)。
2. 除养老院、托儿所、幼儿园的用水定额中含食堂用水，其他均不含食堂用水。
3. 除注明外，均不含员工生活用水，员工用水定额为每人每班40～60L。
4. 医务建筑用水中已含医疗用水。
5. 空调用应另计。

表2-7 城镇、居住区室外消防用水量

人数（万）	同一时间内的火灾次数（次）	一次灭火用水量（L/s）	人数（万）	同一时间内的火灾次数（次）	一次灭火用水量（L/s）
≤1.0	1	10	≤40.0	2	65
≤2.5	1	15	≤50.0	3	75
≤5.0	2	25	≤60.0	3	85
≤10.0	2	35	≤70.0	3	90
≤20.0	2	45	≤80.0	3	95
≤30.0	2	55	≤100	3	100

注 1. 摘自《建筑设计防火规范》(GB 50016—2006)。
2. 城镇的室外消防用水量包括居住区、工厂、仓库（含堆场、储罐）和民用建筑的室外消火栓用水量。当工厂、仓库和民用建筑的室外消火栓用水量按建筑物的室外消火栓用水量计算，其值不一致时，取大值。

工厂、仓库和民用建筑的室外消防用水量可按同时发生火灾的次数和一次灭火的用水量确定，见表2-8和表2-9。

表 2-8　工厂、仓库和民用建筑同时发生火灾次数

名称	基地面积（万 m²）	附近居住区人数（万人）	同时发生火灾次数	备　注
工厂	≤100	≤1.5	1	按需水量最大的一座建筑物（或堆场、储罐）计算
		>1.5	2	工厂、居住区各一次
工厂	>100	不限	2	按需水量最大的两座建筑物（或堆场、储罐）计算
仓库、民用建筑	不限	不限	1	按需水量最大的一座建筑物（或堆场）计算

注　1. 摘自《建筑设计防火规范》（GB 50016—2006）。
　　2. 采矿、选矿等工业企业如各分散基地有单位的消防给水系统时，可分别计算。

表 2-9　建筑物的室外消火栓用水量

耐火等级	建筑物名称和火灾危险性		建筑物体积（m³）					
			≤1500	1501～3000	3001～5000	5001～20000	20001～50000	>50000
			一次灭火用水量（L/s）					
一级、二级	厂房	甲、乙	10	15	20	25	30	35
		丙	10	15	20	25	30	40
		丁、戊	10	10	10	15	15	20
	库房	甲、乙	15	15	25	25	—	—
		丙	15	15	25	25	35	45
		丁、戊	10	10	10	15	15	20
	民用建筑		10	15	15	20	25	30
三级	厂房或库房	乙、丙	15	20	30	40	45	—
		丁、戊	10	10	15	20	25	
	民用建筑		10	15	20	25	30	—
四级	丁、戊类厂房或库房		10	15	20	25	—	—
	民用建筑		10	15	20	25	—	—

注　1. 摘自《建筑设计防火规范》（GB 50016—2006）。
　　2. 消防用水量应按消防需水量最大的一座建筑物或防火墙间最大的一段计算。
　　3. 耐火等级和生产厂房的火灾危险性，详见《建筑设计防火规范》（GB 50016—2006）。

最高日用水量一般不包括消防用水量，消防用水量用于确定清水池的容积和输配水管网的校核。

5. 市政用水定额

街道洒水、绿地浇水等市政用水量随着城市建设的发展会不断增加。规划设计时，可以根据路面种类、城市绿化情况和气候土壤状况等实际情况和相关部门规定进行计算。一般浇洒道路用水可按浇洒面积以 2.0～3.0L/（m²·d）计算；浇洒绿化用水可按浇洒面积以 1.0～3.0L/（m²·d）计算。市政用水量可以由规划道路面积、浇洒道路用水量、道路浇洒次数、规划绿地面积、绿化用水量计算确定，也可以采用生活用水量、工业用水量总和的百分数来估算，一般可以取3%～5%。

6. 管网漏损水量和未预见水量

城镇配水管网的漏损水量一般可按生活用水量、工业用水量、市政用水量和公共建筑用水量总和的10%～12%计算，当单位管长供水量小或供水压力高时可适当增加。

未预见水量应根据水量预测中考虑难以预见因素的程度确定，一般可按生活用水量、工业用水量、市政用水量和公共建筑用水量总和的8%～12%计算。

根据对以上各项用水量的估算，可确定城镇供水的规模即城市的最高日设计用水量。

2.2.2.2 用水量变化

无论生活用水还是生产用水，用水量都在经常发生变化。生活用水量的变化主要是受气候和生活习惯的影响，如夏季的生活用水高于冬季；而一天之内又以早晨起床后和三餐前后的用水量最多。而生产用水比如冷却水，同样是夏季多于冬季，当然有些生产用水量随时间变化不大。

用水定额是需水的平均数值，在给水系统设计中，必须考虑需水量随时间的变化情况。规划设计年限内，用水最高的一日的水量称为最高日用水量，最高日用水量是确定给水系统中各项构筑物规模的重要参数。在一年中，最高日用水量与平均日用水量的比值，称为日变化系数K_d，其数值约为1.1～2.0，主要取决于给水区的位置、气候、生活习惯及其给排水设施情况。一天之内每个小时的水量也是不同的，在最高日用水量内，最高一个小时的用水量称为最高日最高时用水量，最高日最高时用水量和平均时用水量的比值称为时变化系数K_h，其数值约为1.3～2.5，主要取决于给水城镇的规模，一般城镇规模越大，时变化系数越小。

设计给水系统，除了要知道最高日用水量和最高日最高时用水量外，还应该知道在最高日用水量的变化情况。可以建立以用水最高日的时间为横坐标，以每小时用水量占最高日用水量的百分数为纵坐标的坐标系，绘制最高日用水量变化曲线，如图2-5所示。

图2-5中每小时用水量按最高日用水量的百分数计，Q_i%是第i小时的用水量占最高日用水量的百分比。如图2-5所示：该地区用水高峰主要集中在8～10时和16～19时两个时间段；最高时用水量为9时，占最高日用水量的6%，平均时用水量为（100/24）%=4.17%，用水时变化系数K_h为1.44。

2.2.2.3 用水量计算

城镇用水量计算，包括设计年限内给水系统所要提供的全部用水：生活用水、工业生产用水、消防用水、市政用水、未预见水量和管网损失水量，但是不包括企业自备井所需要的水量。

1. 最高日用水量

主要包括以下几方面用水量计算：

（1）城镇最高日生活用水量Q_1。城镇最高日生活用水量的计算公式为

$$Q_1 = q_1 n r \tag{2-1}$$

式中：q_1为最高日生活用水定额，L/（人·d），可参见表2-2；n为设计年限内人口

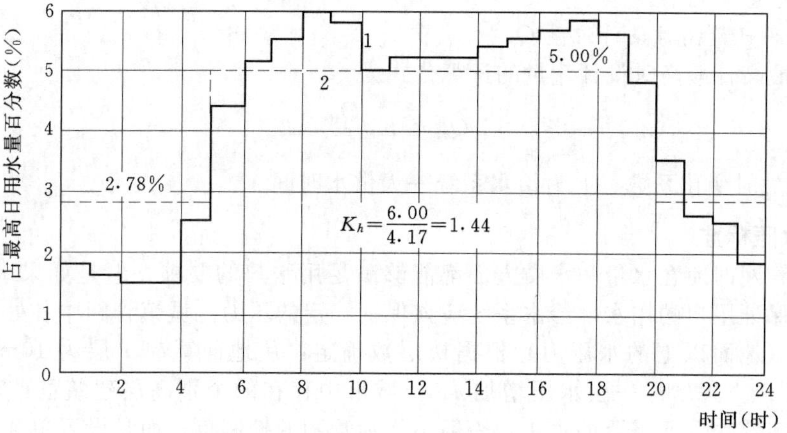

图 2-5　最高日城市用水量变化曲线示意图

1—用水量变化曲线；2—二级泵站设计供水线

数量；r 为自来水普及率。

设计年限内的人口数量不等于实际用水人口数量，所以要考虑自来水普及率，求出实际用水人口数量。

(2) 工业生产用水及职工生活和淋浴用水 Q_2。工业生产用水及职工生活和淋浴用水量的计算公式为

$$Q_2 = Q' + (q_2 + q_3)n'm \tag{2-2}$$

式中：Q'为工业企业生产用水量，由生产工艺要求确定；q_2为工业企业职工生活用水定额；q_3为工业企业职工淋浴用水定额，可参见表 2-6；n'为工业企业每班人数；m 为工业企业每天班制。

(3) 公共建筑用水量 Q_3。公共建筑用水量的计算公式为

$$Q_3 = \sum p_i n_i \tag{2-3}$$

式中：p_i为各建筑物最高日用水定额，可参见表 2-5；n_i为各建筑物用水单位数量，人、床等。

(4) 市政用水量 Q_4。市政用水量的计算公式为

$$Q_4 = nad \tag{2-4}$$

式中：n 为每天洒水或浇水次数；d 为道路洒水或绿地浇水定额；a 为道路洒水面积或绿地面积。

(5) 未预见水量和损失水量 Q_5。未预见水量和损失水量的计算公式为

$$Q_5 = k_1(Q_1 + Q_3 + Q_4) + k_2 Q_2 \tag{2-5}$$

式中：k_1为系数，通常取值为 0.15～0.25，对于管道漏水严重或远距离输水的应该通过实际调查确定系数；k_2为系数，是工业未预见水量，根据工业发展情况确定。

2. 最高日设计用水量 Q_d

城镇最高日设计用水量的计算公式为

$$Q_d = (k_1 + 1)(Q_1 + Q_3 + Q_4) + (1 + k_2)Q_2 \tag{2-6}$$

式中各符号意义同前。

3. 最高日最高时设计流量 Q_h

城镇最高日最高时设计流量的计算公式为

$$Q_h = K_h \frac{Q_d}{T} \qquad (2-7)$$

式中：K_h为时变化系数；T为给水系统一天供水时间。

2.2.3　水压标准

给水管网即使在水量和水质方面都能够满足用水户的要求，但是如果水压不足，还是不能保证用户的用水，给水系统应该保证一定的压力。城镇管网中各处控制点的服务水头（地面以上的水压力）根据楼层数确定：从地面算起1层为10m，2层为12m，2层以上每增加一层水压增加4m。城市中存在的个别高层建筑群或建在城市高地上的建筑物等所需要的水头，一般不作为管网的控制点，而是设置单独的局部加压装置。

2.3　城镇给水系统流量、水量和压力关系

2.3.1　系统流量关系

给水系统各个组成部分之间有着密切的相互联系，这一部分将从给水系统整体来分析其各项构筑物、设备和管道的设计流量。

给水系统中所有构筑物都是以最高日设计用水量为基础进行设计。

2.3.1.1　取水构筑物、一级泵站

给水系统最高日设计用水量确定以后，取水构筑物和水厂的计算流量随着一级泵站的工作时间的变化而变化，一天中泵站工作的时间越长则流量越小，反之越大。一般泵站按24小时均匀工作来考虑以降低工程的造价。据此取水构筑物、一级泵站和水厂的设计流量Q_I按最高日的平均时流量来计算

$$Q_I = \alpha \frac{Q_d}{T} (\mathrm{m^3/s}) \qquad (2-8)$$

式中：α为考虑水厂自身用水的系数，用以沉淀池排泥、滤池冲洗等用水，一般在1.05～1.10之间；其他符号意义同前。

如果选用地下水源，在原水进入管网之前仅需要简单消毒而不需要进行其他处理，一级泵站可以直接将井水输入管网，但是为了提高水泵的效率和延长井的使用年限，一般先输水到地面的水池，再由二级泵站将水输入管网。据此一级泵站的计算流量为

$$Q_I = \frac{Q_d}{T} (\mathrm{m^3/s}) \qquad (2-9)$$

式中各符号意义同前。

2.3.1.2　二级泵站、水塔和管网

二级泵站，从泵站到管网的输水管、管网和水塔的计算流量，应按照用水量变化情况和二级泵站工作情况确定。

当管网内没有设置水塔或高位水池时，任何时间的二级泵站的供水量应该等于用水量。这时二级泵站应满足管网最高日最高时的水量需求，为了适应用水量随时间的变化，二级泵站内应有多台大小搭配的水泵，以提供随时间变化的水量，同时保持水泵的高效率运转。为保证水量水压要求，管网内不设水塔时，水厂输水管和管网应按照二级泵站最大供水量也就是最高日最高时用水量计算。以图 2-5 所示某城市最高日用水量变化曲线为例，泵站最高时供水量等于 6%的最高日用水量。

管网内设有水塔或高地水池时，通过它们能调节流量，此时二级泵站每小时的供水量和用水量就可能不再相等。二级泵站的设计供水线根据用水线来拟定。拟定时要注意以下问题：

(1) 泵站分级供水线尽量要接近用水线，以减小水塔的调节容积，但是分级数不宜超过三级，以便管理。

(2) 分级供水时，应注意每级都能选到合适的水泵，以及合理的水泵机组搭配。

由图 2-5 可以看出：水泵工作情况分为两级：从 5 时到 20 时，一组水泵运转，流量为最高日最高时的 5%；其余时段水泵的流量为最高日最高时的 2.78%。虽然泵站每小时的供水量不等于用水量，但是一天总供水量和最高日用水量是相等的，即

$$2.78\% \times 9 + 5\% \times 15 = 100\%$$

由图 2-5 的用水曲线和设计水泵供水线可以看到水塔或高地水池的作用：当供水量高于用水量时，多余的水量存储于水塔或高地水池内；反之，当供水量低于用水量时，不足水量由水塔或高地水池补足。供水线和用水线越接近，为了适应流量变化，泵站工作的分级数或水泵机组数可能增加，但是所需要的水塔或高地水池的容积越小。

虽然不同的给水系统、水塔或高地水池在管网的位置可能不同，可以在管网的起端、中间或末端，但是起到的作用是一样的。输水管和管网的计算流量，视有无水塔（或高地水池）和它们在管网中的位置决定。无水塔的管网，按最高日最高时用水量来确定管径。管网端部设置水塔时，泵站到水塔的输水管径按泵站分级工作线的最大一级供水量计算，管网仍按照最高日最高时用水量计算。管网末端设置水塔，因为最高用水量必须从二级泵站和水塔同时向管网供水，应根据最高时从泵站和水塔输入管网的流量进行计算。

2.3.1.3 清水池

一级泵站通常是均匀供水，而二级泵站一般是分级供水，所以一级、二级泵站在单位时段内供水量不一样。为了调节两泵站的供水差额，在两泵站间修建清水池。图 2-6 中，实线 2 表示二级泵站工作线，虚线表示一级泵站工作线，从 20 时到次日 5 时，一级泵站供水量大于二级泵站，多余水量储存于清水池中，而其他时段，一级泵站供水量小于二级泵站供水量，不足水量由清水池补充。水塔（或高地水池）和清水池都是给水系统中调节流量的构筑物，两者的关系很密切。若二级泵站的供水线越接近用水线，则水塔容积越小，但是清水池容积会变大。

2.3.2 水塔和清水池容积

给水系统中水塔和清水池可以调节泵站供水量和用水量之间的流量差值。水塔和

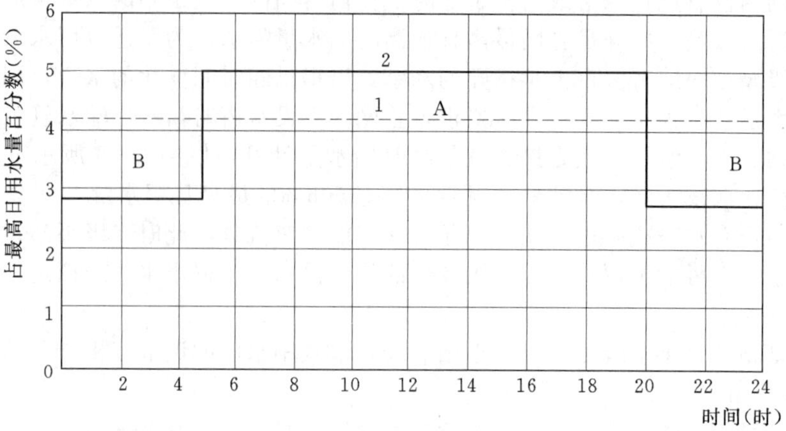

图2-6 清水池的调节容积示意图
1——级泵站供水线；2—二级泵站供水线

清水池的容积可以根据泵站供水量和用水量变化曲线确定，清水池的容积由一级、二级泵站供水量曲线确定，水塔容积由二级泵站供水曲线和用水曲线确定。若二级泵站每小时的供水量等于用水量，流量不需要进行调节，则管网中可以不设水塔。二级泵站每小时的供水量越接近用水量，水塔所需要的容积越小，但是清水池的容积会增加。若一级泵站和二级泵站每小时供水量接近，则清水池容积减少，水塔的容积会增加。给水系统的总调节水量由水塔和清水池共同来承担。

水塔和清水池容积的确定主要有两种方法：一种是根据用水量和供水量的变化曲线推算；另一种是根据经验估算。前者需要知道城镇24小时的用水量变化情况，并拟定泵站的供水曲线；后者采用最高日用水量的百分数。以图2-5为例，水塔和清水池的调节容积计算见表2-10。

表2-10 水塔和清水池容积计算

时间（时）	用水量（%）	二级泵站供水量（%）	一级泵站供水量（%）	清水池调节容积（%）		水塔调节容积（%）
				无水塔	有水塔	
(1)	(2)	(3)	(4)	(5)	(6)	(7)
0～1	1.70	2.78	4.17	−2.47	−1.39	−1.08
1～2	1.67	2.78	4.17	−2.50	−1.39	−1.11
2～3	1.63	2.78	4.16	−2.53	−1.38	−1.15
3～4	1.63	2.78	4.17	−2.54	−1.39	−1.15
4～5	2.56	2.77	4.17	−1.61	−1.40	−0.21
5～6	4.35	5.00	4.16	0.19	0.84	−0.65
6～7	5.14	5.00	4.17	0.97	0.83	0.14
7～8	5.64	5.00	4.17	1.47	0.83	0.64
8～9	6.00	5.00	4.16	1.84	0.84	1.00

续表

时间（时）	用水量（%）	二级泵站供水量（%）	一级泵站供水量（%）	清水池调节容积（%）		水塔调节容积（%）
				无水塔	有水塔	
(1)	(2)	(3)	(4)	(5)	(6)	(7)
9～10	5.84	5.00	4.17	1.67	0.83	0.84
10～11	5.07	5.00	4.17	0.90	0.83	0.07
11～12	5.15	5.00	4.16	0.99	0.84	0.15
12～13	5.15	5.00	4.17	0.98	0.83	0.15
13～14	5.15	5.00	4.17	0.98	0.83	0.15
14～15	5.27	5.00	4.16	1.11	0.84	0.27
15～16	5.52	5.00	4.17	1.35	0.83	0.52
16～17	5.75	5.00	4.17	1.58	0.83	0.75
17～18	5.83	5.00	4.16	1.67	0.84	0.83
18～19	5.62	5.00	4.17	1.45	0.83	0.62
19～20	4.80	5.00	4.17	0.63	0.83	−0.20
20～21	3.39	2.77	4.16	−0.77	−1.39	0.62
21～22	2.69	2.78	4.17	−1.48	−1.39	−0.09
22～23	2.58	2.78	4.17	−1.59	−1.39	−0.20
23～24	1.87	2.78	4.16	−2.29	−1.38	−0.91
累计	100.00	100.00	100.00	17.78	12.50	6.55

表2-10中第（2）项至第（4）项是已经确定的：其中第（2）项可以参照类似城镇的用水量变化情况得出；第（3）项由泵站供水量变化曲线得出；第（4）项为假定一级泵站均匀供水得出；第（5）项为无水塔时清水池的容积，等于第（2）项和第（4）项的差；第（6）项是有水塔时清水池的容积，等于第（3）项和第（4）项的差；第（7）项等于第（2）项和第（3）项的差值。第（5）项、第（6）项、第（7）项中的正负值按照顺序累加过程中出现的最大值得到相应的调节容积，以最高日用水量的百分数记。如第（5）项的累计数值为17.78%，就是不设水塔时，清水池应有的调节容积百分数。设最高日用水量为Q_d，则清水池的调节容积是Q_d的17.78%。

从清水池和水塔调节容积计算表2-10中可以看出，有无水塔时，水塔和清水池的调节容积不相同：无水塔时，清水池调节容积是17.78%；有水塔时，虽然清水池的调节容积减小为12.50%，但水塔调节容积是6.55%，总调节容积为19.05%，变大了。

给水系统设计过程中若没有用水量变化规律的相关资料，清水池的调节容积可以根据经验估计：按最高日用水量的10%～20%估算。供水量大的城镇，用水量变化较小，取较小的百分数；而对于工业生产供水中的清水池调节容积，根据工艺要求确定。

清水池中除了储存调节用水以外，还存有消防用水和水厂生产用水，因此清水池的有效容积的计算公式为

$$W = W_1 + W_2 + W_3 + W_4 \tag{2-10}$$

式中：W_1为调节容积；W_2为消防储存用水量，按2小时火灾延续时间的消防用水量计算；W_3为水厂生产用水量，包括冲洗滤池和沉淀池排泥用水等；W_4为安全储存量。

应该设两个容积相等的清水池，以便在清洗或检修期间不间断供水。

表2-10中水塔的调节容积为最高日水量的6.55%，对于大中城市而言，最高日用水量很大，所以需要的水塔的调节容积也很大，造价很高，这是致使很多城市给水系统中不用水塔的重要原因。

缺乏相关资料时，水塔调节容积也可以根据经验来确定，当泵站分级工作时，可按最高日水量的2.5%～6%来计算，用水量大时取较小值。工业生产用水按生产要求确定水塔调节容积。

水塔中需要储存消防用水，因此其总调节容积为

$$W' = W_1' + W_2' \tag{2-11}$$

式中：W'为水塔总容积；W_1'为水塔的调节容积；W_2'为消防用水量，按10min室内消防用水量计算。

2.3.3 系统水压关系

给水系统应该保证一定的水压，泵站、水塔或高地水池是给水系统中保证水压的构筑物，所以重点是确定水泵扬程和水塔（高地水池）高度。

2.3.3.1 一级泵站扬程的确定

一般水厂中，取水构筑物、一级泵站和水处理构筑物的高程关系如图2-7所示。

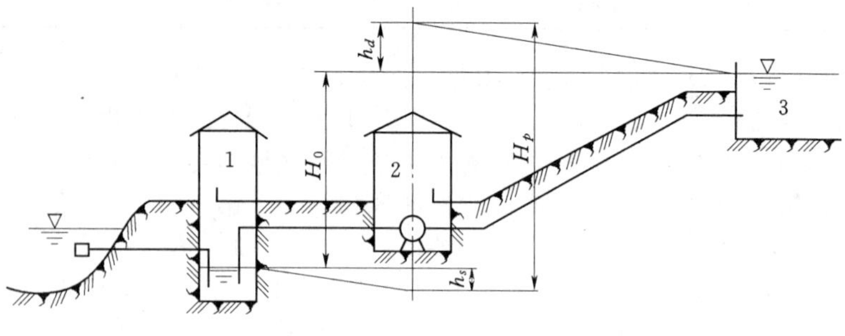

图2-7 取水构筑物、一级泵站和水处理构筑物示意图

1—取水构筑物；2—泵站；3—水处理构筑物

一级泵站的扬程计算公式为

$$H_p = H_0 + h_s + h_d \tag{2-12}$$

式中：H_0为静扬程，m；h_s、h_d为吸水管、压力管和泵站内的水头损失，m。

2.3.3.2 二级泵站扬程和水塔高度确定

二级泵站是从清水池取水直接送向用户或先送入水塔，而后再流向用户。根据水塔有无和水塔位置，二级泵站扬程和水塔高度的计算主要有以下几种类型。

1. 无水塔管网

管网内不设置水塔，而是由二级泵站直接输水到用户，静扬程等于清水池最低水

位和控制点所需水头的差。计算所取的控制点往往是距离二级泵站位置最远或所需的水头最大的点，最高用水量时只要满足了该点最低水头的要求，就认为一定能够满足管网其他各个控制点水头要求。图 2-8 即是此种情况。

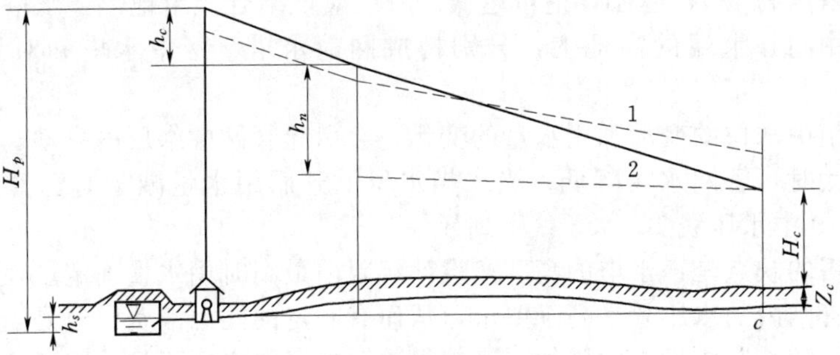

图 2-8 无水塔管网的示意图

1—最小用水时；2—最高用水时

此时水头损失主要包括吸水管、压水管、输水管和管网等水头损失的和，无水塔时二级泵站扬程的计算公式为

$$H_p = Z_c + H_c + h_s + h_c + h_n \tag{2-13}$$

式中：Z_c为管网控制点 c 的地面标高和清水池最低水位的高程差，m；H_c为控制点所需的最小水头，m；h_s为吸水管中的水头损失，m；h_c、h_n为输水管和管网中的水头损失，m。

2. 网前水塔的管网

网前水塔的工作情况是：由二级泵站供水到水塔，再经过管网到用户。水压力线如图 2-9 所示。

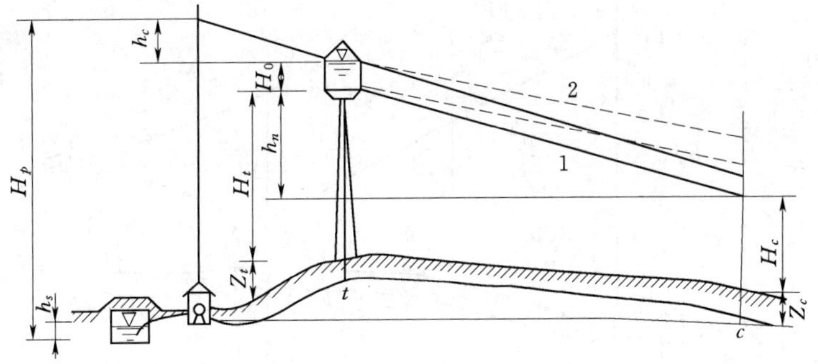

图 2-9 网前水塔管网的水压线示意图

1—最高用水时；2—最小用水时

为了确定水泵扬程，首先要求出水塔的高度，即水塔水柜底高出地面的高度。水塔水柜底高度，应该保证在最高用水量情况下，管网内控制点上具有所要求的水头。其计算公式为

$$H_t = H_c + h_n - (Z_t - Z_c) \tag{2-14}$$

式中：H_t 为水柜底的高度，m；Z_t 为水塔处地面和清水池最低水位的高差，m；h_n 为按最高用水量时计算的水头损失，m；其他符号意义同前。

从式（2-14）中也可以看出水塔应该修建在高处的原因：修建在高处的 Z_t 越大，相应水塔的高度 H_t 越小，造价越低。所以应该结合城市地形，水塔可以放置在管网起端、中间和末端的高地上，分别构成网前水塔、网中水塔和对置水塔给水系统。

水塔水柜中水位的变动和用水量的变化，会引起管网中水压的变动。当水柜水位低而用水量大时，管网水压降低；当水柜水位上升而用水量减少时，管网的水压增大，如图2-9中水压线1、水压线2所示。

网前水塔的缺点是：水塔的高度按设计年限内最高时用水量确定，在未达到设计流量之前，管网内的水压总是高于要求，从而有一定的能源浪费；但是当用水量超过设计要求时，随着水头损失的增加，又使得边远地区的水压不足，因此这种形式的布置对于流量的变动适应性差。

二级泵站的扬程，应该保证供水到水塔

$$H_p = Z_t + H_t + H_0 + h_c + h_s \tag{2-15}$$

式中：H_0 为水柜的有效水深，m；其他符号意义同前。

3. 对置水塔的管网

当城市地形距离二级泵站越远越高时，水塔应该设置在管网末端，形成对置管网系统，其水压力线如图2-10所示。

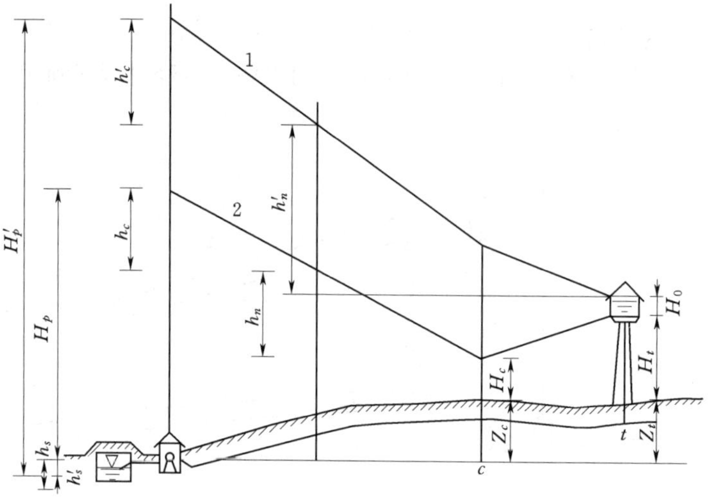

图2-10 对置水塔管网的水压线示意图

1—最大转输时；2—最高用水时

在最高用水量时，由泵站和水塔同时向管网供水，两者有各自的供水区。在供水区分界线上，如图2-10中的 c 点，水压最低。

可以设想把对置水塔的给水系统分为两部分：一部分从泵站到分界线上点 c，该范围内可以看作无水塔的管网系统，所以二级泵站可以按无水塔给水管网二级泵站扬程计算公式确定；另外一部分是从水塔到分界线上点 c，这部分类似于网前水塔管网系统，水塔高度可以按网前水塔系统水塔高度计算公式确定。

当泵站供水量大于用水量时，多余的水会流入水塔，流入水塔的流量称为转输流量。因为一天之内泵站供水量大于用水量的时间很多，一般取转输流量为最大的一个小时进行计算，称为最大转输时流量，以保证用水安全。如图 2-5 中的 2～3 时，二级泵站供水量为 2.78%，用水量为 1.63%，多的水量转输于水塔内。

最大转输时的水泵扬程为

$$H'_p = Z_t + H_t + H_0 + h'_n + h'_c + h'_s \qquad (2-16)$$

式中：H'_p 为最大转输时的水泵扬程，m；h'_n、h'_c、h'_s 分别为最大转输时管网、输水管、水泵吸水管的水头损失，m。

在最大转输时，虽然用水量较小，但是因为转输流量通过整个管网进入水塔，所以此时水泵的最高扬程往往大于最高用水时。最高用水时和最大转输时两种情况下，水泵的流量和扬程有所不同，为了便于管理，所选水泵的型号和台数不宜过多，在难以兼顾两种情况而选出合适水泵的情况下，可以酌情放大管网中个别管段直径。

4. 网中水塔的管网

当城市的中心地形较高或为了靠近用水大户，水塔设置在管网中间，构成网中水塔给水系统，水压分布线如图 2-11 所示。

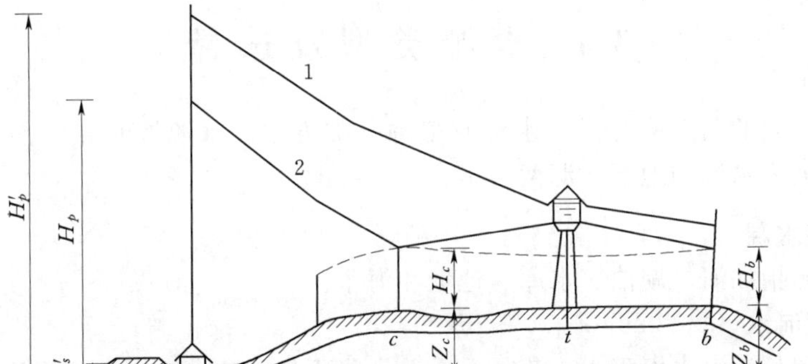

图 2-11　网中水塔管网的水压线示意图

1—最大转输时；2—最高用水时

根据网中水塔的位置，有两种工作情况：若水塔靠近二级泵站，并且二级泵站供水量大于泵站和水塔间用户的用水量时，类似于网前水塔；当水塔距离泵站较远以致泵站供水量不够泵站和水塔间的用户使用，需要由水塔供给一部分水量，这种情况类似于对置水塔，会出现供水分界线，整个管网的控制点可能是网中的 c 点，也可能是网后的 b 点。

综上可知，网中水塔给水系统中水泵扬程和水塔高度的确定，要根据实际情况并参照网前水塔和对置水塔的有关公式确定。

第3章 城镇取水构筑物及设备

水是人们赖以生存不可缺少的自然资源。人口的增长、国民经济突飞猛进的发展，使人类对水的需求量日益增加。水资源是一种有限的、不可替代的宝贵资源。水资源问题已经成为制约很多国家和地区社会经济发展的瓶颈，中国是水资源最为短缺的国家之一。因此对水资源的合理开发、利用备受关注。

3.1 水源类型及选择

如果从不同的角度去分类，水源有多种分类方法。水源按其在自然界存在的形式，可分为地表水源和地下水源两大类。

3.1.1 地表水源

地表水源指江河、湖泊、水库、池塘和海水。

3.1.1.1 江河水

水的流程长、汇水面积大，流量受季节和降雨量影响大，河水的浑浊度相对较高(特别是汛期)，但其含盐量和硬度较低。江河水具有一定的自净能力，但易受污染，特别是工业废水、生活污水、农药等的污染。

我国江河水资源丰富，流量较大，但因各地条件不一，水源状况也各异。

一般江河洪枯流量及水位变化较大，水中杂质较多，水质易受污染，并且发生河床冲刷、淤积和河床演变。平原冲积河流的河床常由土质组成，河床较易变形，呈顺直微曲、弯曲及游荡等河段，各具特点，稳定性出入很大。对顺直微曲河段，一般河岸不易被冲刷，河面较宽，易在岸边形成泥沙淤积的边滩，应注意边滩下移可能造成对取水水源的不良后果。对弯曲河段，应注意凹岸不断被冲刷，凸岸不断淤积，使河流弯曲度逐渐加大，甚至发展成为河套，并可能裁弯取直，以弯曲—裁直—弯曲作周期性演变。对游荡性河段，河身宽浅，浅滩叉道密布，河床变化迅速，主流摇摆不定，对设置给水水源极为不利，必要时应有整治河道的措施。

山区河流形态复杂，河床陡峻，流量变幅很大，洪水来势猛烈，历时很短；枯水期流量较小，甚至出现多股细流和表面断流情况。河水水质随流量变化而变化，在平、枯水期，河水较清，洪水期水质浑浊且夹有大量推移质和漂浮物。

3.1.1.2 湖泊及水库水

湖泊及水库水的水体较大，水量较充沛。但其流动性较小，储存时间较长，由于长期沉淀，悬浮物含量少，水的浑浊度一般较低，含盐量因水不断蒸发浓缩，往往比江河水高，自净能力小，易受污染。我国南方地区湖泊较多，可作为取水水源。

3.1.1.3 池塘水

池塘水一般为死水，自净能力差，污染机会多。特别是居民点附近的池塘，应尽量避免作为给水工程的水源。

3.1.1.4 海水

随着经济社会的迅速发展，用水量逐年增加，而淡水资源有限，包括我国在内，很多国家已经开始使用海水作为给水水源。海水含盐量高，而且腐蚀也很强，多用于工业冷却。

3.1.2 地下水源

地下水源包括上层滞水、潜水、承压水和泉水。

3.1.2.1 上层滞水

上层滞水是存在于包气带中局部隔水层之上的地下水。它的分布范围有限，补给区和分布区一致，水量随季节变化明显，因此，只适合做少数居民或者临时供水水源。

3.1.2.2 潜水

潜水是埋藏在第一个隔水层以上的、具有自由水面的地下水。它多储存在第四系松散沉积地层中，也可形成于裂隙性或可溶性基岩中。其主要特点是与大气圈和地表水联系密切，分布区和补给区往往一致，水位及水量变化较大。我国潜水分布较广，储量丰富，常可作为城镇给水工程的水源，由于易被污染，作为供水水源时必须注意卫生防护。

3.1.2.3 承压水

承压水是充满埋藏于地下一定深度两个隔水层之间的含水层中具有静水压力的地下水。承压水具有上下两个隔水层，上层的称为隔水顶板，下面的称为隔水底板。顶底板之间的垂直距离为含水层厚度，当水井揭穿顶板后，水位将升到含水层顶板以上某高度后稳定下来。稳定水位高出含水层顶板底面的距离称承压水头。当承压水头足够大时，水能喷出地表形成自流井。

承压水的主要特征是含水层中的水承受一定的静水压力，并具有明显的补给区，承压区和排泄区往往相隔很远，水经长距离渗透，浑浊度很低，大多数达到生活饮用水的标准。但它也常溶解了大量盐类，因此水的硬度比地表水高，其中含铁（Fe）、锰（Mn）、氟（F）的量超过饮用水水质标准的现象较普遍。大多数情况下，其水质和水量均较稳定，且适合作为城镇给水工程的水源。

3.1.2.4 泉水

涌出地表的地下水露头称为泉水，有包气带泉、潜水泉和自流泉等。

3.1.3 水源选择

城镇取水水源选择是位置选择的重要条件；水源选择是否良好，往往成为决定新建城镇的建设和发展的重要因素之一。因此，对城镇的水源选择应进行深入调查研究，全面搜集有关城镇水源的水文、气象、地形、地质以及水文地质资料，进行城镇水资源勘测和水质分析。

在城镇取水系统规划中，应根据城市近远期发展规模，对下列因素进行技术经济比较，从而确定城镇给水水源。

3.1.3.1 取水水源应有足够水量

城镇取水水源应有足够水量，以满足城镇用水要求。

当采用地面水源时，河流的最枯流量按设计枯水流量的保证率为 90%～95%考虑，视城镇规模和工业用水所占比例而定。

如果河流可取水量小于城镇给水系统用水量，则应考虑作径流调节，或者选用其他水源。

当采用地下水源时，应进行地下水储量计算。地下水储量分为天然储量和调节储量，天然储量包括静储量和动储量。

3.1.3.2 给水水源的水质应良好

确定水源时，应尽可能搜集水源历年逐月的水质资料，调查研究水源影响水质的因素，研究污染物的来源及处理措施等。

《生活饮用水卫生标准》（GB 5749—2006）中规定，采用地表水为生活饮用水水源时应符合《地表水环境质量标准》（GB 3838—2002）要求，采用地下水为生活饮用水水源时应符合《地下水质量标准》（GB/T 14848—1993）要求。不同的用水对象，对给水水源的水质要求也不同。

当城镇有多种天然水源时，应首先考虑水质较好，净化简易的水源作为给水水源，或者考虑多水源分质供水。

3.1.3.3 考虑国民经济其他部门的用水

规划中，应考虑国民经济其他部门对水源的利用，以及由此而引起的水量、水质变化，如农业灌溉用水、航运、漂木、水产养殖以及各种水工构筑物的修建等。对这些因素应全面考虑，统筹安排，做到合理地综合利用各种水源。

3.1.3.4 当城镇有多个水源时，作为生活饮用水水源应首先考虑采用地下水

地下水具有以下优点：

（1）地下水水质一般无色透明，不需澄清处理，可节省净化构筑物的投资及经营费用。

（2）水温较低，且稳定。

（3）不易被污染，安全，卫生条件较好。

（4）地下水取水构筑物比地面水取水构筑物较为简单，造价较低，便于靠近用户和分期修建。

但地下水也有缺点：一般含矿物盐类较高，硬度较大，有时含过量铁、锰等需进行处理，同时地下水水量往往不够稳定，地下水源勘测时间也较长等。采用地下水时，必须做到计划开采，不能超过开采储量，以防地下水位不断下降，地面下沉或水

质恶化等严重情况发生。

采用地下水时，鉴于泉水、岩溶水、裂隙水、潜水等易于取集，故选择时应首先加以考虑，而后再考虑深层地下水。

3.1.3.5 地面水的选择

在选择地面水源时，首先考虑采用天然江河水、湖泊水，其次考虑拦河筑坝蓄水库水，必要时考虑海水的利用。地面水源，由于含泥沙及细菌较多，水质浑浊，故通常需处理。

3.1.3.6 保证安全供水

为了保证安全供水，大中城市应考虑多水源分区供水，小城镇也应有远期备用水源，无多水源时，结合远期发展，应设两个以上取水口。规划时应特别注意城镇水源选择，且不可草率从事，以免由于水源选择不当，对城镇和工业区的建设和发展带来严重不良后果。

3.2 地表水取水构筑物

3.2.1 地表水取水构筑物概述

地表水源一般水量较充沛，分布较为广泛。因此，很多城镇生活用水及企业常常利用地表水作为给水水源。

由于地表水源的种类、性质和取水条件各不相同，因而地表水取水构筑物有多种形式。按水源分则有河流、湖泊、水库、海水取水构筑物；按取水构筑物的构造形式分则有固定式（岸边式、河床式、斗槽式）和活动式（浮船式、缆车式）两种。在山区河流上，则有带低坝的取水构筑物和底栏栅式取水构筑物。

3.2.2 地表水取水构筑物位置的选择

地表水取水构筑物的位置选择是否得当，直接影响取水的水质和水量、取水安全可靠性、投资、施工、运行管理以及河流的综合利用。因此，正确选择取水构筑物位置是地表取水构筑物设计中的一个十分重要的问题，所以应深入现场调查研究，掌握第一手材料，若条件复杂时尚需进行水工模型试验，并优化方案。

选择地表水取水构筑物时，一般应遵循下述原则。

3.2.2.1 设在水质较好的地点

排入河流的污水直接影响取水水质。为了取得较好水质的水，地表水取水构筑物的位置，应选在排污口上游的清洁段，距排污口约 100～150m 以上，并应避开河流中的回流区和死水区，以减少进水中的泥沙和漂浮物。对受潮汐影响的河段，应考虑海水涨潮回水时对水质的影响。

农药的污染、有害废料堆场等都可能污染水源，选择取水构筑物时亦予考虑。

3.2.2.2 具有稳定的河床和河岸，靠近主流，有足够的水深

在顺直河段，取水构筑物的位置宜设在河床稳定、深槽主流近岸处，即河流较窄、流速较大、水深较大的地点，一般水深大于 2.5m。

在弯曲河段，取水构筑物位置宜设在河流的凹岸。但由于凹岸容易冲刷，形成顶冲点，故选择取水构筑物位置时，最好避开水流顶冲点，而设置在顶冲点稍上游或下游处。一般说来顶冲点的上游较为理想。

在有支流汇入的河段，易产生大量的泥沙沉积，故取水构筑物应离开支流入口一定距离，上游应不小于50m，下游应不小于400m。

3.2.2.3 具有良好的地质、地形及施工条件

取水构筑物应设在地质构造稳定、承载力高的地基上。在地震区不宜将取水构筑物设在不稳定的陡坡或山脚下，取水构筑物也不宜设在有宽广河漫滩的地方，以免进水管过长。

从施工条件角度讲，交通运输要方便，有足够的施工场地，开挖工程量要少，以节约资金、缩短工期。

3.2.2.4 靠近主要用水地区

取水构筑物的位置应与城镇规划相适应，全面考虑整个给水系统的合理布置，尽可能靠近主要用水区，以节约投资。

3.2.2.5 注意河流上的人工构筑物或天然障碍物

河流上常见的人工构筑物（如桥梁、码头、丁坝、拦河坝等）和天然障碍物，往往引起河流水流条件的改变，从而使河床产生冲刷或淤积，故在选择取水构筑物位置时，必须加以注意。

3.2.2.6 避免冰凌的影响

在北方地区的河流上设置取水构筑物时，应避免冰凌的影响。尽量避免将取水构筑物设在流冰易于堆积的浅滩、沙洲、回流区和桥孔的上游附近。在水内冰较多的河段，取水构筑物不宜设在冰水混杂地段，而宜设在冰水分层地段，以便从冰层下取水。

3.2.3 江河固定式取水构筑物

取水构筑物分为固定式取水构筑物和活动式取水构筑物两类。固定式取水构筑物具有取水可靠、维护管理简单、适应范围广等优点，但施工期长、投资较大。在选择时，应根据取水量和水质要求、结合地形、地质条件、水文条件、施工条件等因素，通过技术经济比较来确定。

江河固定式取水构筑物主要分为岸边式和河床式两类。

3.2.3.1 岸边式取水构筑物

直接从江河岸边取水的构筑物称为岸边式取水构筑物。它是由进水间和泵房两部分组成，且适用于岸边水质好，江河岸较陡，主流近岸，水位变幅小，岸边有足够的水深且岸边地质条件较好的情况。

按照进水间与泵房的合建与分建，岸边式取水构筑物分为合建式和分建式。

1. 合建式岸边取水构筑物

合建式岸边取水构筑物是进水间与泵房合建在一起的，如图3-1所示。河水经进水孔进入进水间的进水室，再经过格网进入吸水室，然后由水泵送至水厂或用户。在进水孔上设有格栅，用以拦截水中粗大的漂浮物。设在进水间的格网用以拦截水中细小的漂浮物。

合建式的优点是布置紧凑，占地面积小，水泵吸水管路短，运行管理方便，应用

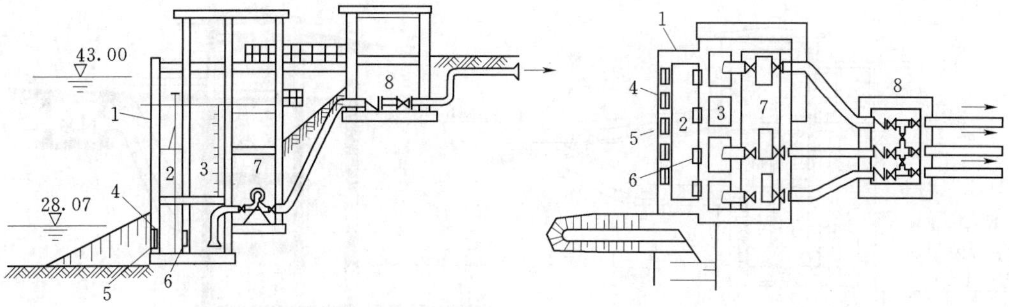

图 3-1 合建式岸边取水构筑物

1—进水间；2—进水室；3—吸水室；4—进水孔；5—格栅；6—格网；7—泵房；8—阀门井

广泛，但合建式土建结构较复杂，施工较困难。

当地基条件较好时，进水间与泵房的基础可以建在不同的标高上，呈阶梯式布置（图 3-1）。这种布置可以利用水泵吸水高度以减小泵房深度，有利于施工和降低造价，但水泵启动时需要抽真空。

当地基条件较差时，为了避免产生不均匀沉降，或者供水安全性要求高，水泵需要自灌启动时，则宜将进水间与泵房的基础建在相同的标高上（图 3-2）。但泵房较深，通风及防潮条件差，土建费用增加，操作管理不方便。

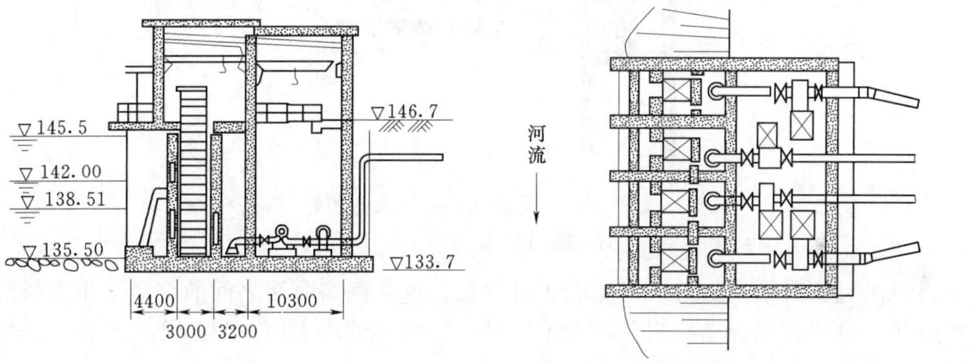

图 3-2 合建式岸边取水构筑物

为了缩小泵房面积，减小泵房深度，降低泵房投资，可采用立式泵和轴流泵取水（图 3-3），或将吸水室设在泵房的下面（图 3-4）。这种布置将电机设在泵房上层，操作方便、通风条件较好。但立式泵安装较困难，检修不方便。

在水位变化较大的河流上，水中漂浮物不多，取水量不大时，也可采用潜水泵取水，潜水泵和潜水电机可以设在岸边进水间内，当岸坡地质条件好时亦可设在岸边斜坡上。这种取水方式结构简单，造价低，但检修较困难。

2. 分建式岸边取水构筑物

当岸边地质条件较差，进水间不宜与泵房合建，或者分建对结构和施工有利时，则宜采用分建式（图 3-5）。进水间设在岸边，泵房则建在岸内地质条件较好的地

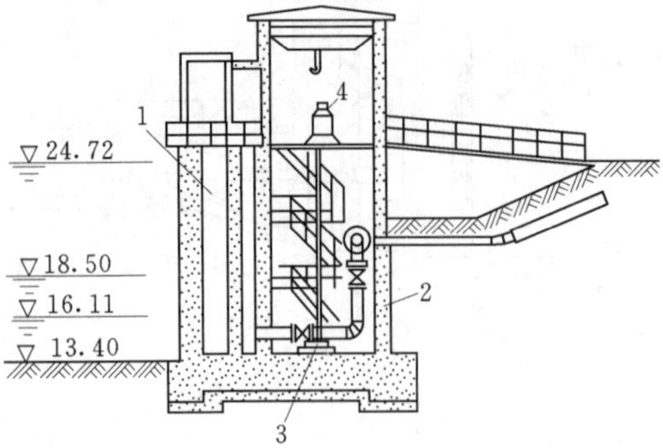

图 3-3　合建式岸边取水构筑物

1—进水间；2—泵房；3—立式泵；4—立式电动机

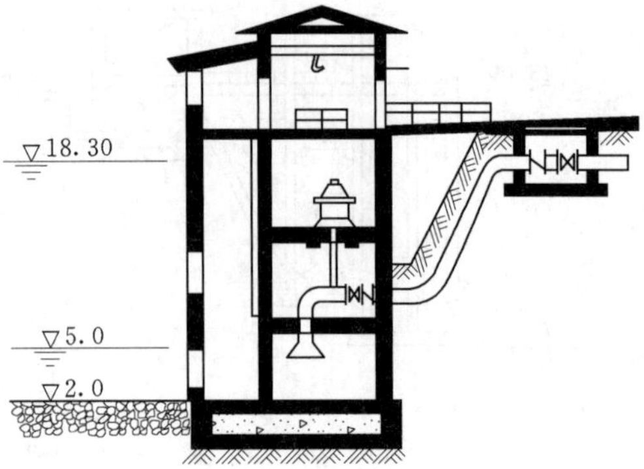

图 3-4　合建式岸边取水构筑物

（吸水室在泵房下面）

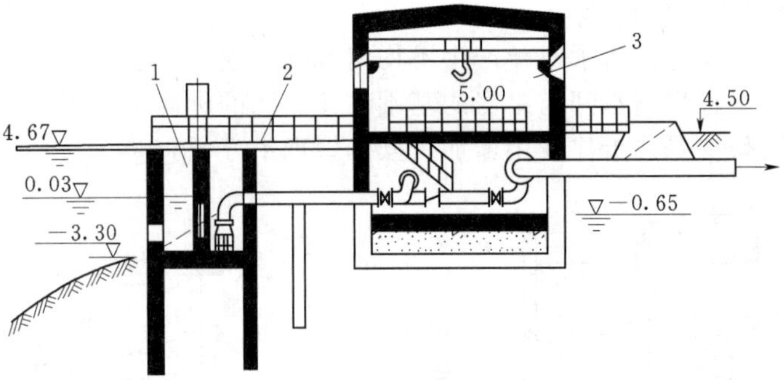

图 3-5　分建式岸边取水构筑物

1—进水间；2—引桥；3—泵房

点，但不宜距进水间太远，以免吸水管过长。进水间与泵房之间的交通采用引桥或堤坝连接。分建式土建结构简单，施工容易，但操作管理不便，吸水管路较长，且增加了水头损失，运行安全性不如合建式。

3.2.3.2　河床式取水构筑物

河床式取水构筑物与岸边式基本相同，但用伸入江河中的进水管（其末端设有取水头部）来代替岸边式进水间的进水孔。常见的河床式取水构筑物是由泵房、进水间（河床式取水构筑物，将进水间称之为集水间或集水井）、进水管（即自流管或虹吸管）和取水头部等部分组成。

当河床稳定、河岸较平坦，枯水期主流离岸较远，岸边水深不够或水质不好，而河中又具有足够的水深或较好的水质时，适宜采用河床式取水构筑物。

河床式取水构筑物的布置如图 3-6 所示，河水经取水头部的进水孔流入，沿进水管流至集水间，然后由泵抽走。集水间与泵房可以合建，也可以分建。按照进水管形式的不同，河床式取水构筑物有自流管式、虹吸管式、水泵直接吸水式等形式。

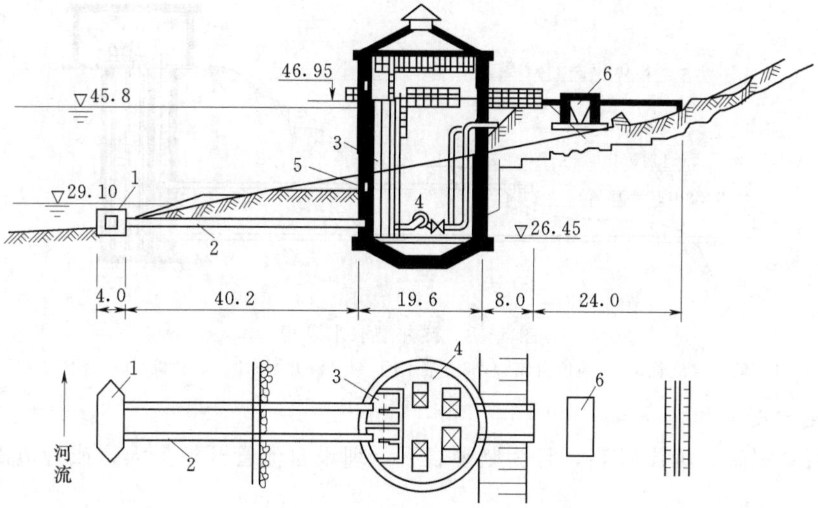

图 3-6 自流管取水构筑物（集水间与泵房合建）

1—取水头部；2—自流管；3—集水间；4—泵房；5—进水孔；6—阀门井

1. 自流管式

图 3-6 和图 3-7 分别表示集水间与泵房合建和分建的自流管取水构筑物，河水通过自流管进入集水间。由于自流管淹没在水中，河水靠重力自流，工作较可靠。但敷设自流管时，开挖土石方量较大，适用于自流管埋深不大时，或者在河岸可以开挖隧道以敷设自流管。

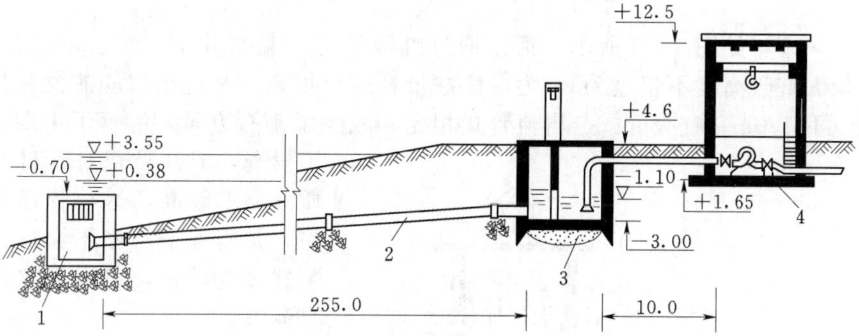

图 3-7 自流管取水构筑物（集水间与泵房分建）

1—取水头部；2—自流管；3—集水间；4—泵房

在河流水位变幅较大，洪水期历时较长，水中含沙量较高时，为了避免在洪水期引入底层含沙量较多的水，可在集水间壁上开设进水孔（图 3-6），或设置自流管（图 3-8），以便在洪水期取上层含沙量较少的水。分层取水对降低进水含沙量有一定作用，但也要结合具体情况采用。

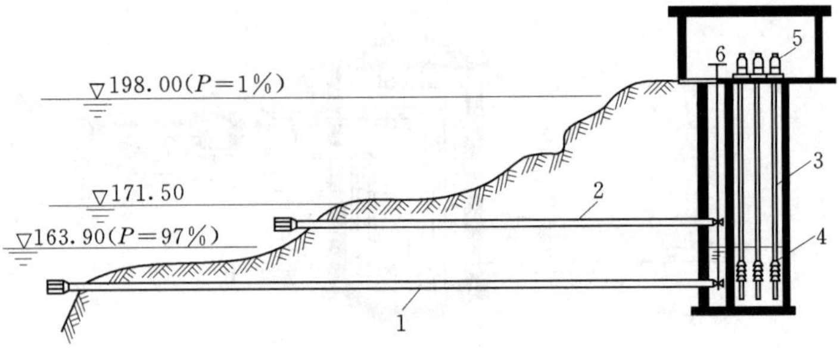

图3-8 湿井型取水泵房

1—低位自流管；2—高位自流管；3—集水间；4—深井泵；5—电动机；6—操作室

2. 虹吸管式

当河滩宽阔，河岸较高，且为坚硬岩石，埋设自流管开挖量大，或管道需要穿越

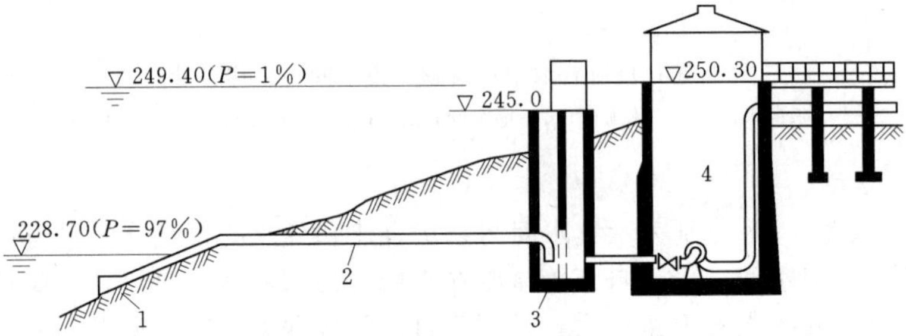

图3-9 虹吸管取水构筑物

1—取水头部；2—虹吸管；3—集水井；4—泵房

防洪堤时采用，如图3-9所示，河水通过虹吸管进入集水井中，然后由水泵抽走。虹吸管最大虹吸高度不超过7m。为保证虹吸管运行可靠，其进出口应淹没在最低进出水位以下1.0m。虹吸管式与自流管式相比，减少了土石方量，缩短了工期，节约了投资，但虹吸管对管材及施工质量要求较高，运行管理要求严格，并需保证严密不漏气，需要装置真空设备，工作可靠性不如自流管。

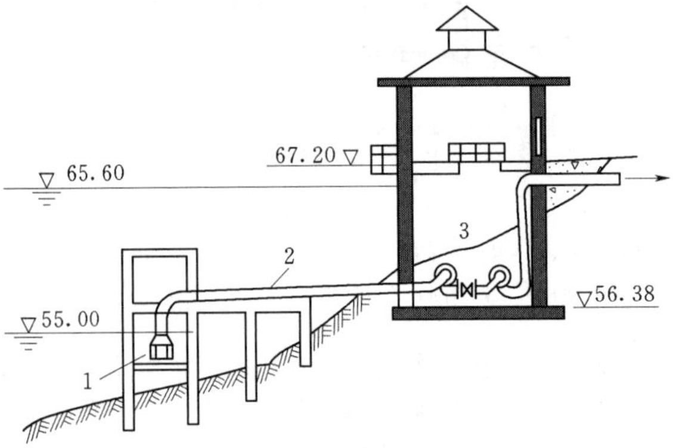

图3-10 直接吸水式取水构筑物

1—取水头部；2—水泵吸水管；3—泵房

3. 水泵直接吸水式

如图3-10所示，在中小型取水工程中，不设集水间，水泵吸水管直接伸入河中取水。由于可以利用水泵吸水高度抬高泵房底板高程，减小泵房深度，又省去集水间，故结构简单、施工方

便、造价较低。在不影响航运时，水泵吸水管可以架空敷设在桩架或支墩上，但因未设集水间和格网，吸水头部容易被杂草或其他漂浮物堵塞，所以这种形式只适用于水中漂浮物不多，吸水管不长时。

4. 桥墩式

如图 3-11 所示，整个取水构筑物建在水中，在进水间的壁上设置进水孔。由于取水构筑物建在江内，缩小了水流过水断面，容易造成附近河床冲刷，因此，基础埋深较大，施工复杂。此外，还需设置较长的引桥与岸边连接，故只适合建在含沙量较高、取水量较大、岸坡平缓、岸边无建泵房条件的大河中。

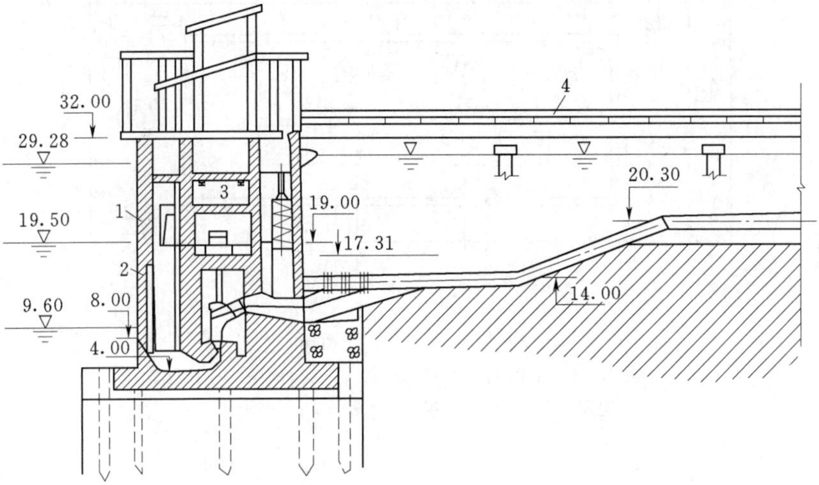

图 3-11 桥墩式取水构筑物

1—进水间；2—进水孔；3—泵房；4—引桥

3.2.3.3 潜水泵取水构筑物

在水位变化较大的河流上，如岸边地质条件较好，岸边较陡，水质较好且有足够的水深时，可用潜水泵直接取水。此种构筑物不需要泵房，只需要建配电间，对大型潜水泵需建吸水井。因此，其结构简单，节约土建费用，当水位变幅大时尤为突出；安装维护方便，运行噪音小，但发生故障时检修困难。

3.2.4 活动式取水构筑物

活动式取水构筑物中，水泵能随水位涨落而移动。采用活动式取水构筑物可省去固定式泵房、集水间等构筑物，节省投资，当水位变化较大时尤为显著，且设备简单，建设速度快。它有两种形式：浮船式和缆车式。

3.2.4.1 浮船式取水构筑物

浮船式取水构筑物是将水泵安装在浮船上，以适应水位涨落，适应性与灵活性较强，能经常取得含沙量较少的表层水，但安全可靠性较差。浮船式取水构筑物由装有水泵的浮船、敷设在岸坡上的输水管及连接输水管与浮船的活动联络管组成。

1. 浮船

浮船的数目应根据供水规模、供水安全程度等因素确定。浮船上的水泵布置要紧凑，操作检修方便，并应特别注意浮船的平衡与稳定。因此，浮船一般做成平底囤船形式，平面为矩形、断面为梯形或矩形。

水泵机组在平面上常呈纵向排列，重心稍偏于吸水侧，以保持船体稳定。水泵的竖向布置有上承式和下承式两种，上承式的水泵机组安装在甲板上，设备安装操作方便，通风条件好，船体结构简单，可使用各种船体。但重心高，稳定性差。下承式的水泵机组安装在船底骨架上，其优缺点与上承式相反，吸水管需穿过船壁，只适用于钢板船。图3-12为取水浮船平面布置；图3-13为取水浮船竖向布置。

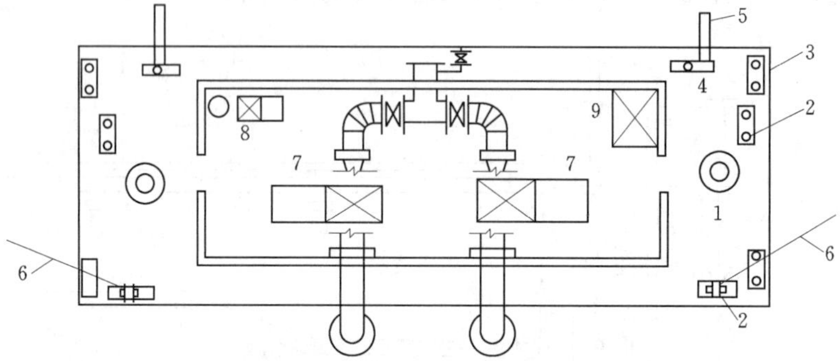

图3-12 取水浮船平面布置

1—绞盘；2—系缆桩；3—导缆钳；4—撑杆桩；5—撑杆；6—钢缆绳；7—水泵机组；8—真空泵；9—配电设备

(a) (b)

图3-13 取水浮船竖向布置

(a) 上承式；(b) 下承式

2. 联络管与输水管

浮船随河流水位涨落而升降，随风浪而摇摆，因此，船上的水泵压水管与岸边的输水管之间采用的联络管应当转动灵活。常用的连接方式有阶梯式和摇臂式。

(1) 阶梯式连接。阶梯式连接包括柔性连接和刚性连接，柔性连接如图3-14所示，采用两端带有法兰接口的橡胶软管作为联络管。刚性连接如图3-15所示，采用两端各有一个万向球接头的金属管作为联络管。

(2) 摇臂式连接。套筒接头摇臂式连接的联络管由钢管和几个套筒旋转接头组成。水位涨落时，联络管可以围绕岸边支墩上的固定接口转动。由于一个套筒接头只

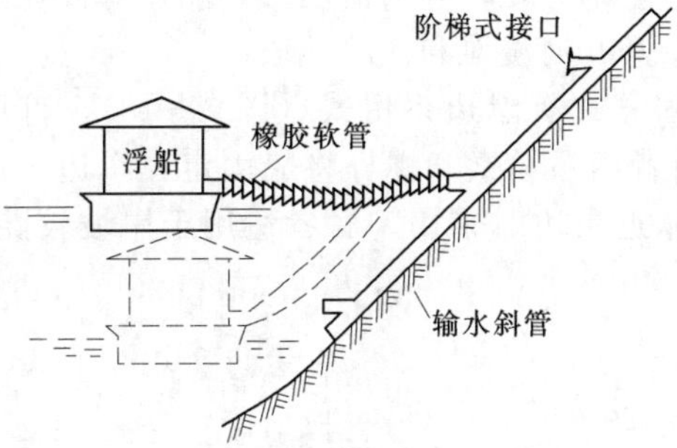

图 3-14 柔性联络管阶梯式连接

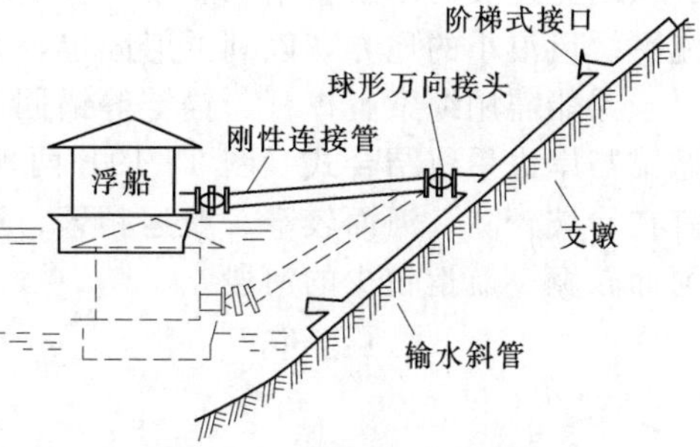

图 3-15 刚性联络管阶梯式连接

能在一个平面上转动，因此一根联络管上需要设置 5 个或 7 个套筒接头，才能适应浮船上下、左右和摇摆运动。图 3-16 和图 3-17 所示为摇臂式套筒接头连接。

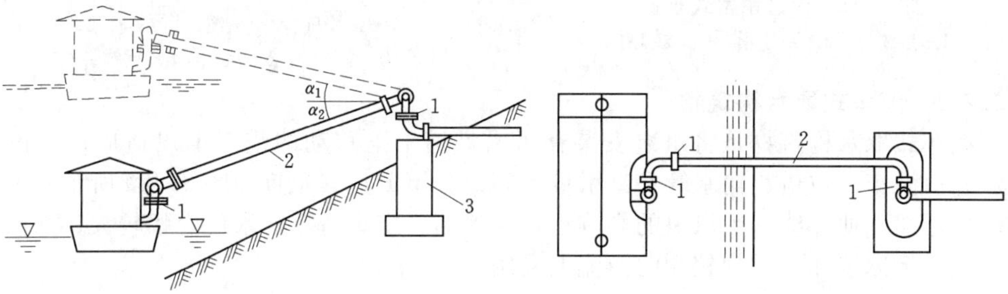

图 3-16 摇臂式套筒接头连接（Ⅰ）

1—套筒接头；2—摇臂连接管；3—支墩

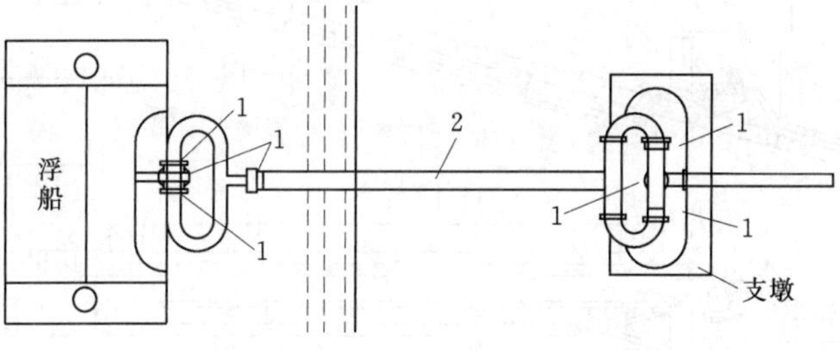

图 3-17 摇臂式套筒接头连接（Ⅱ）

1—套筒接头；2—摇臂连接管

（3）输水管。输水管一般沿岸坡敷设。当采用阶梯式连接时，输水管上每隔一定距离设置叉管，叉管高差 1.5～2.0m。在常年低水位处布置第一个叉管，然后按高差布置其余叉管。当有两条以上输水管时，各条输水管上的叉管在高程上应交错布置，以便浮船交互位移。

3. 浮船位置选择与固定

浮船位置选择除符合地表水取水构筑物位置选择的基本要求外，还要有适宜的岸坡，因为过缓的岸坡会增加联络管长度，且移船不方便，容易搁浅。浮船还应设在水流平缓风浪小的地方，以利浮船固定，并尽量避开河漫滩和浅滩地段。

浮船需用缆索、撑杆、锚链等锚固。锚固方式有岸边系留式（图3-18）、首尾抛锚与岸边系留结合式（图3-19）两种。前者用系缆索和撑杆将船固定在岸边，适宜在岸坡较陡、河面较窄、航运频繁、浮船靠近岸边时采用。后者适用于岸坡较陡、河面较宽、航运较少的河段。

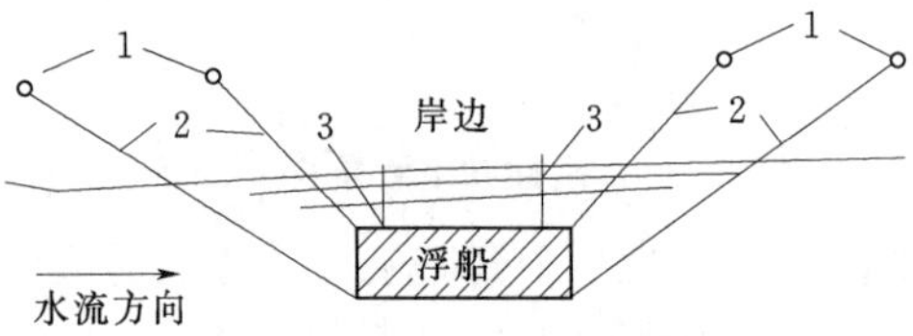

图3-18 岸边系留式布置

1—系缆桩；2—系缆索；3—支撑杆

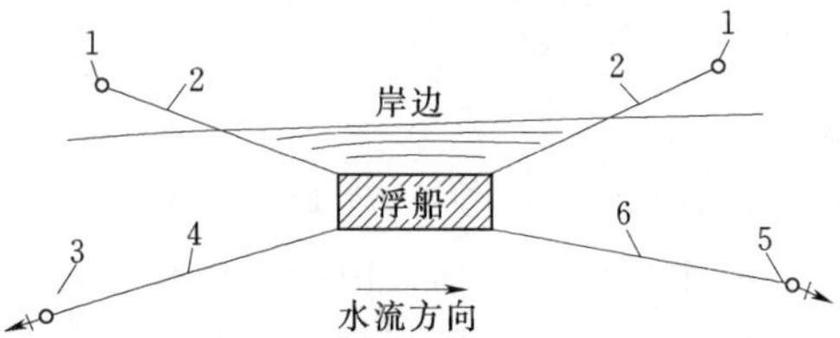

图3-19 船首尾抛锚与岸边系留结合式布置

1—系缆桩；2—系缆索；3—首锚；4—首锚链；5—尾锚；6—尾锚链

3.2.4.2 缆车式取水构筑物

缆车式取水构筑物是将水泵安装在可沿坡道上下移动的缆车上以适应水位的变化。它由泵车、坡道、输水管和牵引设备等部分组成，其布置如图3-20所示。缆车移动比浮船方便，缆车受风浪的影响小，比浮船稳定。适宜在水位变幅较大、涨落速度不大、无冰凌和漂浮物较少的河流上采用。

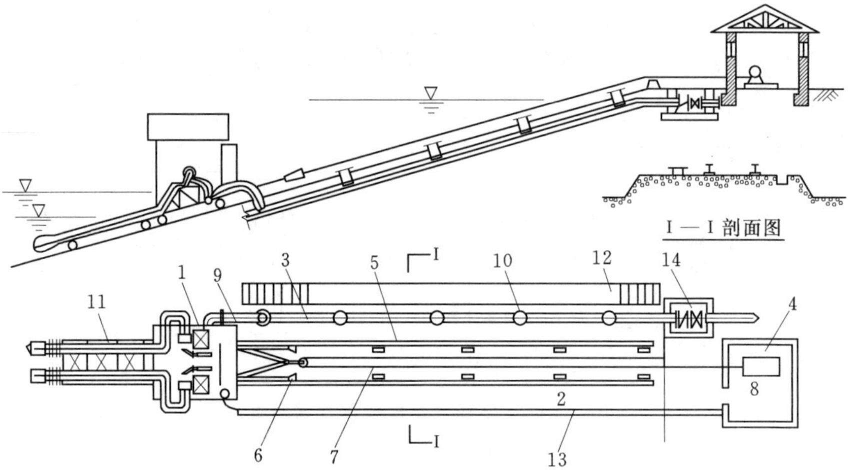

图3-20 缆车式取水构筑物布置

1—泵车；2—坡道；3—输水管；4—绞车房；5—钢轨；6—挂钩座；7—钢丝绳；8—绞车；9—联络管；10—叉管；11—尾车；12—人行道；13—电缆沟；14—阀门井

1. 泵车

泵车是由型钢组成的三角形桁架结构，顶面呈水平，铺以面板形成平台，以安装水泵机组。主桁架装有2～6对滚轮，以便沿斜坡滚动。小型供水一般设置一部泵车。供水量较大供水安全性要求较高时，泵车应不少于两部，每部泵车上不少于两台水泵。

泵车上水泵机组的布置要紧凑，操作检修要方便，并要特别注意泵车的稳定和振动问题。小型水泵机组宜采用平行布置（图3-21）；大型机组宜采用垂直布置（图3-22）。

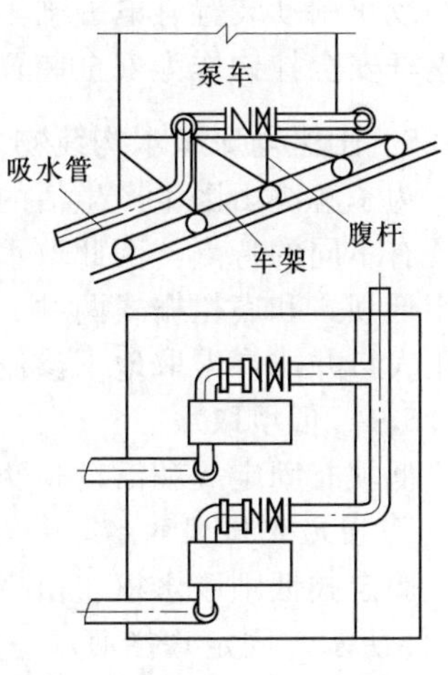

图3-21 水泵平行布置的泵车

2. 坡道

坡道有斜坡式（图3-20）和斜桥式（图3-23）两种，其坡度一般为10°～25°。当岸坡地质条件较好，坡度适宜时，可直接在岸坡上做基础铺轨道，此为斜坡式坡道。当岸坡较陡或河岸地质条件较差时，在斜坡上建一列由低到高的排架，排架顶设有钢筋混凝土连续梁，用以铺设泵车轨道，此为斜桥式坡道。坡道上除设有轨道外，还设有输水管、电缆沟、泵车安全挂钩、接管平台及人行道等。当坡道上有泥沙淤积时，应在尾车上设置冲沙管及喷嘴。

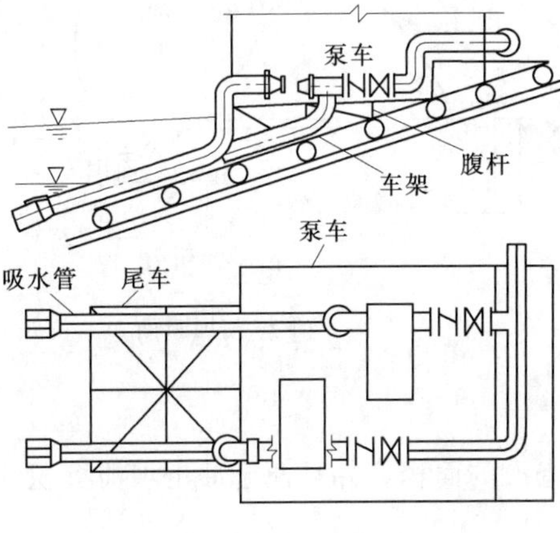

图3-22 水泵垂直布置的泵车

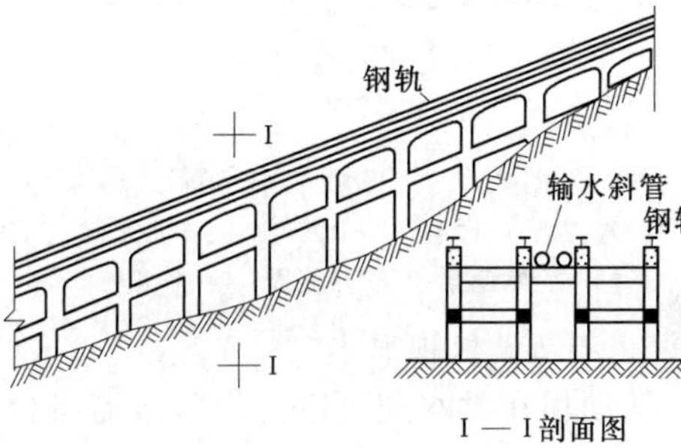

图3-23 斜桥式坡道

3. 输水管

通常一部泵车设置一根输水管。输水管沿斜坡或斜桥敷设。管上每隔一定距离设置三通或斜三通，以便与联络管相接。

水泵出水管与输水管接口也应设置活动接头，以便移车时易于对准。活动接头有橡胶软管、球形万向接头、套筒旋转接头和曲臂式活动接头等。

4. 牵引设备

牵引设备由绞车及连接泵车和绞车的钢丝绳组成，绞车设在洪水位以上岸边的绞车房内。小型泵车可用人工绞车，牵引力在50kN以上适宜用电动绞车。为了保证泵车运行安全，防止因事故使泵车滑入水中，在绞车和泵车上都必须设置制动保险装置。绞车制动装置有电磁刹车和手刹车。泵车在固定时，一般采用螺栓夹板式保险卡或钢杆安全挂钩作为安全装置。泵车在移动时采用钢丝绳挂钩作为安全装置。

3.2.5 山区河流取水构筑物

为了解决山区生产生活的给水问题，常常从山区河流取水。山区河流与一般平原河流有不同的特点，因此取水方式也有所不同。根据山区河流的特点，取水构筑物常采用低坝式和底拦栅式两种。当河床透水性较好、含水层较厚、水量较丰富时，亦可采用大口井或渗渠取地下渗流水。

3.2.5.1 低坝取水

低坝有固定式和活动式两种。

1. 固定式低坝取水

固定式低坝取水枢纽由拦河低坝、冲砂闸、进水闸或取水泵站等部分组成，如图3-24所示。固定式拦河坝一般作成溢流坝形式，坝高1～2m。坝身通常用混凝土或浆砌块石建造。为了防止溢流坝在溢流时河床遭受冲刷，在坝下游一定范围内需用混凝土或浆砌块石铺筑护坦。护坦上有时设有齿槛、消力墩等辅助消能设施。

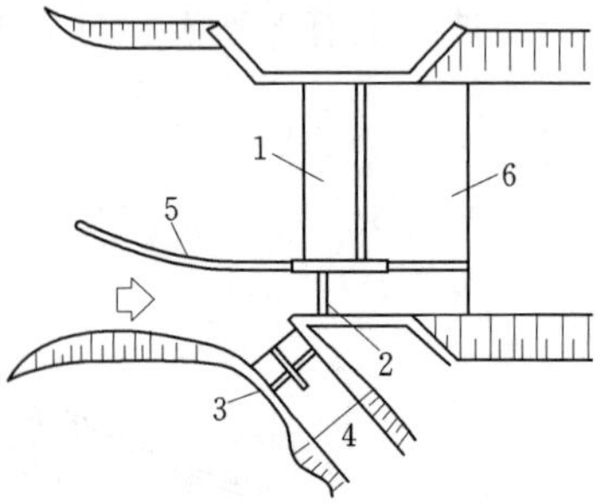

图3-24 低坝取水布置

1—溢流坝（低坝）；2—冲砂闸；3—进水闸；4—引水明渠；5—导流堤；6—护坦

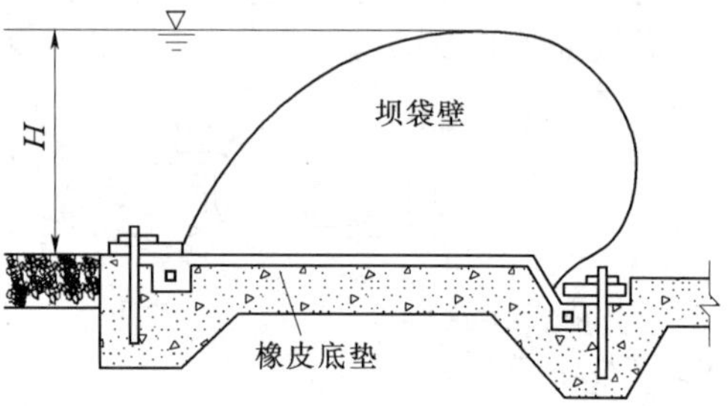

图3-25 袋形橡胶坝断面

2. 活动式低坝取水

活动坝在洪水期可以开启，故能减少上游淹没的面积，并且便于冲走坝前沉积的泥沙，因此采用较多。

低水头活动坝种类较多，设有活动闸门（平板闸门或弧形闸门）的水闸是其中常用之一，既能挡水，也能引水和泄水。近年来逐渐采用橡胶坝、浮体闸、翻板闸等新型活动坝。

（1）橡胶坝。橡胶坝有袋形和片形。袋形橡胶坝如图3-25所示，它是用合成纤维织成的帆布，布面塑以橡胶粘合成一个坝袋，锚固在坝基和边墙上，然后用水或空气充胀，形成坝体挡水。当水或空气排除后，坝袋塌落便能泄水，类似活动闸门，目前应用较多。其优点是施工简单，管理方便，节约投资；缺点是易磨损、老化、寿命短。

（2）浮体闸。浮体闸是由一块可以转动的主闸板，两块可以折叠的上、下副闸板，用铰连接起来，与闸底板、闸墙用橡皮等止水设备封闭而成的一个可以折叠的密闭体，如图 3-26 所示。

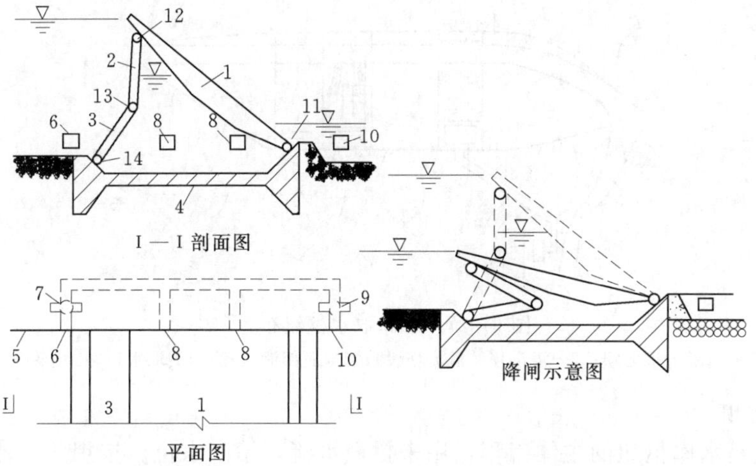

图 3-26 浮体闸布置

1—主闸板；2—上副闸板；3—下副闸板；4—闸底板；5—闸墙；6—进水口；7—进水闸门；8—闸腔进出水口；9—放水闸门；10—放水口；11—后铰；12—顶铰；13—中铰；14—前铰

当闸腔内充水时，主闸板便绕后铰旋转上升，并带动副闸板同时上升，起挡水作用。当闸腔内的水排出时，上、下副闸板受到上游水压的作用而绕其连接铰折叠，带动主板同时降落，便能泄水。其优点是不需启闭机、工作桥和中墩，投资少、节约材料，且管理方便；缺点是闸门检修、闸前淤积及闸腔排泥不易解决。适用于杂质、泥沙较少的河流。

3.2.5.2 底栏栅取水构筑物

通过坝顶带栏栅的引水廊道取水，称为底栏栅取水构筑物。

底栏栅取水构筑物由拦河低坝、底栏栅、引水廊道、沉砂池和取水泵站等组成。在拦河低坝上设有进水底栏栅及引水廊道。河水流经坝顶时，一部分通过栏栅流入引水廊道，经过沉砂池去除粗颗粒泥沙后，再由水泵抽走。其余的河水经坝顶溢流，并将大粒径泥沙、漂浮物及冰凌带至下游。

3.2.6 湖泊和水库取水构筑物

与河流中的水不同，湖泊和水库中的水流速很小，受阳光照射作用，表层水温会有所升高，水中又有大量的养分，因此会出现浮游生物繁殖，使水具有颜色和臭味。另外由于水库中的水不断蒸发，使水中矿物盐类不断浓缩，从而造成含盐量增高。在风力作用下，湖泊和水库中常会产生大的波浪，水库蓄水后致使库岸土壤湿化，在风浪作用下，易产生库岸崩塌现象。因此，在选址、施工、管理时要考虑到以上湖泊和水库中水的这些特征。

3.2.6.1 水库取水枢纽的组成

取水枢纽常由拦河坝、泄水建筑物及取水构筑物组成，其布置如图 3-27 所示。

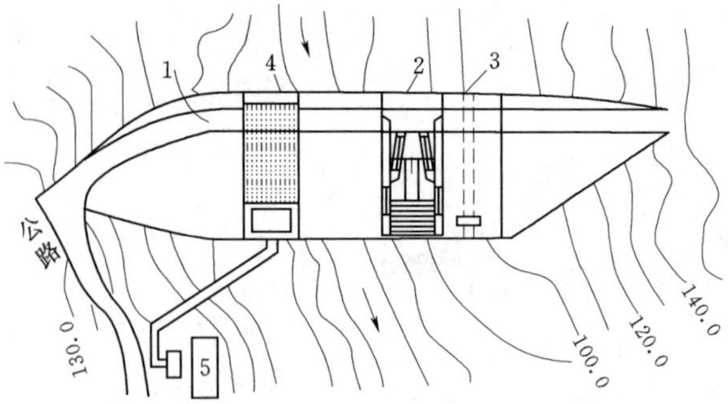

图 3-27　水库取水枢纽布置

1—混凝土重力坝；2—溢洪坝（溢流坝段）；3—底部泄水孔；4—取水口；5—泵房

1. 拦河坝

拦河坝是水库枢纽的主体工程，用来拦截水流，抬高水位。按坝的功能分为溢流坝和非溢流坝；按建坝的材料分为土坝、堆石坝、混凝土坝、钢筋混凝土坝；按坝的结构特点分为重力坝、拱坝、肋墩坝。

2. 泄水建筑物

泄水建筑物用以排泄水库中过量的水，泄水建筑物有泄水孔和溢洪道，它可以设在坝身上，也可以设在河岸上。坝身泄水孔多数设在土坝、堆石坝坝基上。河岸式泄水孔是在河岸的岩石山腰里开挖隧道泄水。设在坝身的溢洪道就是溢流坝，通常用于

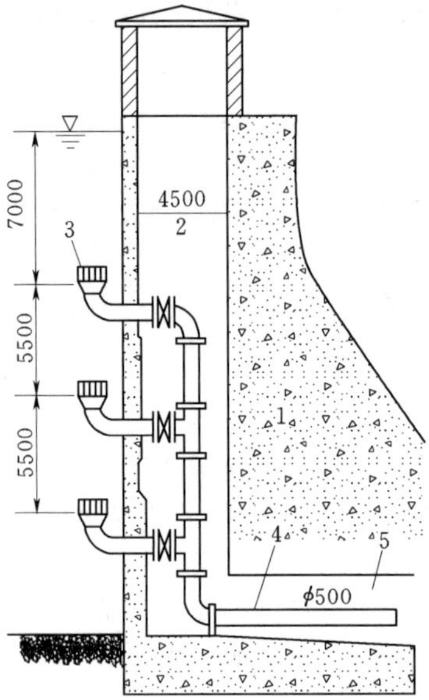

图 3-28　与坝身合建的取水塔

1—混凝土坝；2—取水塔；3—喇叭管进水口；4—引水管；5—廊道

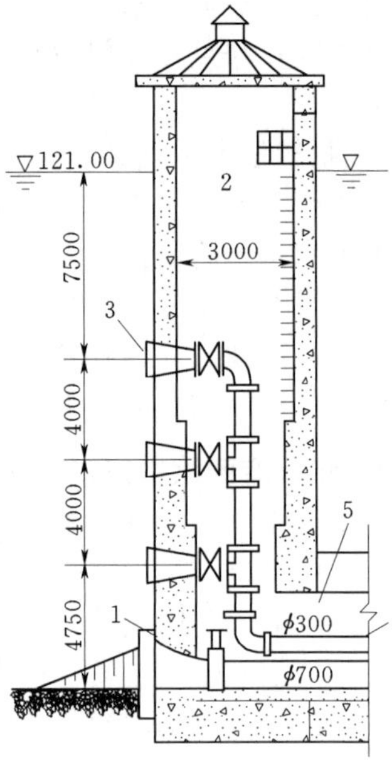

图 3-29　与底部泄水口合建的取水塔

1—底部泄水口；2—取水塔；3—喇叭管进水口；4—引水管；5—廊道

混凝土坝。坝顶设闸门控制溢流，坝下游需要设置消力池等消能设备。

3.2.6.2 水库取水构筑物

水库的水质随水深、季节的变化而变化，所以水库取水多采用分层取水方式。水库取水构筑物可与坝、泄水口合建或分建。

1. 与坝、泄水口合建的取水构筑物

一般采用取水塔取水。取水塔可与坝身合建（图 3-28），也可与底部泄水口合建（图 3-29）。取水塔有矩形、圆形、半圆形；塔身上一般设置 3、4 层喇叭管进水口，每层进水口高差约 4～8m，以便分层取水，最底层进水口应设在死水位以下约 0.2m 处，进水口上设有格栅和控制闸门。进水竖管下面接引水管，将水引至泵站吸水井。引水管敷设于坝身廊道内，或者直接埋设在坝身内。泵站吸水井一般为承压密闭式，以便充分利用水库的水头。

2. 单独设立的取水构筑物

单独设立的水库取水构筑物，与江河取水构筑物类似，可采用岸边式、河床式、浮船式，亦可采用取水塔。

湖泊取水构筑物一般采用岸边式或河床式。

3.3 地下水取水构筑物

由于地下水的类型、埋深、含水层性质及厚度各不相同，所以开采和收集地下水的方法和取水构筑物的类型也各不相同。开采收集地下水的构筑物有管井、大口井、渗渠、辐射井及引泉构筑物等。

3.3.1 地下水取水构筑物的位置选择

地下水取水构筑物的位置选择主要取决于水文地质条件和用水要求。在选择地点时，应考虑下列基本情况：

（1）取水地点应与城市或工业总体规划相适应。

（2）应位于出水丰富、水质良好的地段。

（3）应尽可能靠近主要用水地区。

（4）应有良好的卫生防护，免遭污染。在易污染地区，城市生活饮用水的取水地点应尽可能设在居民区或工业区的上游。

（5）应考虑施工、运转，维护管理方便，不占农田或少占农田。

（6）应注意地下水的综合开发利用。

3.3.2 管井

管井又称为机井。井壁和含水层中进水部分为管状结构。按是否贯穿整个含水层，可分完整井和非完整井，如图 3-30 所示。

管井的直径一般为 50～1000mm，常用 150～600mm，井深一般为 20～1000m。随着凿井技术的不断发展，直径大于 1000mm，井深大于 1000m 的管井已有所使用。

管井施工方便，且适用于各种岩性、埋深、厚度和多层次的含水层，因而管井是应用最广泛的一种地下水取水构筑物。

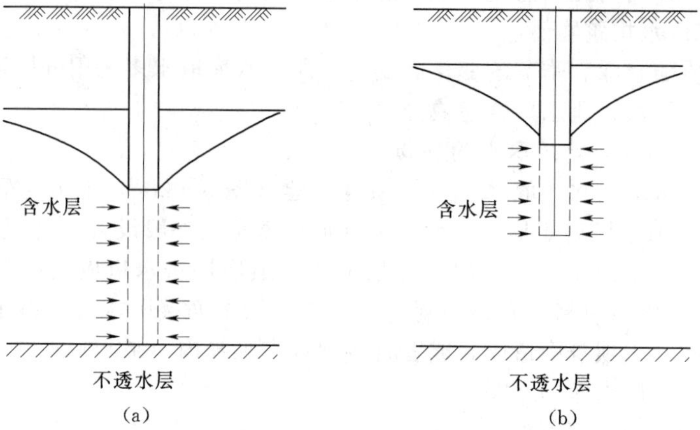

图3-30　管井
(a) 完整井；(b) 非完整井

管井由井室、井壁管、过滤器及沉淀管等组成，其构造如图3-31所示。

3.3.2.1　井室

井室是用来放置各种设备、保护井口免受污染并进行维修管理的场所。根据抽水设备的不同分为深井泵井室、潜水泵井室、卧式泵井室；根据井室结构形式的不同又分为地面式、地下式、半地下式。

深井水泵的管井，井室一般为深井泵站。深井泵站可以设于地面、地下或半地下。图3-32为地面式和地下式深井泵站的布置。

当管井采用深井潜水泵时，还可简化井室构造，其构造如图3-33所示。

地面式井室采光通风条件好，维护管理方便；地下式井室防寒条件好，便于厂区规划。为保证井室内设备有良好的运行维护环境，井室应有一定的采光、通风、防水和防潮设施。井口应高出地坪0.3～0.5m，以免井室积水流入井内。为防止含水层被污染，井口四周一般用黏土或水泥等不透水材料封闭，封闭深度根据地质条件确定，一般不小于3m。井室内地坪也宜用不透水材料铺设。

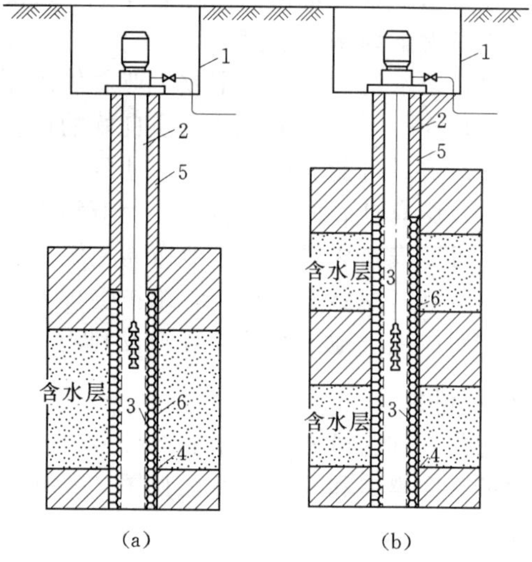

图3-31　管井的一般构造
1—井室；2—井壁管；3—过滤器；4—沉淀管；5—黏土封闭；6—规格填砾

3.3.2.2　井壁管

井壁管的作用是加固井壁，隔离水质不好或水头较低的含水层。井壁管应具有足够的强度，内壁要光滑圆整，以便安装抽水设备和对井的清洗与维修。管材可采用钢管、铸铁管、钢筋混凝土管、石棉水泥管、塑料管等。

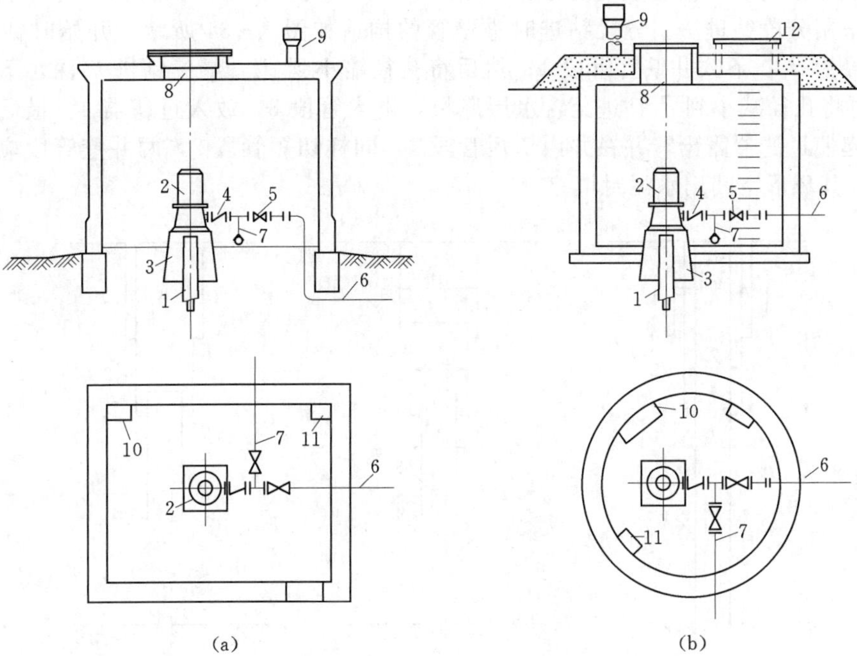

图 3-32　深井泵站布置

(a) 地面式深井泵；(b) 地下式深井泵

1—井管；2—水泵机组；3—水泵基础；4—单向阀；5—阀门；6—压水管；7—排水管；8—安装孔；9—通风孔；10—控制柜；11—排水孔；12—人孔

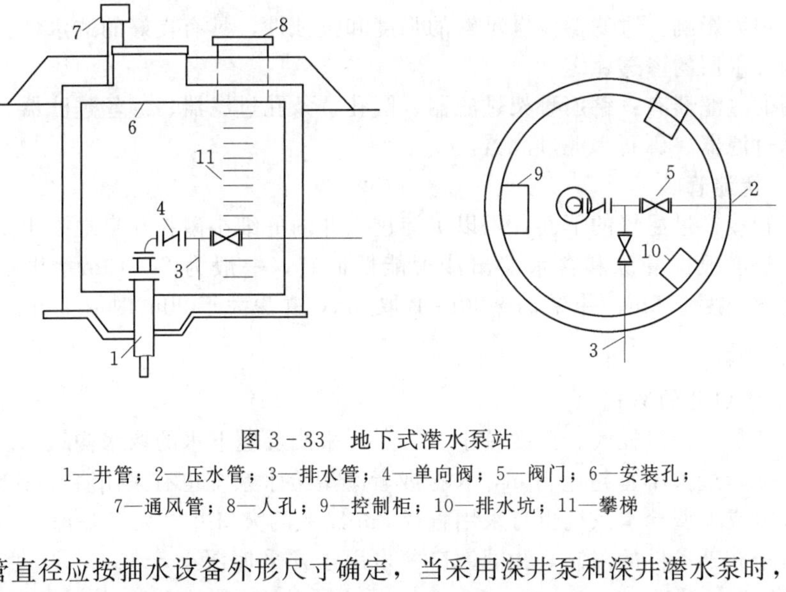

图 3-33　地下式潜水泵站

1—井管；2—压水管；3—排水管；4—单向阀；5—阀门；6—安装孔；7—通风管；8—人孔；9—控制柜；10—排水坑；11—攀梯

井壁管直径应按抽水设备外形尺寸确定，当采用深井泵和深井潜水泵时，井壁管内径应大于水泵井下部分最大外径 100mm。在井深不大、含水层稳定的情况下，采用同一直径钻头一次钻进成孔的方法（如图3-31所示）。当井深较大，含水层不够稳定时采用分段钻进法。分段钻进时进壁管的构造如图3-34所示，开始时钻进h_1深、孔径为d_1，下入井壁管管段1；然后将孔径缩小到d_2，继续钻进h_2深，下入管段2；再将孔径减小到d_3钻进至含水层底板，下入管段3，放入过滤器4。最后将管段3拔起使过滤器露出，并在井内切短管段3，同样切短管段2，两井壁管段应重叠3～5m，其环形空间用水泥封填。

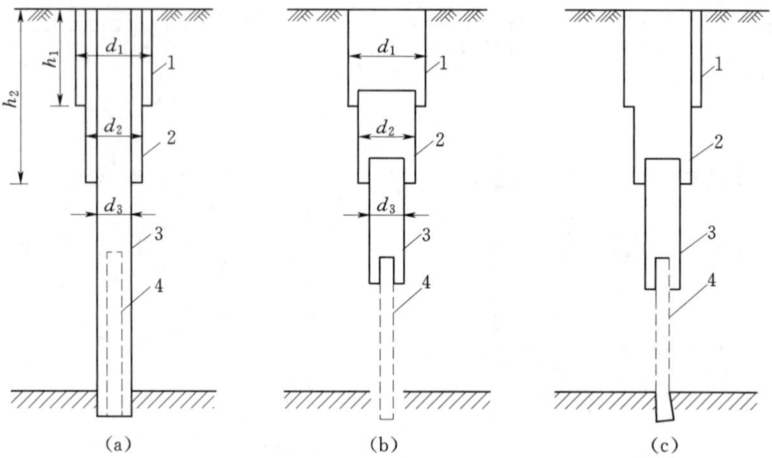

图3-34　分段钻进时井壁管的构造

3.3.2.3　过滤器

过滤器是管井的进水部分，安装于含水层中，对收集的水起到过滤的作用。过滤器是管井的重要部分，它的构造、材质、施工安装质量对管井的出水量、含沙量和工作年限有很大影响。过滤器应有足够的强度和抗蚀性，具有良好的透水性且能保持人工填砂和含水层的渗透稳定性。

常用的过滤器有：钢筋骨架过滤器、圆孔、条孔过滤器、缠丝过滤器、包网过滤器、填砾过滤器、砾石水泥过滤器。

3.3.2.4　沉淀管

沉淀管接在过滤器的下面，用以沉淀进入井内的细小砂粒和自地下水中析出的沉淀物，其长度根据井深和含水层出沙可能性而定，一般为2～10m。井深小于20m时，沉淀管长度取2m，井深21～90m时取5m，井深大于90m时取10m。

3.3.3　大口井

3.3.3.1　大口井的形式

大口井是一种口径大、深度较小、广泛开采浅层地下水的取水构筑物。其直径一般在5～8m，最大不宜超过10m，农村或者小型给水系统也有采用直径小于5m的大口井，城市或大型给水系统也有采用直径8m以上的大口井。大口井深度一般在15m以内，由于施工条件的限制，我国大口井多用于开采埋深小于12m，厚度在5～20m的含水层。

大口井分为完整式和非完整式，如图 3-35 所示。完整式大口井贯穿整个含水层，仅从井壁进水，可用于颗粒粗、含水层较薄（5～8m）、埋深浅的含水层。这种形式的大口井，井壁的进水孔易堵塞，影响进水效果，故采用较少。非完整式大口井未贯穿整个含水层，井壁、井底均可进水，由于其进水范围大，集水效果好，故大多数大口井都为非完整式。

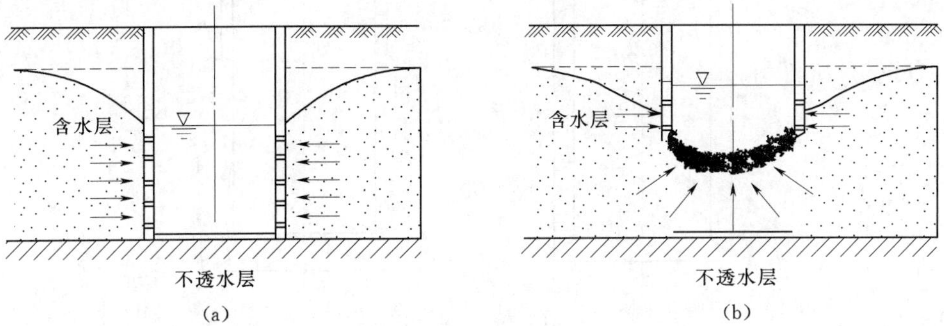

图 3-35　大口井
(a) 完整式；(b) 非完整式

大口井的优点是构造简单，取材容易，使用年限长，容积大能兼起调节水量；缺点是深度不大，对水位变化适应性差，采用时必须注意地下水位的变化趋势。大口井多用在中小城镇和农村。

3.3.3.2　大口井的构造

大口井由井筒、井口及进水部分组成，如图 3-36 所示。

1. 井筒

井筒是大口井的主体，通常用钢筋混凝土或砖、石等材料做成，用以加固围护井壁，支承含水层，形成大口井的腔室，同时隔离不良水质的含水层。

用沉井法施工的大口井，在井筒最下端应设钢筋混凝土刃脚，在井筒下沉过程中用以切削土层，便于下沉。为减小摩擦力和防止井筒下沉过程中受障碍物的破坏，刃脚外缘应凸出井筒 10～20cm。刃脚高度不小于 1.2m。

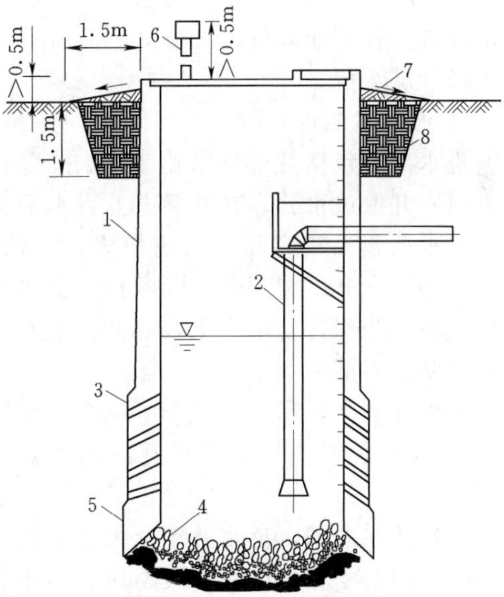

图 3-36　大口井的构造
1—井筒；2—吸水管；3—井壁透水孔；4—井底反滤层；5—刃脚；6—通风管；7—排水坡；8—黏土层

大口井外形通常为圆筒形，如图 3-37 (a) 所示，受力条件好，节省材料；对周围地层扰动较少，利于进水。但圆筒形井筒紧贴土层，下沉摩擦力较大，深度较大的大口井常采用阶梯圆形井筒，如图 3-37（b）所示。此种井筒为变断面结构，结构合理，具有圆形井筒的优点，下沉时可减小摩擦力。

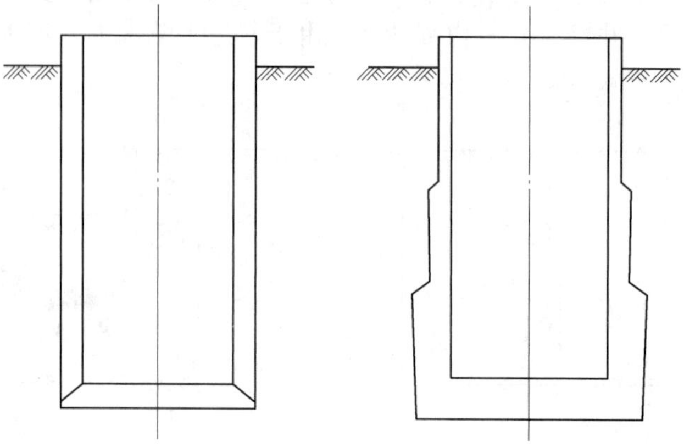

图 3-37 大口井的外形
（a）圆筒形；（b）阶梯圆筒形

2. 井口

井口为大口井露出地表的部分，其作用是保护井口免受污染。为防止井外地表污水从井口或沿井壁侵入，污染地下水，井口应高出地表 0.5m 以上，并在井口周边修建宽度为 1.5m 的黏土封闭带和排水坡。在井口以上部分，有的与泵合建在一起，如图 3-38 所示，其工艺布置要求与一般泵站相同；有的与泵站分建，只设井盖，井盖上部设进人孔和通风管，如图 3-36 所示。当有防洪要求时，井盖应密闭，通风管应高于设计洪水位。

3. 进水部分

进水部分包括井壁进水孔或透水井壁和井底反滤层。

（1）井壁进水孔。在井筒上开设水平孔或倾斜的孔，如图 3-39 所示。

水平孔施工较容易，采用较多，一般为直径 100～200mm 的圆孔或 100mm×150mm～200mm×250mm 矩形孔，交错排列于动水位以下的井壁部分，开孔率为 15%左右。为保持含水层的渗透性，孔内装填一定级配的滤料层，孔的两侧设置格网，以防滤料漏失。

斜形孔多为圆形，孔径 100～200mm，由内到外向下倾斜，与水平面夹角不大于 45°，孔外侧设有格网。斜形孔滤料稳定，易于填装、更换，是一种较好的进水孔形式。

（2）透水井壁。透水井壁由无砂混凝土制成，可以整体浇筑，也可以用 50cm×50cm×20cm 的无砂混凝土块砌筑。由于无砂混凝土强度较低，而大口井直径又较大，因此应每隔 1～2m 高度设置环向钢筋混凝土圈梁一道，以加强井壁强度，梁高通常为 0.1～0.2m。

（3）井底反滤层。将大口井的整个井底做成可以进水的砾石反滤层，井底进水面

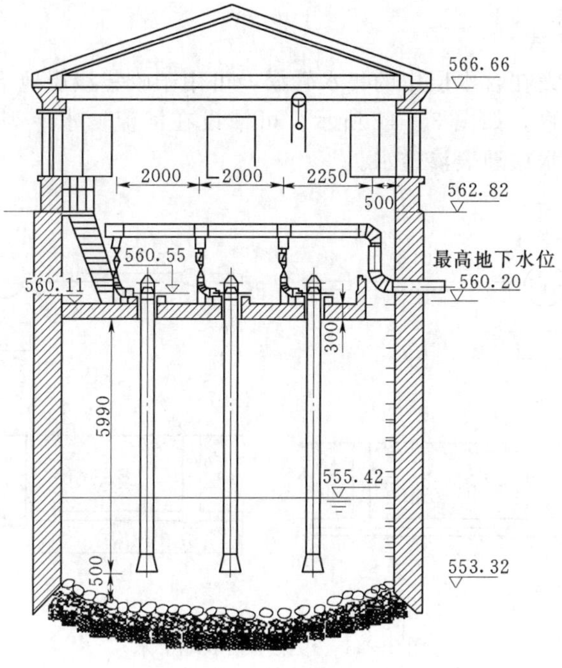

图 3-38 与泵站合建的大口井

积大，进水效果好，是大口井主要的进水部分。其构造如图 3-40 所示，反滤层铺成锅底状，一般为 3～4 层，滤料自下而上逐渐变粗，每层厚度为 200～300mm。含水层为细、粉砂时，层数和厚度应适当增加。由于刃脚处渗透压力较大，易涌砂，靠刃脚处滤层厚度增加 20%～30%。大口井能否达到应有的出水量，主要因素是井底反滤层，因孔壁进水孔易堵塞，主要依靠井底进水。如滤层铺设不均或滤料不合格都有可能导致堵塞和翻砂。

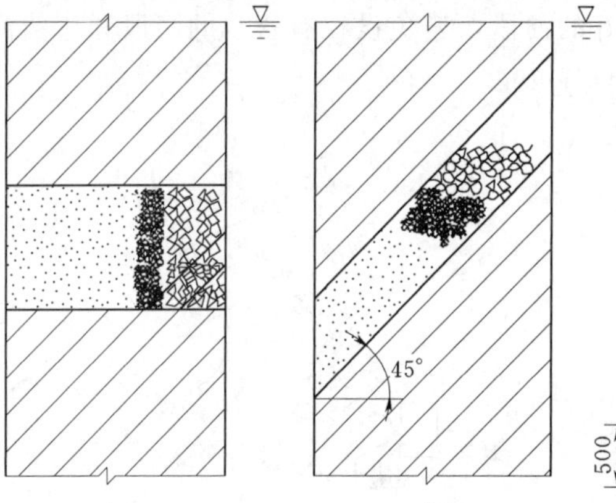

图 3-39 大口井井壁进水孔形式

(a) 水平孔；(b) 斜形孔

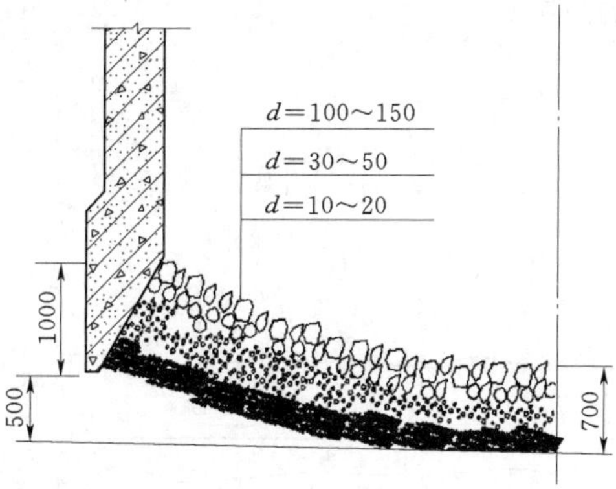

图 3-40 井底反滤层

3.3.4 渗渠

3.3.4.1 渗渠的形式

渗渠是水平埋设在含水层中的集水管渠，可用于收集浅层地下水，是一种水平向的地下水集区构筑物，如图 3-41 所示。可铺设在河流、水库等地表水体之下或旁边，集取河床地下水或地表渗透水。

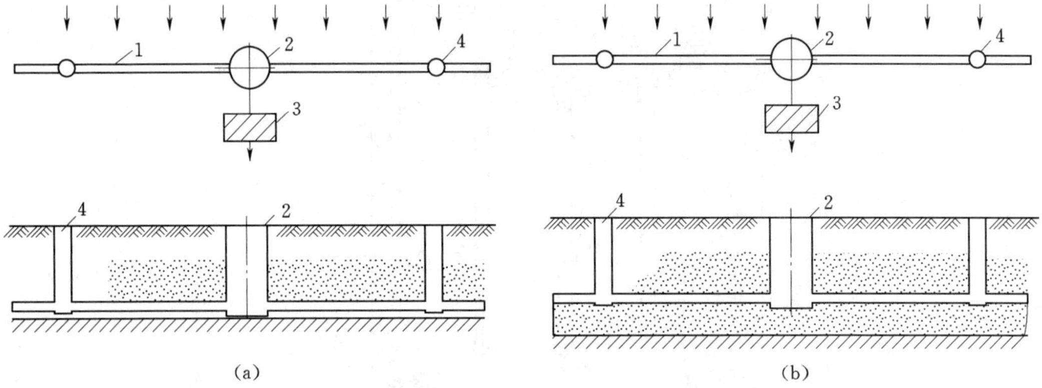

图 3-41 渗渠（集取地下水）

1—集水管；2—集水井；3—泵站；4—检查井

渗渠是靠开有孔眼的管或暗渠集水，主要依靠较大的长度增加出水量。渗渠埋深一般在 4～7m，很少超过 10m。因此渗渠通常适用于开采埋深小于 2m、厚度小于 6m 的含水层。渗渠也有完整式和非完整式之分。

3.3.4.2 渗渠位置的选择和布置方式

渗渠位置的选择不仅要考虑水文地质条件，还要考虑河流水文条件，一般原则有：

(1) 渗渠应选择在河床冲积层较厚、颗粒较粗的河段，并应避开不透水的夹层。

(2) 渗渠应选择在河流水力条件良好的河段，避免设在有壅水的河段和弯曲河段的凸岸。

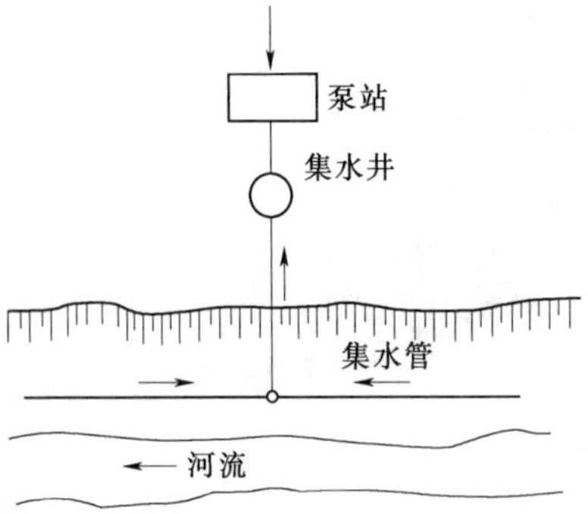

图 3-42 平行于河流布置的渗渠

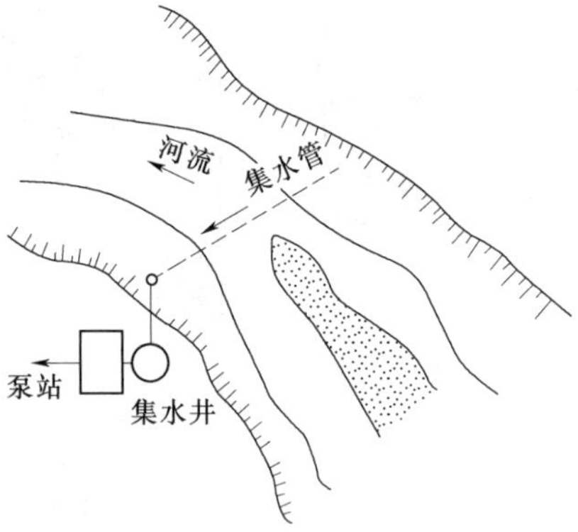

图 3-43 垂直于河流布置的渗渠

(3) 渗渠应设在河床稳定的河岸。

渗渠的布置方式应根据补给状况、河段地形、水文及施工条件等考虑，一般有以下几种情况：

(1) 平行于河流布置（图 3-42）。适用于河床潜流水和岸边地下水均较充沛，且河床稳定的河段。这种布置形式的优点在于枯水期可获得地下水的补给，有可能使渗渠全年水量均衡，且施工和检修均较方便。

(2) 垂直于河流布置（图 3-43）。适用于岸边地下水补给较差，河流枯水期流量很小，河流主流摆动不定，河床冲积层较薄的河段。这种布置形式的优点是能最大限度地截取潜流水。其缺点是施工、检修均较困难；出水量水质受河流水位、水质影响较大，易于淤塞。

(3) 平行和垂直组合布置（图 3-44）。这种形式能充分截取潜流水和岸边地下水，产水量较稳定。

对集取地下水的渗渠，应尽量使渗渠垂直于地下水流向布置。

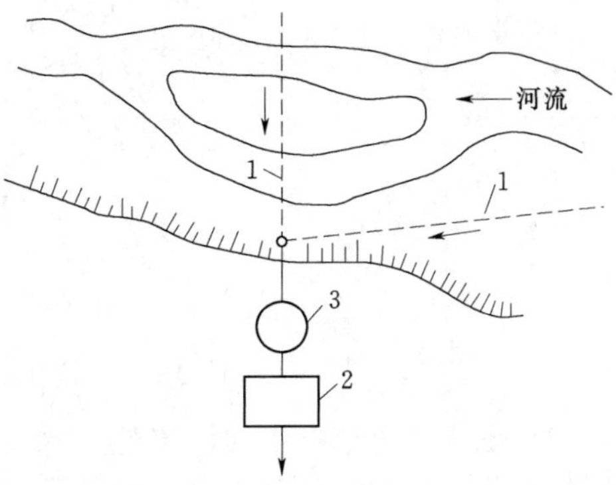

图 3-44 平行和垂直综合布置的渗渠

1—集水管；2—泵站；3—集水井

3.3.4.3 渗渠的构造

渗渠的基本组成部分有水平集水管渠、集水井、检查井和泵站。

集水管渠常用钢筋混凝土管和混凝土管，也可用带缝隙的干砌块石或装配式钢筋混凝土构件做成城门洞形暗渠。

钢筋混凝土集水管内径一般在 600～1000mm 左右，管上开设圆形和条形进水孔：圆孔直径为 20～30mm；条孔宽度为 20mm，长度 60～100mm 左右。孔眼内大外小，交错排列在管渠上 1/2～2/3 圆周部分。孔眼净距按结构强度要求考虑，其开孔率不超过 15%。集水管之外需铺设人工反滤层。

集水井是用来汇集集水管来水，并安装水泵吸水管，同时兼有调节和沉沙作用，在小型给水工程中，集水井可作为清水池使用。集水井常修成圆形，其平面尺寸及容积应根据吸水管布置、调节容积和沉沙时间而定。集水井应封闭，以防洪水及杂物进入，上设进人孔和通风管。

为便于检修与清通，在集水管直线段每隔 50～150m 处、端部、转角处、断面变换处应设检查井。检查井下部直径不小于 1m，口径不小于 0.7m。井底设 0.5m 深的沉沙坑，井口高出地面 0.5m，并加盖。

3.3.5 辐射井

3.3.5.1 辐射井的分类

辐射井是由集水井与若干辐射状铺设的水平或倾斜的集水管组合而成。

按集水井本身取水与否，辐射井分为两种形式：

(1) 从不封底集水井与辐射管同时进水的辐射井。它适用于厚度较大的含水层，一般是 5～10m。但集水井与集水管的集水范围在高程上相近，相互干扰很大。

(2) 集水井封底，仅由辐射管集水的辐射井。它适用于较薄含水层（≤5m）。由于集水井封底、对于辐射管施工和维修均较方便。

按水的补给情况，辐射井可分为：

(1) 集取地下水的辐射井，如图 3-45 (a) 所示。

(2) 集取河流或其他地表水体渗透水的辐射井，如图 3-45 (b)、(c) 所示。

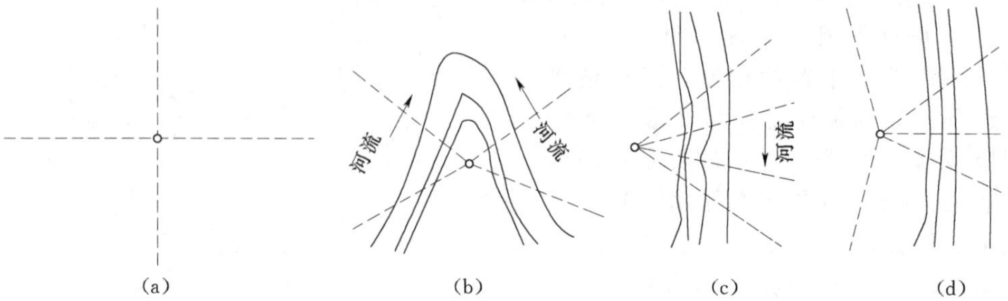

图 3-45　按补给条件分类的辐射井

(3) 集取岸边地下水和河床地下水的辐射井，如图 3-45 (d) 所示。按辐射管铺设方式分，辐射井可分为单层辐射管的辐射井和多层辐射管的辐射井。

辐射井与大口井、渗渠相比有很多的优点：

(1) 用于大口井不能开采的、厚度较薄的含水层。

(2) 用于渗渠不能开采的厚度薄、埋深大的含水层。

(3) 适用开发位于咸水上部的淡水透镜体。

(4) 辐射井进水面积大，其单井产水量居各类地下水取水构筑物之首。

(5) 管理集中，占地省，便于卫生防护。

辐射井的缺点：

(1) 施工难度较大。

(2) 辐射井产水量大小取决于水文地质条件（如含水层透水性和补给条件）和其他自然条件。很大程度上取决于辐射管的施工质量和施工技术水平。

3.3.5.2　辐射井的构造

辐射井由集水井和辐射管两个部分组成。

1. 集水井

集水井的作用是汇集辐射管的来水，安放抽水设备，并作为辐射管施工的场所。对于不封底的集水井还兼有取水井之作用。集水井的直径由安装抽水设备及辐射管施工要求而定，一般不应小于 3m。集水井通常采用圆形钢筋混凝土井筒，沉井法施工。

2. 辐射管

辐射管的形式有单层和多层。最下层距含水层底板应大于 1m，以利于进水，还应高于集水井井底 1.5m，以便顶管施工。各层要保持一定距离，当辐射管直径为 100～150mm 时，层间间距采用 1～3m。

辐射管的直径和长度，由水文地质条件和施工条件而定。辐射管直径为 50～250mm，常用 75～100mm；当管径 50～75mm 时，管长不超过 10m；管径 100～

250mm时，管长不宜超过30m。当地层补给条件好，透水性强，施工条件许可时，宜采用大管径。当在无压含水层中时，迎地下水水流方向的辐射管宜长一些。

辐射管孔眼可用圆孔或条形孔，孔径及条孔宽度应根据含水层粒径而定。孔眼应交错排列，开孔率15%～20%。为防止地表水沿集水井外壁下渗，除在井口外围填黏土外，在靠近集水井壁2～3m的辐射管上不穿孔眼。辐射管应有一定坡度向集水井倾斜。

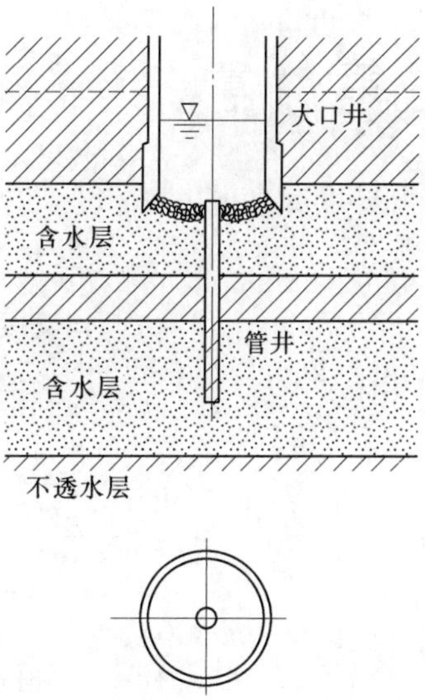

图3-46 复合井

3.3.6 复合井

3.3.6.1 复合井的形式

复合井是大口井与管井的组合，它由非完整式大口井和井底以下设有一根至数根管井过滤器所组成，如图3-46所示，也可以看成是大口井和管井上下重合的分层或分段取水系统。它适于地下水位较高、厚度较大的含水层。在水文地质条件适合的地区，可以广泛地用于城镇水源，还可以用于大口井的改建。

3.3.6.2 复合井的构造

复合井的大口井部分的构造与前述相同。复合井的过滤器直径一般为200～300mm，含水层较厚时，以采用非完整过滤器为宜，由于过滤器与大口井互相干扰，过滤器的有效长度应比管井稍大。

第4章 给水管网设计

4.1 输水管渠和配水管网布置形式

4.1.1 输水管渠布置

4.1.1.1 布置形式

在给水管网系统中，从水源至水厂或从水厂至给水区的管线称为输水管（渠），设计上对输水管线的基本要求是要保证沿线各节点所需的压力和流量。

输水系统的形式较多，不同的形式适用条件不同，可从不同的角度对系统进行分类：采用泵站加压获得所需压力的输水系统称为泵站加压输水管线系统，利用地形落差获得所需压力的输水系统称为重力输水管线系统；按照输水构筑物在运行过程中是否承受压力，又可分为有压管道输水系统和无压管渠输水系统。

有时根据具体情况，系统往往由几种形式组合而成，如图4-1所示，管段1—2的沿线地形比较平缓，可采用无压渠道；管段4—5穿越高地，采用无压隧洞；管段6—7、8—9采用倒虹管；管段2—3、3—4、7—8和9—10采用压力管，这种结合从技术和经济角度来说都是比较合理的。

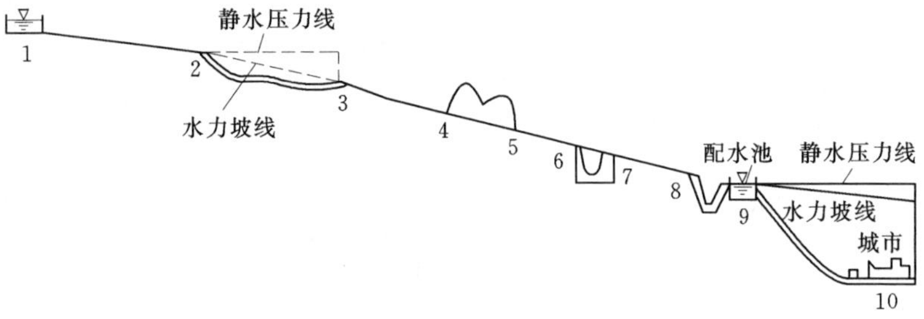

图4-1 无压和有压相结合的输水系统

近年来随着城市用水量不断增加，远距离大流量的输水工程日趋增多，在设计中，如何提高输水系统的可靠性和经济性显得尤为重要。为提高输水可靠性，可布设若干条平行管线，有时还在平行管线之间增加连接管，进一步提高输水可靠性；或者布设一条输水管，在其末端建造蓄水池等。

4.1.1.2 布置原则

（1）应能保证供水不间断，尽量做到线路最短，土石方工程量最小，工程造价低，施工维护方便，少占或不占农田。

（2）管线走向，有条件时最好沿现有道路或规划道路敷设。

（3）输水管应尽量避免穿越河谷、重要铁路、沼泽、工程地质不良的地段及水淹没的地区。

（4）选择线路时，应充分利用地形，优先考虑重力流输水或部分重力流输水。

（5）在输水管线的最高点上，一般应安装排气阀，以便及时排除管内空气。在输水管线的低洼处，应设置泄水阀及泄水管，泄水管接至河道或地势低洼处。

4.1.2 配水管网布置

4.1.2.1 布置形式

配水管网是将输水管线送来的水，分配给用户的管道系统。配水管网分为干管、分配管（或称配水管）和接户管（或称进户管）3类。干管的主要作用是输水至各用水地区，同时也向沿线用户供水，其管径均在100mm以上。分配管的主要作用是把干管输送来的水，配给接户管和消火栓，一般不予计算。接户管就是从分配管接到用户去的管线。

配水管网可分为树状管网，环状管网和混合管网3种类型（图4-2）。

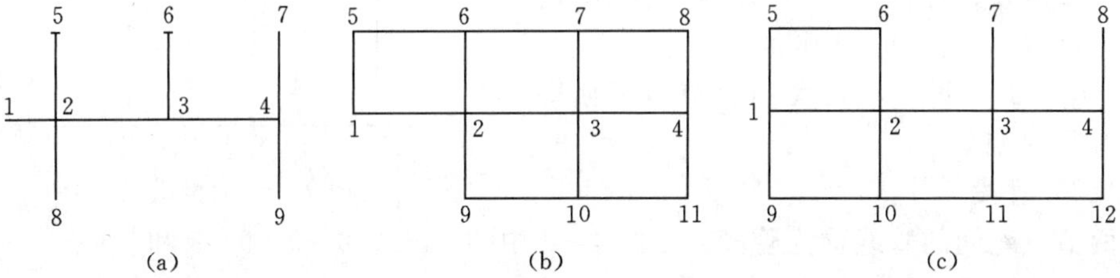

图4-2 配水管网布置形式

（a）树状管网；（b）环状管网；（c）混合管网

1. 树状管网

树状管网具有管线短、投资低、构造简单等优点；但其供水可靠性低，在用水量少时，管网末端水质较差。这类的管网适用于农村、工矿企业和新建城镇。

2. 环状管网

环状管网具有供水可靠性高、水质好和不易发生水锤等优点；但管线长、投资高、构造复杂。这类管网适用于大中城市。

3. 混合管网

混合管网兼有上述两种形式管网的优点。实际上，在城市中心往往布置成环状管网，城市外围用树状管网向外延伸，随着城市的发展，这部分树状管网逐渐扩展为环状管网。

4.1.2.2 布置原则

配水管网的布置和计算，通常只限于干管，干管布置原则如下：

(1) 干管布置的主要方向应按供水主要流向延伸，而供水的流向则取决于最大用水户或水塔等调节构筑物的位置。

(2) 通常为了保证供水可靠性，按照主要流向布设几条平行的干管，其间用连通管连接，这些管线以最短的距离配水到大用户。干管间距一般为500～800m。

(3) 干管一般按规划道路布置，尽量避免在高级路面或重要道路下敷设。管线在道路下的平面位置和高程应符合城市地下管线综合设计的要求。

(4) 干管应尽可能布置在高处，这样可以保证用户附近配水管中有足够的压力和减低干管内压力，以增加管道的安全。

(5) 干管的布置应考虑发展和分期建设的要求，并留有余地。

4.2 管 段 流 量

4.2.1 管网组成

管网由节点、管段和环组成，如图4-3所示。

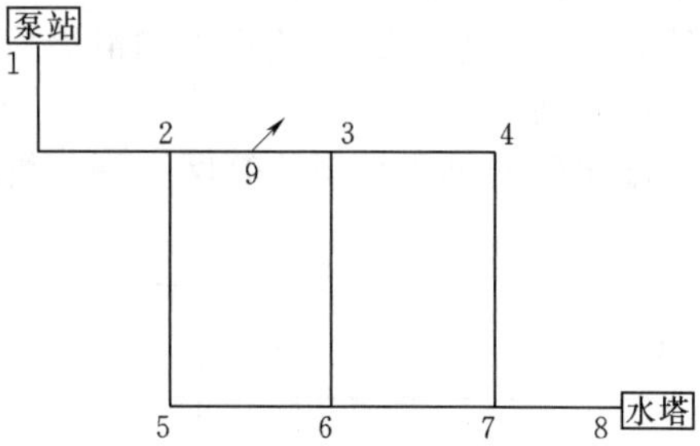

图4-3 管网组成

4.2.1.1 节点

管网中流量变化的点称为节点。节点包括：水源节点，如图4-3中的1点和8点；管段连接点，如图4-3中的2点、3点、4点、5点、6点和7点；大用户节点，如图4-3中的9点。

4.2.1.2 管段

两节点之间的管线称为管段，如图4-3中的1—2、2—9、9—3和7—8。

4.2.1.3 环

管段按顺序连接组成管线，如图4-3中的1—2—9—3—4—7—8。起点和终点重合的管线组成环。环包括：基环，如图4-3中的2—9—3—6—5—2和3—4—7—6—3；大环，如图4-3中的2—9—3—4—7—6—5—2。基环中不含其他基环，大环由若干个基环组成。

4.2.2 集中与分散流量

4.2.2.1 集中流量

企业和学校等大用户用水集中，其流量称为集中流量，如图4-4中的Q_1和Q_2等，这类流量可按照实际流量计算。

4.2.2.2 分散流量

居民用水分散，其流量称为分散流量，如图4-4中的q_1和q_2等，这类流量量大面广，若按照实际计算，计算量太大，应进行简化计算，通常是先将其简化为沿线流量，再简化为节点流量。

4.2.3 沿线流量

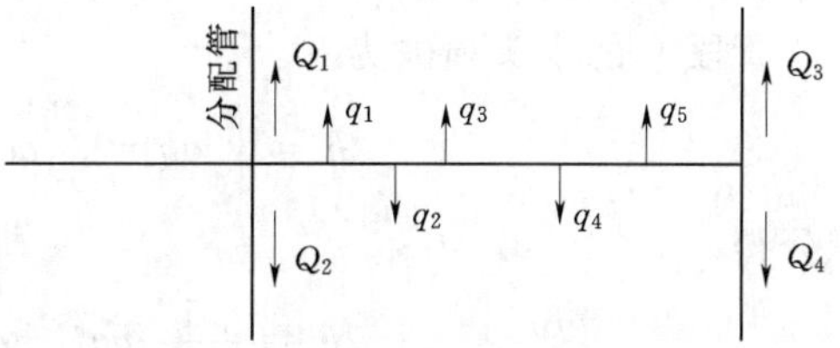

图 4-4 集中流量与分散流量

假定分散流量均匀地分布在全部干管上，其单位管线长度的流量叫做比流量

$$q_s = \frac{Q - \sum q}{\sum l} \tag{4-1}$$

式中：q_s为比流量；Q为管网总用水流量；$\sum q$为大用户集中流量之和；$\sum l$为干管总长度，m；不包括穿越广场、公园等无建筑地区的管线，只有一侧配水的管线，长度按一半计算。

比流量的大小随用水量的大小而变化，最高用水和转输用水时的比流量不同。对于人口密度不同和卫生设备条件不同的地区，应分区计算比流量。

根据比流量，可计算各管段的沿线流量

$$q_l = q_s l \tag{4-2}$$

式中：q_l为沿线流量，L/s；l为管段计算长度，m。

4.2.4 节点流量

管段流量由两部分组成：一部分是向该管段沿线用户配水的沿线流量q_l，；另一部分是向与该末端连接的其他管段供水的转输流量q_t。

管段沿程向用户配水，沿线流量顺水流方向逐渐减小，转输流量在该管段不变，管段起点流量为$q_l + q_t$，终点流量为q_t。管段流量沿程是变化的，不易计算管段水头损失，为解决这一问题，将沿线流量近似用节点流量代替，但要求节点流量和沿线流量产生的水头损失应相等。

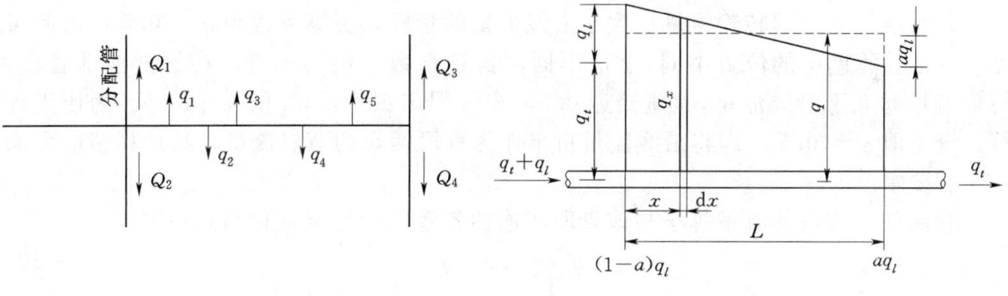

图 4-5 沿线流量折算成节点流量

图 4-5 中，管段任一断面的流量为

$$q_x = q_t + q_l \frac{L-x}{L} = q_l\left(\gamma + \frac{L-x}{L}\right) \tag{4-3}$$

其中
$$\gamma = \frac{q_t}{q_l}$$

根据水力学，管段 dx 水头损失为

$$dh = aq_x^n dx = aq_l^n \left(\gamma + \frac{L-x}{L}\right)^n dx \tag{4-4}$$

式中：a 为管段的比阻。

管段 L 的水头损失为

$$h=\int_0^L \mathrm{d}h=\int_0^L a q_l^n\left(\gamma+\frac{L-x}{L}\right)^n \mathrm{d}x \tag{4-5}$$

积分得

$$h=\frac{1}{n+1}a q_l^n\left[(\gamma+1)^{n+1}-\gamma^{n+1}\right]L \tag{4-6}$$

现要求出一个沿线不变的折算流量 q，使它产生的水头损失和式（4-6）计算结果相等。设折算流量为

$$q=q_t+\alpha q_l \tag{4-7}$$

式中：α 为折算系数。

式（4-7）水头损失为

$$h=aLq^n=aLq_l^n(\gamma+a)^n \tag{4-8}$$

按照式（4-8）和式（4-6）产生的水头损失相等的条件，可得折算系数

$$\alpha=\sqrt[n]{\frac{\left[(\gamma+1)^{n+1}-\gamma^{n+1}\right]}{n+1}}-\gamma \tag{4-9}$$

在水头损失计算公式中取 $n=2$，代入式（4-9）并简化得

$$\alpha=\sqrt{\gamma^2+\gamma+\frac{1}{3}}-\gamma \tag{4-10}$$

式（4-10）只和 $\gamma=q_t/q_l$ 有关，在管网末端管段，转输流量 q_t 为零，则 $\gamma=0$，有

$$\alpha=\sqrt{\frac{1}{3}}=0.577 \tag{4-11}$$

若 $\gamma=100$，即转输流量远大于沿线流量的管段，折算系数为 $\alpha=0.5$，由此可见，管段在管网中的位置不同，γ 值不同，折算系数 α 也不相等。在管网前部管段，转输流量远大于沿线流量，α 值接近 0.5，在管网末端管段，α 值大于 0.5。为便于计算，统一取 $\alpha=0.5$，即将沿线流量折半作为管段两端的节点流量，其计算精度可满足工程要求。

管网任一节点的流量等于与该管段相连的各管段沿线流量总和的一半

$$q_i=0.5\sum q_l \tag{4-12}$$

4.2.5 管段计算流量

在确定了节点流量之后，就可初步确定管段流量，以便于选择管段管径。

4.2.5.1 树状管网的管段流量

单水源树状管网中，由水源向各节点供水，只有一个流向，因此任一管段流量等于其下游所有节点流量之和。如图 4-6 中的管段 2—3 的流量为

$$q_{2-3}=Q_3+Q_5$$

管段 1—2 的流量为

$$q_{1-2}=Q_2+Q_3+Q_5+Q_6$$

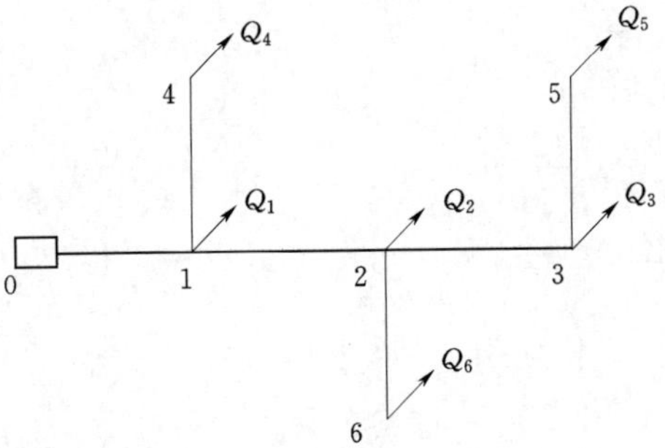

图 4-6 树状管网流量分配

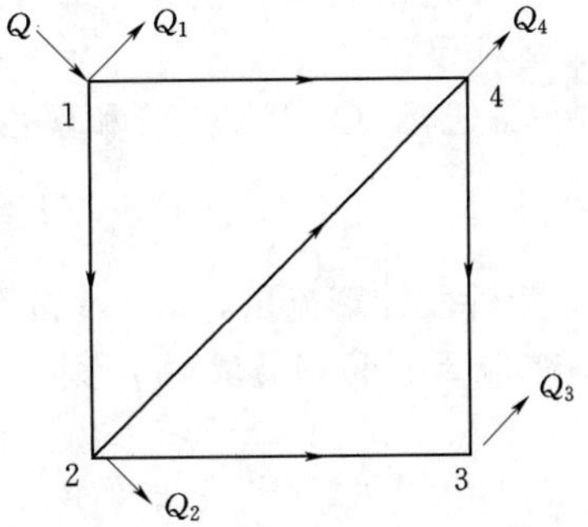

图 4-7 环状管网流量分配

4.2.5.2 环状管网的管段流量

在环状管网中，水源向节点供水，通过的管线不止一条，如图 4-7 中，向节点 3 供水，通过的管线有 1—4—3 或 1—2—3 等，即向任一节点供水的水流方向可有多种组合。

但环状管网流量分配仍然有一定规律可循，即分配流量时，流入一节点的流量之和等于流出这一节点的流量之和

$$Q_i + \sum q_{ij} = 0 \tag{4-13}$$

式中：Q_i 为节点 i 的流量；q_{ij} 为与节点 i 相连的管段流量。

规定流出节点的流量为正，流入节点的流量为负。

如图 4-7 中，对于节点 1 有

$$Q_1 - Q + q_{1-4} + q_{1-2} = 0$$

对于节点 2 有

$$Q_2 + q_{2-4} + q_{2-3} - q_{1-2} = 0$$

4.3 水头损失和管径

4.3.1 水头损失

管网中管段的水头损失包括沿程水头损失和局部水头损失两部分，给水管网中局部水头损失可按沿程水头损失的 5%～10%计算。

4.3.1.1 沿程水头损失计算公式的一般形式

$$h = k\frac{q^n}{D^m}l = alq^n = sq^n = il \tag{4-14}$$

其中

$$a = k/D^m$$

$$s = al$$

式中：q 为管段流量；D 为管道内径；l 为管道长度；a 为比阻；s 为摩阻；i 为水力坡度；k,n,m 分别为常数和指数。

4.3.1.2 常用沿程水头损失计算公式

1. 塑料管

硬聚氯乙烯（UPVC）管和聚乙烯（PE）管：

$$i=\frac{0.000915q^{1.774}}{D^{4.774}} \tag{4-15}$$

式中：q 为管段计算流量，m^3/s；D 为管道内径，m。

2. 混凝土管和钢筋混凝土管

$$i=\frac{V^2}{C^2R} \tag{4-16}$$

其中 $$R=D/4$$

式中：R 为水力半径，m；C 为流速系数。

$$C=\frac{1}{n}R^{1/6} \tag{4-17}$$

式中：n 为粗糙系数，混凝土管及钢筋混凝土管一般取 0.012～0.0132。

3. 旧铸铁管和旧钢管

当管道流速 $V<1.2$m/s 时

$$i=\frac{0.000912V^2}{D^{1.3}}\left(1+\frac{0.867}{V}\right)^{0.3} \tag{4-18}$$

当 $V\geqslant 1.2$m/s 时

$$i=\frac{0.00107V^2}{D^{1.3}} \tag{4-19}$$

4. 海曾—威廉公式

欧美国家广泛使用海曾—威廉公式：

$$i=\frac{10.67q^{1.852}}{C_H^{1.852}D^{4.87}} \tag{4-20}$$

式中：C_H 为系数，见表 4-1。

表 4-1 海曾—威廉公式的 C_H 值

管材种类	C_H	管材种类	C_H
塑料管	150	混凝土管，焊接钢管	120
新铸铁管，涂沥青或水泥铸铁管	130	旧铸铁管和旧钢管	100

4.3.2 管径确定

确定管网中每一管段的管径是输水管和配水管网设计的主要内容之一，可根据管段流量确定管径为

$$D=\sqrt{\frac{4q}{\pi V}} \tag{4-21}$$

从式（4-21）可看出，管径不仅与管段流量有关，而且与流速有关，因此要确定管径，必须先确定流速。

从技术条件来说，为防止水锤发生，管道最大设计流速不应超过 2.5～3.0 m/s；为避免管道淤积，最低流速通常不得小于 0.6m/s。

从经济条件来说，管道流速大，管径就小，管道造价低，但水头损失大，水泵扬程高，能耗费用高，反之亦然，因此管道存在一个经济流速。

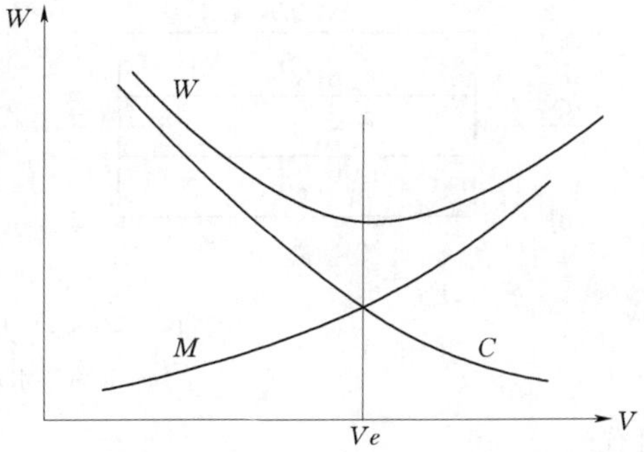

图 4-8 管道流速和费用的关系

在图 4-8 中，管网造价 C 随流速 V 增加而减小；管网能耗费用 M 随流速增大而增大。管网系统的总费用 W 为

$$W = C + M \tag{4-22}$$

如图 4-8 所示，总费用 W 有一个最低值，其对应的流速就是经济流速 Ve。影响经济流速的因素很多，如管材、施工条件、动力费用、管理费用、投资偿还期等，必须根据当地的具体经济条件来计算。

4.4 输水管道和树状管网的水力计算

4.4.1 输水管道的水力计算

输水管渠一般沿线不配水，如将水从水源输送到水厂的输水管渠，或从水厂输水到配水管网的输水管。一旦出现事故，输水中断，影响面很大，因此对输水管的可靠性要求很高。输水管渠常用的形式有重力输水管渠和加压输水管道。

重力输水管渠可分为无压管渠和压力管道两种形式。当水源位置较高时，可采用重力无压输水管渠输水，其建造成本较低，无压管渠水流为非满流状态，其又可进一步分为明渠、暗渠和管道 3 种形式。当水厂位置较高时，应采用重力压力输水管道向配水管网输水，以满足配水管网要求的压力和流量。

若水源或者水厂的位置较低，不具备重力输水的条件，则应采用加压输水管道。

如果输水管线的地形起伏变化较大，也可采用无压和有压相结合的输水形式。

4.4.1.1 重力输水管道的水力计算

水源最低水位 Z 与水厂水处理前置构筑物最高水位或配水管网网前水塔最高水位 Z_0 之差 $H=Z-Z_0$，称为位置水头，该水头用以克服输水管的水头损失。对于一个确定的重力输水系统，位置水头就是一个固定的水压高程差值。

如果仅布设一条输水管，一旦发生事故，就会完全断水，不能满足供水要求。为保证输水的可靠性，需采用多条输水管并联供水，如图 4-9 所示。这样，当其中一条出现故障时，其他输水管照常供水，可保证事故时需要的供水量，但将增加工程投资。

设正常输水流量为 Q，平行并联输水管线为 n 条，则每条管线的输水流量为 Q/n，设各条输水管的管径、管长、摩阻均相同，则各条输水管的水头损失相等。并联输水管道的总水头损失等于任何一条管线的水头损失，并且等于位置水头 H，

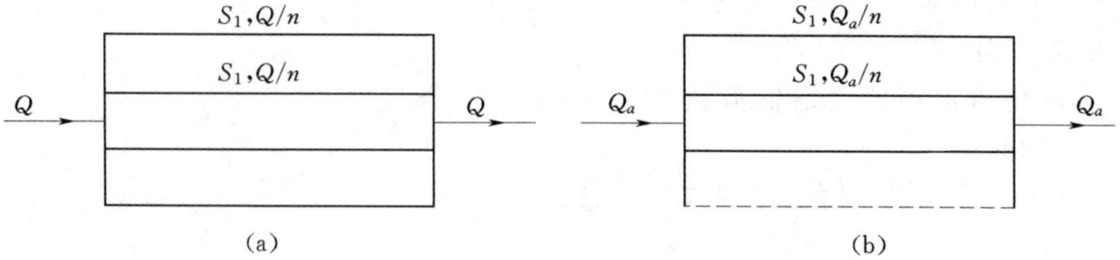

图 4-9 重力并联输水管道
(a) 正常供水；(b) 事故供水

则有

$$h = S_1\left(\frac{Q}{n}\right)^2 = \frac{S_1}{n^2}Q^2 \tag{4-23}$$

式中：S_1 为每条输水管的摩阻。

当一条输水管损坏时，其余管线照常供水，此时的事故供水流量为 Q_a，每条输水管的输水流量为 $Q_a/(n-1)$，如图 4-9（b）所示。则事故时输水系统的水头损失为

$$h_a = S_1\left(\frac{Q_a}{n-1}\right)^2 = \frac{S_1}{(n-1)^2}Q_a^2 \tag{4-24}$$

因为重力输水位置水头已定，$h=h_a=Z-Z_0$，由式（4-23）和式（4-24）有

$$Q_a = \left(\frac{n-1}{n}\right)Q = aQ \tag{4-25}$$

式中：a 为流量降落比，即事故流量与正常流量的比值。

若平行管线数 $n=2$，根据式（4-25），$a=0.5$，即事故流量只有正常流量的一半；$n=3$，$a=0.67$；$n=5$，$a=0.8$。即随着 n 的增加，输水可靠性增加。

在设计工程中，为提高输水可靠性，常在平行管线之间用连接管相接，但某条管线损坏时，不需要关闭整条管线，只是用阀门关闭损坏的一段进行检修，这一方式增加的造价不高，但提高了事故时的流量。

连接管数 m，每条输水管分成 $m+1$ 段，输水管段总数为 $n(m+1)$，若管径相同，每个管段的摩阻为 S'，正常供水时有

$$h = S'(m+1)\left(\frac{Q}{n}\right)^2 = \frac{m+1}{n^2}S'Q^2 \tag{4-26}$$

当一小段管线损坏时（图 4-10）有

$$\begin{aligned} h_a &= S'm\left(\frac{Q_a}{n}\right)^2 + S'\left(\frac{Q_a}{n-1}\right)^2 \\ &= \left[\frac{m}{n^2} + \frac{1}{(n-1)^2}\right]S'Q_a^2 \end{aligned} \tag{4-27}$$

对于重力输水管，正常供水和事故供水时位置水头相同，即在式（4-26）和式（4-27）中，$h=h_a$，有

$$a = \frac{Q_a}{Q} = \sqrt{\frac{m+1}{m+\dfrac{n^2}{(n-1)^2}}} \tag{4-28}$$

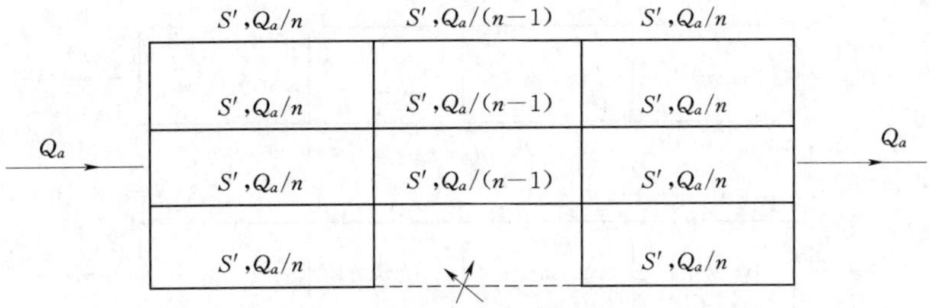

图 4-10 有连接管的重力输水管事故流量示意图

流量降落比 a、输水管条数 n 和连接管条数 m 的关系见表 4-2。

表 4-2 有连接管的重力并联输水系统流量降落比 a 值

n \ m	0	1	2	3	4
2	0.50	0.63	0.71	0.76	0.79
3	0.67	0.78	0.84	0.89	0.89
4	0.75	0.85	0.89	0.93	0.93

由表 4-2 可以看出，对于重力输水系统，只要有两条输水管并联，加接两条连通管，就可以满足 $a \geqslant 70\%$ 的要求。

4.4.1.2 水泵加压输水管道的水力计算

加压输水管系统水泵扬程为

$$H_p = H_0 + h_d + h_s \tag{4-29}$$

式中：H_0 为水泵静扬程；h_d 为输水管水头损失；h_s 为水泵吸水管水头损失。

根据式 (4-29)，输水管的特性方程为

$$H_p = H_0 + S_d Q^2 + S_s Q^2 \tag{4-30}$$

式中：Q 为输水流量；S_d 为输水管摩阻；S_s 为水泵吸水管摩阻。

水泵特性方程为

$$H_p = H_b - S_p Q^2 \tag{4-31}$$

式中：S_p 为输水管摩阻。

对于水泵供水的压力输水系统，输水管与水泵是联合工作的，水泵供水流量即输水管的输水流量，水泵扬程即输水管的水压，则有

$$H_0 + S_d Q^2 + S_s Q^2 = H_b - S_p Q^2 \tag{4-32}$$

$$Q = \sqrt{\frac{H_b - H_0}{S_d + S_s + S_p}} \tag{4-33}$$

为保证输水系统的可靠性，同样采用两条管材、管径、管长皆相同的平行并联输水管，并加接连通管，如图 4-11 所示。

正常输水时，连通管几乎不过水，连通管又很短，其摩阻可忽略不计。设每条输水管的摩阻为 S_1，则两条并联输水管的并联摩阻 S_d 为

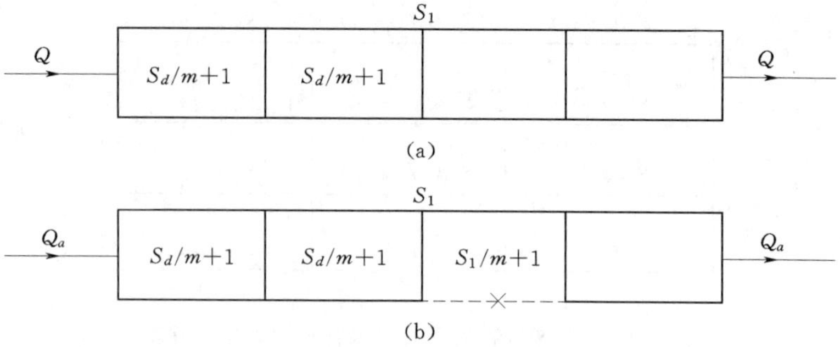

图 4-11 水泵加压输水管道

(a) 正常输水；(b) 事故输水

$$\frac{1}{\sqrt{S_d}}=\frac{1}{\sqrt{S_1}}+\frac{1}{\sqrt{S_1}}=\frac{2}{\sqrt{S_1}} \tag{4-34}$$

由式（4-34）得

$$S_d=\frac{S_1}{4} \tag{4-35}$$

设并联输水管有 m 条连接管，将输水系统分成 $m+1$ 段，每段摩阻为 $S_d/(m+1)$。当输水管某一段发生事故时，如图 4-11（b）所示，此时输水系统的摩阻 S_a 为

$$\begin{aligned}S_a&=\frac{mS_d}{m+1}+\frac{mS_1}{m+1}\\&=S_d+\frac{S_1-S_d}{m+1}\end{aligned} \tag{4-36}$$

事故时输水管的特性方程为

$$H_a=H_0+S_aQ_a^2+S_sQ_a^2 \tag{4-37}$$

事故时水泵特性方程为

$$H_a=H_b-S_pQ_a^2 \tag{4-38}$$

根据式（4-37）和式（4-38），事故时输水系统流量为

$$Q_a=\sqrt{\frac{H_b-H_0}{S_a+S_s+S_p}}=\sqrt{\frac{H_b-H_0}{S_d+S_s+S_p+\dfrac{S_1-S_d}{m+1}}} \tag{4-39}$$

根据式（4-33）和式（4-39），事故时与正常时输水流量降落比为

$$a=\frac{Q_a}{Q}=\sqrt{\frac{S_d+S_s+S_p}{S_d+S_s+S_p+\dfrac{S_1-S_d}{m+1}}} \tag{4-40}$$

当流量降落比 a 为定值时，并联输水管道分段数 $m+1$ 为

$$m+1=\frac{(S_1-S_d)a^2}{S_d+S_s+S_p(1-a^2)} \tag{4-41}$$

【例 4-1】　某城市从一级泵站向水厂输水，输水量为 $1100m^3/h$，敷设两条平行并联钢筋混凝土输水管，加接连通管，如图 4-12 所示。管材、管径、管长都相同，每条输水管长 5000m，管径为 400mm。由水泵供水，静扬程为 22m，水泵吸水管路摩阻为 $0.000021m \cdot s^2/L^2$。当一段输水管损坏时，试求事故流量为 70%设计流量时的分段数，以及正常输水流量和事故时的输水流量。

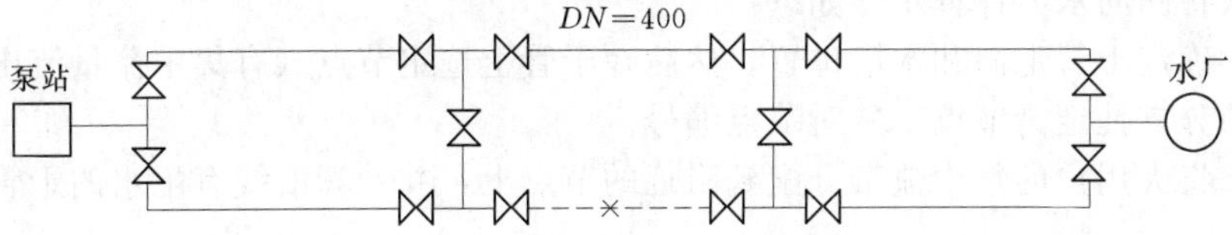

图 4-12　输水管分段计算示意图

$$a = 0.23 \times 10^{-6}(s^2/L^2)$$

单根混凝土管的摩阻为

$$S_1 = aL = 0.23 \times 10^{-6} \times 5000 = 0.00115(m \cdot s^2/L^2)$$

并联混凝土管的摩阻为

$$S_d = S_1/4 = 0.00028(m \cdot s^2/L^2)$$

根据式（4-29），水泵扬程为

$$H_p = 22 + 0.00115 \times (305.6/2)^2 + 0.000021 \times (305.6/2)^2 = 49.34(m)$$

选用 14Sh—9B 水泵，水泵特性方程为

$$H_p = 68.7 - 0.000183Q^2(m)$$

a=70%时，根据式（4-41），并联输水管的分段数为

$$m = \frac{(0.00115 - 0.000288) \times 0.7^2}{(0.000288 + 0.000021 + 0.000183)(1 - 0.7^2)} - 1 = 0.68$$

即加一条连接管，把输水管分成两段即可。

根据式（4-33），输水系统正常输水时的流量为

$$Q = \sqrt{\frac{68.7 - 22}{0.000288 + 0.000021 + 0.000183}} = 308.1(L/s)$$

根据式（4-39），输水系统事故时的流量为

$$Q_a = \sqrt{\frac{68.7 - 22}{(0.000288 + 0.000021 + 0.000183) + \frac{1}{1+1}(0.00115 - 0.000288)}} = 224.9(L/s)$$

流量降落比为

$$a=\frac{Q_a}{Q}=\frac{224.9}{308.1}=0.73$$

满足要求。

4.4.2 树状管网的水力计算

树状管网的水力计算步骤如下：

（1）确定干管走向和水塔位置，然后在干管上选定节点（有集中流量流出的位置或管道的分支处定为节点）并对节点编号。

（2）将大用户的集中流量分配到附近的节点上，并计算沿线有配水的干管总计算长度。

（3）计算比流量、沿线流量和节点流量。

（4）从各末端节点起，逐段推算各个管段的设计流量。

（5）根据管段设计流量，计算各个管段的水头损失。

（6）以距二级泵站最远或者最高的点为控制点，根据控制点所需的服务水压，求出水塔高度和二级水泵扬程。

【例 4-2】 某集镇树状管网干管布置如图 4-13 所示。最高日最高时用水量为 41.2L/s，各大用水户集中流量为 16.6L/s。节点 5 为控制点，要求 20m 的服务水压。该系统设网前水塔，管材采用 UPVC 管，管道公称压力 0.63MPa，管材规格见表 4-3。试确定：（1）各管段的管径；（2）水塔的高度和二级泵站的扬程。

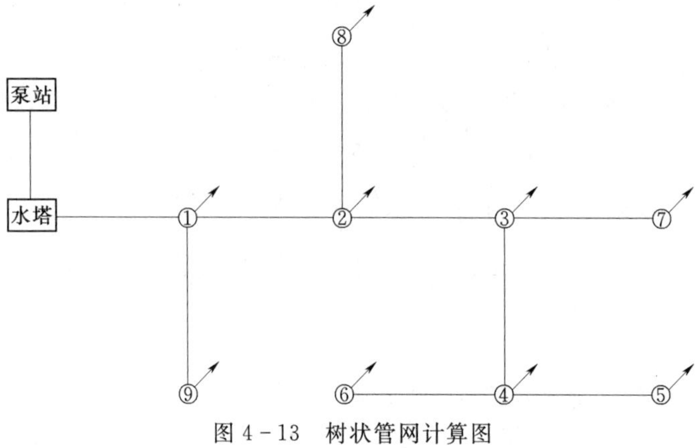

图 4-13 树状管网计算图

表 4-3 **UPVC 管材规格** 单位：mm

外径	250	200	160	110	90	75	63
内径	226	181	145	99	81	68	57

1. 计算沿线流量和节点

输水管段 0—1 两侧不配水，管段 3—7、4—6 和 1—9 单侧配水，其余管段两侧配水。干管计算长度为

$$\sum l = l_{1-2} + l_{2-3} + l_{3-4} + l_{4-5} + l_{2-8} + \frac{1}{2}(l_{3-7} + l_{4-6} + l_{1-9})$$

$$= 230 + 180 + 200 + 220 + 110 + \frac{1}{2}(220 + 100 + 200) = 1200(\text{m})$$

根据式（4-1），干管的比流量为

$$q_s = \frac{Q - \sum q}{\sum l} = \frac{41.2 - 16.6}{1200} = 0.0205[\text{L}/(\text{s} \cdot \text{m})]$$

根据式（4-2），管段沿线流量计算结果见表4-4。

表4-4　管段沿线流量计算结果

管段	管段长度(m)	管段计算长度(m)	沿线流量(L/s)	管段	管段长度(m)	管段计算长度(m)	沿线流量(L/s)
0—1	120	0	0	2—8	110	110	2.26
1—2	230	230	4.71	3-7	220	110	2.26
2—3	180	180	3.69	4-6	100	50	1.02
3-4	200	200	4.10	1—9	200	100	2.05
4-5	220	220	4.51	合计		1200	24.60

根据式（4-12），节点流量计算结果见表4-5。

表4-5　节点流量计算结果　　单位：L/s

节点	与该节点连接的管段	与该节点连接管段沿线流量之和的一半	集中流量	节点流量
1	0—1，1—2，1—9	0+2.36+1.02=3.38	2.6	5.98
2	1—2，2—3，2—9	2.36+1.84+1.13=5.33	1.6	6.93
3	2—3，3—4，3—7	1.84+2.05+1.13=5.02	—	5.02
4	3—4，4—5，4—6	2.05+2.26+0.51=4.82	1.7	6.52
5	4—5	2.26	2.4	4.66
6	4—6	0.51	2.1	2.61
7	3—7	1.13	2.0	3.13
8	2—8	1.13	1.9	3.03
9	1—9	1.02	2.3	3.32
合计		24.6	16.6	41.2

2. 管段设计流量、管径和水头损失

从树状管网各末端节点，向水塔方向推求各管段的设计流量；根据经济流速，确定各管段管径；根据式（4-15），计算各管段的水头损失，计算结果见表4-6。

表 4-6 管网水力计算

类别	管段	管长(m)	流量(L/s)	外径(mm)	内径(mm)	流速(m/s)	水头损失(m)
主干线	4—5	220	4.66	110	99	0.606	0.917
	3—4	200	13.79	160	145	0.836	0.924
	2—3	180	21.94	200	181	0.853	0.657
	1—2	230	31.90	250	226	0.796	0.565
	t—1	120	41.20	250	226	1.028	0.464
	p—t	60	41.20	250	226	1.028	0.232
干线	1—9	200	3.32	75	68	0.915	2.745
	2—8	110	3.03	75	68	0.835	1.284
	3—7	220	3.13	75	68	0.862	2.720
	4—6	100	2.61	75	68	0.719	0.896

3. 水塔高度和二级泵站扬程

以距二级泵站最远的节点5为管网的控制点，并以网前水塔t到节点5的管线为主干线。

节点5最小服务水压$H_0=20m$，节点5地面高程$Z_0=123.5m$，水塔处地面高程$Z_t=124.5m$，再考虑主干线的水头损失，水塔高度H_t为

$$H_t=H_0+Z_0+h_{4-5}+h_{3-4}+h_{2-3}+h_{1-2}+h_{t-1}-Z_t$$
$$=20+123.5+0.917+0.924+0.657+0.565+0.464-124.5=22.53(m)$$

水塔高度取23m。

二级泵站吸水井水面高程$E_0=115m$，水塔水柜有效高度$H=3m$，水泵吸水管水头损失$h_s=1.5m$，二级泵站扬程H_p为

$$H_p=Z_t+H_t+H+h_{p-t}+h_s-E_0$$
$$=124.5+23+3+0.232+1.5-115=37.23(m)$$

4. 节点水压高程和服务水压

根据水塔高度和各管段水头损失，可计算各节点水压高程；再考虑各节点地面高程，就可计算各节点的服务水压，计算结果见表4-7，各节点服务水压均大于20m，满足要求。

表 4-7 各节点水压高程和服务水压 单位：m

节点	地面高程	水压高程	服务水压	节点	地面高程	水压高程	服务水压
1	122.50	147.04	24.54	6	123.00	143.99	20.99
2	123.50	146.47	22.97	7	122.00	143.09	21.09
3	123.00	145.81	22.81	8	123.50	145.19	21.69
4	122.50	144.89	22.39	9	123.50	144.29	20.79
5	123.50	143.97	20.47				

4.5　环状配水管网水力计算

4.5.1　管网要素之间的关系

管网要素包括节点、管段和环，这些要素组成管网。

在环状管网中节点数 J 、管段 P 数和环数 L 有以下关系

$$P = J + L - 1 \tag{4-42}$$

图 4-14（a）是一个环状管网，其中 $P=12, J=9, L=4$，符合式（4-42）条件；图 4-14（b）也是一个环状管网，其中 $P=5$，$J=4$，$L=2$，仍然符合式（4-42）条件；图 4-14（c）是一个树状管网，其中 $P=6, J=7, L=0$，也符合式（4-42）条件，这表明树状管网和环状管网均符合式（4-42）的条件。

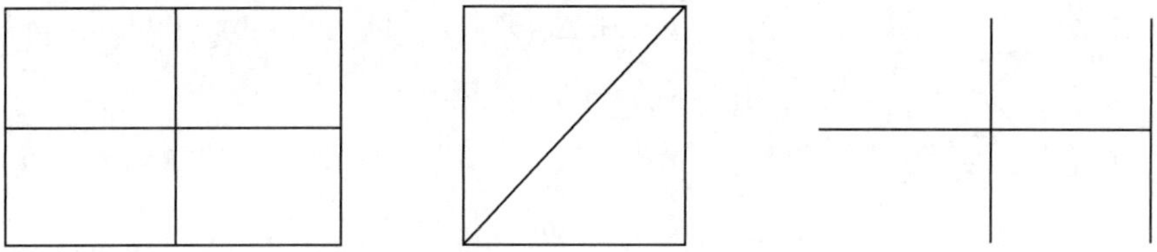

图 4-14　管网要素关系

4.5.2　环状管网水力计算基本方程

4.5.2.1　连续方程

式（4-13）就是节点的连续方程，环状管网有 J 个节点，就有 J —1 个独立的连续方程，如图 4-15 中有 3 个独立的节点连续方程，这是一个线性方程组。

4.5.2.2　能量方程

在环状管网中，在一个基环内，从一个节点起，通过不同的管线到达另外的一个节点，这两条管线的水头损失应该相等，因为此时一个节点上的水压值是唯一的。

在图 4-15 基环 1—2—3—1 中，从节点 1 到节点 3，有两条管线，即 1—2—3 和 1—3，两条管线的水头损失关系为

$$h_{1-2} + h_{2-3} = h_{1-3}$$

同样在图 4-15 基环 1—4—3—1 中，从节点 1 到节点 3，有两条管线，即 1—4—3 和 1—3，两条管线的水头损失关系为

$$h_{1-4} + h_{4-3} = h_{1-3}$$

可以看出，在环状管网中有

$$\sum (h_{ij})_k = 0 \tag{4-43}$$

根据式（4-14），式（4-43）还可以表示为

$$\sum (s_{ij} q_{ij}^2)_k = 0 \tag{4-44}$$

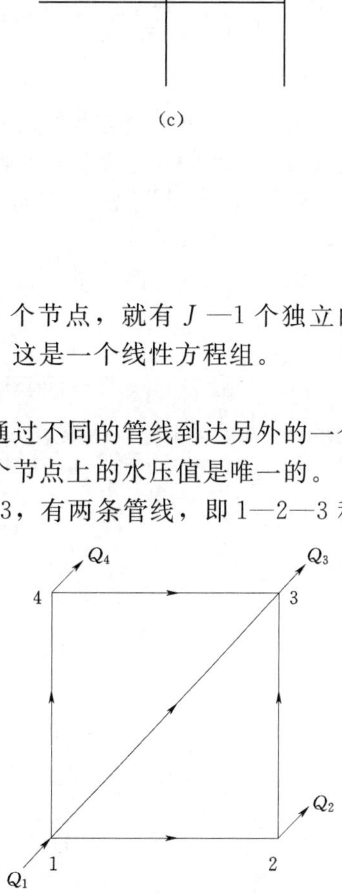

图 4-15　环状管网

式（4-44）就是环状管网的能量方程，环状管网有 L 个环，就有 L 个独立的能量方程，这是一个非线性方程组。

对于一个环状管网，有 $J-1$ 个连续方程和 L 个能量方程，共有 $J+L-1$ 个独立方程，根据式（4-42），解这 $J+L-1$ 个独立方程，刚好可求出 P 个管段流量，这 $J+L-1$ 个独立方程就构成了环状管网水力计算基本方程组。

4.5.3　环状管网平差原理

在环状管网水力计算中，可先根据连续方程初分流量，但初分流量很难满足能量方程，为此，必须调整管段流量，以达到同时满足连续方程和能量方程的目的，这里用校正流量 Δq 来调整各个基环中的管段流量，调整后应不破坏节点连续方程，规定校正流量顺时针方向为正，逆时针方向为负。

设 q 为管段初分流量，基环的校正流量为 Δq，假定在初分流量的管段中，加入 Δq 就可满足能量方程

$$\sum[s_{ij}\ (q_{ij}+\Delta q_1)^n]_1=0$$
$$\sum[s_{ij}\ (q_{ij}+\Delta q_2)^n]_2=0$$
$$\vdots$$
$$\sum[s_{ij}\ (q_{ij}+\Delta q_L)^n]_L=0$$

上式中的每一个方程均表示调整流量后，该环各管段水头损失的总和，Δq_i 表示该管段所属环的校正流量，对两环的公共管段，应同时考虑两个环的校正流量。

管段流量与校正流量方向相同则相加，否则相减，并由此计算各个管段的新流量，如此反复调整管段流量，直到满足能量方程为止。

以图 4-16 为例，推导校正流量的计算公式。

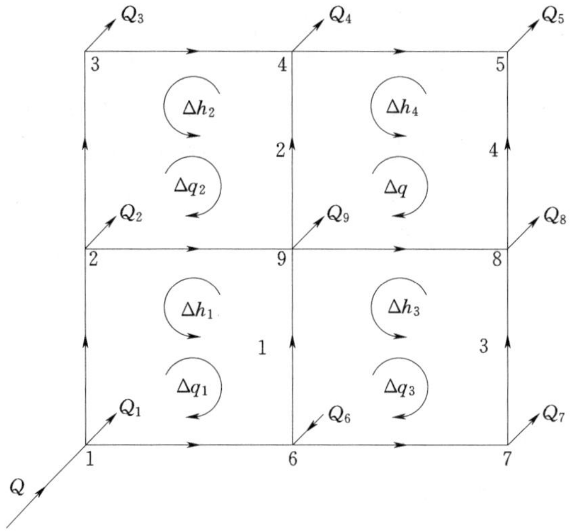

图 4-16　环状管网的校正流量计算

对图 4-16 中的环 1、环 2、环 3 和环 4 有

$$s_{1-2}(q_{1-2}+\Delta q_1)^2+s_{2-9}(q_{2-9}+\Delta q_1-\Delta q_2)^2-s_{6-9}(q_{6-9}-\Delta q_1+\Delta q_3)^2-s_{1-6}(q_{1-6}-\Delta q_2)^2=0$$

$$s_{2-3}(q_{2-3}+\Delta q_2)^2+s_{3-4}(q_{3-4}+\Delta q_2)^2-s_{4-9}(q_{4-9}-\Delta q_2+\Delta q_4)^2-s_{2-9}(q_{2-9}+\Delta q_1-\Delta q_2)^2=0$$

$$s_{6-9}(q_{6-9}-\Delta q_1+\Delta q_3)^2+s_{9-8}(q_{9-8}+\Delta q_3-\Delta q_4)^2-s_{8-7}(q_{8-7}-\Delta q_3)^2-s_{6-7}(q_{6-7}-\Delta q_3)^2=0$$

$$s_{4-9}(q_{4-9}-\Delta q_2+\Delta q_4)^2+s_{4-5}(q_{4-5}+\Delta q_4)^2-s_{5-8}(q_{5-8}-\Delta q_4)^2-s_{9-8}(q_{9-8}-\Delta q_4+\Delta q_3)^2=0$$

上式按二项式定理展开，并略去 Δq_i^2 项，整理后得环 1 的方程为

$$s_{1-2}(q_{1-2}^2+2q_{1-2}\Delta q_1)+s_{2-9}(q_{2-9}^2+2q_{2-9}\Delta q_1-2q_{2-9}\Delta q_2)-s_{6-9}(q_{6-9}^2-2q_{6-9}\Delta q_1+2q_{6-9}\Delta q_3)^2-s_{1-6}(q_{1-6}^2-2q_{1-6}\Delta q_2)=0 \tag{4-45}$$

令
$$\Delta h_1=s_{1-2}q_{1-2}^2+s_{2-9}q_{2-9}^2-s_{6-9}q_{6-9}^2-s_{1-6}q_{1-6}^2 \tag{4-46}$$

$$2\sum(sq)_1\Delta q_1=2s_{1-2}q_{1-2}\Delta q_1+2s_{2-9}q_{2-9}\Delta q_1+2s_{6-9}q_{6-9}\Delta q_1+2s_{1-6}q_{1-6}\Delta q_2 \tag{4-47}$$

式（4-46）和式（4-47）代入式（4-45），得

$$\Delta h_1+2\sum(sq)_1\Delta q_1-2s_{2-9}q_{2-9}\Delta q_2-2s_{6-9}q_{6-9}\Delta q_3=0 \tag{4-48}$$

由（4-48）可得环 1 的校正流量，同理也可推导出环 2、环 3 和环 4 的校正流量

$$\left.\begin{aligned}
\Delta q_1&=\frac{1}{2\sum(sq)_1}(2s_{2-9}q_{2-9}\Delta q_2+2s_{6-9}q_{6-9}\Delta q_3-\Delta h_1)\\
\Delta q_2&=\frac{1}{2\sum(sq)_2}(2s_{2-9}q_{2-9}\Delta q_1+2s_{4-9}q_{4-9}\Delta q_4-\Delta h_2)\\
\Delta q_3&=\frac{1}{2\sum(sq)_3}(2s_{6-9}q_{6-9}\Delta q_1+2s_{9-8}q_{9-8}\Delta q_4-\Delta h_3)\\
\Delta q_4&=\frac{1}{2\sum(sq)_4}(2s_{4-9}q_{4-9}\Delta q_2+2s_{9-8}q_{9-8}\Delta q_3-\Delta h_4)
\end{aligned}\right\} \tag{4-49}$$

式中：Δh_i为闭合差，为环 i 内各管段水头损失的代数和；$\sum(sq)_i$为环 i 内各管段 $|sq|$ 值总和。

4.5.4 环状管网平差方法

4.5.4.1 校正流量计算公式

管网平差就是求解 L 个线性的 Δq_i方程组，每个方程表示一个环的校正流量，待求的是闭合差为零时的校正流量 Δq_i。从式（4-49）可以看出校正流量由两部分组成：一是消除本环闭合差的校正流量；二是考虑邻环影响的校正流量。如果忽略邻环的影响，即每环调整流量时，不考虑邻环的影响，这样虽然计算精度有所降低，但计

算简单。当 $h=sq^n$ 中的 $n=2$ 时，式（4-49）可以表示为

$$\begin{aligned}\Delta q_1 &=-\frac{\Delta h_1}{2\sum(sq)_1}\\ \Delta q_2 &=-\frac{\Delta h_2}{2\sum(sq)_2}\\ \Delta q_3 &=-\frac{\Delta h_3}{2\sum(sq)_3}\\ \Delta q_4 &=-\frac{\Delta h_4}{2\sum(sq)_4}\end{aligned} \tag{4-50}$$

根据式（4-50），校正流量计算公式可写为

$$\Delta q_i=-\frac{\Delta h_i}{2\sum|s_{ij}q_{ij}|} \tag{4-51}$$

水头损失与流量为非平方关系时，即 $n\neq 2$，校正流量公式为

$$\Delta q_i=-\frac{\Delta h_i}{n\sum|s_{ij}q_{ij}^{n-1}|} \tag{4-52}$$

4.5.4.2 管网平差计算方法

以图 4-17 两环管网为例，说明环状管网平差计算方法。

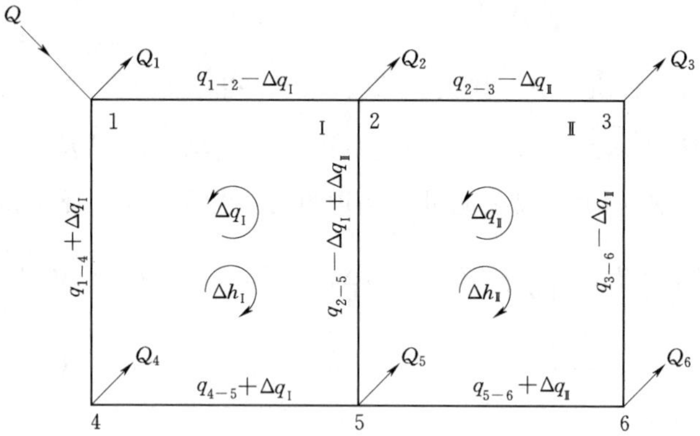

图 4-17 两环管网的流量调整

在管网图上注明闭合差和校正流量的方向和数值，闭合差为正时，用顺时针箭头表示，反之用逆时针箭头表示，校正流量于闭合差方向相反。

由初分流量求出两环闭合差为正

$$\Delta h_1=(h_{1-2}+h_{2-5})-(h_{1-4}+h_{4-5})>0$$

$$\Delta h_2=(h_{2-3}+h_{3-6})-(h_{2-5}+h_{5-6})>0$$

环 1 和环 2 的校正流量为

$$\Delta q_2=-\frac{\Delta h_2}{2(s_{1-2}q_{1-2}+s_{2-5}q_{2-5}+s_{1-4}q_{1-4}+s_{4-5}q_{4-5})}$$

$$\Delta q_2=-\frac{\Delta h_2}{2(s_{2-3}q_{2-3}+s_{3-6}q_{3-6}+s_{2-5}q_{2-5}+s_{2-6}q_{5-6})}$$

在环1内，管段1—2和2—5的初分流量与Δq_1方向相反，要减去Δq_1；管段1—4和4—5的初分流量与Δq_1方向一致，要加上Δq_1。在环2内，管段2—3和3—6的初分流量要减去Δq_2；管段2—5和5—6的初分流量要加上Δq_2。公共管段2—5同时收到环1和环2的影响，调整后的流量为$q'_{2-5}=q_{2-5}-\Delta q_1+\Delta q_2$。

调整后各环的闭合差将减小，若仍不符合精度要求，应根据调整后的流量求出新的校正流量，继续平差，直到满足精度为止。平差过程中，某一闭合差可能改变符号，或者闭合差绝对值增加，这是因为在推导校正流量公式中，略去Δq^2项及其环相互影响的结果。

上述管网平差方法也称为哈代·克罗斯（Hardy Cross）法。

4.5.5　环状管网水力计算步骤

1. *初分流量*

根据区域供水情况，初拟管网中管段水流方向，根据连续方程，并考虑管网的供水可靠性等条件，初分各管段的流量$q_{ij}^{(0)}$。

2. *计算各管段水头损失*

考虑控制管道技术和经济条件，初定各管段管径，计算各管段的摩阻$s_{ij}=a_{ij}l_{ij}$和水头损失$h_{ij}^0=s_{ij}q_{ij}^0$。

3. *计算第一次闭合差*

在各环中，初拟的管段水流方向顺时针时，水头损失为正，逆时针方向管段水头损失为负，据此计算各管段水头损失的代数和$\sum h_{ij}^0$，如果$\sum h_{ij}^0\neq 0$，其差值为第一次闭合差$\Delta h_i^{(0)}$。

如果$\Delta h_i^{(0)}>0$，表明顺时针方向各管段中初分流量多了些，逆时针方向各管段初分流量少了些，反之亦然。

4. *计算校正流量*

计算各环各管段的$|s_{ij}q_{ij}^0|$及其总和$\sum|s_{ij}q_{ij}^0|$，按式（4-51）计算校正流量，如果闭合差为正，校正流量即为负；反之则校正流量为正。

5. *计算第一次管段调整流量*

根据校正流量的符号以顺时针方向为正，逆时针方向为负的规定，凡是流向和校正流量方向相同的管段，则加以校正流量，否则相减，据此调整各管段的流量，得第一次的管段调整流量

$$q_{ij}^{(1)}=q_{ij}^{(0)}+\Delta q_s^{(0)}+\Delta q_n^{(0)} \tag{4-53}$$

式中：$\Delta q_s^{(0)}$为本环的校正流量；$\Delta q_n^{(0)}$为邻环的校正流量。

至此，再从第2步起重复计算，直到每环的闭合差消除为止。

手工计算时，要求小环闭合差小于0.5m；大环闭合差小于1.0m。按上述步骤求出的管段流量，满足了连续性方程和能量方程。

【例4-3】　给水管网布置如图4-18所示，图中括号内为地面高程，管材为铸铁管，节点最小服务水压为24m，二级泵站吸水井最低水位43.5m，求二级泵站扬程。

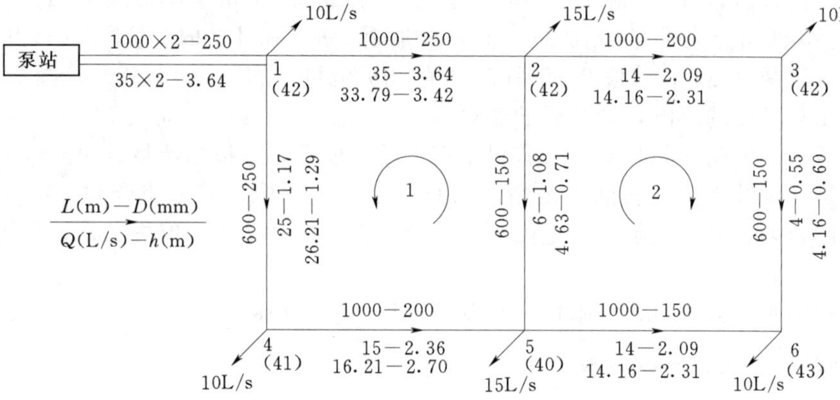

图 4-18 环状管网计算图

1. 环状管网平差

根据步骤，进行管网平差计算，计算结果见表 4-8。基环 1 和基环 2 的闭合差为 0.14m 和 0.38m，大环闭合差为 0.92m，满足要求。

表 4-8 **环状管网平差计算**

环号	管段	管长 (m)	管径 (mm)	初分流量				第一次校正流量		
				q	$1000i$	h	$\lvert sq \rvert$	q	$1000i$	h
1	1—2	1000	250	35	3.64	3.64	0.104	33.79	3.42	3.42
	2—5	600	150	6	1.81	1.08	0.18	4.63	1.18	0.71
	1—4	600	250	−25	1.98	−1.17	0.05	−26.21	2.16	−1.29
	4—5	1000	200	−15	2.36	−2.36	0.16	−16.21	2.70	−2.70
						1.19	0.49			0.14
	$\Delta q_1 = -\dfrac{1.19}{2\times 0.49} = -1.21$									
2	2-3	1000	200	14	2.09	2.09	0.16	14.16	2.13	2.13
	3—6	600	150	4	0.92	0.55	0.14	4.16	1.00	0.60
	2-5	600	150	−6	1.81	−1.81	0.18	−4.63	1.18	−0.71
	5—6	1000	150	−6	1.81	−1.81	0.30	−5.84	1.64	−1.64
						−0.25	0.77			0.38
	$\Delta q_2 = \dfrac{0.25}{2\times 0.77} = 0.16$									

2. 泵站扬程

泵站到节点 1 的水头损失为 3.64m。

选择节点 6 为最不利点，泵站扬程为

$$H_p = 43 + 24 + 1.64 + 2.70 + 1.29 + 3.64 - 43.5 = 32.77(\mathrm{m})$$

4.6 输水管和树状配水管网的优化设计

4.6.1 输水管道系统优化设计

4.6.1.1 重力输水管道系统优化设计

重力输水管道系统布置后，在满足输水管道沿线各节点流量和压力条件下，寻求投资最低的设计方案，便是重力输水管道系统的优化设计要解决的问题。

1. 管段备选管径组

通常工程上采用标准管径（商用管径），每一管段可由一种或数种标准管径的管道组合而成。但标准管径档次较多，计算工作量较大。为减少计算量，对某一管段，可通过流速将管径档次限制在某一范围内，为防止水击破坏，管道内流速通常限制在3m/s以下；为防止淤积，管内流速不应低于0.6m/s

$$0.6 \leqslant V_{ij} \leqslant 3 \tag{4-54}$$

式中：V_{ij}为管道流速，m/s；i为管段序号；j为备选标准管径序号。

在第i管段中，可根据式（4-54）的条件选择标准管径，若这样的标准管径有M（i）个，则这M（i）个标准管径组成第i管段的备选管径组。

2. 优化设计数学模型

（1）目标函数。首先按式（4-54）确定各管段备选管径组，以重力输水管道系统投资最小为目标函数

$$\min P = \sum_{i=1}^{N} \sum_{j=1}^{M(i)} C_{ij} x_{ij} \tag{4-55}$$

式中：P为重力输水管道系统总投资，元；N为管段数；M（i）为第i管段的备选管径数；C_{ij}为第i管段选择第j备选管径管道单价，元/m；x_{ij}为第i管段选择第j备选管径管道长度，m。

（2）约束条件。

1）管长约束。每一管段各标准管径管长之和等于该管段长

$$\sum_{j=1}^{M(i)} x_{ij} = L_i \quad (i = 1,2,\cdots,N) \tag{4-56}$$

式中：L_i为管段长，m。

2）压力约束。管道上节点压力水头与该点地面高程之和称为节点水压高程。管道应具有一定水压，以保证用户用水，将这一水压称为最小服务水压，管道上节点最小服务水压与该点地面高程之和称为服务水压高程。

为保证各节点供水压力，要求各节点水压高程均不得低于该节点服务水压高程，则压力约束为

$$\sum_{i=1}^{I(k)} \sum_{j=1}^{M(i)} J_{ij} x_{ij} \leqslant E_0 - E_k \quad (k = 1,2,\cdots,K) \tag{4-57}$$

式中：k为节点序号；I（k）为水源至节点k经过的管段数；K为节点总数；E_0为水源水面高程，m；E_k为节点服务水压高程，m；J_{ij}为水力坡度。

3）非负约束

$$x_{ij} \geqslant 0 \tag{4-58}$$

这是一个线性规划模型，优化变量为 x_{ij}，采用单纯形法求解。

【例 4-4】 重力输水管道布置如图 4-19 所示。采用钢筋混凝土管，$n=0.013$，管道单价见表 4-9。管道起点与终点高差为 5m（$E_0-E_3=5$）。

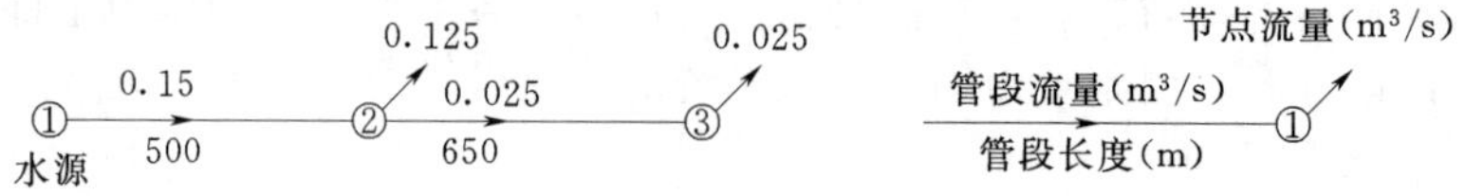

图 4-19 重力输水管道系统计算图

表 4-9 **管 道 单 价**

管径（m）	0.1	0.15	0.2	0.25	0.3	0.4	0.5	0.6	0.9
单价（元/m）	20.3	29.1	36.0	46.7	56.7	83.6	103.7	144.3	351.0

1. 确定各管段备选管径组

根据式（4-54）确定各管段的备选管径组（表 4-10）。

2. 计算水力坡度

根据式（4-16）和式（4-17），计算各管段水力坡度（表 4-10）。

表 4-10 **备选管径及其水力坡度**

管段序号 i	管段	管段流量 (m^3/s)	备选管径序号 j	备选管径 (m)	流速 (m/s)	水力坡度
1	1—2	0.150	1	0.5	0.76	0.001578
			2	0.4	1.19	0.005182
			3	0.3	2.12	0.02401
2	2—3	0.025	1	0.25	0.51	0.00176
			2	0.2	0.80	0.00579
			3	0.15	1.42	0.02683

3. 确定目标函数

根据式（4-55）和表 4-9，确定目标函数为

$$\min P = 103.7x_{11} + 83.6x_{12} + 56.7x_{13} + 46.7x_{21} + 36x_{22} + 29.1x_{23}$$

4. 确定约束条件

根据式（4-56）和图 4-19，确定管长约束条件为

$$x_{11} + x_{12} + x_{13} = 500$$

$$x_{21} + x_{22} + x_{23} = 650$$

根据式（4-57）和表 4-10，确定压力约束条件为

$$0.001578x_{11} + 0.005182x_{12} + 0.02401x_{13} + 0.00176x_{21}$$

$$+0.00579x_{22}+0.026831x_{23}\leqslant 5$$

非负约束条件为

$$x_{ij}\geqslant 0 \qquad (i=1,2,3 \quad j=1,2,3)$$

5. 计算结果

采用单纯形法，以上重力输水管道系统优化设计线性规划模型的最优解为：$x_{12}=500$m，$x_{21}=336$m，$x_{22}=314$m。

根据计算结果，管段1—2选用管径0.4m的管长500m；管段2—3选用管径为0.25m的管长336m，选用管径为0.2m的管长314m。管道投资（目标函数）为68796元。

4.6.1.2 泵站加压输水管道系统优化设计

设计泵站加压输水系统，一方面要降低输水管道投资，另一方面又要降低动力费用，两者相互影响，在满足输水管道沿线各节点流量和压力条件下，寻求年费用最低的设计方案，便是泵站加压输水管道系统优化设计要解决的问题。

1. 目标函数。

按式（4-54）确定各管段备选管径组后，以输水管道系统年费用最小为目标函数

$$\min W=\left[\frac{1}{t}+\frac{p}{100}\right]\sum_{i=1}^{N}\sum_{j=1}^{M(i)}C_{ij}x_{ij}+RQ_pH \tag{4-59}$$

其中

$$R=\frac{86\times 10^3 b\sigma}{\eta} \tag{4-60}$$

式中：W为泵站加压输水管道系统年费用，元/年；t为投资偿还期，年；p为年折旧费及大修费扣除百分数，%；Q_p为泵站流量，m^3/s；H为泵站扬程，m；R为动力费用系数；b为供水能量不均匀系数；σ为电费，元/kW·h；η为泵站效率。

2. 约束条件。

（1）管长约束

$$\sum_{j=1}^{M(i)}x_{ij}=L_i \quad (i=1,2,\cdots,N) \tag{4-61}$$

（2）压力约束。要求各节点水压高程均不得低于该节点服务水压高程

$$\sum_{i=1}^{I(k)}\sum_{j=1}^{M(i)}J_{ij}x_{ij}-H\leqslant E_0-E_k-h \quad (k=1,2,\cdots,K) \tag{4-62}$$

式中：h为泵站吸水管水头损失，m。

（3）管道承压力约束。管道压力不应大于管道承压力，对于节点有

$$\sum_{i=1}^{I(k)}\sum_{j=1}^{M(i)}J_{ij}x_{ij}-H\geqslant E_0-e_k-102H_c-h \quad (k=1,2,\cdots,K) \tag{4-63}$$

式中：e_k为节点地面高程，m；H_c为管道承压力，MPa。

对于泵站出口有

$$H\leqslant 102H_c+h \tag{4-64}$$

（4）非负约束

$$x_{ij} \geqslant 0 \quad (4-65)$$

$$H \geqslant 0 \quad (4-66)$$

这是一个线性规划模型，优化变量为 x_{ij} 和 H，采用单纯形法求解。

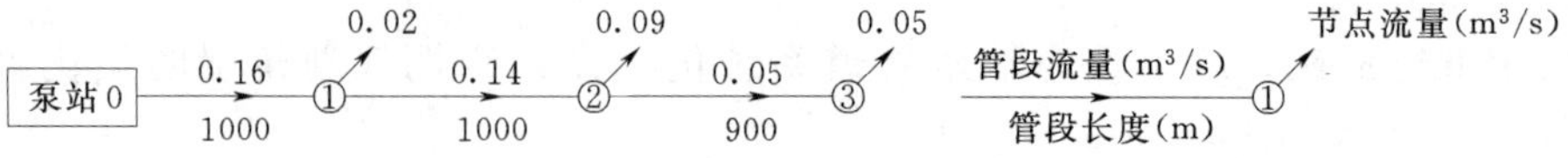

图 4-20 泵站加压输水管道系统计算图

【例 4-5】 泵站加压输水管道系统如图 4-20 所示，采用钢筋混凝土管，$n=0.013$，管道单价见表 4-11，管道承压力为 0.6MPa，$p=2.8\%$，$t=5$ 年，$e=8\%$，$b=0.4$，$\sigma=0.1$ 元/（kW·h），$\eta=0.7$，$E_0=10.5$m，$h=0.2$m，节点地面高程和服务水压高程见表 4-12。确定其优化设计方案。

表 4-11 管道单价

管径（m）	0.1	0.15	0.2	0.3	0.5
单价（元/m）	20.3	29.1	36.0	56.7	83.6
管径（m）	0.5	0.6	0.9	1.0	
单价（元/m）	103.7	144.3	351.0	417.3	

表 4-12 节点水压高程 单位：m

节点	1	2	3
水压高程	50.2	30.5	25.1
服务水压高程	50.2	30.5	25.1
地面高程	30.2	10.5	5.1

将其他有关数据代入目标函数和约束条件，优化计算结果见表 4-13，泵站最优扬程为 45.8m，年费用为 79430 元/年。

表 4-13 管段备选管径组及其优化计算结果 单位：m

管段序号	管段名称	备选管径组管径	选用管径/最优长度
1	0—1	0.5 0.4 0.3	0.4/1000
2	1—2	0.5 0.4 0.3	0.4/79 0.3/921
3	2—3	0.3 0.2 0.15	0.3/754 0.2/146

4.6.2 单水源树状管网系统优化设计

4.6.2.1 单水源重力树状管网系统优化设计

对于单水源树状给水管网，当节点流量确定后，可根据节点流量平衡方程计算各管段流量，因此这类管网设计计算较为简单。

单水源重力管网优化设计要解决的问题是：在保证管网各节点所需流量和服务水压的条件下，确定系统中各管段尺寸的最优值，使管网投资最小。

1. 目标函数

确定备选管径组后，以重力树状管网投资最小为目标函数

$$\min P = \sum_{i=1}^{N} \sum_{j=1}^{M(i)} C_{ij} x_{ij} \quad (4-67)$$

式中：P 为重力树状管网投资，元。

2. 约束条件

(1) 管长约束。每一管段各标准管径管长之和等于该管段长

$$\sum_{j=1}^{M(i)} x_{ij} = L_i \quad (i = 1,2,\cdots,N) \tag{4-68}$$

(2) 压力约束。要求各节点水压标高均不得低于该节点服务水压标高

$$\sum_{i=1}^{I(k)} \sum_{j=1}^{M(i)} J_{ij} x_{ij} \leqslant E_0 - E_k \quad (k = 1,2,\cdots,K) \tag{4-69}$$

式中：k 为节点序号；K 为节点总数；I（k）为水源至第 k 点的管段数；E_0 为水源水面高程，m；E_k 为节点服务水压标高，m；J_{ij} 为管道水力坡度。

(3) 非负约束

$$x_{ij} \geqslant 0 \tag{4-70}$$

这是一个线性规划问题，优化变量为 x_{ij}，可用单纯形法计算。

【例 4-6】 单水源重力给水树状管网布置如图 4-21 所示。采用钢筋混凝土管，管道单价见表 4-14，管道的粗糙系数 n=0.013，要求节点服务水压为 12m，管网节点地面高程见表 4-15，当水源水面高程 E_0=60m 时，确定单水源重力树状管网优化设计方案。

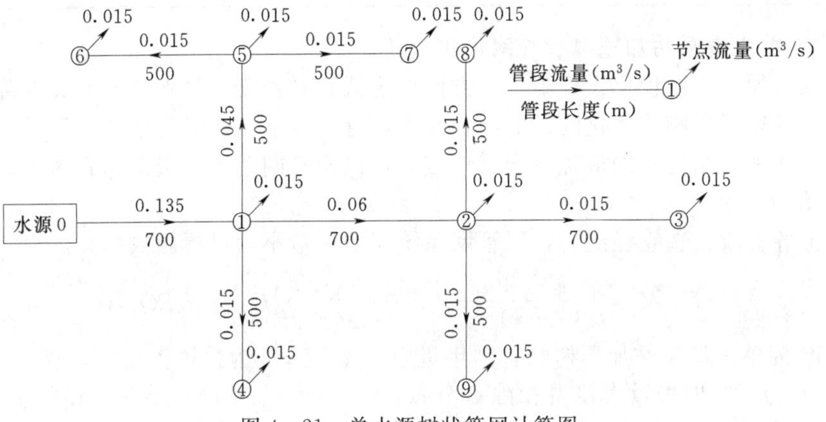

图 4-21 单水源树状管网计算图

表 4-14 管道单价

管径（m）	0.1	0.15	0.2	0.25	0.3	0.35	0.4	0.5
单价（元/m）	25.0	30.8	38.7	42.0	55.2	64.0	83.2	103.2

确定各管段备选管径组，计算管道水力坡度。将有关数据代入单水源重力管网优化设计数学模型，共计 25 个优化变量（管长变量）和 18 个约束条件（9 个管长约束和 9 个压力约束），利用单纯形法，求出各管段最优管径及其管长（表 4-16），管网投资为 201042.4 元。

根据优化结果，计算出各节点的水压标高（表 4-15），各节点均满足压力约束，且在管网末端节点 3、4、6、7、8 和 9 水压标高与服务水压标高相等。

表 4-15 节点水压 单位：m

节点序号	1	2	3	4	5	6	7	8	9
地面高程	35.00	34.00	32.00	34.00	32.00	31.00	33.00	34.00	31.00
服务水压标高	47.00	46.00	44.00	46.00	44.00	43.00	45.00	46.00	43.00
水压标高	53.98	50.85	44.00	46.00	49.85	43.00	45.00	46.00	43.00

表 4-16 管段备选管径组及其优化计算结果 单位：m

管段序号	管段	备选管径组管径	选用管径/最优长度
1	0—1	0.25 0.3 0.35 0.4 0.5	0.35/700
2	1—2	0.2 0.25 0.3 0.35	0.25/76 0.3/624
3	2—3	0.1 0.15	0.15/700
4	1—4	0.1 0.15	0.1/42 0.15/458
5	1—5	0.15 0.2 0.25 0.3	0.2/96 0.25/404
6	5—6	0.1 0.15	0.1/26 0.15/474
7	5—7	0.1 0.15	0.15/500
8	2—8	0.1 0.15	0.15/500
9	2—9	0.1 0.15	0.1/40 0.15/460

4.6.2.2 单水源泵站加压树状管网优化设计

在泵站加压管网优化设计中，一方面要降低管网投资；另外一方面又要降低泵站能耗，二者相互影响，优化的目的是：在保证管网各节点所需的服务水压条件下，寻求管段尺寸和泵站扬程的最优组合设计方案，以使管网系统年费用达到最低。

1. 目标函数

确定各管段备选管径组后，以管网系统年费用最小为目标函数

$$\min W = \left[\frac{e\,(1+e)^t}{(1+e)^t-1}+\frac{p}{100}\right]\sum_{i=1}^{N}\sum_{j=1}^{M(i)}C_{ij}x_{ij}+RQ_pH \tag{4-71}$$

式中：W 为单水源泵站加压树状管网年费用，元/年；t 为投资偿还期，年；e 为年利率，%；p 为年折旧费及大修费扣除百分数，%；Q_p 为泵站设计流量，m^3/s；H 为泵站设计扬程，m；R 为动力费用系数。

$$R=\frac{86\times10^3 b\sigma}{\eta} \tag{4-72}$$

式中：b 为供水能量不均匀系数；σ 为电费，元/（kW·h）；η 为泵站效率。

2. 约束条件

（1）管长约束

$$\sum_{j=1}^{M(i)}x_{ij}=L_i\quad(i=1,2,\cdots,N) \tag{4-73}$$

（2）压力约束

$$\sum_{i=1}^{I(k)}\sum_{j=1}^{M(i)}J_{ij}x_{ij}-H\leqslant E_0-E_k-h\quad(k=1,2,\cdots,K) \tag{4-74}$$

式中：h 为泵站吸水管水头损失，m。

（3）管道承压力约束。管道实际压力不应大于管道承压力，对于各节点有

$$\sum_{i=1}^{I(k)}\sum_{j=1}^{M(i)}J_{ij}x_{ij}-H\geqslant E_0-e_k-102H_c-h\quad(k=1,2,\cdots,K)\tag{4-75}$$

式中：e_k为节点地面高程，m；H_c为管道承压力，MPa。

对于泵站出口有

$$H\leqslant 102H_c+h\tag{4-76}$$

（4）非负约束

$$x_{ij}\geqslant 0\tag{4-77}$$

$$H\geqslant 0\tag{4-78}$$

以上是一个线性规划问题，优化变量为 x_{ij} 和 H，可用单纯形法计算。

【例 4-7】 单水源泵站加压树状管网布置如图 4-21 所示，布置在水源处。采用钢筋混凝土管，管道单价见表 4-14，管道粗糙系数 $n=0.013$，管道承压力为 0.4MPa。要求节点服务水压为 12m，管网各节点地面高程见表 4-17，$p=5\%$，$t=$20 年，$h=0.2$m，$b=0.3$，$e=8\%$，$\sigma=0.2$ 元/（kW·h），$\eta=0.7$；当水源水面高程 $E_0=30.2$m 时，确定单水源泵站加压树状管网优化设计方案。

表 4-17 节 点 水 压 单位：m

节点序号	1	2	3	4	5	6	7	8	9
地面高程	35.00	34.00	32.00	34.00	32.00	31.00	33.00	34.00	31.00
服务水压高程	47.00	46.00	44.00	46.00	44.00	43.00	45.00	46.00	43.00
水压高程	52.70	50.85	44.00	46.00	49.85	43.00	45.00	46.00	43.00

确定各管段备选管径组（表 4-18）。

表 4-18 **管段备选管径组及其优化计算结果** 单位：m

管段序号	管段	备选管径组管径	选用管径/最优长度
1	0—1	0.25 0.3 0.35 0.4 0.5	0.4/700
2	1—2	0.2 0.25 0.3 0.35	0.3/314 0.35/386
3	2—3	0.1 0.15	0.15/700
4	1—4	0.1 0.15	0.1/24 0.15/476
5	1—5	0.15 0.2 0.25 0.3	0.25/500
6	5—6	0.1 0.15	0.1/26 0.15/474
7	5—7	0.1 0.15	0.15/500
8	2—8	0.1 0.15	0.15/500
9	2—9	0.1 0.15	0.1/40 0.15/460

计算管道水力坡度，将有关数据代入单水源泵站加压管网优化设计数学模型，利用单纯形法，求出各管段最优管径及其管长（表 4-18），泵站最优扬程为 25.64m，管网年费用为 58823.4 元/年。

根据优化结果，计算管网各节点水压标高（表4-17）。

4.7 给水管材及管道附属构筑物

4.7.1 给水管道常用材料

给水管材分金属与非金属两大类。管材的选用应根据管道承受的压力大小、土质情况和施工条件等因素确定。

4.7.1.1 金属管材

1. 铸铁管

铸铁管的优点是具有较强的耐腐蚀性，经久耐用，所以被广泛地采用作为给水管道；它的缺点是质脆，不能承受较大的动荷载。铸铁管的接头有两种型式：承插式和法兰式，如图4-22和图4-23所示。铸铁管要求给水管道的接头应紧密而不漏水，埋于地下的管道接头须稍带柔性，特别是埋在土质不均匀而有可能发生沉陷的情况下尤为重要。

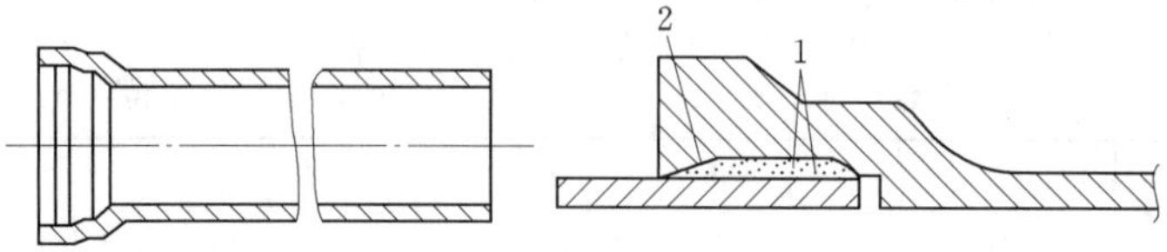

图4-22 承插式接头
1—油麻；2—石棉水泥等

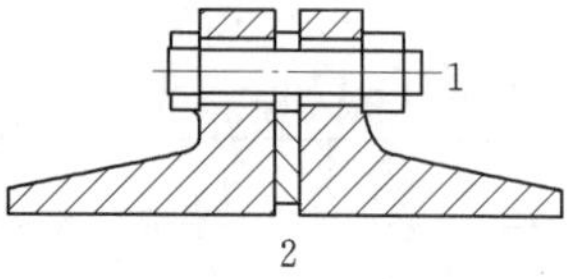

图4-23 法兰式接头
1—螺栓；2—垫片

2. 钢管

钢管分无缝钢管和卷焊钢管两种。优点是耐高压、耐振动、薄而轻、管节长而接口少；缺点是价格高、易锈蚀，因而寿命短。钢管的接口一般采用焊接，管径较小的钢管也可采用丝接。在给水管网中，除了因管径要求过大和承受水压过高，以及穿越铁路、河谷和地震地区的情况下采用钢管之外，一般很少采用。

4.7.1.2 非金属管道

1. 塑料管

塑料管具有表面光滑、耐腐蚀、重量轻、接口方便等优点；但也具有质脆、易老化的缺点。目前我国塑料管材是以聚氯乙烯、聚乙烯、聚丙烯为主。其中又以聚丙烯管应用最多，是农村给水中常用的管材。塑料管的松接口可采用粘接、承插连接、熔融连接、热风焊、法兰连接等。

2. 钢筋混凝土管

钢筋混凝土管具有良好的抗渗性和耐久性，施工安装方便（接口采用橡胶圈密封），内壁不结垢等优点。但由于质地较脆，所以在搬运、装卸时应防止碰撞。敷设时，沟底必须平整，以免管道架空。

4.7.2 管配件及管附件

4.7.2.1 管配件

在管线转弯、分叉、管径变化以及连接其他附属设备处，必须采用各种管道配件。常用的给水铸铁管配件有：四通、三通、弯管、渐缩管、承盘短管、插盘短管、排气管、泄水管等。各种配件的接口形式又分承口、插口及法兰盘3种。

4.7.2.2 管附件

为了保证管道的正常运行、消防和维修管理，在管网上就必须安装各种附件。如在适当的位置上安装阀门或消火栓，在管网的高处安装排气阀以排除管内积存的空气，在管网低处安装泄水阀以便管道检修时放空管道。

4.7.3 附属构筑物

4.7.3.1 检查井

给水管线上设置的阀门、消火栓、水表、排气阀、泄水阀等附件，一般均应设置在专用的检查井内，见图4-24。检查井的平面尺寸与管线管径大小、附件种类和数量有关，井深一般取决于管道的埋深。检查井的形式一般有圆形和矩形两种。

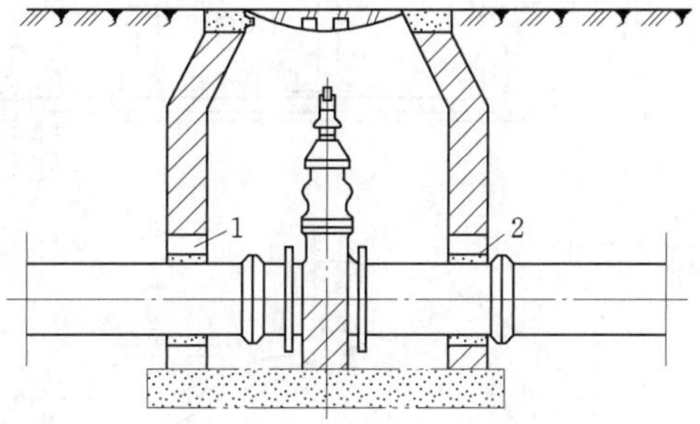

图4-24 给水阀门井

1—砖拱；2—填油麻

4.7.3.2 管道支墩

承插式接口的管线，在转弯处、三通处和管道末端堵口处，都会产生推力，如不加支撑，管线就会因接头松脱而产生漏水，因此须设置支墩以承受推力。支墩按推力的方向可分为水平支墩和垂直支墩两类。图4-25为方向支撑弯管的支墩构造图。

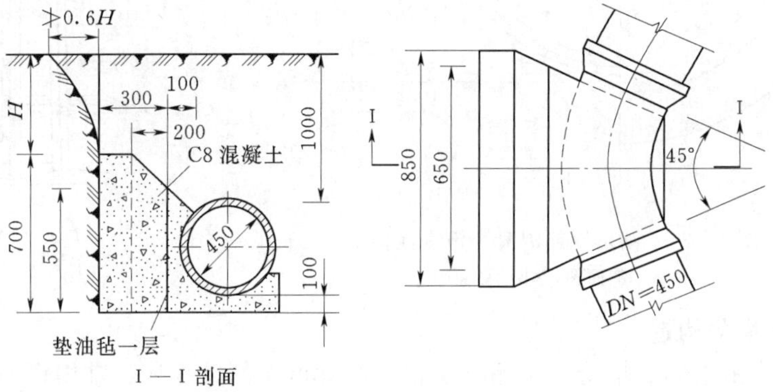

图4-25 水平支墩

4.7.4 调节构筑物

4.7.4.1 清水池

清水池一般为圆形或矩形。常用钢筋混凝土、预应力钢筋混凝土或砖石等材料建造，其中钢筋混凝土水池应用最广。砖石水池具有就地取材，施工简单等优点，在农村中得到广泛采用。但砖石水池不如钢筋混凝土水池安全耐用，其抗拉、抗渗、抗冻性能较差。在湿陷性黄土地区、地下水位高的地区和严寒地区不宜采用。

当容积不大于 $2500m^3$ 时，钢筋混凝土水池一般做成圆形较为经济，钢筋混凝土水池如图 4－26 所示。清水池设有进水管、出水管、溢水管、放空管、通风孔和必要的阀门。进水管和出水管分别布置在清水池的两侧，以利于池中水的循环。清水池还应设置人孔和水位标尺。

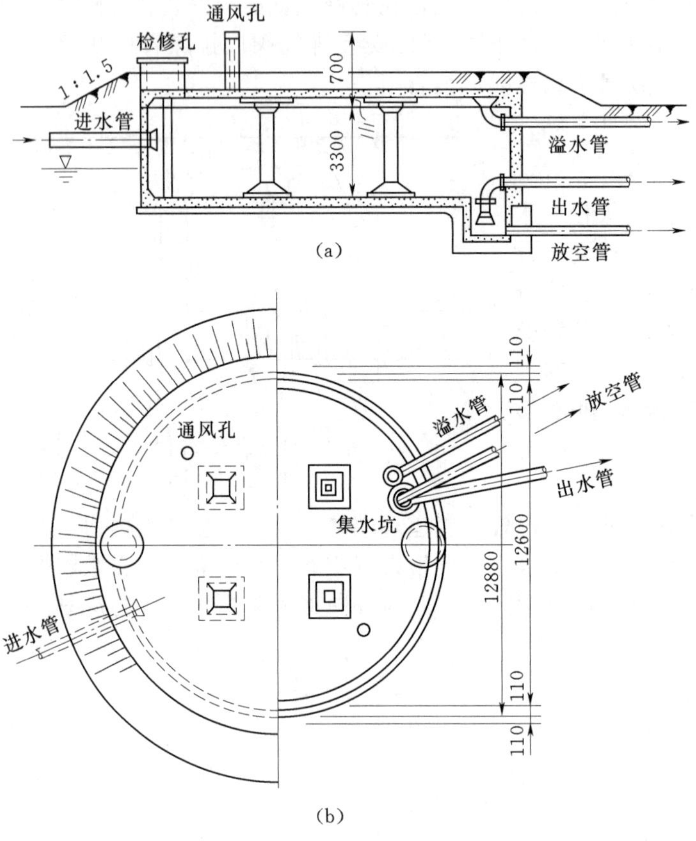

图 4－26　圆形钢筋混凝土清水池构造
(a) 剖面图；(b) 平面图

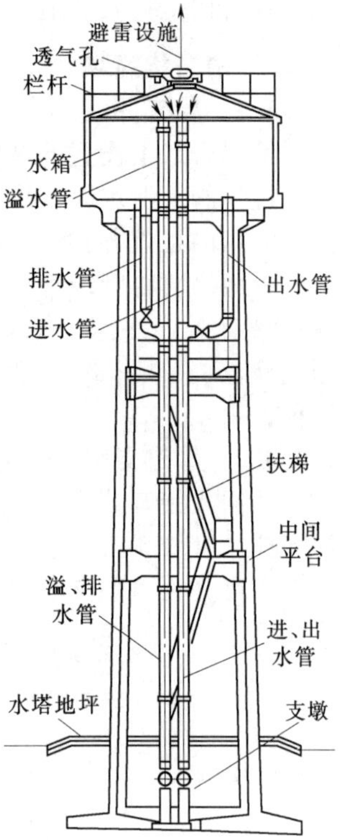

图 4－27　水塔构造

4.7.4.2　水塔的构造

水塔主要由基础、塔身、水箱（水柜）和管道 4 部分组成。常用钢筋混凝土、砖石、钢等材料建造水塔。采用较多的是钢筋混凝土水塔和砖塔身配钢筋混凝土水柜的水塔。水塔的构造如图 4－27 所示，水塔设有进水管、出水管、溢水管和放空管等。水塔的进、出水管与配水管网连接（网前水塔系统），两者可以分别设置，也可以联合设置。进水管应在水柜上部进水，并在管上安装逆止阀，以防止管网压力较低时，水柜内的回流管网。出水管应靠柜底安装，以保证水柜内水流循环。

第5章 给水水质及处理

5.1 天然水源水质及用户对水质的要求

5.1.1 水源的种类

水源一般可分为两大类：地表水水源和地下水水源。这两类水源的种类和特点见表5-1。习惯又将地下水分为浅层地下水、深层地下水和泉水等。

表5-1 水源的种类及特点

	种类	主要特点
地表水	江河水	1. 水量和水质受季节与降水的影响较大； 2. 浊度较湖泊水、水库水高
	湖泊水 水库水	1. 水量、水质受季节与降水的影响一般比江河水要小； 2. 浊度一般较江河水低； 3. 水中藻及浮游生物在春秋季繁殖较快，且有时引起臭味
	塘、池、窖水	1. 受污染机会多，且细菌含量大； 2. 水质变化较大，且易受污染
地下水	上层滞水	1. 处于区域地下水以上，局部隔水层以上的水； 2. 水质变化较大，且易受污染
	潜水	1. 直接与大气相通，水位受大气降水与季节的影响较大，雨季水位上升，旱季水位下降； 2. 与上层滞水比较，浊度低，且细菌含量少
	承压水	1. 存在于两个隔水层之间，外界的影响较小； 2. 水量、水质较稳定，且不易受污染； 3. 与潜水比较，一般水质更好

5.1.2 水源的特点

我国幅员辽阔，城市、乡镇在地理位置、气候特征等方面相差悬殊，总体上，乡镇供水水源的种类比城市要复杂些，具体有以下特点：

（1）城市、乡镇的水源类型和取水方式较多。乡镇人口规模小，一般只有近百人到近千人，不少集镇也只不过几千人到近万人，一般采取就近、分散的取水方式。城乡供水的水源既有以江河水、湖泊（水库）水、滨海水和雨水（窖水）作为供水水源，又有以一般地下水和特殊水质的地下水（如含氟水、苦咸水或含铁、锰水等）作为水源的，与之相应的取水方式复杂且灵活多样。

（2）水源水质的差异较大。城镇给水水源类型多，其水质的种类也多，且变化较大。

1）山区、丘陵地带的水源以泉水和山溪河水为主。一般情况下，水源浊度较低且细菌含量较少，水质良好。但洪水季节山溪河水含砂量较大，且浊度较高、漂浮物较多。泉水一般无须处理。

2）江、河、湖水网地带的乡镇，常以江河水、湖泊水作为饮用水水源。由于水质随水体流量的变化而变化，易受周围环境的影响，且细菌含量较高。这类水源的水一般均需经过常规净化处理、消毒后方可作为饮用水。

3）以承压地下水作为乡镇给水水源，直接受污染的机会少，浊度低且细菌含量较少，其水质较江、河、湖泊水要好。这类地下水一般只需消毒后即可作为饮用水，是乡镇优先选择的水源。

4）我国有不少地区的地下水水源含氟量超标即高氟水，或含盐及其他矿物质超标即苦咸水等，这些水源与一些地方病有着密切的关系。在我国农村，目前约有3000多万人以中、高氟水，6000多万人以苦咸水作为饮用水水源，还有一些乡镇以含铁、锰较高的地下水为水源，国家拟在“十二五”期内消除这些饮水不安全问题。

（3）水资源分布极不均衡。东南沿海地区，降水量充足，年均降雨量大于2000mm，在这些地区的乡镇，水源水量充沛；但在西北地区、年平均降雨量仅为几十毫米，且干旱季节长，江河水常年干涸，水资源枯竭。有些农村以窖水为饮用水源，保证必要的供水量是十分困难的。

5.1.3　水质与水质标准

5.1.3.1　天然水中的杂质

根据水中杂质的存在形态和基本颗粒尺寸，可将水中杂质分为溶解物、胶体颗粒和悬浮物3类。其颗粒大小及主要特征见表5-2。

表5-2　　　　水中杂质分类及特点

分　类	溶解物	胶体颗粒	悬浮物
颗粒尺寸	0.1nm　1nm	10nm　100nm	1μm　10μm　100μm　1mm
外观特征	透明	光照下浑浊	浑浊　肉眼可见
形态特点	一般以分子或离子状态均匀地分散于水中	1. 在水中相对稳定，即使静置较长时间也不会自然沉淀； 2. 这类胶体属于黏土、硅酸胶体和其他不溶性物质等	1. 一般在动水中悬浮、静水中可分离出来； 2. 大部分构成水的浊度、少部分形成水的色度和臭味； 3. 还有导致人体疾病的病原菌等

5.1.3.2 生活饮用水水质标准的主要指标

作为生活饮用水，国家标准《生活饮用水卫生标准》（GB 5749—2006）规定了保证对人体健康无害的要求，必须满足的常规水质指标的限值（表 2-1）。该标准对生活饮用水以微生物、毒理学指标、感官性状指标和一般化学指标、放射性指标分成4个大类，对涉及的106项具体指标作出了规定。如条件限制时，农村小型集中式供水和分散式供水部分水质指标适当放宽（表 2-2）。

1. 感官性状和一般化学指标

这两类指标不属于危害人体健康构成生命危险的直接指标，但它对人的视觉、味觉和嗅觉等产生刺激和不良影响。

（1）色度。衡量水中色度一般用铂钴标准比色法，规定相当于1mg 铂在1L水中所具有的颜色称为1度。

当水中色度大于15度时，人即可觉察到，为此规定色度不超过15度，并不得呈现其他异色。

（2）浑浊度。虽然浑浊度本身并不直接代表水的性质，但浑浊度的大小与水中悬浮物质、胶体物质的含量有关，并且它与水中病菌、病毒及其他有害物质含量之间有一定的关系。浑浊度能影响消毒效果，它的降低意味着水中细菌、病毒和有害物质的相应减少。因此，规定不超过3度，特殊情况下不超过5度。一个浑浊度单位（度）相当于1mg 白陶土在1L水中所产生的浑浊程度，一般采用白陶土标准比浊法等测定浑浊度。

（3）臭和味。清洁卫生的水是无臭无味的。如水中含有藻类、浮游动物、有机质、溶解气体等和加氯消毒后可能使水产生臭和味。臭与味没有标准的单位表示，一般用文字定性，如以“正常”、“芳香气”、“氯气味”、“泥土味”等描述嗅觉；以苦、咸、甜、酸描述味觉。在强度上，臭味一般分为6级，见表 5-3。

表 5-3　　臭味强度分级

分级	臭味强度	主要表现
0	无	完全感觉不到
1	很弱	一般感觉不到，仅有经验者才能察觉
2	弱	用水者注意时能察觉
3	显著	容易察觉，并对用水不满
4	强	引起注意，不愿饮用
5	很强	气味强烈不能饮用

（4）pH 值。它是水中氢离子浓度倒数的对数值，即 $1/\lg[H^+]$。优质饮用水的 pH 值最好是在7～8之间，《生活饮用水卫生标准》中的 pH 值为6.5～8.5。pH 值是衡量水中酸碱度的一项重要指标，pH 值6.5～8的水为中性，小于6.5为酸性，大于8时为碱性。pH 值对水的处理效果有影响，如 pH 值过高，氯消毒效果将降低，且味道差，pH 值过低则影响混凝效果。

（5）总硬度。水的硬度有暂时硬度（即碳酸盐硬度）与永久硬度（即非碳酸盐硬度）之分，这两种硬度之和为总硬度。硬度过高的水不宜饮用，除影响洗衣服，锅炉或开水壶易于结垢外，对人体健康还会产生不良影响。《生活饮用水卫生标准》中规定总硬度不能大于450mg/L（以碳酸钙计）。暂时硬度可以采取煮沸的办法从水中消除，而永久硬度只能用特殊的处理方法去除。

（6）铁。它含量高虽不会引起人体中毒，但会增加水的浊度和使水呈黄褐色，并会使给水管道易于产生铁菌，加速水管锈蚀。水中含铁量在0.3～0.5mg/L时无任何异味，达到1mg/L时便有明显的金属味。《生活饮用水卫生标准》规定水中含铁量不应超过0.3mg/L。

（7）氯化物。水中氯化物含量过高，人会对水的味道有厌恶感，长期饮用氯化物含量过高的水还会引起高血压、心脏病等。《生活饮用水卫生标准》主要根据味觉考虑规定不应超过250mg/L。

2. 毒理性指标

这类指标当超过一定量时，就会对人体健康造成危害。有些有毒物质能引起急性中毒，大多数有毒物质可在人体内积蓄，引起慢性中毒。

（1）氟化物。当饮用水中氟含量达8～20mg/L，长期饮用会引起骨骼损伤，长期饮用3～6mg/L的含氟水可能患氟骨症。《生活饮用水卫生标准》规定含氟量不能超过1mg/L，它是基于我国地方性氟中毒的分布广泛，综合考虑饮用水氟含量对牙齿的轻度影响和氟的防龋作用，以及对广大中、高氟区的除氟或更换水源所付出的经济代价等因素和条件确定的。

（2）氰化物。氰化物是一种烈性毒物，超过一定量能很快使人死亡，在低pH值时更甚。慢性中毒者会引起神经衰弱、头痛等症状。《生活饮用水卫生标准》中规定氰化物含量不得超过0.05mg/L，考虑了一定的安全系数。

（3）汞。汞即水银，为剧毒物质。它能积蓄毒物于人体内，达到一定量会危害人体的神经系统、心脏、肾脏和肠胃道等。俗称的“水俣病”就是汞毒所致，根据汞的毒理性，规定不得超过0.001mg/L。

（4）六价铬。它毒性很大，不仅对人的消化系统和皮肤均有刺激和腐蚀作用，还可能致癌，规定不得超过0.05mg/L。

（5）铅。它也是一种蓄积性毒物，当铅含量超过一定量时，可能引起神经、血管和造血系统等方面的病变，规定不得超过0.05mg/L。

（6）硝酸盐。易在人体内积蓄引起中毒。水中硝酸盐含量高时，可在胃、肠内还原成亚硝酸盐，其中亚硝酸胺已证明有致癌作用。《生活饮用水卫生标准》中规定硝酸盐氮含量不得超过20mg/L，是综合国内外现有资料而规定的。

上述各种溶解性有毒物质，通过一般的凝聚沉淀、过滤不能有效地去除。因此，上述指标应该作为水源选择的重要依据，以确保水质的安全。

3. 细菌学指标

人、畜粪便污水直接影响着水源的细菌学指标。病原菌对人体健康的危害，一般是通过饮用水进行传播的。而水中细菌繁多，要直接排除一切细菌而单独检验出某种病原菌来，在培养分离技术上较为复杂，目前还有困难。因此，一般采取测定水中与病原菌生存条件接近的细菌总数和大肠菌群的办法。这两项指标能够反映水源受到污染的程度和水处理的效果。

（1）细菌总数。是指1mL水样在普通琼脂培养基中经37℃经过24h的培养，所生长的各种细菌菌落总数。被污染的水，每毫升水中细菌总数可高达几十万个，但经过一般净化处理后大部分被杀死。培养后，1mL水样中小于100个细菌菌落数，说明水质良好。因此，规定每毫升水中不超过100个细菌。

（2）总大肠菌群。总大肠菌基本上来源于人类粪便的污染。它本身虽非致病菌，但数量大、生存条件与肠道病原菌比较接近。国标规定不得检出［《生活饮用水卫生标准》（GB 5749—2006）中表1水质常规指标及限值］。

（3）游离性余氯。总余氯量包括游离性余氯和化合性余氯。通常所称之的余氯是指游离性余氯，加氯后经过30min的接触时间，应有适量的余氯留在水中，以保证在供水过程中持续的消毒效果和抑制水中残存的病原微生物再度繁殖，并可作为水质受到再度污染的指示信号。《生活饮用水卫生标准》规定，用氯消毒时出厂水游离性余氯不低于0.3mg/L，管网末梢水不应低于0.05mg/L。

（4）放射性指标。《生活饮用水卫生标准》中规定，总γ放射性为0.1Bq/L，总β放射性为1.0Bq/L。这是根据假设每人每天摄入2L水时所摄入的放射性物质、按成年人的生物代谢参数估算出一年内对成年人产生的剂量而确定的。

乡镇给水工程的技术管理力量和检验设备一般都不如城市，有些指标没有能力检验。但对于常规的几项指标（也是一般水质的重要指标）是必须检验的，如浊度和余氯等。还有一些特殊水源水质，要重点检验特殊项目，如高氟水须检验处理后的氟化物含量，含铁、锰地下水和矿化度高的水源，要重点检验铁、锰、硬度等指标。

由于我国幅员辽阔，水质情况变化大，给水的经济、技术等条件有很大的差别。因此，我国有关部门于1993年批准实施的《生活饮用水水源水质标准》（CJ 3020—93），提出了水质分级的要求。共分为2级：一级水属于优质饮用水；二级水是在某些情况下，由于某种原因水质暂时达不到一级水，但尚属可饮用的水。具体分级要求内容见表5-4。

表5-4　《生活饮用水水源水质标准》（CJ 3020—93）

项　目	标准限值		项　目	标准限值	
	一　级	二　级		一　级	二　级
色	色度不超过15度，并不得呈现其他异色	不应有明显的其他异色	锰（mg/L）	≤0.1	≤0.1
浑浊度（度）	≤3		铜（mg/L）	≤1.0	≤1.0
嗅和味	不得有异臭、异味	不应有明显的异臭、异味	锌（mg/L）	≤1.0	≤1.0
pH值	6.5～8.5	6.5～8.5	挥发酚（以苯酚计，mg/L）	≤0.002	≤0.004
总硬度（以碳酸钙计，mg/L）	≤350	≤450	阴离子合成洗涤剂（mg/L）	≤0.3	≤0.3
溶解铁（mg/L）	≤0.3	≤0.5	硫酸盐（mg/L）	<250	<250

续表

项目	标准限值		项目	标准限值	
	一级	二级		一级	二级
氯化物(mg/L)	<250	<250	铍(mg/L)	≤0.0002	≤0.0002
溶解性总固体(mg/L)	<1000	<1000	氨氮(以氮计,mg/L)	≤0.5	≤1.0
氟化物(mg/L)	≤1.0	≤1.0	硝酸盐(以氮计,mg/L)	≤10	≤20
氰化物(mg/L)	≤0.05	≤0.05	耗氧量($KMnO_4$法)(mg/L)	≤3	≤6
砷(mg/L)	≤0.05	≤0.05	苯并(α)芘(μg/L)	≤0.01	≤0.01
硒(mg/L)	≤0.01	≤0.01	滴滴涕(μg/L)	≤1	≤1
汞(mg/L)	≤0.001	≤0.001	六六六(μg/L)	≤5	≤5
镉(mg/L)	≤0.01	≤0.01	百菌清(mg/L)	≤0.01	≤0.01
铬(六价)(mg/L)	≤0.05	≤0.05	总大肠菌群(个/L)	≤1000	≤10000
铅(mg/L)	≤0.05	≤0.07	总α放射性(bq/L)	≤0.1	≤0.1
银(mg/L)	≤0.05	≤0.05	总β放射性(bq/L)	≤1	≤1

5.2 给水处理的基本方法

城市、乡镇供水的天然水源,一般含有各类杂质,包括固体颗粒和悬浮颗粒,这些杂质和有害物质,经适当处理后,可达到表5-4《生活饮用水水源水质标准》(CJ 3020—93)的规定。一般需要进行混凝、沉淀、过滤和消毒的单项处理或四种联合处理,以满足用户对水质的要求。

此外,有的水源还可能含有有毒、有害物质,需经特殊处理后才能达到生活用水要求。

5.2.1 混凝

5.2.1.1 混凝作用

天然水中含有各种悬浮物、胶体和溶解物等杂质,使水呈现出浊度、色度、臭和味等。杂质按其尺寸大小可分为悬浮物、胶体颗粒及溶解物,见表5-5。天然水中的胶体微粒大多数属黏土类带负电荷的胶体,它们即相互排斥,又在不断地作不规则运动，因此不会像粗大的颗粒泥沙那样，靠重力作用而下沉，称为胶体的稳定性。如果在原水中投加一种称之为凝聚剂的化学药剂，水解后产生大量正离子，这些正离子使胶体的电性斥力大为降低，水中杂质颗粒的稳定性降低。当杂质颗粒“脱稳”到一定程度，细小颗粒逐渐长大变成絮体，并依靠重力作用下沉，从而使浑水得以变清。

表 5-5 水中杂质的性质

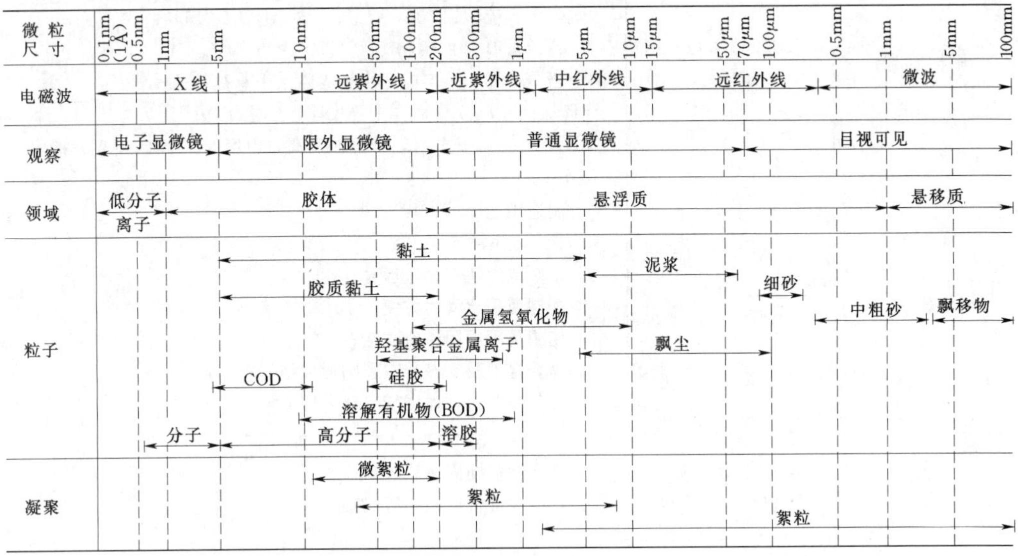

以凝聚剂硫酸铝 [$Al_2(SO_4)_3 \cdot 18H_2O$] 加入原水中为例，有

$$Al_2(SO_4)_3 \rightarrow 2Al^{3+} + 3SO_4^{2-}$$

三价铝离子（Al^{3+}）水解形成带正电荷的胶体聚合物，它与原水中带负电荷的杂质颗粒相互碰撞、吸引，形成粗大的絮状物，达到了混凝的作用，从而为后续工艺（澄清或沉淀）中的固液分离创造了良好的条件。

5.2.1.2 常用混凝药剂

为了达到混凝作用所投加的各种药剂统称为混凝剂。按混凝剂在混凝过程中所起的作用可分为凝聚剂、絮凝剂和助凝剂。习惯上也常把凝聚剂称作混凝剂。

凝聚剂通常指在混凝过程中主要起脱稳作用而投加的药剂；絮凝剂主要指通过架桥作用把颗粒连接起来所投加的药剂；助凝剂则是指为改善混凝效果而投加的各种辅助药剂。

助凝剂按所起作用又可分为三类：用于调整水的 pH 值和碱度的酸碱类；为破坏水中有机物，改善混凝效果的氧化剂；为改善某些特殊水质的絮凝性能而投加的助凝剂。

1. 常用凝聚剂

给水处理中常用凝聚剂见表 5-6。

2. 常用絮凝剂

絮凝剂分无机絮凝剂与有机絮凝剂。某些无机絮凝剂常被归入凝聚剂，如聚合氯化铝、聚合硫酸铁等。有时也有将有机絮凝剂归入助凝剂，如活化硅酸等。

给水处理中常用的絮凝剂见表5-7。

表5-6 **常用凝聚剂**

名称	分子式	主要特点
固体硫酸铝	$Al_2(SO_4)_3 \cdot 18H_2O$	1. 制造工艺复杂，水解作用缓慢； 2. 含无水硫酸铝50%～52%，含Al_2O_3约15%； 3. 适用水温为20～40℃； 4. 当pH值=4～7时，主要去除水中有机物； pH值=5.7～7.8时，主要去除水中悬浮物； pH值=6.4～7.8时，处理浊度高，色度低（小于30度）的水
液体硫酸铝		1. 制造工艺简单； 2. 含Al_2O_3约6%； 3. 坛装或灌装车、船运输； 4. 配制使用比固体方便； 5. 使用范围同固体硫酸铝； 6. 易受温度及晶核存在影响形成结晶析出； 7. 近年来在南方地区较广泛采用
明矾	$Al_2(SO_4)_3 \cdot K_2SO_4 \cdot 24H_2O$	1. 基本性能同固体硫酸铝； 2. 现已大部被硫酸铝所代替
硫酸亚铁（绿矾）	$FeSO_4 \cdot 7H_2O$	1. 腐蚀性较高； 2. 絮体形成较快，较稳定，沉淀时间短； 3. 适用于碱度高，浊度高，pH值=8.1～9.6的水不论在冬季或夏季使用都很稳定，混凝作用良好，但原水的色度较高时不宜采用，当pH值较低时，常使用氯来氧化，使二价铁氧化成三价铁
三氯化铁	$FeCl_3 \cdot 6H_2O$	1. 对金属（尤其对铁器）腐蚀性大，对混凝土亦腐蚀，对塑料管也会因发热而引起变形； 2. 不受温度影响，絮体结得大，沉淀速度快，效果较好； 3. 易溶解，易混合，渣滓少； 4. 原水pH值=6.0～8.4之间为宜，当原水碱度不足时，应加一定量的石灰； 5. 在处理高浊度水时，三氯化铁用量一般要比硫酸铝少； 6. 处理低浊度水时，效果不显著
碱式氯化铝	$[Al_n(OH)_mCl_{3n-m}]$（通式）简写PAC	1. 净化效率高，耗药量少，出水浊度低，色度小，过滤性能好，原水高浊度时尤为显著； 2. 温度适应性高；pH值适用范围宽（可在pH值=5～9的范围内），因而可不投加碱剂； 3. 使用时操作方便，腐蚀性小，劳动条件好； 4. 设备简单，操作方便，成本较三氯化铁低； 5. 无机高分子化合物

表 5－7　　常 用 絮 凝 剂

名称	分子式	主 要 特 点
聚丙烯酰胺（PAM）		1. 在处理高浊度水（含砂量 10～150kg/m^3）时效果显著，既可保证水质，又可减少混凝剂用量和一级沉淀池容积。目前被认为是处理高浊度水最有效的高分子絮凝剂之一，并可用于水厂污泥脱水； 2. 聚丙烯酸胺水解体的效果比未水解的好，生产中应尽量采用水解体，水解比和水解时间应通过试验确定； 3. 与常用混凝剂配合使用时，应视原水浊度的高低按一定的顺序先后投加，以发挥两种药剂的最大效果； 4. 聚丙烯酰胺固体产品不易溶解，宜在有机械搅拌的溶解槽内配制溶液，配制浓度一般为 2%，投加浓度 0.5%～1%； 5. 聚丙烯酰胺中丙烯酰胺单体有毒性，用于生活饮用水净化时，其产品应符合优等品要求； 6. 是合成有机高分子絮凝剂，为非离子型。通过水解构成阴离子型，也可通过引入基团制成阳离子型
丙烯酰胺与二甲基二烯丙基季铵盐共聚絮凝剂（HCB）		1. 为丙烯酰胺（PAM）与二甲基二烯丙基季铵盐（DMDAAC）的共聚物； 2. 具有三个功能基团：酰胺基、阳离子和阴离子； 3. 三个功能团之间含量的相互比例将决定絮凝剂在各方面的效能； 4. 对于黄河高浊度原水，当含砂量小于 50kg/m^3 时，HCB 加注量小于 PAM 加注量；反之则增大； 5. 采用 HCB 对于降低沉淀后剩余浊度具有较大优越性
活化硅酸（活化水玻璃）	$Na_2 \cdot xSiO_2 \cdot yH_2O$	1. 适用于硫酸亚铁与铝盐混凝剂，可缩短混凝沉淀时间，节省混凝剂用量； 2. 原水浑浊度低，悬浮物含量少及水温较低（约在 14℃以下）时使用，效果更为显著； 3. 可提高滤池滤速； 4. 必须注意加注点； 5. 要有适宜的酸化度和活化时间
骨　胶		1. 骨胶有粒状和片状两种，来源丰富，骨胶一般和三氯化铁混合后使用； 2. 骨胶投加量与澄清效果成正比，且不会由于投加量过大，使混凝效果下降； 3. 投加骨胶及三氯化铁后的净水效果比投纯三氯化铁效果好，降低净水成本； 4. 投加量少，投加方便
海藻酸钠	$(NaC_6H_7O_6)x$ 简写 SA	1. 原料取自海草、海带根或海带等； 2. 生产性试验证实 SA 浆液在处理浊度稍大的原水（200NTU 左右）时助凝效果较好，用量仅为水玻璃的 1/15 左右，当原水浊度较低（50NTU 左右）时助凝效果有所下降，SA 投量约为水玻璃的 1/5； 3. SA 价格较贵，产地只限于沿海

3. 净水处理中常用助凝剂

常用助凝剂见表5-8。

表5-8　　常用助凝剂

种类	名称分子式或代号	主要特点
氯	Cl_2	1. 当处理高色度水及用作破坏水中有机物或去除臭味时，可在投凝聚剂前先投氯，以减少凝聚剂用量； 2. 用硫酸亚铁作凝聚剂时，为使二价铁氧化成三价铁可在水中投氯
生石灰	CaO	1. 用于原水碱度不足时； 2. 用于去除水中的 CO_2，调整pH值
氢氧化钠	NaOH	1. 用于调整水的pH值； 2. 投加在滤池出水后可用作水质稳定处理； 3. 一般采用浓度不大于30%商品液体，在投加点稀释后投加； 4. 气温低时会结晶，浓度越高越易结晶； 5. 使用时要注意安全

5.2.1.3　絮凝

絮凝的作用是使混合阶段形成的细小絮体，通过相互碰撞以形成具有良好沉淀性能的较大絮体，在絮凝阶段，随着絮体的成长，搅拌强度或水流速度应逐渐降低。

絮凝池又叫反应池，是水进行絮凝的设施，为便于设计时选用，将几种不同形式的絮凝池的主要优、缺点及适用条件列于表5-9和表5-10中。

表5-9　　几种混合形式的特点与适用条件

型式	特点	适用条件
管式混合	1. 通过管道或管道内设置的阻流物作用，原水与药剂在管道内产生湍流，设备简单，不占地； 2. 当流量减小时，可能在管中絮凝沉淀。一般管道混合效果较差；静态混合器效果较好，但水头损失较大	1. 适用变化不大的管道及各种水量的水厂； 2. 管道混合加药点设在水厂进水管中，且与净化构筑物的距离小于120m
水泵混合	1. 无需设置专门的混合设备； 2. 不另消耗动力； 3. 混合充分、效果较好； 4. 水泵叶轮易受腐蚀	1. 适用于一级泵房距离净化构筑物120m以内的各种规模水厂； 2. 在投药点前应设有水封箱
穿孔式混合池	1. 一般为三块隔板的矩形水槽，板上设有较多孔眼，造成较多的涡流； 2. 最后一道隔板后的槽中水深最少0.4～0.5m，其流速一般采用0.6m/s； 3. 两道隔板间的距离等于槽宽； 4. 孔眼须有水深100～150mm；孔眼处的流速可取1m/s，孔眼直径一般20～120mm。孔眼距为孔眼直径的1.5～2倍	1. 适用于 $1000m^3/h$ 以下的水厂； 2. 不适用于石灰乳或者有较多渣子的药剂混合，以免石灰粒子或渣子堵塞孔眼
涡流式混合池	1. 平面呈正方形或圆形，与其相适应的下部呈倒金字塔形或圆锥形，其中心角 α 为30°～45°； 2. 进口处流速1～1.5m/s，混合池上口处流速为25mm/s； 3. 停留时间不大于2min，一般为1.0～1.5min	适用于中小型水厂，特别适合在石灰乳处理水的条件

表 5-10 不同形式絮凝池的优缺点与适用条件

型式		优缺点	适用条件
隔板絮凝池	往复式	1. 絮凝效果较好； 2. 构造简单，施工方便； 3. 容积较大； 4. 水头损失较大； 5. 转折处絮粒易破碎； 6. 出水流量不易分配均匀	1. 供水量大于 30000m³/d 的水厂； 2. 供水流量变动小
	回转式	1. 絮凝效果好； 2. 水头损失小； 3. 构造简单，管理方便； 4. 出水流量不易分配均匀	1. 水量大于 30000m³/d 的水厂； 2. 水量变动小； 3. 旧池改建和扩建
穿孔旋流絮凝池		1. 容积小，常与斜管沉淀池合建； 2. 水头损失较小； 3. 絮凝效果较好； 4. 池子较深； 5. 锥底施工较困难	一般用于中小型水厂
涡流絮凝池		1. 絮凝时间短； 2. 容积小； 3. 造价较低； 4. 池子较深； 5. 在地下水位较高处施工较困难	一般用于水量小于 25000m³/d 的水厂
折板絮凝池		1. 絮凝时间短； 2. 容积小； 3. 絮凝效果好； 4. 造价较高	水量变化不大的水厂
机械絮凝池		1. 絮凝效果好，节省药剂； 2. 水头损失小； 3. 可适应水质、水量的变化； 4. 需机械设备和经常维修	大小水量均适用，对水量变化较大的水厂更适合

5.2.2 沉淀与澄清

5.2.2.1 沉淀

1. 沉淀的作用

沉淀就是利用专门装置或设施，使混合絮凝形成的絮体依靠重力作用下沉，并使水中悬浮物质从水中分离。

根据原水中是否投加凝聚剂，沉淀可分为自然沉淀和凝聚沉淀（又称混凝沉淀）。自然沉淀的特点是，颗粒在沉淀过程中不改变其大小、形状和密度，一般只能去除颗粒较大、较重的泥沙和杂质，多应用于原水浊度较高时的预沉和一些乡镇的简易净水设施；凝聚沉淀是在原水进入沉淀池之前投加凝聚剂，水中颗粒之间相互碰撞、凝聚而改变其大小、形状和密度的沉淀过程。当原水中的固体颗粒较小，特别是含有较多胶体颗粒时，一般采用凝聚沉淀可达到较好的沉淀效果。

2. 沉淀池的形式与选择

(1) 沉淀池形式。沉淀池按其构造的不同可以布置成多种形式。

按沉淀池的水流方向可分为竖流式、平流式和辐流式。竖流式沉淀池水流向上，颗粒沉淀向下，池型多为圆柱形或圆锥形。由于竖流式沉淀池表面负荷小，处理效果差，基本上已不被采用。平流式沉淀池是一种应用较普遍的净水构筑物，它是一个长方形钢筋混凝土或砖砌水池，其构造简单，造价较低，操作方便，并具有稳定的净水效果。辐流式沉淀池多采用圆形，池底做成倾斜，水流从中心流向周边，流速逐渐减小。辐流式沉淀池主要被用作高浊度水的预沉。

按截除颗粒沉降距离不同，沉淀池可分为一般沉淀和浅层沉淀。斜管沉淀池和斜板沉淀池为典型的浅层沉淀，其沉降距离仅30～200mm左右。乡镇供水工程中主要是平流式沉淀池和斜板（管）式沉淀池两种形式。

斜板沉淀池中的水流方向可以布置成侧向流（水流与沉泥方向垂直）、上向流（水流与沉泥方向相反）和同向流（水流与沉泥方向相同），上向流又称异向流。

(2) 影响沉淀池选用的因素。选用沉淀池涉及的主要因素有：

1) 水量规模。各类沉淀池根据技术上和经济上的分析常有其适用范围。以平流沉淀池为例，沉淀池的长度仅取决于停留时间和水平流速，而与处理规模无关，当水量增大时，仅需增加池宽即可，因此单位水量的造价指标随着处理规模的增加而明显减小，所以平流沉淀池更适合于规模较大的水厂。

2) 进水水质条件。原水水质中的浊度、含砂量、颗粒组成以及原水水质的变化都与沉淀效果有密切关系，并影响沉淀池的选型。斜管沉淀池积泥区体积相对较小，当原水浊度很高时会增加排泥困难。此外，若原水水质变化迅速，斜管沉淀池的适应性也相对较差。

3) 地形、地质条件。不同形式沉淀池的池型均不相同，有的平面面积较大而池深较浅；有的平面面积较小而池深较大，当地形或地质条件受限制时，将会影响池型的选择。例如平流沉淀池宜布置在场地比较平整而地质条件比较均匀的地方，如地形复杂、高差悬殊的地方，采用平流沉淀池往往需增加大量土石方量，其布置不如其他平面较小的沉淀池灵活。

4) 经常运行费用。经常运行费用主要涉及混凝剂消耗、厂用水率以及设施的维护更新。根据原水水质的不同，不同类型沉淀池的药耗会有一定差异，可通过当地实际运行指标进行对比。沉淀池的排泥方式影响排泥水浓度，也即影响厂内自用水的耗水率，在沉淀池选型时也需结合进行考虑。另外，对于斜管或斜板沉淀池，由于其板材需定期进行更新，将会增加水厂的经常运行费用。

(3) 沉淀池的优缺点和适用条件。各种沉淀池的优缺点和适用条件见表5-11。

5.2.2.2 澄清

澄清是利用池中积聚的泥渣与原水中的杂质颗粒相互接触、吸附，以达到清水较快分离的净水技术，澄清池则是该技术的净水构筑物。

澄清池按泥渣的情况，一般分为泥渣循环（回流）和泥渣悬浮（泥渣过滤）等形式。

表 5-11 沉淀池形式比较

形 式	优 缺 点	适 用 条 件
平流沉淀池	优点： 1. 造价较低； 2. 操作管理方便，施工较简单； 3. 对原水浊度适应性高，潜力大，处理效果稳定； 4. 带有机械排泥设备时，排泥效果好 缺点： 1. 占地面积较大； 2. 不采用机械排泥装置时，排泥较困难； 3. 需维护机械排泥设备	一般用于大、中型净水厂
斜管（板）沉淀池	优点： 1. 沉淀效率高； 2. 池体小、占地少 缺点： 1. 斜管（板）耗用较多材料，老化后尚需更换，费用较高； 2. 对原水浊度适用性较平流池差； 3. 不设机械排泥装置时，排泥较困难，设机械排泥时，维护管理较平流池麻烦	1. 可用于各种规模水厂； 2. 宜用于老沉淀池的改建、扩建和挖潜； 3. 适用于需保温的低温地区； 4. 单池处理水量不宜过大

1. 种类和特点

澄清池的类型很多，按其利用泥渣工艺可分为泥渣接触过滤型澄清池和泥渣循环分离型澄清池两类。

（1）泥渣接触过滤澄清池中，原水从下向上流过处于悬浮状态的泥渣层，水中杂质（脱稳微粒）和泥渣碰撞、吸附，泥渣颗粒逐渐增大，并被悬浮状态的泥渣层截留。属于泥渣接触过滤型的澄清池有无穿孔底板悬浮澄清池和脉冲澄清池。

（2）泥渣循环澄清池则利用水力机械，使泥渣在池内一定范围内循环利用，使活性泥渣与原水中的脱稳微粒进行接触絮凝作用，将杂质从水中分离出去。属于这种类型的澄清池有水力循环澄清池和机械搅拌澄清池。

澄清池具有以下特点：

（1）原水中的脱稳微粒和悬浮泥渣相互接触、吸附，使泥渣易于与水分离，提高了混凝和沉淀效果。

（2）由于重复利用了有吸附能力的絮粒净化原水，可以充分发挥凝聚剂的作用，节约了混凝聚剂用量。

（3）在同一构筑物内完成混合、絮凝和沉淀三个工艺，占地面积小，净水效果好。

2. 澄清池形式选择

澄清池是综合混凝和泥水分离过程的净水构筑物，水流基本为上向流。澄清池具有生产能力高、处理效果较好等优点；但有些澄清池受原水的水量、水质、水温及混凝剂等因素的变化影响比较明显，池体结构较复杂，管理要求较高。

澄清池一般采用钢筋混凝土结构，小型水池还可用钢板制成。

澄清池形式的选择，主要应根据原水水质、出水要求、生产规模以及水厂布置、地形、地质、排水等条件，进行技术经济比较后决定。其一般优缺点及适用范围见表5-12。

表5-12 常用澄清池优缺点及适用范围

形式	优缺点	适用条件
机械搅拌澄清池	优点： 1. 处理效率高，单位面积产水量较大； 2. 适应性较强，处理效果较稳定； 3. 采用机械刮泥设备后，对较高浊度水（进行悬浮物含量3000mg/L以上）处理也具有一定适应性 缺点： 1. 需要机械搅拌设备； 2. 维修较麻烦	1. 进水悬浮物含量一般小于1000mg/L，短时间内允许3000～5000mg/L； 2. 一般为圆形池子； 3. 适用于中、小型水厂
水力循环澄清池	优点： 1. 无机械搅拌设备； 2. 构造较简单 缺点： 1. 投药量较大； 2. 要消耗较大的水头； 3. 对水质、水温变化适应性较差	1. 进水悬浮物含量一般小于1000mg/L，短时间内允许2000mg/L； 2. 一般为圆形池子； 3. 适用于中、小型水厂
脉冲澄清池	优点： 1. 虹吸式机械设备较为简单； 2. 混合充分，布水较均匀； 3. 池深较浅便于布置。也适用于平流式沉淀池改建 缺点： 1. 真空式需要一套真空设备，较为复杂； 2. 虹吸式水头损失较大，脉冲周期较难控制； 3. 操作管理要求较高，排泥不好影响处理效果； 4. 对原水水质和水量变化适应性较差	1. 进水悬浮物含量一般小于1000mg/L，短时间内允许3000mg/L； 2. 可建成圆形、矩形或方形池子； 3. 适用于大、中、小型水厂
悬浮澄清池（无穿孔底板）	优点： 1. 构造较简单； 2. 形式较多 缺点： 1. 需设气水分离器； 2. 对进水量、水温等因素较敏感，处理效果不如机械搅拌澄清池稳定	1. 进水悬浮物含量一般小于1000mg/L； 2. 可建成圆形或方形池子； 3. 一般流量变化每小时不大于10%，水温变化每小时不大于1℃

5.2.3 过滤

5.2.3.1 过滤的作用与机理

过滤是以具有孔隙的颗粒状滤料层截留水中杂质，从而使水得到进一步净化的工艺过程。原水经沉淀或澄清后，浊度一般应控制在10度以下。过滤的作用，不但能进一步降低水的浊度（滤后水浊度一般能达到3度以下），去除水中有机物、细菌等，而且还能为过滤后消毒提供良好的条件。因为残留于滤后水中的细菌、病毒等在失去浑浊物的保护或依存而大部分裸露在外时，易于与消毒剂接触而被杀灭。经凝聚剂处理后形成絮体，大的絮体在沉淀池中下沉，未沉下的细小絮体与滤料接触，由于分子引力的作用，细小絮体被粘附在滤料表面，使水得到净化。过滤的机理主要可从以下三个方面解释：

（1）筛滤作用。大小不同滤料就好似一个"筛子"，滤料"筛子"在不断截留水中杂质过程中，其孔隙逐渐变小，于是截留的杂质也越来越小。

（2）沉淀作用。它是把滤料层看作层层叠起的一个多层沉淀池，利用滤料表面巨大的沉淀面积以截留水中微小杂质。

（3）接触吸附作用。即由于分子引力作用，水中杂质被滤料表面吸附，随着水的继续流动，虽然会使部分已吸附的杂质从滤料表面剥落下来，但它又会被下层滤料截留，最终使水得到净化。

5.2.3.2 滤池的形式与选择

城镇供水中经常使用的过滤池有慢滤池、普通快滤池、接触滤池、重力式无阀滤池、压力式无阀滤池及虹吸滤池等，现将这些滤池的特点及适用条件列于表5-13中。

表5-13 几种滤池的特点及适用条件

滤池形式	构造特点	优缺点	适用条件	
			滤前水浊度	规模
慢滤池	1. 采用粗、细砂作滤料； 2. 无反冲洗装置	优点：构造简单、材料易得。投资费用低，运行管理简易，净水效果好 缺点：产水量低，占地面积大。滤料易堵，需人工刮泥或人工清洗	一般宜小于50度	1. 适合于有条件的村镇； 2. 规模宜小
普通快滤池	1. 闸阀控制反冲洗； 2. 一般为大阻力配水系统	优点：运行稳妥可靠，净水效果好 缺点：闸阀多，且须设全套冲洗设备	小于10度； 个别达15度	1. 乡镇可采用小型快滤池； 2. 单池面积一般不宜大于$100m^2$
双层滤料快滤池	1. 闸阀控制反冲洗； 2. 以砂、煤为滤料； 3. 一般为大阻力配水系统	优点：含污能力大，可采用较高的滤速；降速过滤净化效果较好，其他同普通快滤池 缺点：滤料选择要求高、价贵；管理麻烦，滤料易流失，冲洗困难，易积泥球	同普通快滤池	1. 适用于各种规模水厂； 2. 单池面积一般不宜大于$100m^2$； 3. 宜采用辅助冲洗设备
接触滤池	1. 闸门控制反冲洗； 2. 一般采用辅助冲洗设施； 3. 有双层滤料快滤和无阀滤池	优点：滤前原水浊度的适用性较大，因而可作为一元化净水构筑物，可不用絮凝、沉淀池，投资低，占地少，出水水质较好 缺点：投药量较大，对运行管理要求较高，其余与普通快滤池相同	一般小于100度	适用于小型水厂，一般为0.5万m^3/d左右

续表

滤池形式	构造特点	优缺点	适用条件	
			滤前水浊度	规模
无阀滤池（重力式和压力式）	1. 靠虹吸装置过滤和自动冲洗； 2. 重力式带水箱冲洗； 3. 压力式由水塔提供反冲洗水	优点：阀件少、操作管理方便，能实现自动化；压力式可利用余压将滤后水送至水塔或管网，且有成套定型产品供应、上马快 缺点：运行过程中看不到滤层情况、清砂不便；变水头等速过滤，水质不如降速过滤	同普通快滤池	1. 适用于小型水厂，一般为1.0万m^3/d； 2. 单池面积应小于$25m^2$
虹吸滤池	1. 靠虹吸装置进水和排水； 2. 无专设冲洗水塔或水泵	优点：利用虹吸原理进水过滤和冲洗排水，不需大型闸阀，并能利用滤池本身水量和水头反冲洗，易于自动化操作 缺点：土建结构较复杂、池深大；反冲洗时浪费部分水量；变水头等速过滤，水质不如降速过滤	同普通快滤池	1. 适用于中、小型水厂； 2. 单池面积不宜大于$25\sim30m^2$

5.2.4 消毒

经过混凝沉淀或气浮并经过滤的净化水，在外观及理化指标上虽已符合《生活饮用水卫生标准》要求，然而水中的部分细菌、病原菌和其他微生物仍可能有一定数量残存其中。因此，生活饮用水还必须进行消毒处理。消毒的目的就是杀灭水中对人体有害的病原体如各种细菌、病毒及其他致病微生物等。

5.2.4.1 消毒方法与消毒剂

1. 消毒方法

水的消毒基本上可分为物理方法和化学方法两大类，煮沸、紫外线、超声波消毒、高频电磁消毒等属物理消毒，而投氯、臭氧或氧化剂等属化学消毒。各种消毒方法见表5-14。

表5-14 常用消毒方法性能及适用条件表

方法	分子式	优缺点	适用条件
液氯	Cl_2	优点： 1. 具有余氯的持续消毒作用； 2. 价值成本较低； 3. 操作简单，投量准确； 4. 不需要庞大的设备 缺点： 1. 原水有机物高时会产生有机氯化物； 2. 原水含酚时产生氯酚味； 3. 氯气有毒，使用时需注意安全，防止漏氯	液氯供应方便的地点

续表

方法	分子式	优 缺 点	适 用 条 件
氨胺	NH_2Cl $NHCl_2$	优点： 1. 能减低三卤甲烷和氯酚的产生； 2. 能延长管网中剩余氯的持续时间抑制细菌生成； 3. 减轻氯消毒时所产生的氯酚味或减低氯味 缺点： 1. 消毒作用比液氯进行得慢，需较长接触时间； 2. 需增加加氨设备，操作管理麻烦	原水中有机物多以及输配水管线较长时
漂白粉	$CaOCl_2$	优点： 1. 具有余氯的持续消毒作用； 2. 投加设备简单； 3. 价格低廉； 4. 漂粉精含有效氯达60%～70%，使用方便 缺点： 1. 同液氯，将产生有机氯化物和氯酚味； 2. 易受光、热、潮气作用而分解失效，须注意储存； 3. 漂白粉的溶解及制、投入不便； 4. 漂白粉含氯量只有20%～30%，因而用量大，设备容积大	漂白粉仅适用于生产能力较小的水厂 漂粉精使用方便，一般在水质突然变坏时临时投加，适用于规模较小水厂
漂粉精	$Ca(OCl)_2$		
次氯酸钠	$NaOCl$	优点： 1. 具有余氯的持续消毒作用； 2. 操作简单，比投加液氯安全、方便； 3. 使用成本虽较液氯高，但较漂白粉低 缺点： 1. 不能储存，必须现场制取使用； 2. 目前设备尚小，产气量少，使用受限制； 3. 必须耗用一定电能及食盐	适用于小型水厂或管网中途加氯
二氧化氯	ClO_2	优点： 1. 不会生成有机氯化物； 2. 较自由氯的杀菌效果好； 3. 具有强烈的氧化作用，可除臭、去色、氧化锰、铁等物质； 4. 投加量少，接触时间短，余氯保持时间长 缺点： 1. 成本较高； 2. 一般需现场随时制取使用； 3. 制取设备较复杂； 4. 需控制氯酸盐和亚氯酸盐等副产物	适用于有机污染严重时
臭氧消毒	O_3	优点： 1. 具有强氧化能力，为最活泼的氧化剂之一，对微生物、病毒、芽孢等均具有杀伤力，消毒效果好，接触时间短； 2. 能除臭、去色，去除铁、锰等物质； 3. 能除酚，无氯酚味； 4. 不会生成有机氯化物 缺点： 1. 基建投资大，经常电耗高； 2. O_3在水中不稳定，易挥发，无持续消毒作用； 3. 设备复杂、管理麻烦； 4. 制水成本高	适用于有机污染严重、供电方便处 可结合氧化用作预处理或与活性炭联用

我国乡镇供水采用氯消毒方法较为普遍。采用氯消毒具有消毒效果好、价格低廉、设备简单以及操作管理方便等优点，同时氯消毒之后在水中可保持一定余氯，能防止因输水而再次被污染。

氯消毒法采用的化学药剂主要是漂白粉、漂粉精、次氯酸钠、液氯或二氧化氯等，目前乡镇供水工程多采用漂白粉（精）和次氯酸钠消毒。

2. 消毒方法选择比较

各种消毒方法所使用的消毒剂及优缺点比较均见表 5-14。

5.2.4.2 氯消毒

1. 加氯点选定

（1）原水预加氯。一般加注在取水泵前。当采用接触过滤的净化工艺时，除了可达到消毒作用外，还可氧化一部分有机物及杀灭细菌、藻类等，对促进絮凝作用，保护滤池滤料以及降低水的色、臭和去除铁、锰等都有一定好处，但采用原水预加氯耗氯量较大。

（2）滤前加氯。一般加注在沉淀池至滤池之间。其作用是可降低水的色、臭及保护滤料。

（3）滤后加氯。加注在滤池出口、进入清水池之前，主要为杀死残存的病原体。

（4）出厂补加氯。加注在清水池之后，送水泵之前。当清水池停留时间过长，出厂水的余氯不足时采用。在乡镇水厂中，一些水厂往往将清水池建得较大，以致使出厂水余氯不符合要求，故采用此种方法。

（5）中途加氯。加注在管网的某一位置，以弥补由于出厂水余氯不足或由于管网过长引起余氯不足的措施。当采用区域统一的乡村给水系统时，有时必须在增压泵站中途加氯。

2. 影响氯消毒效果的因素

（1）pH 值。是影响消毒效果的主要因素之一。氯消毒在水的 pH 值为 6～7 时效果最好，当 pH 值大于 7.5 时，消毒效果明显减弱。

（2）水温。常温条件下温度变化对氯消毒的效果影响不明显，但水中余氯的散失受温度影响甚大，在乡镇水厂有时当清水池容积过大或池顶采用薄型结构时，剩余氯极易散失。

（3）氨氮物质。水中的氨氮物质要消耗氯，水中游离氨与氯结合为化合性氯，这些都将降低氯的消毒效果。

（4）接触时间。当投氯量适宜时，接触时间长一些，消毒效果就好些，但接触时间过长则余氯便会散失。一般加氯消毒要求水与氯的接触时间应不少于 30min。

（5）浑浊度。水浑浊，其消毒效果就差，这是因为水中的杂质要消耗一部分氯，同时微生物又可隐藏其间，因而降低了消毒效果。

（6）投氯量。在同样原水水质和接触时间下，投氯量越大则消毒效果越好。但水中剩余氯不宜过大，过大不仅浪费氯，而且会使水带氯臭味，使用户反感，也会对某些用水工业的产品产生不良影响。

（7）余氯形态。余氯可分为游离性余氯和化合性余氯两种。游离性余氯又称为自由氯、活性氯，一般指水中的氯分子 Cl_2、次氯酸分子 HOCl 及次氯酸离子 OCl。其特性是杀菌能力强，但消失也快。

化合性余氯一般指氯与水中游离氨或有机胺化合后的化合物，如一氯胺 NH_4Cl、二氯胺 NH_4Cl_2 及三氯胺 NH_4Cl_3 等。它们的特性是杀菌能力差（其中 NCl_3 无杀菌能力），且不易消失。

5.2.4.3 液氯消毒

氯气是一种黄绿色气体，具刺激性，有毒，重量为空气的 2.5 倍，密度 3.2g/L（0℃，101.3kPa）。氯气极易被压缩成琥珀色的液氯。液氯的密度为 1460g/L（0℃，101.3kPa）。液氯通常被储存在氯瓶内。在常温常压条件下，液氯极易气化，沸点（液化点）为－34.5℃（101.3kPa）；一个体积液氯可气化成 457.6 体积的氯气（0℃，101.3kPa）；1kg 液氯可气化成 0.31m^3 氯气。氯气能溶于水，即与水发生水解作用，氯气在 20℃、101.3kPa 下的溶解度为 7.3g/L。

氯气溶解在水中迅速水解生成次氯酸，并进一步离解成离子。氯气用于一般 pH 值范围的自来水消毒时，溶液中很少出现氯分子，主要为次氯酸、次氯酸离子和氯离子

$$Cl_2 + H_2O \longrightarrow H^+ + Cl^- + HOCl$$
$$HOCl \Longleftrightarrow H^+ + OCl^-$$

上述反应几乎瞬时发生，氯消毒作用主要通过次氯酸 HOCl 起作用。

次氯酸的电离平衡常数为

$$k = \frac{[H^+][OCl^-]}{HOCl} = 3.3 \times 10^{-8}(20℃)$$

次氯酸的离解度与水中 pH 值、温度有关，当 pH 值＝7.5 时，HOCl 和 OCl^- 各占 50％，随着 pH 值提高，OCl^- 的浓度将越来越大，HOCl 的数量则相应减少。

5.2.4.4 漂白粉消毒

漂白粉的消毒作用同液氯。市售漂白粉含有效氯 25％～30％，但由于漂白粉较不稳定，在光线和空气中碳酸气影响下易发生水解，使有效氯减少，故设计时有效氯一般按 20％～25％计算。漂白粉消毒通常用于小水厂或临时性给水。其消毒设计原则如下：

（1）加氯量和接触时间与液氯消毒相同。

（2）溶液池和溶药池一般采用两个，以便轮换使用，并应注意防腐蚀措施。

（3）溶药池与溶液池的底坡不小于 2％，室内地坪坡度不小于 5％，小型的漂白粉设备如果设置在泵房内时，必须有墙隔开。

（4）漂白粉应根据用量大小，先制成浓度为 1％～2％的澄清液（以有效氯计为 0.2％～0.5％），再通过计量设备注入水中。每日配制次数不大于 3 次。

（5）漂白粉溶液池底部，应考虑 15％容积作为沉渣部分，池子顶部应有大于 0.10～0.15m 的超高。

（6）漂白粉（漂粉精）仓库宜与加注室相互隔离。药剂储备量按供应和运输等条件确定，一般按最大日用量的 15％～30％计算。同时还应根据具体情况，设置机械搬运设备。

（7）仓库应保持阴凉、干燥，且通风良好，勿使药剂受潮水解、失效。

（8）加漂白粉（漂粉精）期间一般采用自然通风。

（9）滤后水投加漂白粉，漂白粉溶液必须经过4～24h澄清，以免杂质进入清水中。

5.2.5 其他处理方法

5.2.5.1 生物接触氧化处理

1. 原理与特点

目前，不少供水水源的水质受到不同程度的污染，呈富营养化状态。常规的化学混凝、沉淀和过滤处理不能有效去除分子量低于10000道尔顿的有机物，而这一部分有机物是构成微生物有机物营养基质的主体。

当传统净水工艺采用加氯氧化或消毒时，微污染原水中这类难以有效去除的有机污染物和三卤甲烷前体物，将使水厂出水水质的饮用安全性受到威胁。生物处理可以减少消毒副产物的前体物，从而降低消毒副产物的生成量；同时还能有效去除可生物降解的有机物，减少微生物营养基质，控制细菌在水处理构筑物和输水管中的生长，保证饮用水的生物稳定性。

微污染原水的生物处理是仿效水体在自然界的充氧生物自净过程，人工创造充氧和强化好氧微生物繁殖孳生的条件，使生物膜法集中在适合的水处理构筑物内。当微污染原水进入生物处理构筑物时，在足够的充氧条件下，与附着生长在填料表面的生物膜不断接触，通过微生物自身生命代谢活动——氧化、还原、合成、分解等过程，以及微生物的生物、絮凝、吸附、氧化、硝化和生物降解等综合作用，使水中许多有机污染物逐渐转化和去除。

生物处理微污染原水的工艺形式主要有塔式生物滤池、生物转盘、生物流化床、生物接触氧化池和生物陶粒池。在生物氧化处理工艺中，作为生物载体的填料以及曝气方式和池型布置有多种形式。

实践表明，生物接触氧化法能经济有效、无毒副作用地生物降解溶解性有机碳，去除原水中的氨氮、COD_{Mn}、色度、臭味、浑浊度、藻类、铁、锰和酚等污染物，明显降低原水中可能形成三卤甲烷等氯化有机物的前体物总量，从而提高水厂出水水质和饮用的安全可靠性。同时运行实践表明，采用生物处理还可降低水厂混凝剂用量。

2. 生物接触氧化法的适用范围和条件

（1）适用范围。生物接触氧化主要适用于氨氮含量较高的微污染原水，以及有机物含量较高（特别是可生物降解溶解性有机碳含量较高）的饮用水处理。

（2）适用条件。

1）由于低温条件下水中微生物新陈代谢作用受抑制，生命活动远不如常温条件下活跃，因此低温情况下生物氧化预处理效率将明显下降。水温低于5℃时，微生物代谢作用显著迟缓，生物硝化作用几近停止。因此当原水温冬季长期低于5℃时，应考虑将生物接触氧化池建于室内。

2）进水不得有余氯，即不能采用预氯化处理，否则将影响生物活动。

3）对原水浊度的适用范围与生物接触氧化池的填料、池型有关：

当采用生物（陶粒）接触氧化滤池时，允许直接进入滤池的原水经常浊度不能过高，否则将堵塞滤床并影响生物作用；

当原水浊度低于40NTU时，生物接触氧化滤池可设在混凝沉淀之前；当原水浊度高于40NTU时，建议生物接触氧化滤池设在混凝沉淀之后；

当采用弹性填料生物接触氧化滤池时，填料悬挂在池中不易堵塞水流通道，允许进入的原水浊度可略高些，一般以小于60NTU为宜。

4）生物氧化工艺的处理效果与微污染原水中所含有机物的种类、含量、可降解程度有关。对采用生物氧化工艺的效果，一般应先进行小试、中试、积累一定的技术数据，经分析研究后确定。通过试验还可取得合适的有关设计参数，以便确定恰当的工艺流程和相应的工程措施。

5.2.5.2 气浮

1. 特点与适用条件

气浮与絮粒进行重力自然沉降的沉淀、澄清工艺不同，它是依靠微气泡，使其粘附于絮粒上，从而实现絮粒强制性上浮，因而提高了固、液分离速度。

（1）气浮特点。

1）气浮是依靠无数微气泡去粘附絮粒，因此，对絮粒的重度及大小要求不高。一般情况下，能减少絮凝时间及节约混凝剂量。

2）由于带气絮粒与水的分离速度快，因此，单位面积的产水量高，池子容积及占地面积减少，造价降低。

3）由于气泡捕捉絮粒的几率很高，一般不存在“跑矾花”现象，因此，出水水质较好，有利于后续处理中滤池冲洗周期的延长、冲洗耗水量的节约。

4）排泥方便，耗水量小；泥渣含水率低，为泥渣的进一步处置创造了有利条件。

但是采用气浮处理也存在如下缺点：

1）直接排入河道的泥渣常漂浮于水体表面，对环境有一定的影响。

2）需要一套供气、溶气、释气设备，增加了投资。

3）日常运行的电耗有所增加。

（2）适用条件。由于气浮是依靠气泡来托起絮粒的，絮粒越多、越重，所需气泡量越多，故气浮一般不宜用于高浊度原水的处理，而较适用于：

1）低浊度原水（一般原水常年浊度在100NTU以下）。

2）含藻类及有机杂质较多的原水。

3）低温度水，包括因冬季温度较低而用沉淀、澄清处理效果不好的原水。

4）水源受到污染，色度高、溶解氧低的原水。

2. 气浮工艺流程

原水经投加絮凝剂后，由原水泵提升进入絮凝池。经絮凝后的水，自池底部进入气浮池接触室，并与溶气释放器释出的含微气泡相遇，絮粒与气泡粘附后，即在气浮分离室进行渣、水分离。浮渣布于池面，定期刮（溢）入排渣槽；清水由集水管引出，进入后续处理构筑物。其中部分清水，则经回流水泵加压，进入压力溶气罐；与此同时，空气压缩机亦将压缩空气压入压力溶气罐，在溶气罐内完成溶气过程，并由溶气水管将溶气水输往溶气释放器，供气浮用，如图5-1所示。

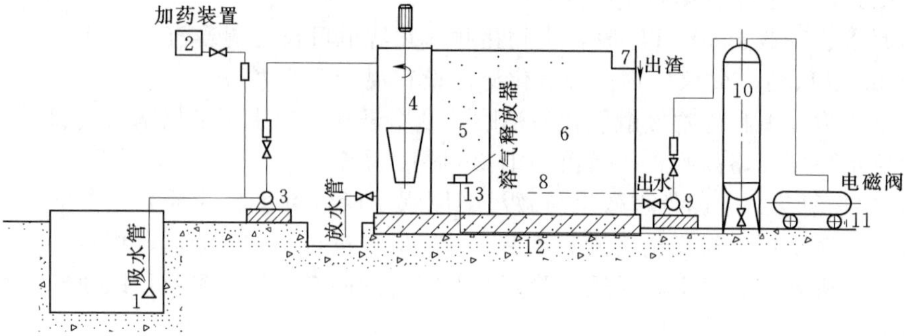

图5-1 气浮工艺流程示意图

5.3 主要净水工艺及流程选择

5.3.1 水质净化工艺流程

天然水源的水质特别是地面水水质，与生活饮用水的水质标准要求，总存在着不同程度的差别，乡村供水中的水质净化处理，就是要通过给水处理单元工艺如曝气、混凝沉淀、过滤和消毒，吸附或生物处理后，使水质达到用户的要求。

以地表水作为生活饮用水源时，通常采用的净水工艺流程是：首先是在含有杂质的原水中投加混凝剂，并通过水泵或专用混合设备使混凝剂与原水充分混合，经过絮凝后使杂质逐渐结成絮凝体——矾花，然后经过沉淀池沉淀和过滤池过滤变成清水，再经过消毒后由二级泵站加压后（或自流）供给用户使用。常规水质净化处理工艺流程如图5-2所示。

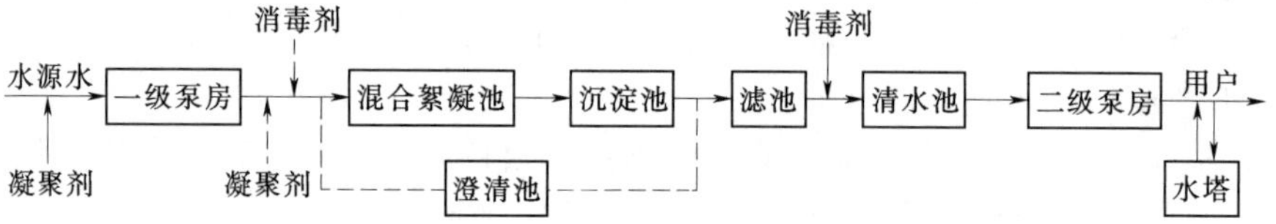

图5-2 地表水常规净水工艺流程

5.3.2 水质净化工艺选择

5.3.2.1 净水工艺选择原则

净水工艺选择的原则应是针对当地原水水质的特点，以最低的基建投资和经常运行费用达到要求的出水水质。

在进行净水工艺选择时，必须充分掌握以下资料：

（1）原水水质的历史资料。对原水的水质应该作长期的观察。就地表水而言，丰水期和枯水期的水质、受潮汐影响河流的涨潮与落潮水质以及表层与深层的水质都要加以分析比较。

（2）污染物的形成及其发展趋势。对产生污染物的原因进行分析，寻找污染源。对潜在的污染影响和今后发展的趋势也应做出分析和判断。

(3) 出水水质的要求。不同的供水对象对水质的要求有所不同。就乡镇供水而言，必须符合国家规定的水质要求。在确定水质目标时还应结合今后水质可能的提高做出相应规划考虑。

(4) 当地或者相类似水源净水处理的实践。当地已有给水处理厂，其处理效果是对所采用净水工艺最可靠的验证，也是选择净水工艺的重要参考内容。

(5) 操作人员的经验和管理水平。要使工艺过程能达到预期的处理目标，操作管理人员具有十分重要的作用。同样的处理设备由于操作人员的不同可能产生不同的效果。因此在工艺选择时，应尽量选择符合当地习惯和使用要求的净水工艺。

(6) 场地的建设条件。不同处理工艺对于占地或地基承载等会有不同的要求，因此在工艺选择时还应结合建设场地可能提供的条件进行综合考虑。有些处理工艺与气温关系密切（如生物处理），在其选用时还应充分注意当地的气候条件。

(7) 今后可能的发展。随着水质要求的提高，或者原水水质的变化，可能会对今后净水工艺提出新的要求，因此选择的工艺要求应对今后的发展具有较大的适应性。

(8) 经济条件。经济条件是工艺选择中一个十分重要的因素。有些工艺虽然对提高水质具有较好的效果，但是由于投资较大或运行费用较高而难以被接受。因此工艺选择还应结合当地的经济条件进行考虑。

5.3.2.2 水质净化构筑物及适用条件

目前，国内外用作水质净化处理的构筑物类型众多，一般形式及适用条件可参见表5-15。

表 5-15　　水质净化工艺及构筑物选择

净化工艺		构筑物名称	适用条件		出水浊度（NTU）
			进水含砂量（kg/m³）	进水浊度（NTU）	
高浊度水沉淀	自然沉淀	天然预沉池 平流式或辐射式预沉池	10～30		≈2000
	混凝沉淀	斜管预沉池 沉砂池	10～120		
	澄清	水旋流澄清池	＜60～80		一般为20以下
		机械搅拌澄清池	＜20～40		
		悬浮澄清池	＜25		
一般原水沉淀	混凝沉淀	平流式沉淀池		一般小于5000，短时间内允许10000	一般为5以下
		斜管（板）式沉淀池		500～1000，短时间内允许3000	
	澄清	机械搅拌澄清池		一般小于3000，短时间内允许3000～5000	
		水力循环澄清池		一般小于500，短时间内允许2000	
		脉冲澄清池		一般小于3000	
		悬浮澄清池（单层）		一般小于3000	
		悬浮澄清池（双层）		3000～10000	

续表

净化工艺	构筑物名称	适用条件		出水浊度（NTU）
		进水含砂量（kg/m^3）	进水浊度（NTU）	
气浮	平流式气浮池	一般小于100，原水中含有藻类以及密度小的悬浮物质		一般为5以下
	竖流式气浮池			
普通过滤	普通快滤池或双阀滤池		一般不大于5	一般为1以下
	双层或多层滤料滤池			
	虹吸滤池			
	无阀滤池			
	移动罩滤池			
	压力滤池			
接触过滤（微絮凝过滤）	接触双层滤池		一般不宜超过25	
	接触压力滤池			
	接触式无阀滤池			
	接触式普通滤池			
微滤	微滤机	原水中含藻类、纤维素、浮游物时		
氧化	臭氧接触池	原水有臭味，受有机污染较重		
	臭氧接触塔			
吸附	活性炭吸附池		一般不大于3	
消毒	液氯	有条件供应液氯地区		
	氯胺	原水有机物较多		
	次氯酸钠	适用于小型水厂和管网中途加氯		
	二氧化氯	国内目前正在发展		
生物处理	弹性填料生物接触氧化池	原水受有机污染较重，特别是氨氮含量较高		
	颗粒填料生物接触氧化池			

5.3.2.3 水质净化工艺流程选择

对于不同水源的水质情况，应采用不同的水质净化处理工艺流程进行处理。

1. 一般水源的水质净化处理工艺流程选择

一般水源水质的水质净化处理工艺流程选择可参考表5-16。

表5-16 一般水源净水工艺流程选择参考

净水工艺流程		适用条件
Ⅰ	原水→混凝沉淀或澄清→过滤→消毒	一般进水浊度不大于2000～3000NTU，短时间内可达5000～10000NTU
Ⅱ	原水→接触过滤→消毒	进水浊度一般不大于25NTU，水质较稳定且无藻类繁殖
Ⅲ	原水→混凝沉淀→过滤→消毒（洪水期） 原水→自然预沉→接触过滤→消毒（平时）	山溪河流，水质经常清晰，洪水时含泥沙量较高

续表

	净水工艺流程	适用条件
Ⅳ	原水→混凝→气浮→过滤→消毒	经常浊度较低，短时间不超过100NTU
Ⅴ	原水→（调蓄预沉或自然预沉或混凝预沉）→混凝沉淀或澄清→过滤→消毒	高浊度水二级沉淀（澄清）工艺，适用于含砂量大、沙峰持续时间较长的原水处理
Ⅵ	原水→混凝→（气浮或沉淀）→过滤→消毒	经常浊度较低，采用气浮澄清；洪水期浊度较高时，则采用沉淀工艺

2. 除藻水质净化工艺流程选择

除藻的净水工艺流程选择可参考表5-17。

水库水、湖泊水往往浊度较低、含藻较高。在除浊的同时需考虑除藻，其净水工艺流程可参见表5-17。

表5-17　除藻净水工艺流程选择参考

	净水工艺流程	适用条件
Ⅰ	原水→气浮→过滤→消毒	进水浊度一般不大于100NTU
Ⅱ	原水→微滤→接触过滤→消毒	
Ⅲ	杀藻药剂 ↓ 原水→混凝沉淀或澄清→过滤→消毒	含藻不十分严重
Ⅳ	原水→混凝沉淀→气浮→过滤→消毒	浊度较高，且含藻量较大

3. 受微量有机物污染水源的水质净化处理工艺流程选择

对受微量有机物污染，水质达不到规定标准要求的水源，一般不宜作为生活用水水源。如就近确实无法找到合适水源时，也可对受微量污染原水进行水质预处理或深度处理的方案进行比较，但必须使其出水达到生活饮用水水质标准。

当选用预处理或深度处理方案时，必须充分掌握原水水质及变化规律，并对净水效果进行试验和论证，然后结合工程投资、经常维护费用、能耗、管理技术条件等，进行技术经济比较。其工艺流程选择可参考表5-18。

表5-18　微量有机污染水源的净水工艺流程选择参考

	净水工艺流程
Ⅰ	O_3预氧化 ↓ 原水→混凝沉淀或澄清→过滤→消毒
Ⅱ	粉末活性炭或$KMnO_4$ ↓ 原水→混凝沉淀或澄清→过滤→消毒
Ⅲ	原水→混凝沉淀或澄清→过滤→活性炭吸附→消毒
Ⅳ	原水→混凝沉淀或澄清→过滤→O_3接触氧化→活性炭吸附→消毒

续表

	净水工艺流程
Ⅴ	O_3预氧化 ↓ 原水→混凝沉淀或澄清→过滤→O_3接触氧化→活性炭吸附→消毒
Ⅵ	原水→生物预处理→混凝沉淀或澄清→过滤→消毒
Ⅶ	原水→生物预处理→混凝沉淀或澄清→过滤→O_3接触氧化→活性炭吸附→消毒

4. 含铁、含锰水净水工艺流程

当处理后水中铁、锰含量超过现行的《生活饮用水卫生规范》的规定，应对原水进行除铁、除锰处理。

在选择除铁、除锰净水工艺时，应掌握详细的水质分析资料，凡有条件的地方应先进行处理工艺的小型试验。

除铁、除锰净水工艺，可参见表5-19选择。

表5-19　　除铁、除锰净水工艺流程选择

	净水工艺流程		适用条件
除铁	Ⅰ	原水→曝气→氧化沉淀→过滤	不适用于溶解性硅酸含量高且碱度低时
	Ⅱ	Cl_2 混凝剂 ↓ ↓ 原水 → 混凝→沉淀→过滤	适用于各种含量地下水含铁
	Ⅲ	原水→曝气→Fe（OH）$_3$滤层过滤	不适用于还原性物质多和氧化速度快的原水
除锰	Ⅰ	$KMnO_4$ ↓ 原水→混凝→沉淀→过滤	
	Ⅱ	Cl_2 ↓ 原水→锰砂过滤	
	Ⅲ	原水→曝气→生物过滤	
同时除铁、锰	Ⅰ	Cl_2 混凝剂 ↓ 原水 → 混凝→沉淀→过滤（除铁）→过滤（除锰）	当原水含铁、锰低时，可应用一级过滤
	Ⅱ	Cl_2 ↓ 原水→曝气→过滤（除铁）→过滤（除锰）	
	Ⅲ	$KMnO_4$ ↓ 原水→曝气→过滤（除铁）→过滤（除锰）	
	Ⅳ	原水→曝气→生物除铁除锰过滤	
	Ⅴ	原水→曝气→过滤（除铁）曝气→生物除铁除锰过滤	含铁量大于10mg/L、含锰量大于1mg/L的地下水

5. 含氟水净水工艺流程

当原水的氟化物含量超过现行的《生活饮用水卫生规范》时，应对原水采取除氟处理。除氟的净水工艺流程可参见表 5-20。

表 5-20 除氟净水工艺流程选择

	适 用 条 件	净水工艺流程
Ⅰ	原水→空气分离→吸附过滤	地下水含氟
Ⅱ	药剂 ↓ 原水→混凝→沉淀→过滤	地下水或地表水含氟
Ⅲ	原水→过滤→离子交换	地下水含氟
Ⅳ	原水→过滤→电渗析	地下水含氟

5.3.3 臭氧、活性炭处理工艺流程

5.3.3.1 臭氧的主要物理性能及水处理工艺流程

1. 臭氧的主要物理性能

(1) 臭氧（O_3）是氧（O_2）的同素异形体；常温常压下是一种不稳定的、具有强刺激气味的淡蓝色气体，可自行分解为氧气，其主要物理特性见表 5-21。

表 5-21 臭氧的主要物理性能

融点（℃）	−192.5±0.4	固体密度（g/cm³，774°K）	1.728
沸点（℃）	−111.9±0.3	自由能（ΔF）（kg·kJ/mol，25℃）	135.65
临界温度（℃）	−12.1	色：固体	暗紫色
临界压力（MPa）	5.46	液体	蓝黑色
临界容积（cm³/mol）	111	气体	淡蓝色
气体密度（g/L，0℃，0.1MPa）	2.144		

(2) 臭氧在水中的溶解度随水温而变，在水温为 0℃时，溶解度为 0.64（$l_{气}/l_{水}$），20℃时为 0.36 左右，而在 60℃时则溶解度为 0。

(3) 臭氧（O_3）的氧化能力很强，比氯和其他常用氧化剂强，仅次于氟（氟 F_2 的氧化还原电位 $E^V=-2.87V$；O_3 为 $E^V=-2.07V$；Cl_2 为 $E^V=-1.36V$）。

(4) 臭氧是具刺激性气味气体，有时呈毒性、有时带新鲜气（体）味。其刺激性、毒性等取决于空气中 O_3 的浓度与人在环境中的停留时间。

2. 臭氧水处理工艺流程及选择

臭氧常用于生活饮用水和游泳池用水等的消毒、杀菌和灭活病毒，去除水中可溶性铁、锰、氰化物、硫化物、亚硝酸盐等；使原水中溶解有机物产生微凝聚作用，强化水的澄清、沉淀和过滤效果，提高出水水质并节省终端消毒剂用量；去除水中的色、臭和味；去除水中微量有机污染物；循环冷却水的杀菌、除藻、除垢；生物活性炭处理过程的前处理等。

根据不同的处理目的，臭氧在处理系统中可以投加在混凝沉淀前、沉淀后、活性

炭过滤前以及作为出厂水的最终消毒处理（图5－3）。

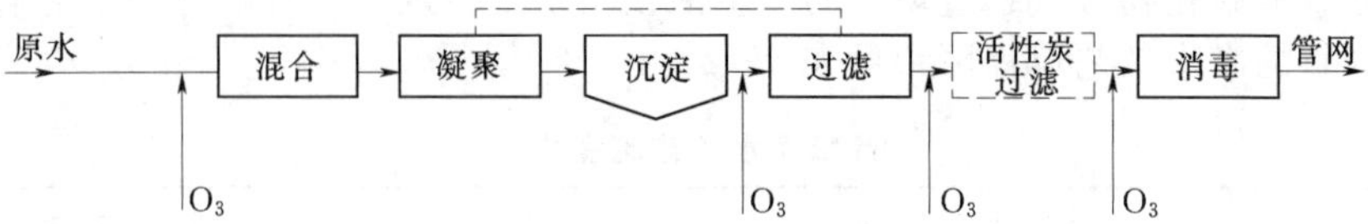

图5－3　臭氧投加点示意

工艺流程及选择：

（1）在混凝沉淀前投加臭氧的作用是氧化铁、锰、去除色度和臭味，改善絮凝和过滤效果，取代前加氯、减少氯消毒副产物，氧化无机物以及促进有机物的氧化降解。

（2）在沉淀后投加臭氧，由于混凝沉淀中去除了部分可氧化物质，因此臭氧的投加量可以减少，但对改善絮凝效果和避免沉淀池藻类生长不起作用。

（3）活性炭过滤前投加臭氧的作用是杀死细菌、去除病毒、氧化水中有机物（如苯酚、洗涤剂、农药）和生物难降解有机物、将COD转化为BOD、氧化分解螯合物等。与活性炭过滤联用，增加活性炭吸附的生物作用，延长活性炭再生周期。

（4）以臭氧作为出厂水的消毒剂，主要目的是杀死细菌和去除病毒，但由于与其他消毒剂相比，臭氧成本高且管网中无法维持余量臭氧，故在城市水厂中很少采用。

臭氧化法工艺的系统组成：

（1）气源系统。气源制备一般可采用空气处理、液态纯氧蒸发和现场纯氧制备等方法。当用空气作气源时，包括无油空气压缩机、冷却器、冷冻、冷凝装置、过滤净化及稳压、减压装置、空气装置、空气吸附、干燥剂再生装置等。

（2）臭氧发生系统。制造臭氧化气以供水处理使用，包括臭氧发生器、供电设备（调压器、升压变压器、控制设备等）及发生器冷却设备（水泵、热交换器）等。

（3）臭氧—水的接触反应系统。用于水的臭氧化处理，包括臭氧扩散装置和接触反应池。

（4）尾气处理系统。用以处理接触反应池排放的残余臭氧，达到环境允许的浓度。

5.3.3.2　臭氧接触反应系统

1. 臭氧接触反应装置形式

臭氧化反应常使用的臭氧——水接触装置有微气泡扩散器、蜗轮注入器、固定混合器和喷射器等。后两种在乡镇供水中经常使用，其优缺点等见表5－22。

2. 臭氧反应装置选择

（1）选择接触反应装置的原则。

1）确定需要去除物质（或污染物）在水中与臭氧接触反应的速度过程，是属于传质速度控制还是化学反应速度控制。

臭氧用于水处理过程必须经历臭氧从气相到液相的传质过程和溶解臭氧同水中污染物起反应的反应过程。根据臭氧在水中同污染物反应的速度，臭氧水处理过程可分为：传质速度控制（快速或瞬时反应）和化学反应速度控制（慢速反应）的过程。

常见水中污染物同臭氧反应的类型和给水处理中常用处理要求的反应类型见表5-23。

2）臭氧化法用于受传质速度控制的污染物去除时，应选用传质效率高的接触反应装置。如蜗轮注入器、固定螺旋混合器、喷射器等。

表 5-22　臭氧—水接触反应装置适应性比表

类型	图　示	运行方式	传质能力	优 缺 点	适用反应方式
固定混合器	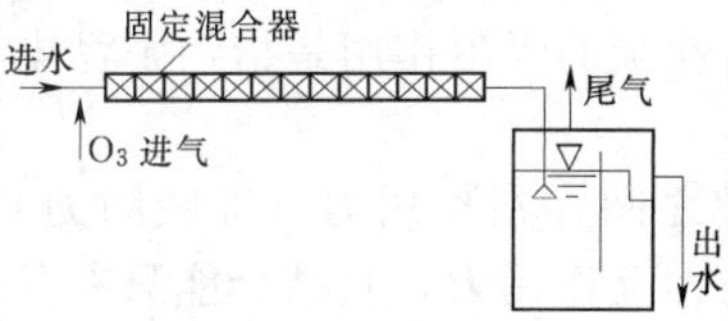	气水强制混合，可顺流或逆流连续运行，水量大，可部分投加	传质能力极强	优点： 1. 设备体积小、占地少； 2. 接触时间短； 3. 处理效果稳定； 4. 易操作，管理方便； 5. 无噪声，无泄漏； 6. 用材省，价格低 缺点： 1. 流量不能显著变化； 2. 耗能较多	传质速度控制的水处理过程
喷射器	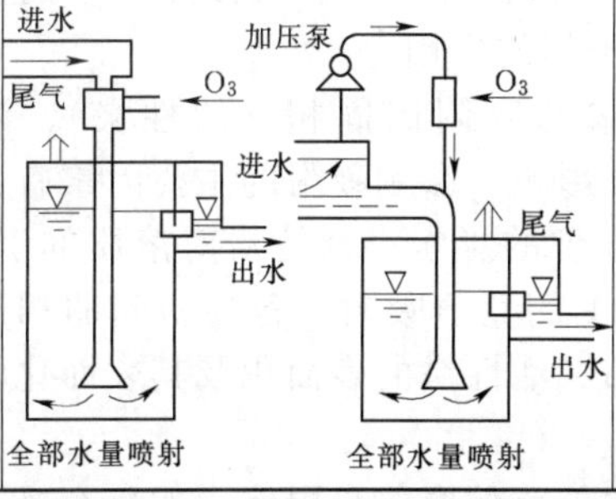	气液强制或抽吸通过孔道，可部分投加或全部投加	传质能力较强及界面面积较高	优点： 1. 混合好； 2. 接触时间短； 3. 设备小 缺点： 1. 流量不能显著变化； 2. 耗能较多	传质速度控制的各种水处理过程

表 5-23　常见污染物和水处理要求与臭氧反应类型

臭氧反应类型	受传质速度控制	受化学反应速度控制
反应去除的污染物质	腐殖酸、铁、锰、氰、酚、硫化氢、亚硝酸盐、亲水性染料、不饱和有机化合物、细菌、病毒	COD、NH_3^-、N、ABS、石油制品，合成表面活化剂、农药、氨
给水处理中常用的处理要求	1. 杀菌消毒及灭活病毒； 2. 铁、锰氧化去除； 3. 产生微凝聚效应的物质； 4. 生物活性炭臭氧预处理（传质控制）； 5. 产生 THMS 物质的去除	去除上列污染物质的给水处理要求
	1. 微量污染物氧化（传质或化学反应速度控制，依污染物种类及其化学性质而定）； 2. 嗅味去除（传质或化学反应速度控制，按具体产生臭味物质性质而定）	

3）臭氧化法用于受化学反应速度控制的污染物去除时，宜选用具有较大的液相容积，可较长时间保持一定溶解臭氧浓度的接触反应装置，如微孔扩散接触池。

（2）影响接触反应装置性能的因素。为使接触反应装置设计合理，在接触装置类型选定后，应进行必要的试验以取得可靠的设计参数。

影响接触反应装置的因素有：①水中污染物的种类、浓度及其在水中的可溶性；②气相臭氧的浓度和投加量；③接触方法与时间；④气泡大小；⑤水的压力与温度；⑥干扰物质的影响。

5.3.4 活性炭吸附处理

5.3.4.1 吸附机理与特性

1. 吸附机理

活性炭是一种经气化（碳化、活化）造成发达孔隙的、以炭作骨架结构的黑色固体物质。活性炭的发达孔隙、导致其出现很大的表面积，活性炭的微孔表面积一般可达 500～1700m^2/g，从而具有良好的吸附特性。活性炭的吸附作用是指水中污染物质在活性炭表面富集或浓缩的过程。

产生吸附的原因是由于分子间和分子内键与键之间存在作用力（即吸附力）。这种力是物质聚集状态中分子间存在着的一种较弱的相互作用力，其结合能只有几十个焦耳或更低，与化学键的几百个焦耳相比，差 1～2 个数量级。这种吸附力即范德华（Vanderwalls）力由三种力组成：静电力也称葛生（W. H. Keesom）力——极性分子间的作用力；诱导力也称德拜（P. Debye）力——极性分子与非极性分子间的作用力；色散力亦称伦敦（F. London）力—非极性分子间的作用力。

活性炭在水处理中的吸附是极为复杂的。参与吸附的固相（活性炭）、溶液（水）、溶质（污染物—微量、多成分）将产生相互影响。影响吸附的主要因素有：溶质在水中的溶解度、缔合、离子化；水对界面上配位的影响；活性炭对溶质的引力；活性炭对水的引力（可忽略不计）；各溶质在界面上的竞争吸附；各溶质间的相互作用、共吸附；系统内各分子大小；活性炭孔径分布、活性炭的表面积及其表面化学组成等。

水中有机物能否被活性炭吸附，决定于其化学位或偏摩尔自由能：如果有机物在活性炭中的化学位比其在水中的化学位低，则有机物由水相往活性炭的迁移是自发的；如果有机物在两相之间的化学位相等，说明有机物在两相中的分配已达平衡（即吸附平衡）；如果有机物在活性炭中的化学位高于在水中的化学位，则吸附不可能发生。

2. 吸附特性

（1）活性炭能去除原水中的部分有机微污染物，常见的去除有机物吸附性能如下：

1）腐殖酸。腐殖酸是天然水中最常见的有机物，虽对人类健康危害不大，但可与其他有机物一起在氯化消毒过程中产生氯仿、四氯化碳等有害的有机氯化物。活性炭具有去除水中腐殖酸的较好性能，水体 pH 值对其吸附性能几乎无影响。

2）异臭。活性炭对下列异臭的处理有效：植物性臭（藻臭和青草臭）、鱼腥臭、霉臭、土臭、芳香臭（苯酚臭和氨臭）。活性炭的除臭范围较广，几乎对各种发臭的原水都有很好的处理效果。

2-甲基异冰片和土臭是天然水体中的两种主要发臭物质，当水中土臭含量为

0.1$\mu g/L$时，1g活性炭对其的吸附量为0.54mg，约是2-甲基异冰片的2倍。但当发臭物质与其他有机物同时存在时，活性炭对发臭物质的吸附性能会有所下降。

当用臭氧和活性炭工艺时，对异臭味的去除更为有效。

3）色度。活性炭对由水生植物和藻类繁殖产生的色度具有良好的去除效果，根据已有资料，去除效果至少在50%。

4）农药。氯化的农药经混凝沉淀和过滤只能极微量地去除，但它能被活性炭有效地去除。

5）烃类有机物。活性炭对烃类等石油产品具有明显的吸附作用。

6）有机氯化物。活性炭对氯化消毒过程中产生的有机氯化物的去除情况不尽相同，其中对四氯化碳的去除效果要比三氯甲烷好。

7）洗涤剂。有资料表明，活性炭对水中洗涤剂的去除效果为：当滤速为17m/h时，去除率为50%；当滤速为12m/h时，去除率为100%。

8）由于活性炭具有对致突变物质及氯化至突变物的前驱物具有良好的吸附能力，因而可进一步降低出水的致突变活性。

其中三卤甲烷（THM）对人体健康具有潜在危害，世界卫生组织（WHO）、美国国家环保局（USEPA）和日本厚生省将给水中的THM年平均值定为100ppb。生成三卤甲烷的前驱物质主要指天然腐殖质和污水处理中生物代谢的高分子有机物。因而倾向于将THM的前驱物质在加氯前除去，以避免THM的生成。需要注意的是：这些物质的分子量通常介于1000～40000之间。用活性炭处理时，活性炭的孔隙要大，否则很难进入（分子筛的作用）或者速度相当慢。

（2）活性炭也能去除水中部分无机污染物。

1）重金属。活性炭对某些金属离子及其化合物有很强的吸附能力，如对锑（Sb）、铋（Bi）、六价铬（Cr^{6+}）、锡（Sn）、银（Ag）、汞（Hg）、钴（Co）、锆（Zr）、铅（Pb）、镍（Ni）、钛（Ti）、钒（V）、钼（Mo）等均有良好的去除效果。但活性炭吸附重金属的效果与它们的存在形式和水的pH值有很大关系。

2）余氯。活性炭可以脱除水处理中剩余的氯和氯胺。活性炭脱除氯和氯胺并不是单纯的吸附作用，而是在活性炭表面上的一种化学反应。

3）氰化物。若在炭床中通入空气，则炭可起催化作用，将有毒的氰化物氧化为无毒的氰酸盐。

4）放射性物质。某些地下水中含有放射性元素，如铀、钍、碘、钴等，虽然浓度极低，但危害很大，可用活性炭吸附去除。

5）氨氮。活性炭对NH_3—N几乎没有去除效果，但若与臭氧联合使用，当$NH_3 : O_3 > 1$时效果很差，当$NH_3 : O_3 < 1$时效果显著。

5.3.4.2 活性炭净水工艺

在乡镇供水中，主要用颗粒活性炭对饮用水进行处理。一是为了除去有机污染物，THM的前驱物质和异味、异臭，在过滤后增加颗粒活性炭吸附，其处理工艺见图5-4。二是与臭氧联合应用，也称臭氧化——生物活性炭法。该工艺是首先利用臭氧的强氧化作用改变大分子有机物的性质和结构，再利用活性炭微孔的吸附作用，并保证滤床中细菌所需要的溶解氧，有利于微生物的生长、促进微生物分泌出来的胞外酶进入微孔与微内被吸附的有机物进行反应，提高有机物的降解速度。因此，臭氧——活性炭工艺是吸附物理化学过程同微生物所进行的生物分解相结合的过程，其工艺流程见图5-5。

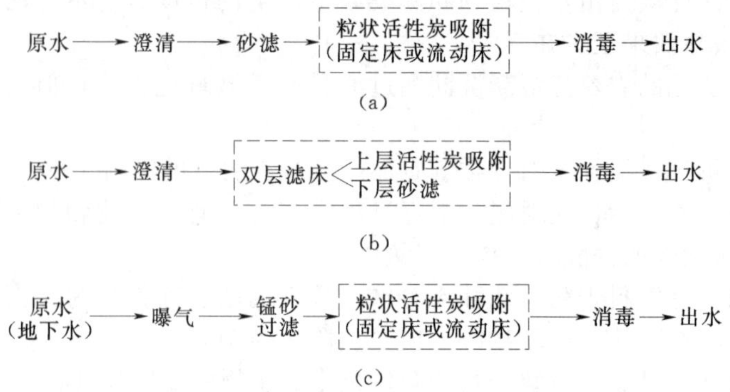

图5-4 颗粒活性炭净水工艺流程

(a) 常规处理+活性炭吸附；(b) 混凝澄清+活性炭吸附和砂滤；
(c) 地下水曝气、锰砂过滤+活性炭吸附

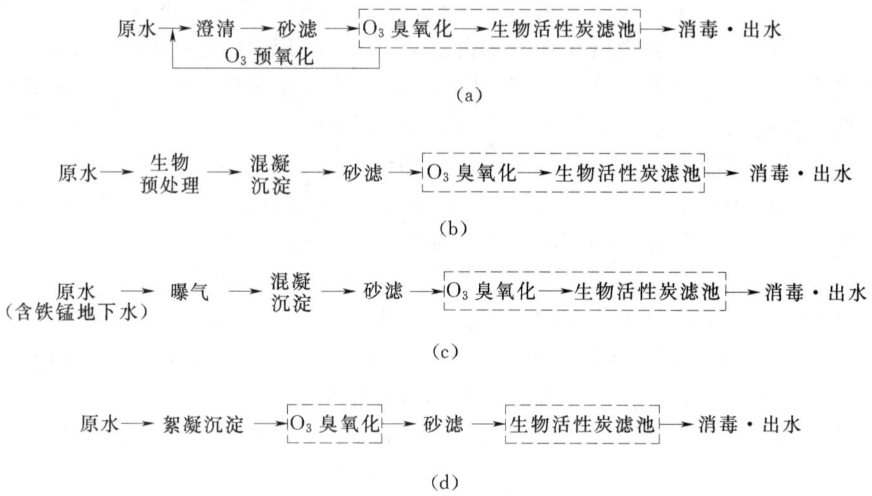

图5-5 臭氧化生物活性炭净水工艺流程

(a) 预氧化+常规处理+臭氧化生物活性炭；(b) 生物预处理+常规处理+
臭氧化生物活性炭；(c) 絮凝沉淀+臭氧化+砂滤+生物活性炭；
(d) 地下水曝气+常规处理+臭氧化生物活性炭

5.3.4.3 活性炭的性能指标

活性炭是含碳材料经过炭化、活化制成的具有发达孔隙结构的多孔性炭吸附剂。其主要成分为炭（C），此外还含有极少量的O、H、N等元素和构成灰分的无机杂质，是一种类石墨微晶结构，导电性质介于石墨和金刚石之间，为半导体。按其用途分类，活性炭可分为汽相和气相吸附炭、液相吸附炭、水处理用炭；按表面氧化物分

类，可分为酸性炭、碱性炭。按其外观又可分为粉状、颗粒状和纤维状三种。每克活性炭的表面积通常在 500～1500m^2 左右，其孔隙容积一般为 0.42～1.5cm^3/g，常用水处理炭的总孔容和为 0.95cm^3/g，比表面积为 1000m^2/g。

颗粒活性炭的国家标准为：煤质炭的国家标准是《净化水用煤质颗粒活性炭》（GB/T 7701.4—1997），相应的试验方法是《煤质颗粒活性炭试验方法》（GB/T 7702.1—1997）。木质炭的国家标准是《木质净水用活性炭》（GB/T 13803.2—1999），相应的试验方法是《木质活性炭试验方法》（GB/T 12496—99）。关于《活性炭型号命名法》的国家标准号为 GB 12495—90。

用于水处理的活性炭应具有吸附性能好、再生能力强、机械强度高、化学稳定性好等特性。

5.3.5 地下水除铁（锰）处理

我国有丰富的地下水资源，但不少地区地下水中的铁、锰、氟的元素含量过高，严重危害到广大人民群众的身心健康。因此，必须对这些水源中的毒害元素进行处理，确保饮用水水质安全。

1. 除铁、除锰方法

地下水除铁、除锰方法很多，有自然曝气氧化法、接触氧化法和慢滤池除铁法，各种处理方法的特点见表 5-24。

表 5-24 除铁（锰）方法比较

种　类	方　法（原理）	特点和要求
自然曝气氧化法	利用曝气装置使水与空气充分接触，地下水的二价铁由于溶解氧的作用被氧化成三价铁，再经以石英砂、无烟煤为滤料的滤池过滤，达到除铁（锰）效果	要求水中的 pH 值不低于 7，因此，曝气的目的不仅是向水中充氧，而且还起到脱除水中二氧化碳，提高 pH 值的作用
接触氧化法	利用天然锰砂的接触催化作用，即在锰砂滤料的颗粒表面生成的活性“滤膜”的作用，加快了二价铁的氧化速度	接触氧化除铁可在 pH 值为 6～7 的条件下进行；接触氧化除锰一般要求水中 pH 值在 7.5 左右，需通过曝气脱除水中二氧化碳
慢滤池除铁法	利用慢滤池滤层表面铁细菌的大量繁殖，对水中二价铁的氧化反应起到催化作用	慢滤池需定期刮泥、洗砂。地下水除铁的 pH 值宜为 5～7.5；除锰的 pH 值宜在 6.5～7.3 范围内，对铁细菌的繁殖有利

2. 除铁、除锰工艺流程选择

城镇供水的除铁、除锰的工艺流程形式见表 5-25，在选择工艺流程时要注意如下几点：

(1) 当地下水含铁、锰量均较低时，宜优先考虑采用单级过滤处理工艺，当含铁、锰量都较高或含锰量虽一般，但含铁量很高时，宜采用两级过滤处理工艺；

(2) 采用自然氧化除铁时，如果水中二价铁氧化速度较慢，不宜选用以穿孔管或莲蓬头直接设在滤池上的单级处理工艺；

(3) 对于高含铁量（>200mg/L）的地下水，如水中CO_2含量很高，水中部分二价铁以重碳酸亚铁分子形态存在，在接触氧化除铁中不能被铁质活性滤膜离子交换吸附，致使除铁效果不佳，则宜采用重力式二级曝气工艺，并选用大型曝气装置，如曝气塔、表面曝气装置，能有效地脱除水中的CO_2；

(4) 在含铁量较高时，由于东北地区地下水温较低，采用自然氧化除铁工艺，虽然充分曝气、但除铁效果较差；而在长江流域和珠江流域，地下水温度较高，常在较低pH值的情况下也能获得良好的除铁效果，因此在南方地区采用自然氧化除铁工艺的较多；

(5) 水中的溶解性硅酸干扰自然氧化除铁工艺中的pH值，使三价铁的氢氧化物胶体凝聚困难，导致三价铁胶体穿透滤层而不能得到好的除铁效果。因此，在碱度低于1.6meg/L，pH值低于6.5的溶解性硅酸存在的水质条件下，不宜采用自然氧化除铁工艺，而应采用接触氧化除铁工艺，或者在滤池前投加少量$Al_2(SO_4)_3$，改善铁一硅复合物的絮凝性能。

表5-25　除铁（锰）工艺形式

分类		水质等条件	工艺形式	说明
含铁锰量较低	①	原水中只含铁，且含铁量一般小于5mg/L	含铁水→喷淋曝气装置→除铁滤池	喷淋曝气装置直接设于滤池上，构成以单级滤池为主体的工艺
	②	铁、锰共存，且含铁量小于5mg/L、锰含量小于1.5mg/L，pH值小于7	含铁、锰水→充分曝气装置→除铁、除锰滤池	充分曝气装置有叶轮式表面曝气、板条式和接触式曝气塔
	③	其他条件同上，但pH值接近或达到7.5	含铁、锰水→射流、跌水或莲蓬头曝气→接触氧化除铁、除锰滤池	由单级滤池为主体工艺、构造简单
含铁锰量较高	①	含铁量大于20mg/L、不含锰，且pH值较低	含铁水→喷淋式或叶轮式曝气→集水池→除铁滤池	可采用自然曝气氧化法，两级处理构筑物，集水池能加快二价铁的氧化絮凝速度
	②	含铁量在5～10mg/L、含锰量为1～3mg/L	含铁水→充分曝气装置→集水池→泵房→双级压力滤池	充分曝气可采用叶轮式、板条式或接触式曝气装置。采用压力滤池工艺简单、布置紧凑
	③	含铁量大于10mg/L，且含锰量大于3mg/L	含铁、锰水→简单曝气→无阀滤池→表面曝气→集水池→泵房→压力滤池	简单曝气为射流、跌水等曝气装置、表面曝气为叶轮式表曝装置，两级过滤，集水池可加快二价铁的絮凝作用

5.3.6　地下水除氟

长期饮用含氟化物过量的水，将引起以牙齿和骨骼为主的慢性疾病，前者称为氟斑牙，后者称为氟骨病，是严重危害人类健康的地方病。按生活饮用水的规定，当水中的氟化物含量超过1.0mg/L时，就应该进行处理。

5.3.6.1 地下水除氟的方法

目前，用于城镇给水工程的除氟方法主要有吸附过滤法、混凝沉淀法和电渗析法等。它们的工艺及特点比较见表5-26。

表5-26 几种主要除氟方法比较

方法	应用条件	处理过程	特点
混凝沉淀法	水中氯离子含量高时，采用硫酸铝凝聚剂；当硫酸盐含量高时，宜用氯化铝凝聚剂；水中 Cl^-、SO_4^{2-} 均高时，可采用碱式氯化铝作凝聚剂。混凝时间5～60min，pH值一般应控制在6.5～7.5之间	采用混凝一间歇沉淀工艺。投加药剂到构筑物中进行混合、絮凝，形成的絮状混凝体吸附水中氟离子而经沉淀去除。其流程一般为泵前加药、水泵混合，静止沉淀、取上层清水饮用	1. 工程投资少； 2. 操作简单、方便； 3. 药剂用量大； 4. 处理效果欠佳
活性氧化铝吸附过滤法	滤料粒径一般为0.5～2.5mm；pH值控制在5～6（可用酸液或 CO_2 调节原水）	含氟水经特殊滤料（活性氧化铝）过滤、氟离子被吸附生成难溶氟化物。当吸附剂失效时，用原水反冲洗并以硫酸铝溶液再生，恢复吸附剂的除氟能力	1. 效果好、较经济； 2. 需要再生剂硫酸铝； 3. 要建滤池和设置反冲洗装置
骨炭吸附过滤法	滤料粒径一般采用0.6～2.0mm；pH值控制在5.5～6.7	高氟水通过骨炭（羟基磷酸钙）滤料时，骨炭中含有的羟基与水中氟离子进行交换，达到除氟。用1%的NaOH液再生，并以石灰处理再生废液。运行操作与活性氧化铝基本相同	1. 吸附容量比活性氧化铝高而过滤的接触时间较短； 2. 吸附剂成本低但机械强度差，滤料损耗较大
电渗析法	需要电渗析除氟装置	在外加电场的作用下，高氟水经阴、阳离子交换膜和隔板组成的隔室，通过离子交换膜（一般采用聚乙烯异向膜）的选择透水作用，达到除氟目的	1. 既能除氟又能处理苦咸水（除盐）； 2. 运行管理简单； 3. 不需化学药剂； 4. 耗电能； 5. 需要设备投资

上述几种除氟方法和工艺虽然都是可行的，但处理费用高、工程投资大，制约着除氟工程的规模。一般来说，小规模的乡镇除氟工程可以根据不同条件（包括水质、经济等条件）采取不同的除氟方法和工艺。但为了防治大规模的地方性氟病，有效的改善途径是寻找低氟水水源，如采取打深井、引山泉、水库水等措施。

5.3.6.2 活性氧化铝吸附过滤法

活性氧化铝吸附过滤的除氟流程形式多种，现以图5-6为例说明之，水塔流出的高氟水，逆向流进入滤池底部，经过活性氧化铝滤料，氟离子被活性氧化铝吸附，生成难溶氟化物而被去除，除氟水从滤池顶部流入清水池供饮用。滤料运行一段时间后失效，关闭进水阀1，用清水反冲洗后，配制好的硫酸铝再生液从高位再生液池

(箱) 中自上而下地流过滤料，这时应关闭反冲洗阀11，废渣 (液) 排入下水道口，滤料恢复除氟能力。

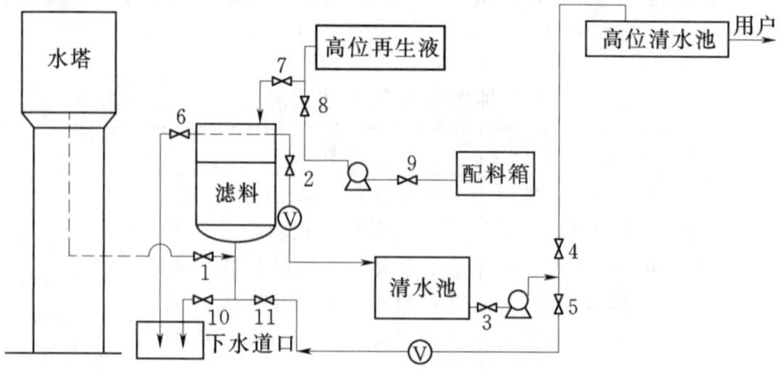

图5-6　除氟流程示意图
(注　图中数字均指阀门)

5.3.6.3　混凝沉淀法

1. 方法与特点

混凝沉淀法是在高氟水中投加凝聚剂，如三氯化铝、硫酸铝和碱式氯化铝等，经混合絮凝形成的絮体吸附水中的氟离子，再经沉淀或过滤而除氟。其流程为泵前投加凝聚剂，水泵混合，静止沉淀，消毒后取上层清水饮用。采用这种方法简单、方便、工程投资少。但对于含氟量超过 4mg/L 的原水，处理效果受到影响，且凝聚剂用量多。试验资料表明，当含氯量在 4～5mg/L 以下的水中投加三氯化铝，其投加量约为含氟量的 100 倍；含氟量 5～9mg/L 时，其投加量约为含氟量的 120～140 倍。

目前普遍认为，混凝沉淀法一般采用变速或间歇沉淀的方式，除氟效果较好。采用间歇沉淀方式，使含氟量 2.8mg/L 的原水经处理后降至 0.7mg/L。其操作方法是：每次将 30kg 的硫酸铝溶液送入 50m^3 的沉淀池中，再利用水泵使水循环以获得混合絮凝，然后静置 8～12h，将上清液引至蓄水池供饮用。

2. 碱式氯化铝除氟

碱式氯化铝为无机高分子聚合凝聚剂，化学通式可写为 $Al_n(OH)_mCl_{3n-m}$，可视为三氯化铝和氢氧化铝之间的一种中间水解产物，也可成为多核络合物的聚合体。水解和聚合过程受到 pH 值的影响，在 pH 值为 6～7.5 的范围内，三氯化铝中的铝几乎全部以沉淀状态出现、具有最大的吸附架桥性能。将碱式氯化铝投加到高氯水中，氯离子与铝盐生成一系列络合物，并被氢氧化铝絮体吸附，再经沉淀或过滤去除。

碱式氯化铝除氟的适应性较强、效果较好、且操作管理简便。

5.3.6.4　除氟设备

目前，除氟设备一般采用活性氧化铝吸附过滤技术。常见的这类除氟设备有：SDF 型、CFJ 型及 FDF 型等系列产品。

1. CFJ 系列除氟设备

CFJ 型除氟设备及其相关的处理流程见图 5-7。含氟水通过 CO_2 发生器调节其 pH 值，以提高活性氧化铝的吸附容量。调节 pH 值后的原水，从滤罐底部进入，逆向流 (从下而上) 通过活性氧化铝滤料，氟离子被吸附在滤料表面，生成难溶氟化物，除氟后的水从顶部流入蓄水池。运行一段时间后，活性氧化铝吸附能力下降，需要再生。再生时先进行反冲洗，将废液送入废液池，以1%的NaOH为再生剂，采用大流量短历时的循环再生方法进行再生。再生液由泵提升进入滤罐，对活性氧化铝进行再生。

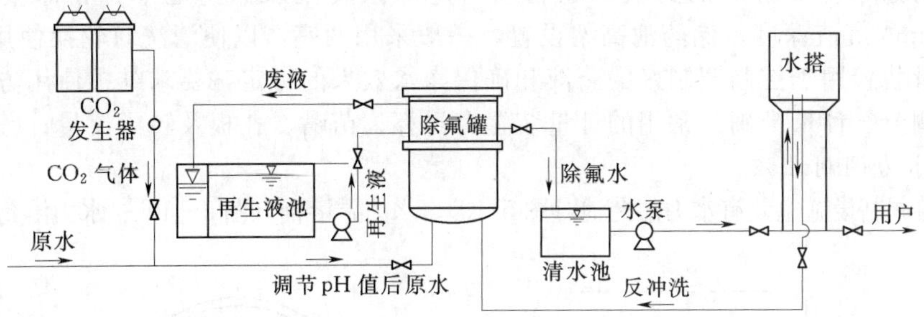

图5-7 CF型除氟设备及工艺流程示意图

2. FDF系列除氟设备

该设备用射流器向原水投加1～3%硫酸溶液，调节pH值在5.6～6之间。然后，由底部逆向通过滤罐内的滤料，氟离子被吸附生成难溶氟化物。滤料采用活性氧化铝吸附剂、粒径为1～3mm。滤料失效后，用5%的硫酸铝溶液再生，用反冲洗水漂洗。

该设备由钢板制作，再配以射流器、转子流量计、酸液箱、高位配水箱等组成一套完整的除氟装置，并能几套并联使用。滤速根据原水含氟浓度来确定，当原水含氟浓度小于6mg/L时，取流速为8m/h；浓度为6～8mg/L时，滤速为6～7m/h；浓度为9～10mg/L时，滤速为3～5m/h。

5.4 给水处理构筑物设计

5.4.1 投药与混合设施

5.4.1.1 药剂调制设施

凝聚剂根据其性质可采取干投和湿投两种形式。干投法是把固体凝聚剂直接投入水中；湿投法将凝聚剂加水溶解，配制成一定浓度的溶液投加到原水中。乡镇水厂多采用湿投法，因为它便于调节、计量和操作，并且混合充分、不易堵塞。湿法投药流程如图5-8所示。

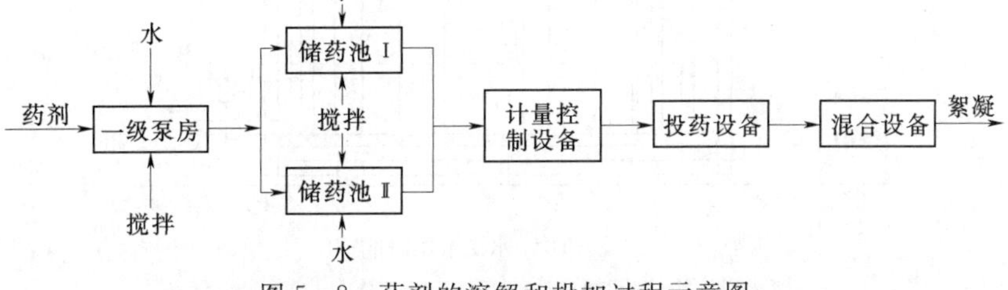

图5-8 药剂的溶解和投加过程示意图

1. 调制设施的组成

药剂调制设施一般包括溶药池、储药池、计量装置及投药装置等。

溶药池的作用是把块状或粒状的药剂溶解成浓溶液，当所需容量小于0.35m^3时，也可用陶土缸代替。溶药池的容积一般为储药池容积的1/5～1/3。

储药池是将溶解后的药液，配制成一定的浓度流入储药池中。底部应考虑有10～15cm的沉渣深度。储药池高架设置，一般采用两座，以便清洗时轮换使用。

计量装置用于控制调制好的药液和确保净水效果的稳定，要求维护使用方便，易于控制调节、计量准确。常用的计量装置有浮杯、苗嘴、孔板及转子流量计等。

2. 水力调制设施

水力调制设施主要有水力溶药池（图5-9）、水力淋溶桶（图5-10）、水力溶药槽等。

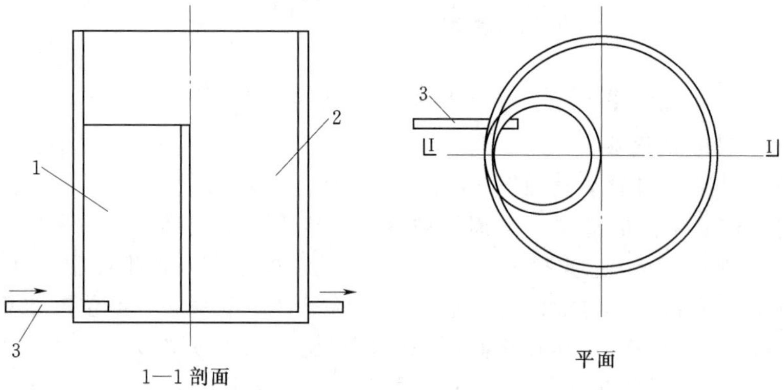

图5-9 水力溶药池

1—溶药池；2—储药池；3—压力水管

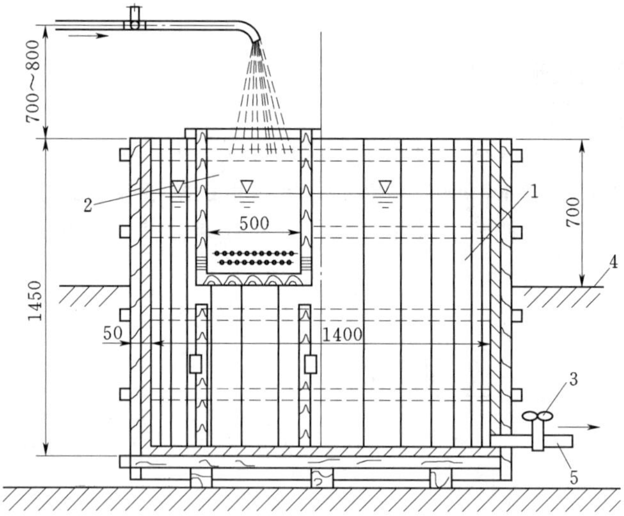

图5-10 水力淋溶桶

1—储药桶；2—溶药桶；3—夹钳；4—工作台；5—出液管

水力溶药池为圆形，水从切线方向进入溶药池溶解药剂，然后溢流入储药池，其结构简单，使用方便，适宜于小型水厂。

水力淋溶桶内的溶药斗可用木材或竹筐制作。使用时将药剂置于溶药斗中，经水力冲溶后药剂溶液流入储液池内。未溶解部分，待继续浸泡溶解。

5.4.1.2　投药设施

1. 药剂投加方式

药剂投加方式可分为重力投加和压力投加两种。它们的比较及适用情况见表5-27。

表5-27　投加方式及适用性比较

投加方式	投加作用		优缺点	适用情况
重力投加	建造高位药液池，利用重力作用将药液投入水内		优点：操作较简单，投加方式安全可靠 缺点：必须建造高位药液池，增加加药间层高	1. 中小型水厂； 2. 考虑到输液管线的沿程水头损失，输液管线不宜过长
压力投加	水射器	利用高压水在水射器喷嘴处形成的负压将药液吸入并将药液射入压力水管内	优点：设备简单，使用方便，不受药液池高程所限 缺点：效率较低，如药液浓度不当，可能引起堵塞	各种水厂规模均可适用
	加药泵	泵在药液池内直接吸取药液、压入压力水管内	优点：可以定量投加，不受压力管压力所限 缺点：价格较贵，易引起堵塞，养护较麻烦	适用于各种规模水厂

2. 泵前投药设施

泵前投药设施可采用重力投加方式，它依靠重力作用把凝聚剂加入到吸水管上或吸水喇叭口处。为防止空气进入水泵吸水管内，要设一个装有浮球阀的水封箱，如图5-11和图5-12所示。

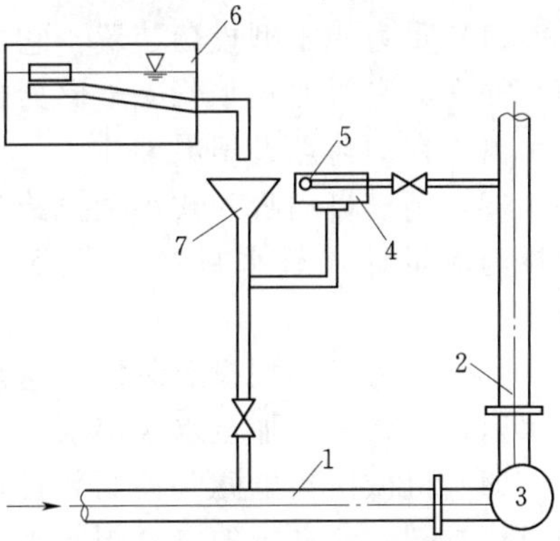

图5-11　泵前吸水管重力投加工艺
1—水泵吸水管；2—出水管；3—水泵；4—水封箱；5—浮球；6—储药池；7—漏斗

3. 泵后投药设施

这种工艺一般是在水泵出水管或絮凝池进口处投加药剂。在水泵出水管处加药，因管道处于承压状态，须设加压投药设备。

水射器投加使用方便、设备简单、工作可靠，是常用的一种压力式投药设备，效率可达30%，水射器构成的投药工艺如图5-13所示。

中小型水厂一般采用简易的投药（凝聚剂）

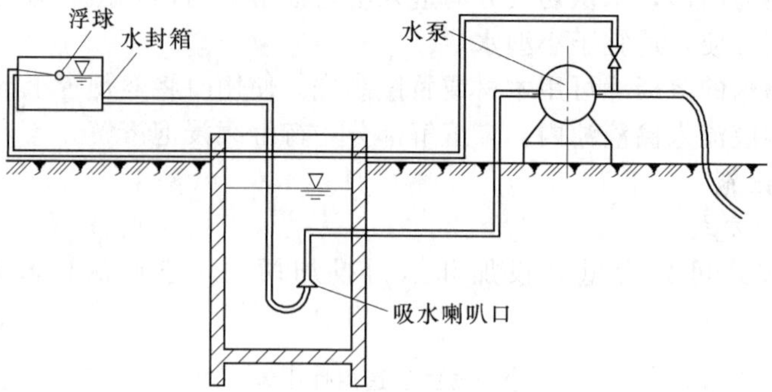

图 5-12 泵前喇叭口处投加工艺

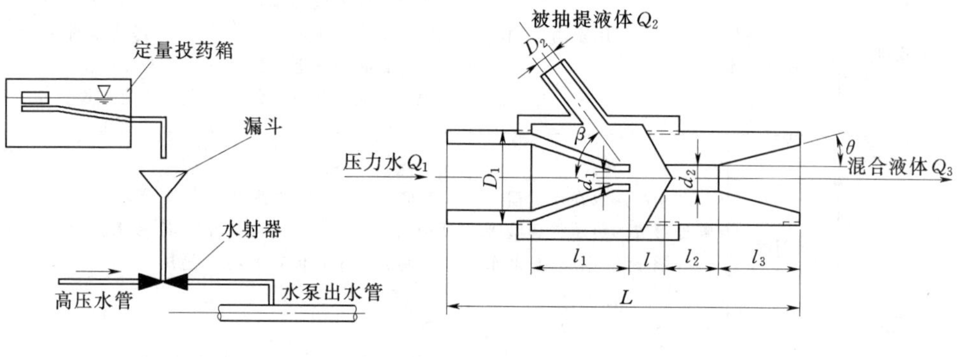

(a) (b)

图 5-13 水射器压力投药工艺

(a) 水射器投药流程示意图；(b) 水射器构造示意图

设施，采取水泵混合、管式混合等。

4. 简易投药设施

(1) 重力式小型投药装置。它由溶药缸、储药缸、水封箱等组成，适用于泵前投药，加在无底阀的吸水管上，储药缸应在吸水水位 2m 以上。当重力投加时，可取消补水器，在加药点设塑料漏斗。

(2) 药液自动吸入式小型投药装置。该装置与前面介绍的构造及作用相似，只是用投药流量计代替水封箱，药液（凝聚剂或漂白粉溶液）自动吸入有底阀的吸水管上。

(3) 压力式小型投药装置。这套装置是在自动式吸入投药装置的基础上，增设一个水射器，将药液加至水泵出水管上，其他与自动吸入式投药装置的尺寸相同。

(4) 机械搅拌电磁阀控制装置。电磁阀控制装置适用于离心泵吸水管上投加凝聚剂或消毒剂。该系统的电磁阀与水泵电机同步起动，可以实现药剂投加自动化。

(5) 水力搅拌电磁阀控制装置。该装置是由水旋搅拌代替电机搅拌，省电且搅拌充分。水旋搅拌罐在距罐底 60cm 圆形截面均匀的沿圆周切线分布 4 个 ϕ3mm 喷嘴，当水压为 0.2MPa 时，喷口流速为 8～10m/s。

5. 药剂的混合

混合是原水与凝聚剂、助凝剂充分融合的工艺过程。混合速度要求快，药剂与原水的混合一般应在 10～30s 内完成，最多不超过 2min。混合装置离后续构筑物的距离一般应小于 120m，并采用水泵混合、管道混合及混合池等混合方法。

水泵混合是将药剂溶液加至水泵吸水管中，与原水一并吸入水泵，并经水泵叶轮的高速转动使药剂与原水充分混合。

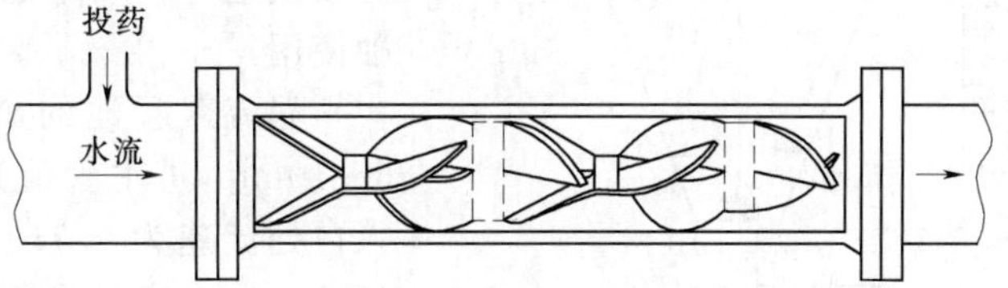

图 5-14　静态混合器

常用的管式混合装置有：管道孔板式及文氏管道混合器、扩散混合器、静态混合器等。图 5-14 为静态混合器。适合中、小型水厂的混合池主要有：穿孔式、涡流式和隔板式混合池等，图 5-15 为多孔隔板混合池。常用的管式混合装置有：管道孔板式及文氏管道混合器、扩散混合器、静态混合器等。

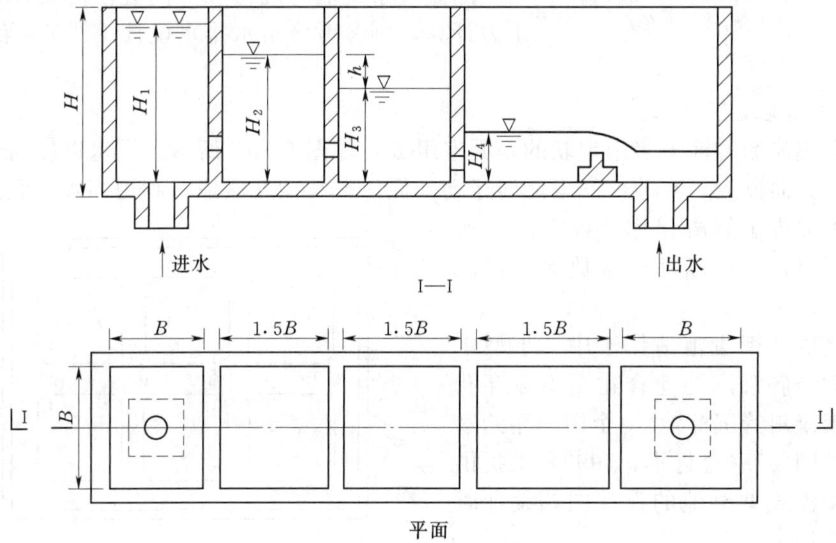

图 5-15　多孔隔板混合池

5.4.2　絮凝池设计

1. 一般要求

絮凝池内一般按流速由大逐渐变小进行设计，絮凝池形式和絮凝时间根据原水水质情况和相似条件下的运行经验或试验确定。絮凝时间 T 一般为 12～20min，絮凝池与沉淀池一般合建，如确需分建，可采用连接管（渠）向沉淀池输水，流速视絮凝形式而异，一般小于 0.15m/s，低浊、低碱水需采用较长的絮凝时间 T，粗分散杂质含量高的水宜采用较大的平均速度梯度 G 值。

2. 涡流絮凝池

涡流絮凝池为一倒置的圆锥体，如图 5-16 所示。水从锥底部流入形成涡流扩散

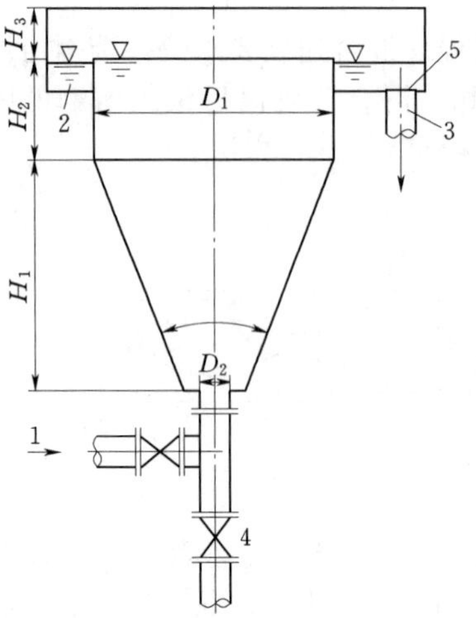

图5-16 涡流式絮凝池构造示意图
1—进水管；2—集水槽；3—出水管；
4—放水阀；5—栅条

后，逐渐上升，随着锥体面积不断增大，流速逐步由大变小。在这种由大变小的变速流状态下进行絮凝，有利于絮体的形成。涡流絮凝池具有絮凝时间短、体积小、便于布置等优点，但池较深，锥体施工较困难，较多的是与竖流式沉淀池合建，很少单独使用。

涡流絮凝池的个数不少于2个，絮凝时间为6～10min，进水管流速一般为0.8～1.0m/s，底部入口处流速为0.7m/s，顶部圆柱部分上升流速为4～5mm/s，底部锥角采用30°～45°，圆柱部分的高度H_2可采用圆柱部分直径D_1的1/2，超高H_3采用0.3m，出水孔及其出水流速均不超过0.2m/s，池中从进水口至出水口的水头损失为0.02～0.05m/m。

涡流式絮凝池的规格和不同规模的设计水量及水力计算，可参考《给水排水设计手册》（第3册，第二版）。

3. 穿孔旋流絮凝池

穿孔旋流絮凝池由多个串联的絮凝室组成，如图5-17所示。原水以较高流速沿池壁切线方向流入，在池内产生旋转运动，促使颗粒相互碰撞，利用多级串联的旋流方向，更促进了絮凝作用。各室间的连接采用孔口，孔口断面逐级放大，而流速变小。

穿孔旋流絮凝池适用于中、小型水厂。它常与斜管沉淀池合建而组成穿孔旋流式絮凝斜管沉淀池。《全国通用给水排水标准图集》（合订本，1999）中提供了各种旋流式絮凝池的设计图，设计时可参考选用。

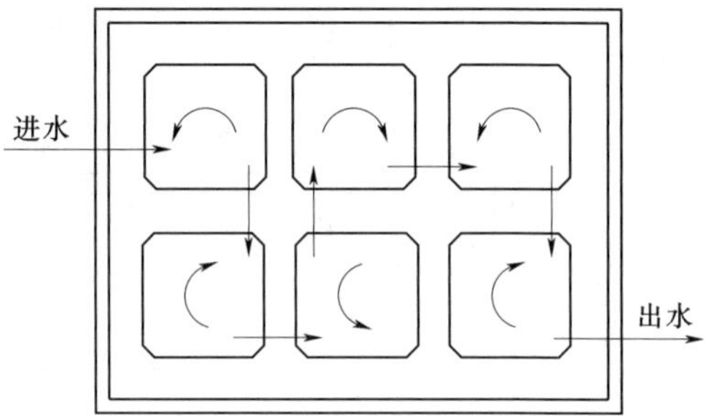

图5-17 穿孔旋流絮凝池

4. 折板絮凝池

折板絮凝池是在池中设置扰流装置，使其达到絮凝所要求的紊流状态的絮凝构筑物。它具有能耗和药耗低、停留时间短等特点。折板絮凝池可布置为竖流和平流式两种，目前，用于乡镇水厂的有竖流式平折板、波纹板絮凝装置等。

折板絮凝是近几年在国内发展起来的一种新工艺，并在小型净水工艺（如一体化净水器）中得到应用。它有一种特殊形式即波纹板絮凝。折板的材料可采用钢丝网水泥板或聚乙烯板等。

平折板絮凝池一般分为三段（也可多于三段），折板布置可分为相对折板、平行折板及平行直板3种形式，见图5-18。絮凝过程中的速度应逐段降低，各段的流速可分别为：第一段 0.25～0.35m/s；第二段 0.15～0.25m/s；第三段 0.10～0.15m/s。絮凝时间一般为 12～20min，折板之间的夹角采用 90°～120°，第一段、第二段折板夹角宜采用 90°，折板宽 b 采用 0.5m，折板长度为 0.8～1.0m，第二段中平行折板的间距等于第一段相对折板的峰距。

平折板絮凝池水头损失计算可参考《给水排水设计手册》（第 3 册，第二版）。

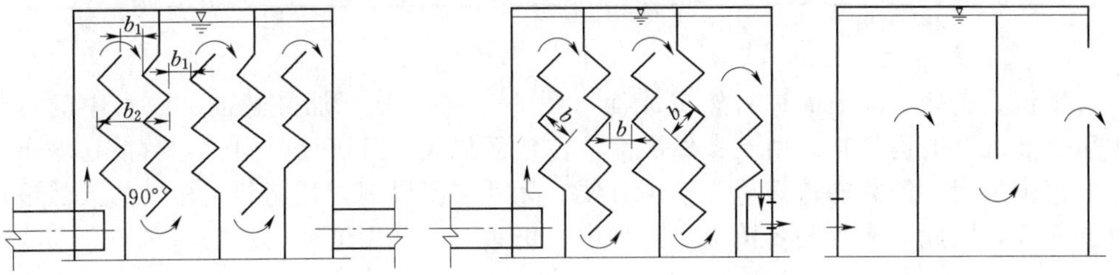

图 5-18 平折板絮凝池布置示意图

（a）相对折板；（b）平行折板；（c）平行直板

5.4.3 沉淀池设计

5.4.3.1 平流式沉淀池

1. 构造与特点

平流式沉淀池是传统的沉淀构筑物，按是否投加凝聚剂，分为凝聚沉淀（混凝沉淀）和自然沉淀。平流式沉淀池构造简单，处理效果稳定，且对水质的适应性较强。

根据平流式沉淀池的结构，可分为进水区、沉淀区、积泥区和出水区等 4 部分，如图 5-19 所示。

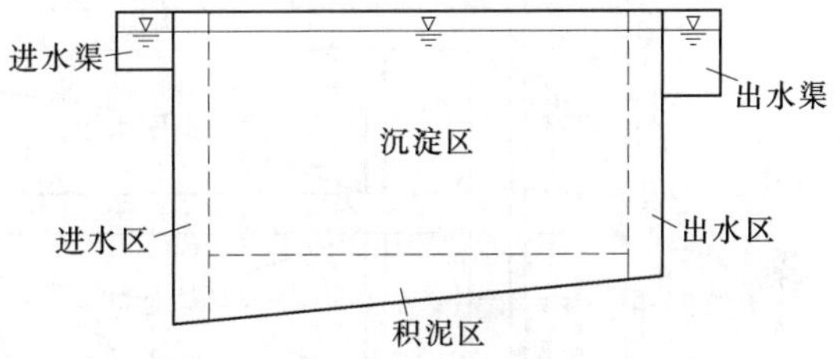

图 5-19 平流式沉淀池示意图

2. 平流式凝聚沉淀池

平流式凝聚沉淀池简称平流沉淀池。原水加入凝聚剂经絮凝后，水中悬浮絮体在水平水流状态下沉降。

平流沉淀池的设计沉淀时间根据原水水质、水温等条件或相似条件下的运行经验确定，一般为 1.0～3.0h。当处理低温低浊水或高浊水时，沉淀时间可延长到 4h 以上。水平流速可采用 10～25mm/s，水流应避免过多转折，有效水深一般采用 3.0～3.5m，池的每格宽度（或导流墙间距）一般为 3～8m，最大不超过 15m。长度与宽度之比不小于 4，长度与深度之比不得小于 10。常采用穿孔墙配水和溢流堰集水，溢流率一般小于 $20m^3/(m^2\cdot h)$，出水悬浮物含量应小于 10mg/L，平流式沉淀池的液面负荷率根据原水的性质而定，表 5-28 中的范围可供设计时参考。

平流式沉淀池的计算方法大致有：①按沉淀时间和水平流速计算；②按悬浮物质在静水中的沉降速度及悬浮物去除的百分率计算；③按液面负荷率计算 3 种方法。目前已积累了不少平流沉淀池的实测资料和数据，第一种方法是最常用的方法，详见

《给水排水设计手册》(第3册，第二版)。

表5-28　平流式沉淀池液面负荷率参考值

原水条件	液面负荷率 [m^3/(m^2·h)]	原水条件	液面负荷率 [m^3/(m^2·h)]
浊度在100～250度	1.87～2.92	低浊高色度水	1.25～1.67
浊度大于500度	1.04～1.67	低温低浊水	1.04～1.46

3. 平流式自然沉淀池

平流式自然沉淀池简称自然沉淀池(图5-20)，是不加凝聚剂、原水中的悬浮物靠自然沉降的构筑物。由于自然沉淀池占地面积大、且沉淀时间长，目前在城市给水中很少采用。但它构造简单、管理方便、无需加凝聚剂，且能利用村镇的天然池塘改造而成，因此，在有些乡镇给水工程中，仍然可以采用这种构筑物。

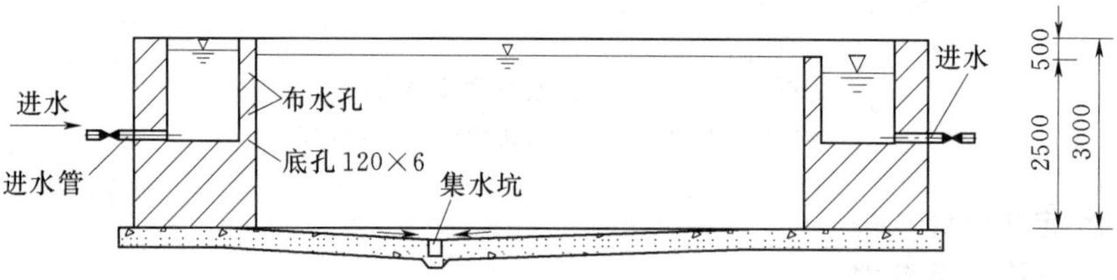

(a)

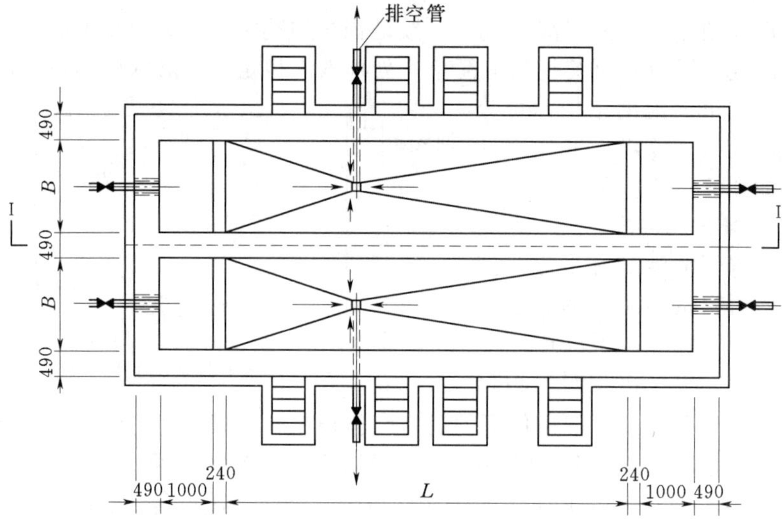

(b)

图5-20　自然沉淀池图

(a) Ⅰ—Ⅰ剖面图；(b) 平面图

根据池内水流状态，自然沉淀池可分为静置间歇沉淀和流动沉淀两种。静置间歇沉淀是将池内放满需沉淀的原水，让水中杂质慢慢下沉。沉淀时间与原水水质有关，一般采用8～12h，处理高浊度水则应适当延长。沉淀池有效水深一般为1.5～3.0m，超高采用0.3m，底部需有0.3～0.5m的存泥深度。为保证供水，应修建两个池子（或分两格），每个池子（或每格）的有效容积一般不小于最高日用水量。沉淀池的面积按最高日用水量及水深计算；流动沉淀是将原水缓慢地流过沉淀池，其流速不宜太大，一般采用1.8～3.6m/h。水在沉淀池内停留时间为8～12h。沉淀池长度和宽度之比不小于4。沉淀池侧墙按挡土墙设计，底板需进行防渗处理，分为两格，进水设花墙布水，出水设平堰集水，排泥时采用自然排水或泵抽空后人工清泥。

4. 通用设计

平流式自然沉淀池设计可参考《全国通用给水排水标准图集》（合订本）。

5.4.3.2　斜板（管）沉淀池

1. 构造与原理

斜板（管）沉淀池（图5-21、图5-22）是一种在沉淀池内装设许多间隔较小的平行倾斜板或直径较小的平行倾斜管的构筑物。较平流池而言，增加了沉淀面积，优化了悬浮物的沉降条件，缩短了沉淀距离，沉淀效率高、容积小、占地面积少，适用于各种规模的水厂。

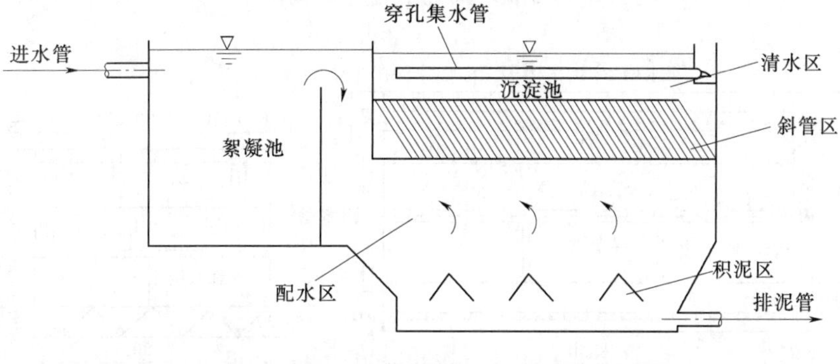

图5-21　异向流斜板（管）沉淀池构造示意图

斜管沉淀池的沉淀原理与斜板沉淀池基本相同，但由于斜管沉淀池的分隔更小、水力条件优于斜板，沉淀效果更为显著。有资料表明，当上升流速小于5mm/s时，两者净水效果相差不多；当上升流速大于5mm/s，斜管沉淀效果优于斜板。

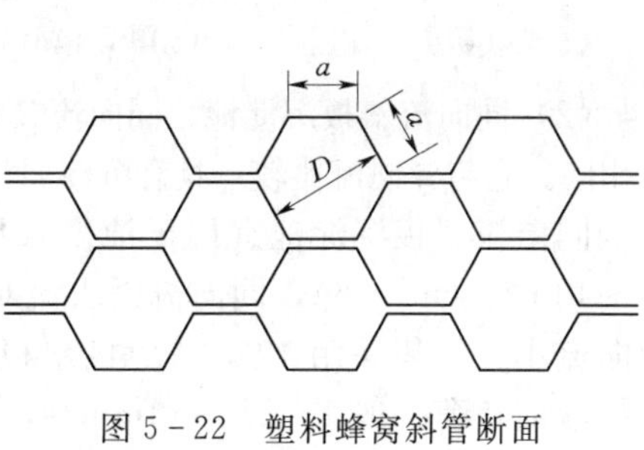

图5-22　塑料蜂窝斜管断面

2. 设计及主要参数

斜板（管）沉淀池按水流方向，可分为3类：异向流、同向流和横向流，水流方向如图5-23所示。

（1）异向流斜板（管）沉淀池。异向流又称上向流、逆向流。其构造可参见图5-24。异向流斜板（管）沉淀池宜用于浑浊度长期低于1000度的原水，斜板（管）沉淀区液面负荷，应按相似条件下的运行经验确定，一般可采用9.0～11.0$m^3/(m^2\cdot h)$。斜板、斜管中水流上升流速应根据液面负荷计算，一般为2～3mm/s。当斜板（管）倾角为60°时，其板（管）内流速约为2.5～3.5mm/s。低温低浊水及大水量池子应采用低值，颗粒沉降速度一般可采用0.2～0.4mm/s，斜板间距或斜管管径一般采用25～35mm，斜长一般为0.8～1.0m，倾角为60°，水在斜板（管）内的停留时间一般为4～7min。

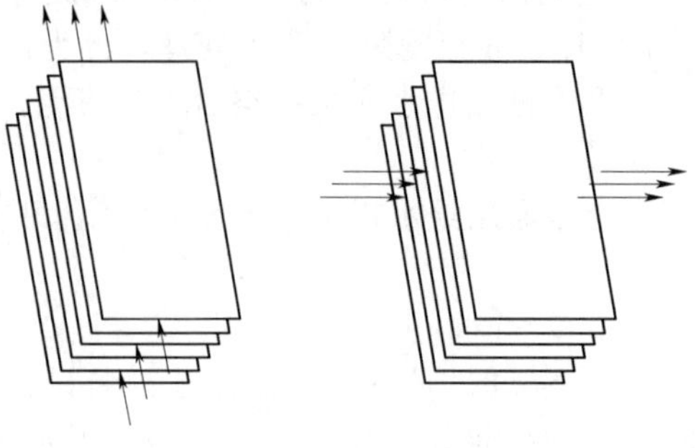

图5-23　斜板（管）沉淀池水流方向示意图
(a) 异向流；(b) 横向流；(c) 同向流

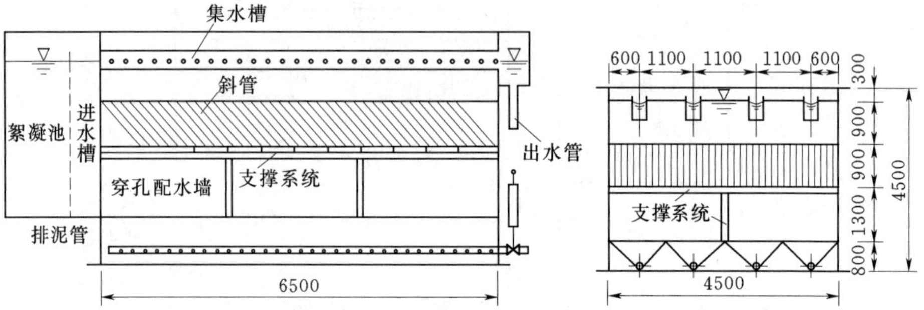

图5-24　异向流斜管沉淀池图

(2) 同向流斜板沉淀池。同向流又称下向流，斜板内水流和被分离的沉淀物流动方向相同。它与异向流比较，具有沉淀面积大、效率高的特点，但构造较复杂，易积泥。

同向流斜板沉淀池宜用于浊度长期低于200度的原水。沉淀区液面负荷可采用30～40m³/(m²·h)，同向流因水流对沉泥下滑有推动作用，故沉淀斜板的倾斜角较异向流小，一般采用40°，排泥区斜板长度不小于0.5m，倾角60°。同向流板内流速根据液面负荷一般采用8～14mm/s，斜板间距一般可采用35mm，斜板长度一般为2.0～2.5m，排泥区斜板长度不小于0.5m。应设均匀集水装置，一般可采用管式、梯形加翼或纵向沿程集水等形式。

(3) 横向流斜板沉淀池。横向流即侧向流，在平流式沉淀池的沉淀部分设置斜板，其他与平流式沉淀池相同。水流从水平方向通过斜板，污泥则向下沉淀，水流方向与沉淀的下沉方向接近于垂直。这种沉淀池实际应用较少。

横向流斜板距一般采用50～150mm，常用100mm，板间流速可参考相当于平流式沉淀池的水平流速，一般为10～20mm/s。在横向流斜板沉淀池内，为了防止水流不经斜板部分通过，应设置阻流墙，斜板顶部应高出水面。为使水流均匀分配和收集，横向流斜板沉淀池的进、出口应设整流墙。进口处整流墙的开孔率应使过孔流速不大于絮凝流出口流速，以防止絮体破碎。

3. 斜板（管）沉淀池计算

斜管沉淀池的计算可参考《给水排水设计手册》(第 3 册，第二版)。

5.4.3.3　穿孔旋流絮凝斜管沉淀池的组合

小型水厂目前采用斜板（管）沉淀池的较多，并常以斜管沉淀池与絮凝池合建。这种构筑物是将穿孔旋流絮凝池与斜管沉淀池组合为一体，如图 5-25 所示。该工艺适用于原水浊度一般不大于 1000 度，瞬时不大于 3000 度。总絮凝时间为 20min，絮凝室总水头损失 0.4m；斜管沉淀池上升流速采用 2.5mm/s；自用水量为 10%

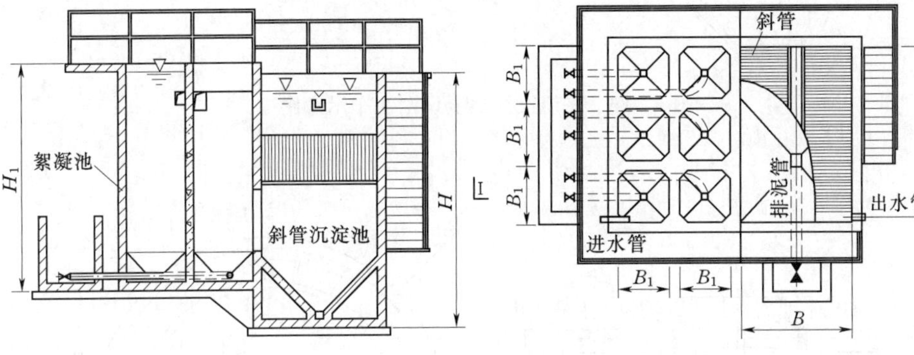

(a)　　(b)

图 5-25　穿孔旋流絮凝斜管沉淀池图

(a) Ⅰ—Ⅰ剖面图；(b) 平面图

5.4.3.4　沉淀池的进出口及排泥

1. 沉淀池进出口形式及计算

沉淀池的进水、出水口对沉淀池和滤池的处理效果及布置影响较大。沉淀池进出口形式及计算公式可参考《给水排水设计手册》(第 3 册，第二版)。

2. 沉淀池的排泥

沉淀池的排泥方式很多。图 5-26 为设在平流沉淀池上的人工操作刮泥车，它设备简单、运行操作方便且刮泥效果较好。泥被刮到污泥斗后，可用砂泵或靠静水压力排出池外。

5.4.3.5　水力循环澄清池

水力循环澄清池的特点是利用水力的能量进行回流和提升，构造简单，无机械搅拌设备，但它需消耗较大的水头，对水质、水温变化适应性较差。进水悬浮物含量一般小于 2000mg/L，短时间内允许达到 5000mg/L。单池生产能力一般不宜大于 7500m^3/d，适用于中小型给水工程，特别适用于与无阀滤池配套使用。

水力循环澄清池一般为圆形，如图 5-27 所示。加药后的原水从进水管喷嘴高速喷入喉管，喉管喇叭口四周形成真空，吸入大量的泥渣，泥渣与原水迅速混合，并在第一、第二絮凝室中进行絮凝，生成大而重的絮体，致使泥渣在重力作用下与水分离而下沉。清水由集水槽流走，一部分泥渣进入泥渣浓缩室定期排除，大部分泥渣又被吸入喉管而回流。

水力循环澄清池可参考《全国通用给水排水标准图集》（合订本）S771。

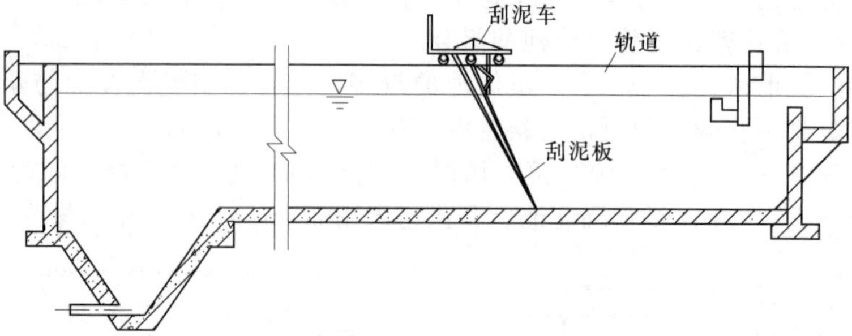

图 5－26　平流沉淀池上设刮泥车示意图

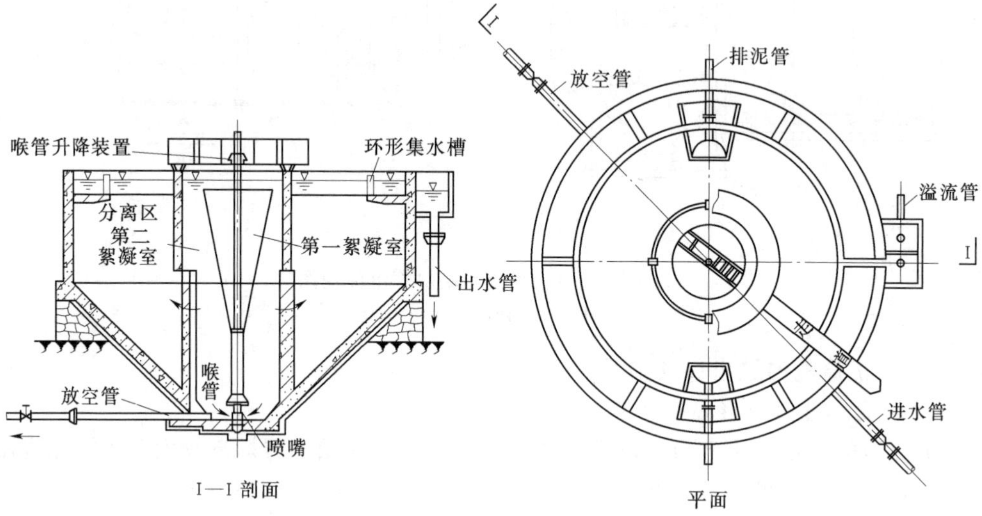

图 5－27　水力循环澄清池

5.4.4　滤池设计

5.4.4.1　慢滤池

慢滤池在乡镇供水建设中应用较多，特别是山区乡镇，由于水源水质较好（浊度一般在 50 度以下），利用地形优势修建简易慢滤池，水经过净化后再进行消毒处理即可作为饮用水。

1. 构造与原理

慢滤池由池体、滤料层、承托层和集水系统组成，特点是构造简单，管理方便。当原水中的浊度小于 50 度时，水经过慢滤池过滤后，其出水浊度小于 3 度，并且能很好地去除细菌、病毒、嗅味与色度。这主要是由于砂滤料表面几厘米的砂层中截留的一些藻类和原生动物繁殖而形成一层发黏的生物滤膜，并且过滤速度很慢，一般在0.1～0.3m/h左右。经过慢滤池净化的水，水质好，且无需投加凝聚剂，运行费用较低。

但是，慢滤池的生产率很低，并且一般运行1～3个月后滤料就可能被污泥堵塞，需要人工将表面2～3cm厚的砂子刮掉而补充新的砂子，如要重复利用砂子，则需用人工清洗滤料，劳动强度较大。慢滤池的构造见图5-28。

2. 设计与计算

(1) 设计及参数。慢滤池滤料一般采用石英砂；承托层一般为卵石或砾石，分为5层，其粒径和厚度（自上而下）列于表5-29。如果集水改用塑料制滤帽，则承托层可取消。滤速一般采用0.1～0.3m/h，原水浊度高时取低值；滤料表面以上水深一般为1.2～1.5m，滤池长宽比为1.25∶1～2.0∶1；滤池面积在10～15m²之内，一般可不专设排水管，而采用底沟，并以1%的坡度向集水坑倾斜；当滤池面积较大时，可安设多孔集水管，间隙铺设砖或混凝土块作为排水沟，管内流速一般采用0.3～0.5m/s。

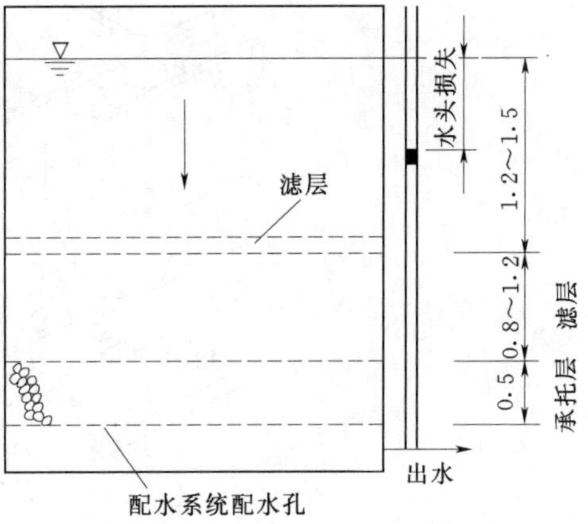

图5-28 慢滤池构造示意图（单位：m）

表5-29 慢滤池滤料及承托层尺寸表

项目	滤料	承托层（自上而下）				
		第一层	第二层	第三层	第四层	第五层
粒径（mm）	0.3～1.0	1～2	2～4	4～8	8～16	16～32
厚度（mm）	800～1200	50	100	100	100	150

(2) 慢滤池总面积计算。慢滤池总面积 F 的计算公式为

$$F=\frac{Q}{Tv}\quad (\mathrm{m}^2)$$

式中：Q 为设计供水量，包括自用水量3%～5%，$\mathrm{m^3/d}$；v 为设计滤速，m/h；T 为过滤工作时间，h/d。

5.4.4.2 快滤池

所谓快滤池是与慢滤池比较而言的。它的主要特点是当原水浊度较高时必须先投加凝聚剂，滤速比慢滤池要高50～60倍或更高，并且一般不用人工清洗滤料，而是采用水力反冲洗装置。

1. 快滤池的一般构造

普通快滤池的构造如图5-29所示，它由池体和管廊两大部分组成。池体内包括进水渠道、洗砂排水槽、滤层、承托层以及配水系统5部分；管廊内主要包括原水进水、清水出水、初滤水、冲洗水、冲洗排水等5种管道及其相应的控制阀门、测量仪表。

快滤池主要是过滤—冲洗两个过程的重复循环。过滤是生产清水的过程，冲洗是使滤料恢复原来的过滤能力。

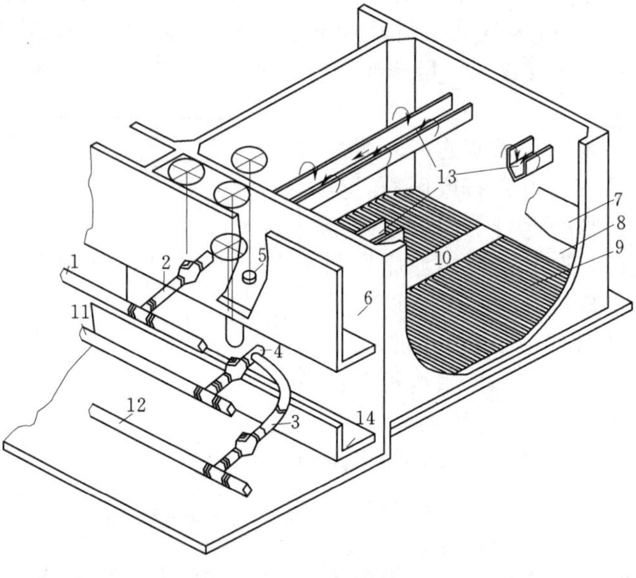

图5-29 普通快滤池构造（图箭头表示冲洗时水流方向）
1—进水总管；2—进水支管；3—清水支管；4—冲洗水支管；5—排水阀；6—浑水渠；7—滤料层；8—承托层；9—配水支管；10—配水干管；11—冲洗水总管；12—清水总管；13—排水槽；14—废水渠道

2. 滤料组成与滤速

用作过滤的材料，应具有足够的机械强度，不易磨损，应有稳定的化学性能，不易与水发生化学作用和对人体无害，滤料颗粒要求均匀、大小适当并具有一定的颗粒级配和孔隙率。另外，滤料的选用尽量能就地取材，价格低廉。《室外给水设计规范》中规定了滤池的滤速及滤料组成，可供设计参考。

3. 配水系统

配水系统的主要作用是保证进入滤池的冲洗水能够均匀分布在整个滤池面积上，并在过滤时均匀集水。

配水系统主要有大阻力和小阻力两大类型。

大阻力配水系统是指配水孔眼的水头损失大而系统内不同出水位置的沿程水头损失所占比重相对减少，系统内任意位置的冲洗强度近于相等，使配水系统配水相对均匀。这种配水系统工作可靠且应用较广，它是主要的配水形式。通过减小配水系统的水头损失，使配水系统内所有孔眼处的压力近于相等，即配水系统的水头损失和配水孔眼处的水头损失都变小，同样能使系统内任意位置的冲洗强度近于相等，按照这种原理建造的配水系统称为小阻力配水系统。这种配水系统构造简单，需要的冲洗水头比大阻力配水系统要小，故动力费用也较省，但它的设计与施工要求较严格。

小阻力配水系统适用于面积较小的滤池，面积较大时不易做到配水均匀，而大阻力配水系统，不论面积大小都可以采用。普通快滤池宜采用大阻力或中阻力配水系统，虹吸滤池、无阀滤池和移动罩滤池宜采用小阻力配水系统。

5.4.4.3　无阀滤池和虹吸滤池

1. 无阀滤池

无阀滤池和普通快滤池的主要区别在于控制方法上的不同，快滤池是由4个闸门控制的，冲洗水由专设的水塔（水箱）或水泵供给；而无阀滤池不用闸门，它靠本身特有的构造，利用虹吸作用进行自动过滤和冲洗。

无阀滤池具有滤池运行全部自动化、管理操作简单、阀件少、材料省、造价低、建设快、滤池的出水口高于滤层，始终保持正水头过滤，故不会像普通快滤池那样因管理不善而在滤池内造成负压现象等特点。

无阀滤池可分为重力式无阀滤池和压力式无阀滤池。重力式无阀滤池适用于中、小型水厂，特别是和水力循环澄清池配套使用更为合适。压力式无阀滤池工艺流程简单，当原水浊度一般不超过100度时，可设计成一体化净水构筑物，利用余压将滤后水送至水塔或管网，可省去二级泵站。管理维护方便，能实现操作自动化，适合于小型、分散性的给水工程。其设计及计算参见《全国通用给水排水标准图集》（合订本）。

2. 虹吸滤池

虹吸滤池是利用虹吸原理进水和排走洗砂水，不需要大型阀门，并能利用滤池本身水量和水头进行反冲洗，不需专设冲洗水塔或水泵，其造价比普通快滤池降低约20%～30%。

虹吸滤池的构造如图5-30所示，其关键部分是水力自动冲洗装置，当水流通过进水辅助虹吸管时，抽吸进水虹吸管内的空气，使其形成虹吸而滤池开始进水，随着过滤时间的延续，滤层阻力逐渐增加，水位超过冲洗辅助虹吸管管口时，进水虹吸破坏，滤池开始反冲洗。经过一定时间的冲洗后，人工或自动破坏反冲洗虹吸管，冲洗就结束了。虹吸形成与破坏的操作均可利用水力条件实现自动控制，其设计参见《全国通用给水排水标准图集》（合订本）。

5.4.5　弹性填料生物接触氧化池

1. 接触氧化池构造

弹性填料生物接触氧化池是以弹性立体填料作为生物载体来处理微污染原水的一种池型。其构造和布置见图5-31。微污染原水进入生物氧化池后，流经充满大部分池体容积的弹性立体填料层，在池下方的穿孔布气管或微孔曝气器曝气供氧条件下，通过填料表面生物膜硝化菌等的生化作用去除水中氨氮、COD_{Mn}等污染物质，净化后的水经集水系统流出生物氧化池。

生物接触氧化池在运行前需进行挂膜，挂膜可在稍低于设计进水量的充氧条件下自然挂膜；经若干天的培养驯化后，微生物附着生长在填料上生成生物膜，对原水中的污染物进行吸附、分解、硝化、絮凝和去除。当生物氧化池出水氨氮去除率达60%以上时，可认为挂膜完成。挂膜期一般在半个月以上，与水温有关。

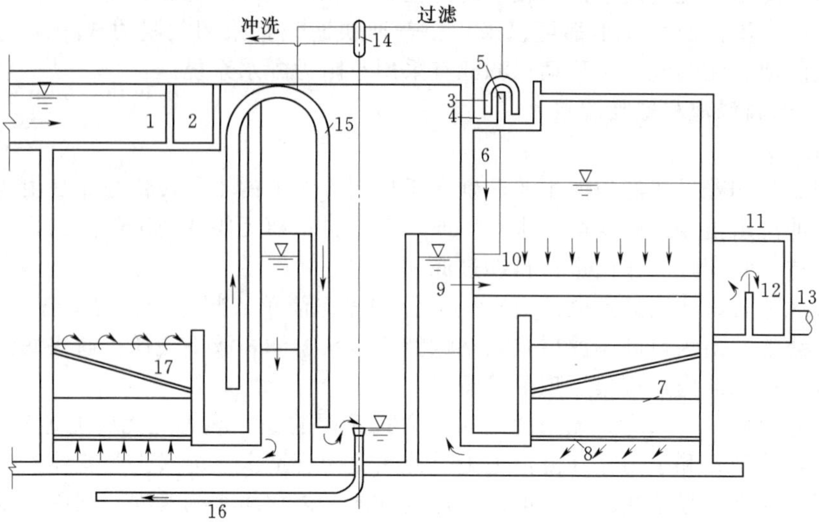

图 5-30　虹吸滤池构造示意图

1—进水槽；2—配水槽；3—进水虹吸管；4—单个滤池进水槽；5—进水堰；6—布水管；7—滤层；8—配水系统；9—集水槽；10—出水管；11—出水井；12—控制堰；13—清水管；14—真空系统；15—冲洗虹吸管；16—冲洗排水管；17—冲洗排水槽

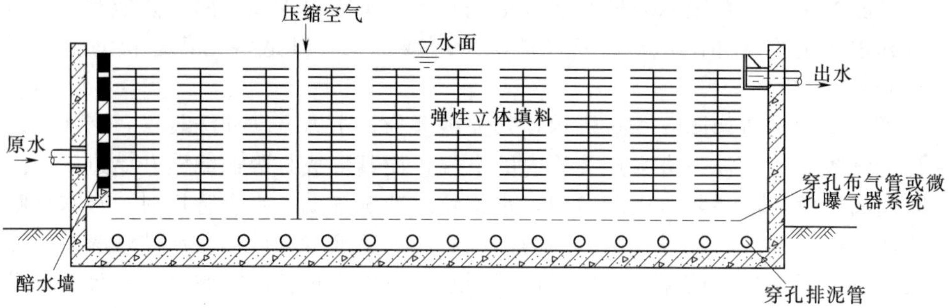

图 5-31　弹性立体填料生物接触氧化池布置示意图

2. 生物接触氧化池布置

合理选择填料，通过合理布置池中的配水和集水系统来尽量提高原水与全池填料上生物膜接触的可能，池底部需设置排泥系统，以便及时排除池中积泥。有条件时可采用斗式排泥或机械排泥系统。生物接触氧化池的池体较大，以便能较快适应流量、水质等环境条件的变化，可根据需要与后续絮凝池等合建。生物接触氧化池需考虑冲泥措施，以保持生物膜新陈代谢环境的稳定与良好。

弹性填料生物接触氧化池的设计参数应根据当地原水水质、水温以及处理要求确定。并宜通过小试和中试加以验证。

5.4.6　颗粒填料生物接触氧化滤池

5.4.6.1　结构与原理

颗粒填料生物接触氧化滤池构造和布置形式与砂滤池类似，因此也称淹没式生物滤池。其与砂滤池的主要差异是滤料改为适合生物生长的颗粒填料以及增加了充氧用的布气系统。

颗粒填料生物滤池的基本布置见图 5-32，即由 6 部分组成：配水系统、配气（布气）系统、生物填料层、承托层、冲洗排水槽以及设置进、出水管道及阀门的管廊。

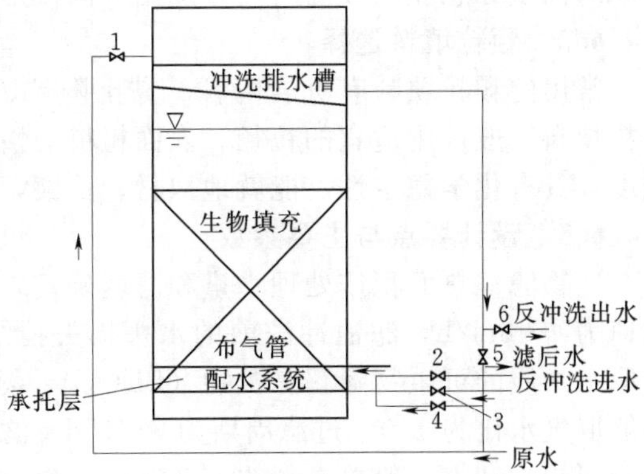

图 5-32 生物滤池布置示意图

（注 图中数字均指阀门）

1. 配水系统

生物滤池出水的收集与反冲洗水的分布，由同一配水管系完成。该管系位于滤池底部，滤池工作时均匀集水，并在滤池反冲洗时保证反冲洗水在整个滤池面积上均匀分布。生物滤池一般采用管式大阻力配水方式，具体设计同普通快滤池。

2. 配气系统

生物滤池内设置布气系统主要有两个目的：一是正常运行时曝气；二是进行水反冲洗的供气。

3. 生物填料层

生物接触氧化滤池所用填料的特性是影响其处理效果的关键因素之一。

4. 承托层

承托层主要是为了支承生物填料，防止生物填料流失，同时还可以保持反冲洗稳定进行。承托层常用材料为卵石或破碎的石块、重质矿石。为保证承托层的稳定，并对配水的均匀性充分起作用，要求材料具有良好的机械强度和化学稳定性，形状应尽量接近圆形。承托层接触配水及配气系统部分应选粒径较大卵石，其粒径至少应比配水、配气管孔径大 4 倍以上，由下而上粒径渐次减小，接触填料部分其粒径及密度应基本与填料一致。

5. 冲洗排水槽和管廊

生物接触氧化滤池的冲洗排水槽和管廊布置与普通快滤池类似。

生物滤池的运行既可以采取上向流也可以采取下向流方式，或者两种方式交替运行，以提高滤池的处理能力和对污染物的去除效率。如图 5-29 所示，当按上向流方式运行时，阀门 1、2、3、6 关闭，阀门 4、5 开启；当按下向流方式运行时，阀门 4、5、3、6 关闭，阀门 1、2 开启。反冲洗时，则关闭阀门 1、2、4、5，开启阀门 3、6。通过上述阀门关启的配合，可实现不同进水方式的运行，缺点是阀门较多，增加投资和阀门安装困难。如果设计时只考虑采用上向流或下向流中的一种形式，则阀门布置较为简单。

下向流生物滤池对有机物（COD_{Mn}）和色度的去除与上向流基本一致，而对氨氮和浊度的去除，则更好一些。

在选择过滤方式时，应根据原水浊度和悬浮物含量以及原水水质污染情况选用。

当原水浊度和悬浮物较高时，宜选用下向流形式。

5.4.6.2 颗粒填料选择

常用的颗粒填料有页岩陶粒、黏土陶粒、砂子、沸石、炉渣、麦饭石、焦炭等。颗粒填料一般选用适宜的粒径、表面粗糙的惰性材料，其比表面积大、有足够的机械强度，具有化学稳定性、能就地取材、价廉，以减少投资。

5.4.6.3 设计要点与主要参数

生物滤池总面积按处理水量和滤速确定，滤池格数和每格面积参考普通快滤池。滤速为4～6m/h，滤池冲洗前的水头损失控制在1～1.5m，曝气量、气水比，应根据原水水质的可生物降解有机物（BDOC）、氨氮和溶解氧含量而定，约取0.5～1.5，一般取气水比为1.0，过滤周期为7～15d。滤池高度包括承托层、填料层和填料上水深及保护高度，一般总高度约4.5～5m。生物滤池一般采用气水联合反冲洗。

5.4.7 气浮池设计

5.4.7.1 气浮池形式及特点

气浮池的形式较多，根据原水水质特点及前、后构筑物衔接等条件，可选择多种形式的气浮池，其中不仅有平流与竖流式的布置、方形与圆形的布置，同时还出现了气浮与絮凝、气浮与沉淀、气浮与过滤相结合的形式。

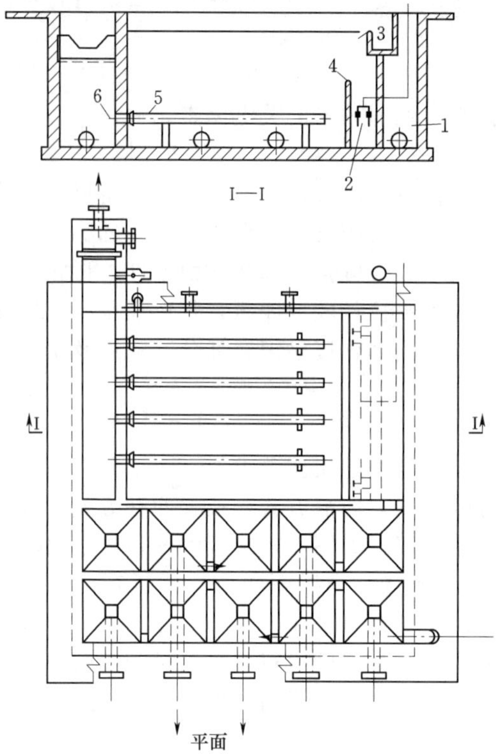

图5-33 平流式气浮池工艺布置示意图

1—进水槽；2—释放器；3—排渣槽；4—气浮池；5—集水管；6—出水槽

1. 平流式气浮池

平流式气浮池是目前采用较多的一种形式。其特点是池身浅（有效水深约2m左右），造价低，管理方便，但与后续滤池在高度上不易匹配。平流式气浮池见图5-33。

2. 竖流式气浮池

竖流式气浮池的特点是池型高度较大，水流基本上是纵向的。接触室在池的中心部位，水流向四周扩散，水流条件比平流式的单侧出流要好，在高程上也容易与后续滤池相配合；该种池型的分离区水深过大（分离区停留时间过长），浪费了一部分水池容积。因此，为弥补这一缺陷，出现了与絮凝相结合的竖流式气浮池。

3. 与沉淀相结合的气浮池

气浮池适宜于浊度较低、水中悬浮杂质较轻的原水，但不少地区在一年内往往会出现一段时间的浊度偏高的水质状况。为使气浮池适应这种变化，可以考虑将一部分或大部分较重的颗粒先通过沉淀予以去除，然后将另一部分轻飘而尚未沉淀的颗粒，通过气浮处理去除，这样既能提高出水水质，又能充分发挥两种处理方法的各自特长，提高综合净水效果。与沉淀相结合的气浮池见图 5-34。

4. 与过滤相结合的气浮池

气浮池的池深无需过大，其分离区下部的容积往往可另作利用（特别当气浮池在高程上不易与后续滤池配套时），为此，出现了气浮与过滤相结合的气浮池形式。武汉、苏州、无锡等某些自来水厂均先后采用了此种形式。其布置形式见图 5-35。

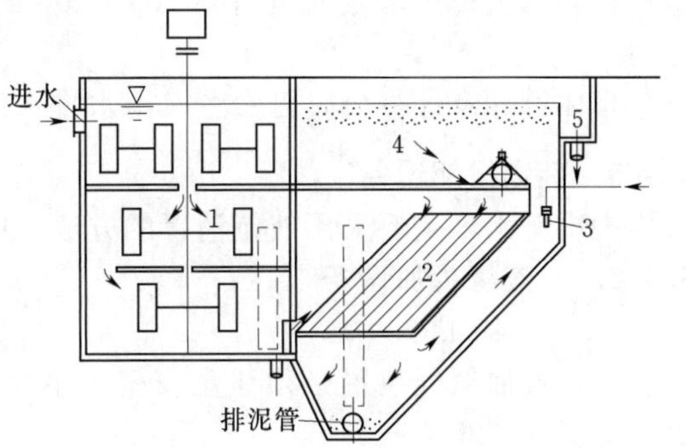

图 5-34 沉淀、气浮池布置示意图

1—絮凝池；2—斜管沉淀池；3—释放器；4—气浮室；5—排渣槽

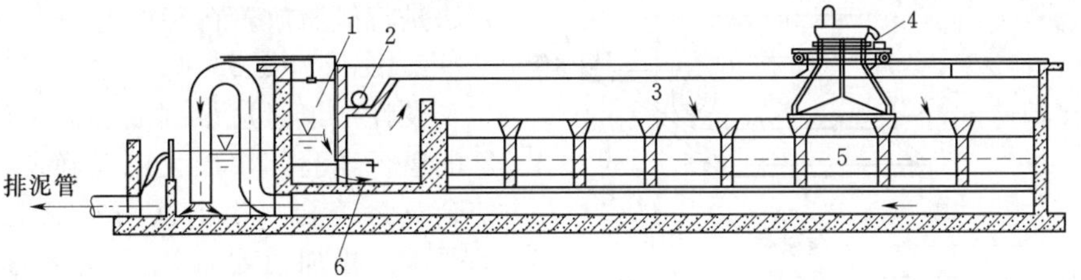

图 5-35 气浮池、过滤池工艺布置示意图

1—进水槽；2—排渣管；3—气浮区槽；4—移动钟罩；5—过滤池；6—释放器

5.4.7.2 气浮池设计方法

分析原水水质条件采用气浮工艺的合理性，有条件时应对原水进行气浮实验室试验或模型试验，根据试验结果选择恰当的溶气压力及回流比（指溶气水量与待处理水量之比值）、絮凝剂种类及其投加量和完成絮凝的时间，确定絮凝的形式和絮凝时间。通常溶气压力采用 0.2～0.4MPa，回流比取 5%～10%，通常絮凝时间取 10～20min。为避免打碎絮粒，絮凝池宜与气浮连建。进入气浮接触室的水流尽可能分布均匀，流速一般控制在10mm/s左右。接触室应对气泡与絮粒提供良好的接触条件，其宽度还应考虑安装和检修的要求。水流上升流速一般取 10～20mm/s，水流在室内的停留时间不小于 60s。接触室内的溶气释放器，需根据确定的回流水量、溶气压力及各种型号释放器的作用范围确定合适的型号与数量，并力求布置均匀。气浮分离室应根据带气絮粒上浮分离的难易程度确定水流（向下）流速，一般取 1.5～2.5mm/s，即分离室表面负荷率取 5.4～9.0m^3/（m^2·h）。气浮池的有效水深一般取 2.0～2.5m，池中水流停留时间一般为 15～30min。气浮池的长宽比无严格要求，一般以单格宽度不超过 10m，池长不超过 15m 为宜。气浮池排渣，一般用刮渣机定期排除。集渣槽可设置在池的一端、两端或径向。刮渣机的行车速度宜控制在 5m/min 以内。气浮池集水应力求均匀，一般采用穿孔集水管，集水管内的最大流速宜控制在 0.5m/s左右。压力溶气罐一般采用阶梯环为填料，填料层高度通常采用 1.0～1.5m。

罐直径一般根据过水截面负荷率100～200m^3/（h·m^2）选取，罐高度在2.5～3.5m之间。

具体设计及计算公式可参考《给水排水设计手册》（第3册，第二版）。

5.4.8 药物投加设备

大中型水厂主要采用液氯消毒的方法，中小型水厂有的采用漂白粉消毒。

5.4.8.1 液氯投加设备

1. 设备特点与构造

（1）投加氯气装置必须注意安全，不允许水体与氯瓶直接相连，必须设置加氯机，见图5-36。

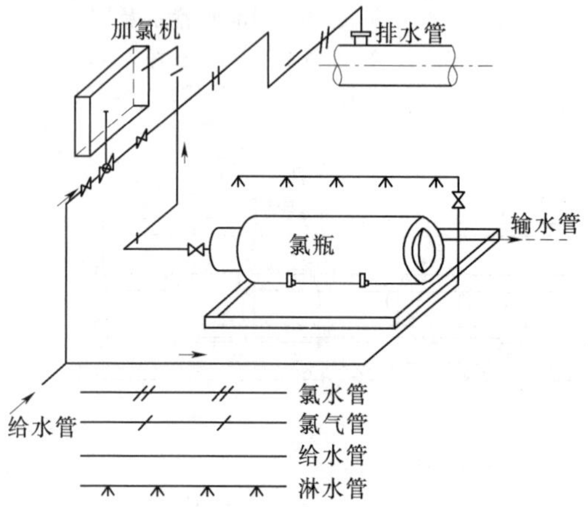

图5-36 投加氯气布置

（2）液氯气化成氯气的过程需要吸热，可采用淋水管喷淋。

（3）氯瓶内液氯的气化及用量需要监测，除采用自动计量外，较为简便的方法是将氯瓶放置在磅秤上。

2. 设计加氯量

设计加氯量应根据或相似条件下水厂的运行经验，按最大用量确定，并应使余氯量符合《生活饮用水卫生规范》的要求。投加氯量取决于氯化的目的，并随水中的氯氨比、pH值、水温和接触时间等变化。一般水源的滤前加氯为1.0～2.0mg/L；滤后或地下水加氯为0.5～1.0mg/L。氯与水接触时间不小于30min。

3. 加氯设备

为保证使用液氯消毒时安全和准确计量，一般采用加氯机投加液氯。目前全国各地已制造了各种形式的加氯机，可供设计时选用。

4. 加氯间及液氯仓库

（1）加氯间。加氯间一般靠近投加地点，氯瓶和加氯机分隔两间，加氯间属于危险品建筑，必须与其他工作间隔开，并有下列要求：①直接通向外部且向外开的门，房屋坚固，防火、保温，通风；使用防爆的灯具。②开有可以观察室内情况的观察窗等安全措施。③在加氯间及氯瓶间出入处应设有工具箱、抢修用品箱及防毒面具等。防毒面具应严密封藏，以免失效。照明和通风设备的开关应设在室外。应考虑事故时（如漏氯抢修等）氯瓶的应急处理，如设置事故井，使氯溶解于水中，把氯气接到碱性溶液中予以中和，或使用密喷淋装置等，加氯间内的管线不宜露出地面，应敷设在沟槽里。投加消毒剂的管道及配件均应采用耐腐蚀材料。各种加氯设备外表均应作防腐处理。加氯设备（包括管道）应保证不间断工作，并根据具体情况设置备用件，一般每种不少于两套。通向加氯间的压力水管应保证不间断供水，并尽量保持管道内水压的稳定。当使用液氯消毒时，采暖设备宜用暖气。如采用火炉时，火口应设在室外，散热片或火炉应尽量离开氯瓶和加氯机。应设磅秤作为校核设备。磅秤应固定安放，磅秤板面要略高于地面，便于放置氯瓶。

(2) 液氯仓库。氯瓶的规格有400kg/瓶、500kg/瓶及1000kg/瓶等数种，乡镇水厂常用小型氯瓶，外形尺寸为$\phi 219\times120\sim1400$mm。装氧量38～40kg/瓶。在使用的氯瓶上方设置多孔自来水喷淋水管，使水温保持15～25℃，以供液氯气化吸热及夏天气温高时氯瓶降温。喷淋管为两排交错开孔成45°角的多孔塑料管或钢管（防腐）。用在小氯瓶上的喷淋管，可开一排孔眼向下的多孔管，弯成圆形套于小瓶上使用。但切忌将水淋到总阀，因为总阀的压盖与连接输氯管的轧头处最易漏气，遇水作用后会腐蚀总阀阀体。乡镇水厂的氯瓶库一般与加氯间合建，以利于搬运，也可独立建造氯库。液氯库建筑应有直接通向外部且向外开的门。为防止强烈光线照射，可考虑设百叶窗。液氯的储备量应根据供应、运输等条件确定，一般按最大用量的15～30d计算。液氯仓库应在水厂的下风向，并与经常有人值班的车间和居住房间保持一定的安全距离。应有防爆的灯具，为考虑氯瓶用自来水喷淋，室内地坪应有通畅的排水沟。仓库外应设有检查漏气的观察窗，有机械通风设备，并设在室内近地面处。

5.4.8.2 投加漂白粉设备

投加漂白粉可分为重力投加和压力管道投加两种方式。投加漂粉精制成的氯片可用氯片消毒器投加。

(1) 重力投加。利用重力将漂白粉溶液投加于水泵吸水管或净水池中。漂白粉重力投加系统与混凝剂的重力投加系统相同。

(2) 压力管道投加。当压力管道的压力不高时，可采用与混凝剂向压力管道投加的相同方式，如采用水射器等。当压力管内压力较高时，可采用带胶皮胆的密封溶液器和差压装置投加。

(3) 氯片消毒器投加。氯片消毒器是一种靠水流溶解氯片的自动定比加氯装置。氯片消毒器有筒式和管式两种，筒式的投药器为一单筒；管式的投药器是由多个管子组成。管式比筒式使用可靠。

根据不同的消毒要求，水中余氯量的多少可以通过调整“调节闸门”的开度来控制，一旦调整完毕，就不需要经常调节，只要定期添加氯片和测定余氯量即可。

5.4.8.3 次氯酸钠消毒

1. 次氯酸钠消毒特点

(1) 次氯酸钠（NaOCl）为淡黄色透明状液体，是一种强氧化剂，在溶液中生成次氯酸离子，通过水解反应生成次氯酸，具有与其他氯的衍生物相同的氧化和消毒作用，但其效果不如Cl_2强。

$$NaOCl \longrightarrow Na^+ + OCl^-$$

$$OCl^- + H_2O \Longleftrightarrow HOCl + OH^-$$

(2) 因次氯酸钠所含的有效氯易受日光、温度的影响而分解；故一般采用次氯酸钠发生器现场制取，就地投加，不经储运，操作简单，比投加液氯方便、安全。

(3) 次氯酸钠可作为乡镇给水、游泳池给水、深井泵站等一些小型水处理的消毒设备和调节泵站等的中途加氯。

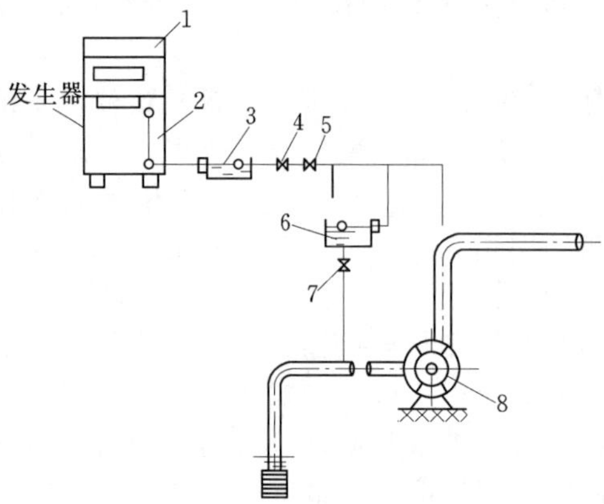

图5-37　重力投加

1—电解槽；2—储液箱；3—液位箱；4—阀门；5—流量调节阀；6—投配箱；7—电磁阀；8—水泵

2. 次氯酸钠溶液的投配

投配方式同一般药液投加方式。如储液箱有足够安装高度时，可采取重力投加，见图5-37。泵前投配：次氯酸钠溶液由储液箱流出，经液位箱和投配箱投入水泵进水管。采用水射器等压力投加，与混凝剂、漂白粉液等的投加相同。

5.4.9　其他消毒工艺设计

对水质要求较高的水厂，可采用次氯酸钠、二氧化氯、臭氧或活性炭消毒。

5.4.9.1　二氧化氯消毒

二氧化氯消毒在国外水厂已多有采用，近几年我国水厂也有使用。由于受污染水源采用氯消毒可能会产生氯酚味和致癌物质三卤甲烷等副产物，而采用二氧化氯可避免产生氯酚味和三卤甲烷。因此，二氧化氯在水处理中的应用逐年增加。

二氧化氯是深绿色的气体，具有与氯一样的嗅味，比氯更刺激、更有毒性。二氧化氯气体的比重为2.4。二氧化氯易溶于水，不与水发生化学反应；二氧化氯在水中的溶解度是氯的5倍。二氧化氯在常温条件下即能压缩成液体，并很易挥发，在光线照射下将发生光化分解。储存在敞开容器中的二氧化氯水溶液，其二氧化氯浓度很易下降。二氧化氯很容易爆炸，温度提高、暴露在光线下或与某些有机物接触摩擦，都可能引起爆炸；液体二氧化氯比气体更易爆炸。空气中二氧化氯浓度大于10%或水中二氧化氯浓度大于30%时都将发生爆炸。所以工业上采用空气或惰性气体来冲淡二氧化氯气体，使其浓度小于8%～10%，将这种二氧化氯气体溶于水中，水中的二氧化氯浓度为6～8mg/L。由于二氧化氯具有易挥发、易爆炸的特性，故不宜储存，一般应采取现场制取和使用。目前国内已有生产稳定性二氧化氯，可运输和储存，并在现场经活化后使用。

二氧化氯消毒，可以保持剩余消毒剂量。采用二氧化氯消毒时，水中将会存在亚氯酸根ClO_2^-，而ClO_2^-对人体健康有危害。我国《生活饮用水卫生规范》规定亚氯酸盐不得超过0.7mg/L。

5.4.9.2　臭氧发生系统

如图5-38所示，臭氧发生系统包括臭氧发生器和其供电设备（调压器、升压变压器等）、电气控制和量测设备及空气净化设备等。

在水处理领域中，主要采用以高压无声放电法生产低浓度的臭氧化空气。臭氧发生器分为板式（立板式、卧板式）和管式（立管式、卧管式）两种。

工业化生产实践中臭氧的耗电量一般在10～12kW·h/kgO_3以上（我国目前生产的臭氧发生器约为16～20kW·h/kgO_3），即95%以上的输入电能转变为其他形式的能量，主要为热能。因此，臭氧发生器需装设冷却水系统。臭氧发生器运转稳定时，生产出来的臭氧化空气的气量和所含臭氧的浓度也稳定不变。目前，我国生

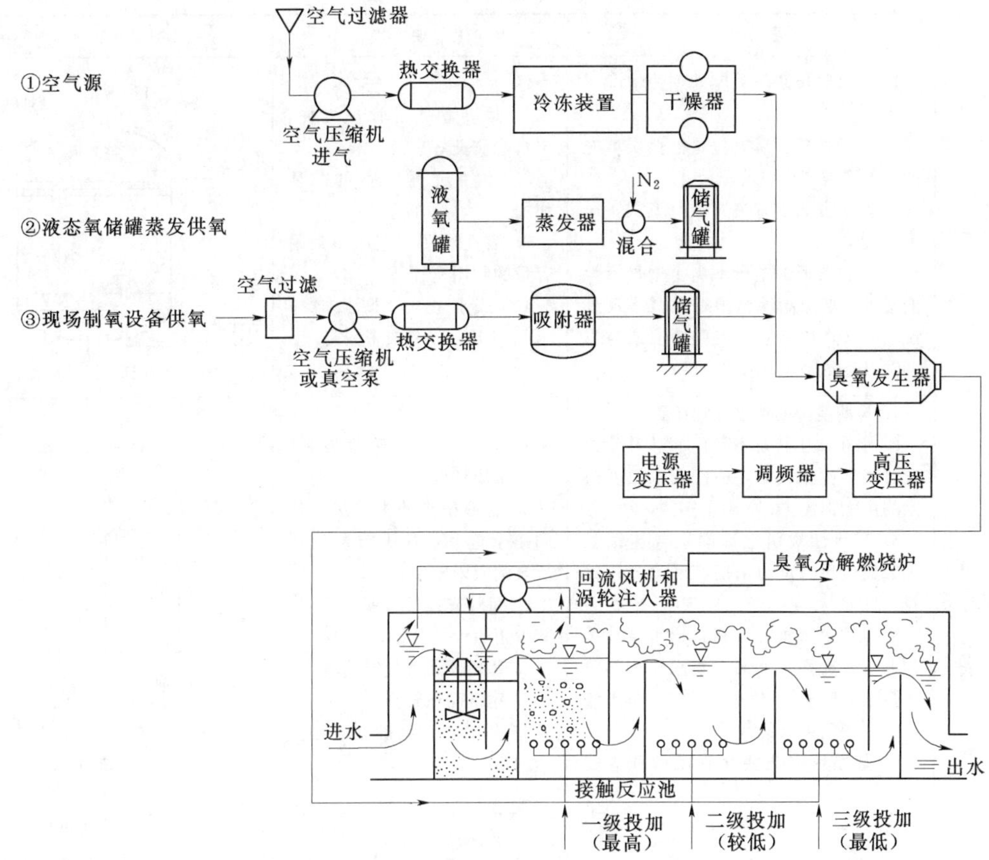

图 5-38 臭氧化处理的一般工艺流程

产的臭氧发生器产生的臭氧化空气的经济浓度为 10～14mg/L。采用富氧空气和纯氧，可提高臭氧化气中臭氧的浓度和单位电能的生产率，此时臭氧重量浓度可达到 6%～10%。臭氧化空气的浓度和生产率与输入电流的频率有关，频率增高则浓度和生产率都增高。臭氧发生器按供电频率一般分为低频（如 50～60Hz）、中频（400～1000Hz）和高频（2000Hz 以上）3 类，我国发展趋势将采用中频的臭氧发生器。

5.4.9.3 颗粒活性炭滤池设计

水处理的颗粒活性炭滤床可分为固定式、移动式和流动式，各自的特点见表 5-30。目前使用最为普遍的是固定床，即常称的活性炭滤池。

炭滤池形式的选择应根据处理规模及水厂的运行条件，经技术经济比较后确定，分有重力式和压力式；圆形或矩形等。一般当处理规模小时，可仿照普通压力滤池或无阀滤池；当处理规模大时，可仿照普通快滤池、虹吸滤池、双阀滤池等，与普通滤池不同之处主要是滤料采用颗料活性炭，固定床炭滤池的设计类似普通滤池。颗粒活性炭颗粒粒径及规格的选用可参照《颗粒活性炭吸附池水处理设计堆积》(CECS124，2001) 对水处理用活性炭规格特性进行。

表 5-30 **颗粒活性炭滤床形式与比较**

方式	要 点	优 缺 点	图 示
固定床	1. 在需要长期作深度处理的情况下使用； 2. 通常在砂滤后以粒状活性炭填充的吸附塔或滤床过滤吸附； 3. 通水方式：升流式或降流式，压力式或重力式； 4. 当在普通滤池砂滤料上增加活性炭层时，需加高滤池池壁及减小反冲洗强度（此时应采用表面冲洗或空气冲洗以免黏泥成块堵塞滤层）	1. 运转稳定，管理方便，出水水质良好； 2. 活性炭再生后可循环使用； 3. 活性炭在固定床中吸附容量的利用率较低； 4. 需定期投炭、整池排炭； 5. 基建、设备投资较高	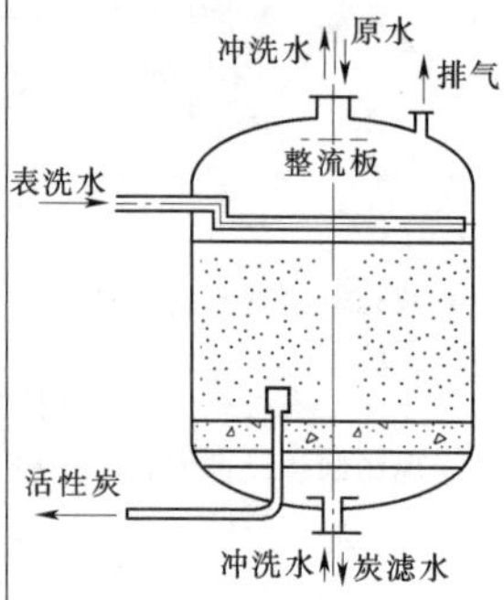
移动床	1. 长期运行的深度处理装置； 2. 水在加压状态下，由底部升流式通过炭层过滤吸附，冲洗废水及滤过水均由上部流出； 3. 新活性炭由上部间歇或连续投加，失效炭借重力由底部间歇或连续排出； 4. 直径较大的吸附塔进出水系统采用井筒式筛网，上部由集水管连接收集出水，防炭粒流失。下部由布水管连接，均匀进水； 5. 可以填充床或膨胀床两种方式运行	1. 运转稳定、管理方便、出水水质良好； 2. 底部排出的失效炭可达到完全饱和，最大限度利用了炭的吸附容量； 3. 间歇或连接投炭、排炭，减少再生设备容量； 4. 基建及设备投资较高； 5. 建筑面积较小； 6. 井筒式筛网破裂时将产生跑炭	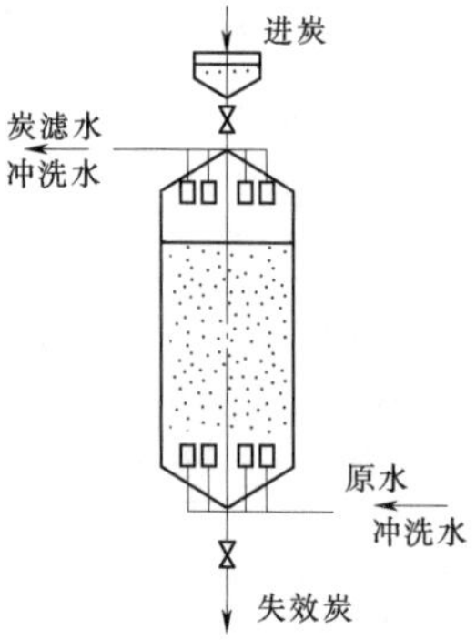
流动床	1. 长期运行的深度净化装置； 2. 水由底部升流式通过炭床，炭由上部向下移动； 3. 水流与流化状态的活性炭在逆流中接触吸附； 4. 可采用一级或多级床层	1. 炭床不需冲洗； 2. 最大限度利用了炭的吸附容量； 3. 间歇或连续投炭、排炭，减少再生设备容量； 4. 占地面积较小； 5. 要求炭粒均匀，否则易引起粒度分级	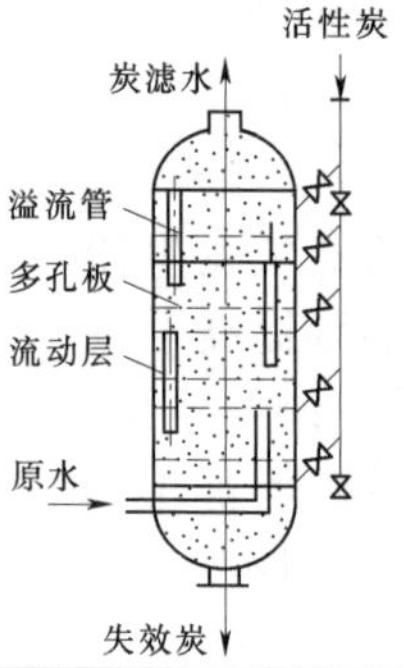

5.4.10 除铁（锰）滤池

5.4.10.1 滤料和滤层

除铁（锰）滤料，应有良好的机械强度，以适应反冲洗过程中的相互碰撞和摩擦、减少滤料颗粒的流失，具有良好的化学稳定性，不溶于水，不含毒物，对水质无不良影响。对于接触氧化除铁（锰）滤料，应具有对铁、锰有较大的吸附容量和促进滤料"成熟"的特性。接触氧化法除锰滤料，应优先采用优质的天然锰砂；接触法除铁滤料，可以采用天然锰砂，也可以采用石英砂、无烟煤粒等。对于低含铁地下水，由于天然锰砂具有较大的吸附二价铁离子的能力，能使滤池投产初期出水水质较好，宜优先采用。

锰砂滤池的承托层组成见表 5-31。

表 5-31 锰砂滤池承托层的组成

层 次	承托层材料	粒径（mm）	各层厚度（mm）
1	锰矿石块	2～4	100
2	锰矿石块	4～8	100
3	卵石或砾石	8～16	100
4	卵石或砾石	16～32	由配水孔眼以上 100mm 起到池底

除铁（锰）滤池的反冲洗原理、构造与快滤池基本相同。

5.4.10.2 除铁、锰设备

含铁（锰）地下水一般不含溶解氧，因此要进行曝气。曝气的目的是为了增加原水中的溶解氧，为水中的二价铁氧化成三价铁提供条件。地下水除铁（锰）的方法不同，对曝气的要求也不同。常见的曝气装置及其主要性能列于表 5-32。

表 5-32 除铁（锰）曝气装置的主要性能

曝气装置类型	功能	受压状态	含铁量（mg/L）	溶氧饱和度（%）	主 要 特 点
喷嘴式混合器	充氧	压力式	不限	30～70	1. 在滤池前设置，可省掉曝气池； 2. 气、水混合需空气压缩设备、管理较复杂； 3. 喷嘴的水流阻力大，能量耗费较大
穿孔管混合器	充氧	压力式	<10	30～70	1. 适宜在数个滤池前集中曝气使用； 2. 需空气压缩设备，水流阻力较喷嘴式小，但配水孔眼易于阻塞
射流泵 泵前加注 滤池前加注	充氧	压力式 重力式、 压力式	<10 不限 不限	80～100 60～70 60～70	1. 无须其他机械设备。与空气压缩曝气比较，设备小，造价低，工作稳定，溶氧效率较高，省能量； 2. 当含铁量较高时，吸水管上射流加注易于堵塞；射流泵宜用除铁后的水作为工作压力水水源
跌水曝气池	充氧	重力式	<10	30～50	1. 构造简单，便于灵活应用，可充分利用无阀滤池，虹吸滤池等进水的跌水装置； 2. 应用较广泛

续表

曝气装置类型	功能	受压状态	含铁量 (mg/L)	溶氧饱和度 (%)	主要特点
叶轮表面曝气	充氧去除 CO_2	重力式	不限	80～90	1. 可利用改变叶轮的大小和转速以及水在曝气池中的停留时间等因素来控制曝气效果； 2. 曝气效果好，且适应性和灵活性比较大； 3. 需设专用曝气池和运输机械设备； 4. 管理较复杂
莲蓬头及穿孔管曝气	充氧去除 CO_2	重力式	<10	50～65	1. 曝气效果较好，能满足大多数地下水除铁； 2. 无需机械设备； 3. 孔眼易堵塞，要注意通风
接触式曝气塔	充氧去除 CO_2	重力式	<10	70～90	1. 曝气效果较好。常以焦炭或矿渣作填料，对铁锰的氧化有接触催化作用； 2. 应用较广泛。但当含铁量为5～10mg/L时填料易于堵塞，因此，适用于小于10mg/L的地下水
板条式曝气塔	充氧去除 CO_2	重力式	<10	60～80	1. 曝气效果较好。且适用于高含铁地下水； 2. 不容易堵塞

5.4.11 活性氧化铝吸附过滤处理构筑物设计

1. 滤料粒径的确定

滤料颗粒粒径一般为0.5～2.5mm。粒径太大，则表面积较小，影响除氟的交换能力；粒径太小，则反冲洗时易磨损且易被水冲走，滤料消耗太快。

不同粒径颗粒交换能力的比较见表5-33。

表5-33 不同粒径颗粒交换能力比较

$d_{50}=3.9$mm，$d_{10}=1.5$mm，$K_{80}=3.03$		$d_{50}=2.1$mm，$d_{10}=0.6$mm，$K_{80}=6.00$	
滤速 (m/h)	交换能力 (mg/g)	滤速 (m/h)	交换能力 (mg/g)
2.5	0.8	2.56	2.47
2.41	1.12	2.63	1.91
2.20	0.63	2.55	2.41
2.39	1.41	2.40	2.18
2.77	0.84	2.36	1.53
平均2.48	0.96	平均2.5	2.10

注 1. 表中数值系模型试验时测得结果，仅供参考。
2. 活性氧化铝的干容重约为800kg/m^3。
3. K_{80}为不均匀系数，d_{50}为平均粒径即滤料重量的50%通过筛孔的大小。

2. 滤层厚度的确定

滤层厚度一般采用700～1000mm。滤料的不均匀系数控制在$K_{80}\leqslant 2$以内。承托层采用卵石，其高度一般为400～700mm，其粒径级配一般自上而下从小到大分层铺设。

第一层粒径为2～4mm；第二层粒径为4～8mm；第三层粒径为8～16mm；第四层粒径为16～32mm；当采用塑料制滤帽时，承托层可以省去。

3. 滤速

滤速与原水含氟量、滤层厚度有关。一般采用1.5～2.5m/h，也有采用3m/h的。

4. 再生

采用硫酸铝溶液作再生剂效果好，且较为经济。其用量与除氟量之比为60 ：1，再生液浓度为1%～2%。

再生过程是先用原水进行反冲洗，冲洗强度为12～16L/（s·m^2），冲洗时间为10～15min，膨胀高度一般为50%左右。然后用2%的硫酸铝溶液［以$Al_2(SO_4)_3\cdot 18H_2O$计］再生，再生液自上而下通过，滤速为1～2.5m/h，历时2～3h。在过滤过程中，由于活性氧化铝的表面还吸附铁和铝的氢氧化物，为了不影响除氟能力，一般需在15～18周期后用浓度为3.5%的盐酸溶液清洗一次，盐酸用量与滤料重量之比为1 ：10左右。

5.4.12　综合式净水系统

近年来随着乡镇供水工程建设的发展，一批适合我国广大农村特点的净水设施或设备应运而生，并且得到广泛应用。除前面所介绍的除铁、除锰、除氟专用净水设备外，还有以处理地表水为主的小型综合净水构筑物和一元化净水器两大类。

5.4.12.1　一体化净水构筑物

小型综合净水构筑物亦称一体化净水构筑物。其主要特点：一是将絮凝/混合、沉淀（或澄清），过滤等工艺经过合理布置，综合成一体化的净水设施；二是能减少土建工程量，节省投资；三是占地少，减少了各构筑物之间的连接管道，便于操作管理。

1. 穿孔旋流絮凝—斜管沉淀—快滤工艺组合

该组合形式的净水工艺采用穿孔旋流絮凝、斜管沉淀、快滤池与清水池几部分组合而成，净水规模为15m^3/h。其给水系统的工艺流程如图5-39所示。该组合式构筑物的工艺沉淀池采用塑料斜管、孔径30mm、倾角60°，长1m；滤池的滤料、承托层组成及规格可参照普通快滤池，滤池反冲洗水由水塔提供。

2. 穿孔旋流絮凝—斜管沉淀—重力过滤工艺组合

该构筑物由穿孔旋流絮凝池、斜管沉淀池、重力式无阀滤池和清水池等组合而成，如图5-39所示，滤料、承托层规格及组成参照普通快滤池。

3. 折板絮凝—斜管沉淀—快滤工艺的组合

该构筑物由折板絮凝、斜管沉淀和石英砂快滤3部分组合而成，构造示意如图5-40所示。

该工艺由上海市政工程设计院编制成通用图集，处理规模有15m^3/h、30m^3/h和45m^3/h等3种。

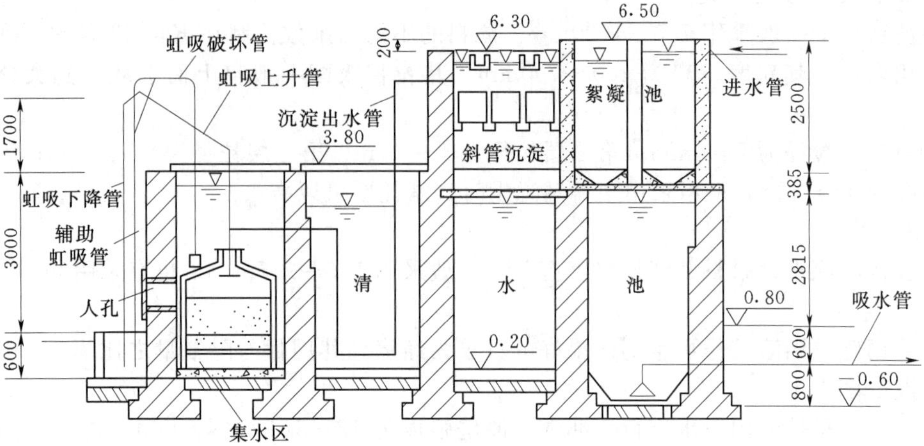

图 5-39　组合式净水构筑物（一）构造示意图

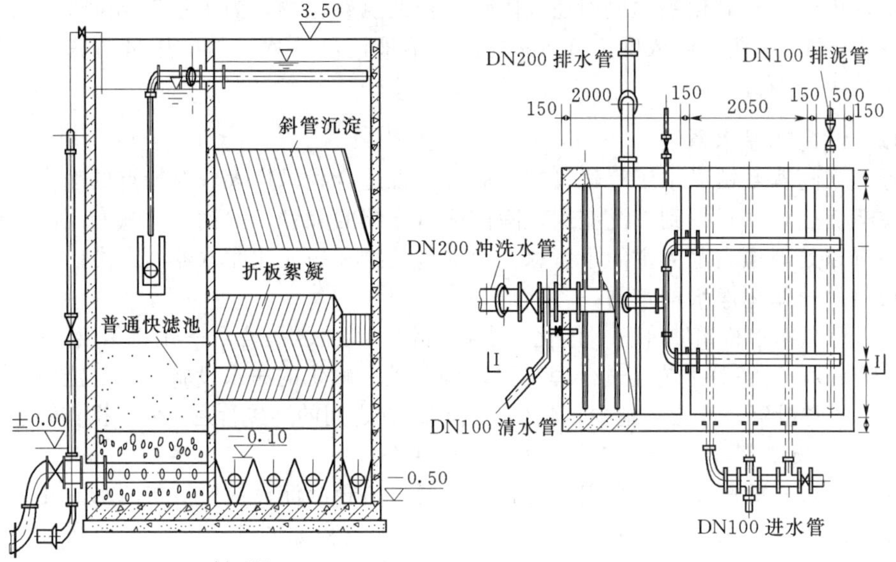

I—I 剖面图　　　　平面

图 5-40　组合式净水构筑物（二）构筑示意图

4. 悬浮斜管澄清—重力过滤工艺的组合

该构筑物由悬浮斜管澄清池与无阀滤池组成。原水加凝聚剂后由穿孔管进入装有带翼片的斜板，悬浮颗粒被初步截留下来，又流经斜管，水质得到进一步澄清，再通过管道流入无阀滤池进行过滤，其构造示意如图 5-41 所示。

5. 水力循环澄清—移动罩过滤工艺组合

该构筑物呈圆形，内圈为水力循环澄清池，在澄清区增设斜板，外圈为泵吸式移动罩滤池，分成 10 格。通过斜板沉淀的水，经集水槽汇集后，流入外圈滤池部分，其构造示意如图 5-42 所示。浙江省陈山水厂采用这种工艺，净水能力为 2500m^3/d。

6. 其他综合净水构筑物

(1) 水上水厂。水上水厂是一个正规的以地面水为水源的自来水厂，把经过水质净化处理后符合饮用水卫生标准的水直接加压送至管网。为适应江、河、湖泊水网地区水体深度不大的特点，对常规的净水工艺进行了革新。将全部净水构筑物置于船舱内、水厂船吃水深度保持在 1～2.5m，确保浮体安全、可靠稳定。采用虹吸进水装置代替常用的取水泵房，进水不受河水位变化和漂浮物的干扰，能防止推移质泥沙的侵入，保证净水系统的正常运行。一般来说，水上水厂的投资比陆上水厂的基建费用要低约 30%左右，制水成本比陆上水厂低约 1/3。同时，水厂建设周期短，能实现定型化、标准化及商品化生产，中国市政工程西北设计院已有 100～50000m^3/d 规模的系列设计。

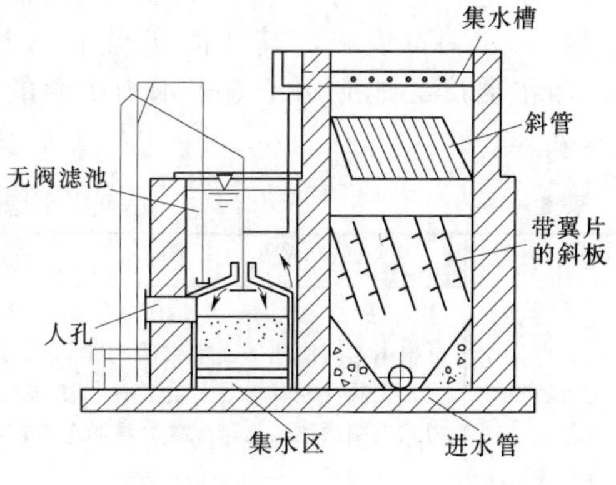

图 5-41 组合式净水构筑物（三）构造示意图

(2) 小型净水塔。净水塔构造简单、结构紧凑，占地少、造价较低、管理操作方便，适用于原水浊度较低的乡镇给水。小型净水塔目前主要有Ⅰ型、Ⅱ型两种形式。其性能见表 5-34。

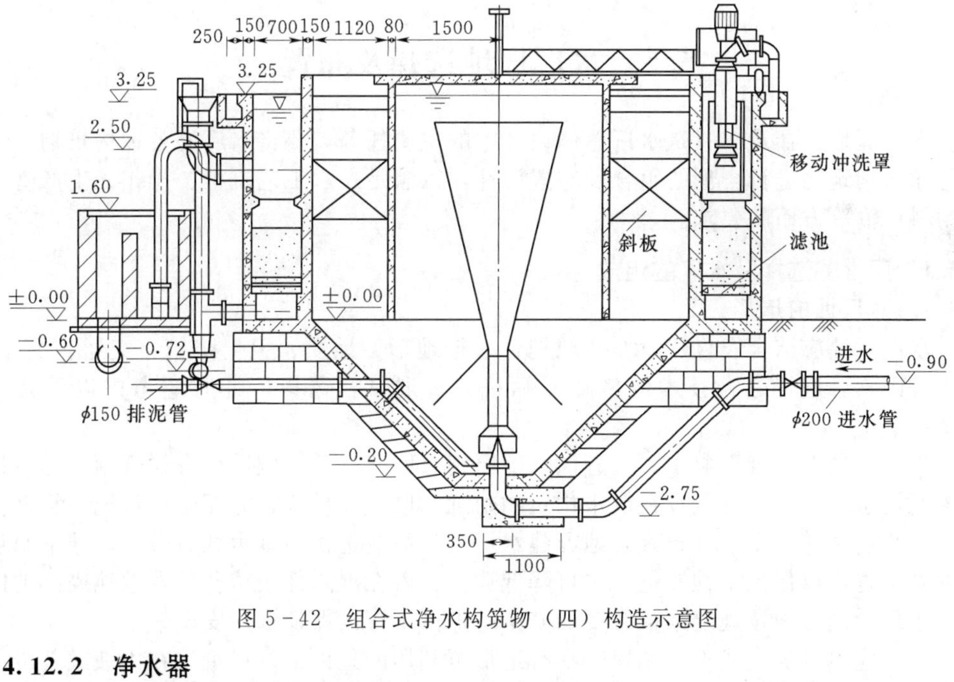

图 5-42 组合式净水构筑物（四）构造示意图

5.4.12.2 净水器

净水器是 20 世纪 80 年代初在国内发展起来的一种小型净水设备，也称一元化净水器，是将净水工艺流程中的多道工序组合在同一装置内，采用钢材、塑料等材料制造。它应用一些净水新技术以期达到提高净化水质的效果，再配以加药(凝聚剂)、消毒设施，其功能相当于一个以地表水为水源的常规工艺小型净水厂。净水器广泛地应用于地表水为水源的乡镇、工矿企事业单位、旅游网点等的供水处理。

表5-34 小型净水塔特点比较

内容	Ⅰ型	Ⅱ型
主要特点	根据无阀滤池的自动虹吸与排污特点，将泵房、压力式无阀滤池及水塔等合建。过滤与反冲洗过程同压力式无阀滤池。它可配置简易的电器自动控制装置	它由单阀滤池与泵房、水塔合建，单阀滤池的过滤同压力式无阀滤池，反冲洗过程靠手动启闭冲洗排污管的闸门
净水能力(m^3/h)	10	9
适用条件	原水浊度小于80度	原水浊度小于70度
主要数据和设计要点	滤池面积$1.13m^2$，滤速为9m/h；采用小阻力塑料滤头配水系统；冲洗强度为$15L/(s\cdot m^2)$，冲洗历时4min；水塔有效容积为$6m^3$	滤速采用8m/h；冲洗强度为$16L/(s\cdot m^2)$；水塔有效容积$18m^3$

净水器具有工艺成熟、技术可靠、体积小、占地少且运输方便、水厂建设周期短、运行操作方便等特点。净水器大多制成系列产品，适合于不同规模的水厂。

5.5 水厂厂址选择及布置

水厂厂址选择及布置是水厂总体设计中的主要任务，要将水厂的各种构筑物，特别是净水构筑物进行合理的组合及布置设计，以满足净水工艺流程、操作、生产管理和物料运输等方面的要求。

5.5.1 厂址的选择及水厂的组成

5.5.1.1 厂址的选择

水厂厂址应结合农村建设发展规划，根据地形、地质、卫生防护、交通、供电、用地等因素，进行综合技术经济比较后确定。通常，选择厂址时应考虑以下几个原则：

(1) 尽量考虑就近取水、就近供水的原则。因此，厂址应结合农村规划，尽量接近主要用水区，并尽可能设在取水构筑物附近，以节省投资、方便生产和统一管理。

(2) 选择在地质条件较好的地方建水厂。一般应选在地基承载力较大、地下水位较低处修建，以保证工程质量，并可降低造价。若在湿陷性土壤和易发生地震的地区设置水厂，则必须按规定采取必要的安全防护措施，以保证水厂安全。

(3) 应尽量少占或不占农田。在有地形可利用的条件下，尽量设在山坡或荒废的高地上，采取自压重力式供水，以降低动力消耗。

(4) 应尽可能选择在不受洪水淹没威胁的地方修建，否则应考虑采取防洪措施。

(5) 应设置在交通方便，尽量靠近电源的地方，以利于施工和管理，并降低输电线路的造价。

(6) 厂址应充分考虑周围环境卫生状况和《生活饮用水卫生标准》、《农田灌溉水质标准》(GB 5084—2005) 中规定的卫生防护要求。水厂生产区的卫生防护要求参见 4.2 节内容。

(7) 厂址还应考虑沉淀池排泥及过滤池冲洗水排除方便的需要。

5.5.1.2 水厂的分类及其组成

水源种类不同，水厂的规模及水厂内各种构筑物的类型及其组合将有很大差异。一般根据两类取用水源，可把水厂分为：取用地下水源的地下水水厂和取用地面水源的地表水水厂。

取用地下水，一般不需要大量的构筑物，水厂比较简单，不必单设，可与取水构筑物、调节构筑物等结合，形成一个综合式取水枢纽。

地面水源，一般水质不一定能符合饮用的卫生要求，故均需设置地表水水厂，以对原水进行净化处理。通常，规模较大的城镇地表水水厂，主要由以下 4 个基本部分组成。

(1) 生产构筑物。直接与生产有关的构筑物，包括混合反应设备、沉淀池、澄清池、过滤池、清水池、二级泵站、冲洗设施、变配电室、加药间和排污泵房等。

(2) 辅助建筑物。包括为生产服务所需要的建筑物和为生活服务的建筑物两类。前者包括化验室、检修车间、材料仓库、危险品仓库、车库及值班宿舍等。后者包括办公室、食堂、锅炉房、浴室及职工宿舍等。

(3) 各类管道。包括各种净水构筑物间的生产管线（管道或渠道）、加药管道、水厂自用水管道、供暖管道、排污管道、雨水管道以及排洪沟和电缆沟等。

(4) 其他设施。包括厂区道路、绿化布置、照明、围墙和厂门等。

5.5.2 水厂的平面布置与高程布置

5.5.2.1 水厂总体布置的基本原则

水厂的平面布置和高程布置是水厂总体布置和设计的基本内容。水厂总体布置设计的基本原则如下。

(1) 水厂的规模要能满足设计用水量的需要。一般，水厂的设计水量应按最高日设计用水量（其中包括 10%～20%的未预计水量）和消防用水量以及 5%～10%的水厂自用水量确定。若水厂还担负有农田灌溉或其他用水的任务，需依其对水质的净化处理要求，确定设计量的大小，以及它们是否应在水厂设计水量中计入或按多少比例计入。

(2) 水厂的总体布置要能满足净水工艺流程、各种构筑物的布局、操作、生产管理和物料运输等方面的要求。因此，在进行水厂总体设计前，应首先对供水净化处理方法和组合，以及其工艺流程等，根据原水水质、用水要求、生产能力和当地条件，并参照试验成果或相似条件下已成水厂、净水构筑物的运行经验，通过技术经济方案比较，综合研究选定。有关净水工艺流程的选择和设计原则可参见 5.2 节。

(3) 水厂设计时，应根据各种净水构筑物分别进行检修和清洗，以及部分停止工作时，采取必要的备用措施（包括超越管线），仍能基本满足用水要求。农村供水中对不间断供水的要求较低，备用措施可简化，以节省工程投资。

（4）水厂总体布置要适当考虑今后发展、扩建的需要，为将来检修和扩建留有余地，特别是对管线的布局，更需考虑近期和远期的协调。

（5）水厂总体设计应考虑投资最省，施工容易，生产管理、运行操作方便。

5.5.2.2 水厂的平面布置

水厂平面布置的主要内容为：各种构筑物和建筑物的平面定位；各种管道、闸阀等附件及管道节点的布置；排水管道（沟道）及窨井的布置；道路、围墙、绿化以及供电线路的布置等。

进行水厂平面布置时，一般应考虑下述几点要求。

（1）布置紧凑。水厂各构筑物的平面布局一般均按流程顺序排列。为减少水厂占地面积和连接管道的长度，并便于管理，应使它们的布局尽量紧凑。若有可能，应尽量把生产关系密切、需集中管理和控制的构筑物在平面上或高程上组合起来，成为组合式构筑物，以节省占地和空间。但各构筑物之间也应留出必要的施工间距、道路和铺设管线所需要的宽度。

（2）水流路线应简单、短捷，避免不必要的迂回、拐弯、重复和用水泵提升。这样可使净水过程中的水头损失最小，管线也简单。管线应尽量避免立体交叉；尽量避免把管线埋设在构筑物下面，以方便施工和检修。此外，还应根据供水的要求程度，设置必要的超越管线。

（3）充分利用地形，以节省土地，减少挖、填土方工程量和施工费用。例如，沉淀池和澄清池尽量布置在地势较高处，而清水池等要求高程低的构筑物则应尽量布置在地势较低处。又如，对于水厂的生产排水、生活排水及净水构筑物的放空等，应尽量使其能靠重力自流排出和放空。

（4）注意构筑物的朝向和风向。如加氯间、氯库和锅炉房等应布置在水厂主风向的下风方向；泵房及其他建筑物尽可能布置成南北向。

（5）其他方面的考虑。如厂区内应有适当的堆砂、翻砂和堆放配件的场地；卫生防护和安全保护措施的考虑；道路、动力线及管路等其他辅助工程的相互照应等。

5.5.2.3 水厂的高程布置

在净水工艺流程中，各构筑物之间的水流应尽量采取重力式。在重力式流程中，净水处理构筑物之间的高差必须根据构筑物间流程的水头损失来确定。同时与厂区地形、地质条件及所采用的构筑物形式有关。当地形有自然坡度时，有利于高程布置；地面平坦时，高程布置既要避免清水池设置在地下过深，又要避免沉淀池或澄清池在地面上架高。总之，要综合考虑利用厂址地形，以及地基、排水、除泥和放空等具体条件。

两构筑物之间的水面高差即为流程中的水头损失，包括构筑物本身及连接管道和计量设备等的水头损失。水头损失应通过水力计算确定，并留有余地。净水构筑物的水头损失与构筑物的形式和构造有关，一般可采用表5－35中的数据初步确定。

表 5-35 净水构筑物中的水头损失

构筑物名称	水头损失（m）	备注
进水井格网	0.2～0.3	
反应池	0.4～0.5	
沉淀池	0.2～0.3	
澄清池	0.6～0.8	
普通快滤池	2.0～2.5	无阀滤池用作接触过滤时，为 2.0～2.5m
无阀滤池、虹吸滤池	1.5～2.0	
接触滤池	2.5～3.0	
压力滤池	5.0～6.0	

5.5.3 水厂的辅助建筑物和其他设施

5.5.3.1 辅助建筑物

当水厂的主要构筑物布置确定后，即可布置水厂的生产性和生活性辅助建筑物。应特别注意，按其功能分区、分块集中，尽量靠近，以利管理。例如，将办公室、值班室、食堂、锅炉房等建筑物组合成为一个生活区；将维修车间、仓库、车库等组合成为维修区等。可节约用地和投资。

中小型水厂的辅助建筑物，应本着勤俭节约的原则，充分利用所在地区提供的条件，并根据供水规模、工艺流程、管理范围以及可利用的现有建筑物等因素确定，力求精简。

对于直接取用水质良好的地下水水厂，可根据当地具体情况选定几种必要的辅助建筑物。一般规模很小的乡、村供水站，可不必另设辅助建筑物，或将加药、药剂储存及值班室等均与泵房合建。规模稍大的乡、镇水厂，一般可建造综合性的辅助建筑物 1～2 幢，内设仓库、修理间、值班室等，辅助建筑物的使用面积通常为 $50m^2$ 左右。县、地区所在地的水厂或规模在 $150～200m^2/h$ 以上的水厂，辅助建筑物的种类和使用面积等可参考有关规范、手册确定。

5.5.3.2 水质化验设备

检验水质的化验设备，应按《生活饮用水卫生标准》规定的化验项目确定。但根据我国农村当前实际情况，农村水厂或净水站、供水站的水质检验项目一般只进行浑浊度和游离性余氯两项内容，因此所需化验设备较少，通常仅配备 1～2 台比光浊度仪、余氯比色器和少量的试管、量杯、滴定管等玻璃器皿。至于大肠菌群、细菌等项目的检验，则由当地卫生防疫组织，配合水厂进行定期检查。县、地区所在地的水厂和规模较大的水厂，应设有单独的水质检验室，需配置的主要化验设备可参考有关规范和手册选定。

5.5.3.3 水厂绿化

绿化是水厂设计中的一个组成部分，是美化水厂环境的重要手段，由草地、绿篱、花坛、树木（乔木、灌木）等配合组合。可在建筑物的前坪、道路与构筑物之间的带状空地等处设绿篱、花坛、种植草皮，还可建筑喷水池、花架、假山等美化环境，并在厂区道路两侧栽树，既美化遮阴，还可增加经济收入。

5.5.3.4 道路

通向一般建筑物的道路应铺设人行道，以满足厂内工作人员步行交通和小型物件人力搬运的需要，宽度一般为1.5～2.0m。厂区内各主要建筑物或构筑物之间的联通道路应铺设车行道。车行道一般为单车道，宽度4m左右，常布置成环状，以便车辆回转，或在路的尽端结合建筑物的前坪设置回车场；单车道的转弯半径为6～7m。

车行道断面结构一般采用沥青油渣路面和混凝土路面。人行道断面结构则多采用泥结碎石路面、煤渣路面和水泥路面等。

5.5.4 水厂工程布置实例

（1）采用压力滤池一次过滤处理。某村有41户农民，约200余人，需取河水供人畜饮用，故建净水站一座，面积约90m^2，制水能力按6m^3/h设计，其平面布置和流程见图5－43。

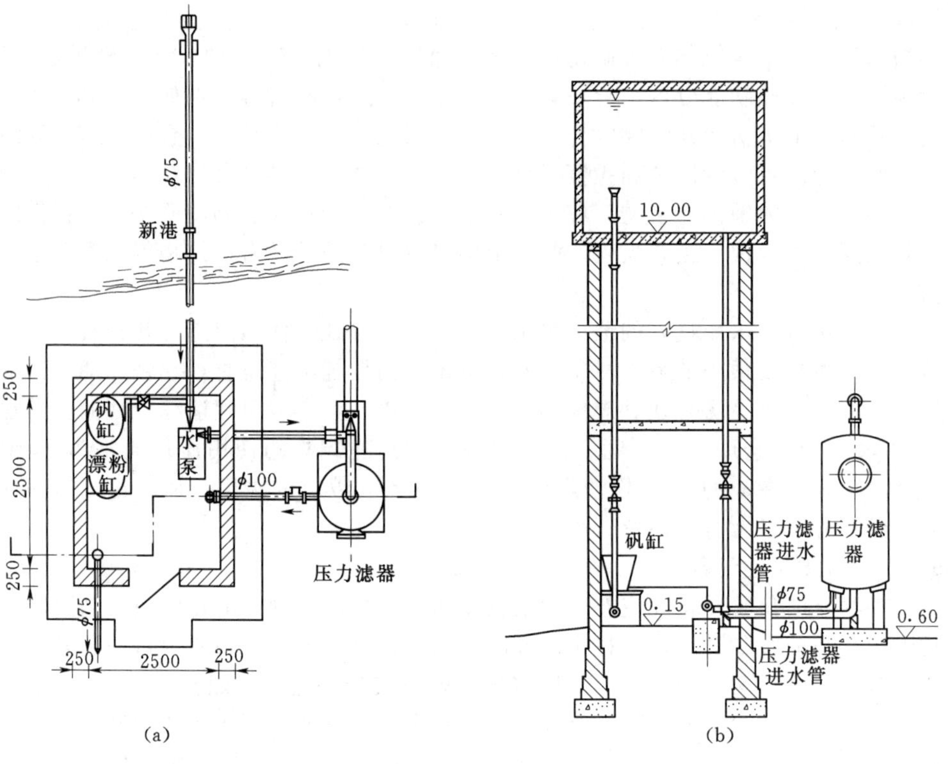

图5－43 某村净水站（压力滤池一次过滤处理）（单位：尺寸，mm；高程，m）
（a）平面布置图；（b）流程示意图

（2）采用压力式综合净水器处理。某镇有居民3500人，并有乡镇企业化肥厂、机械厂、工具厂、手工业和供销社等，日用水量300m^2，最高时用水量为28m^2。设计水厂占地131m^2，每天制水时间16h。其平面布置及设备剖面见图5－44。

（3）采用斜管沉淀池和普通快滤池处理。某镇有居民3200余人，水厂主要解决居民生活及乡镇小工厂用水，日供水量 500m²。水厂平面布置及流程见图 5-45，水厂占地 400m²。

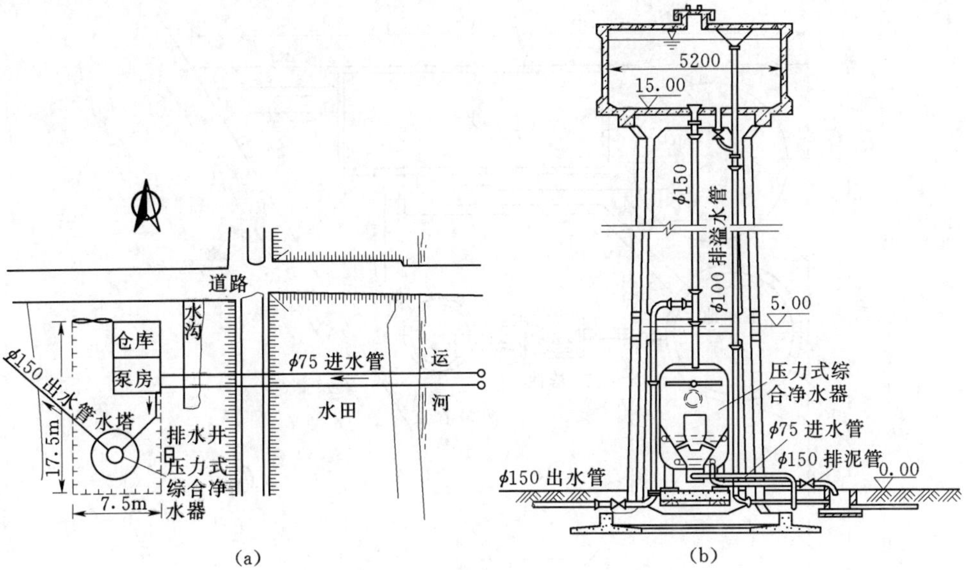

图 5-44 某镇水厂（一）
(a) 平面布置图；(b) 剖面图

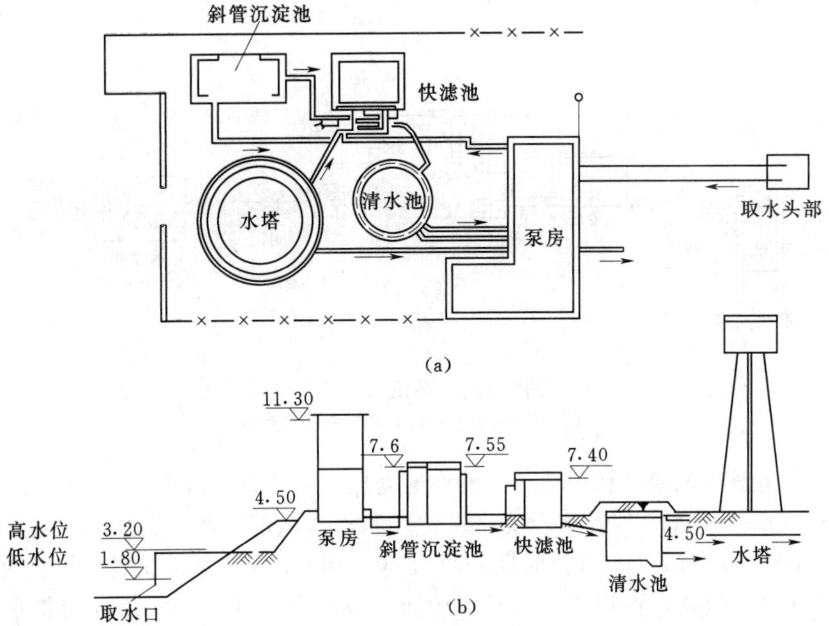

图 5-45 某镇水厂（二）
(a) 平面布置图；(b) 流程布置示意图

(4) 采用加速澄清池和普通快滤池处理。某镇水厂，主要解决居民生活及小型乡镇企业用水，日供水量为260m^3/d。水厂平面布置及高程布置见图5-46。

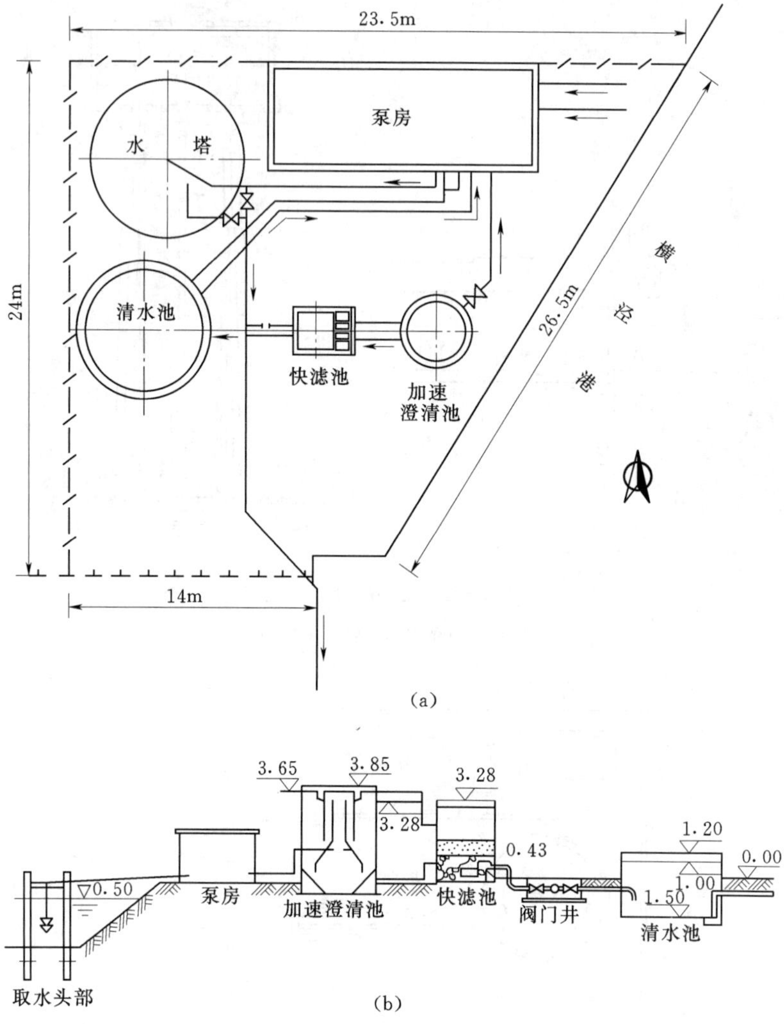

图5-46 某镇水厂（三）

(a) 平面布置图；(b) 流程布置示意图

(5) 采用斜管沉淀池和移动罩冲洗滤池处理。某镇有人口4万人，生活和生产用水量为5000m^3/d，最高时用水量为380m^3。原水浑浊度一年中变化较大，供水期浊度可达1000～2000mg/L，其他时期一般为20～100m^3/L。采用斜管沉淀池和移动罩冲洗滤池净水构筑物，占地约1.25m×104m。水厂设于山上，厂址高出供水区20～30m，可依靠重力自压供水。水厂平面布置及流程见图5-47。

(6) 采用折板式反应池、平流式沉淀池及重力式无阀滤池处理。某县位居陕西关中平原中部，是沟通关中和渭北的重要县城，城区居民生活及工矿企业用水以往都是

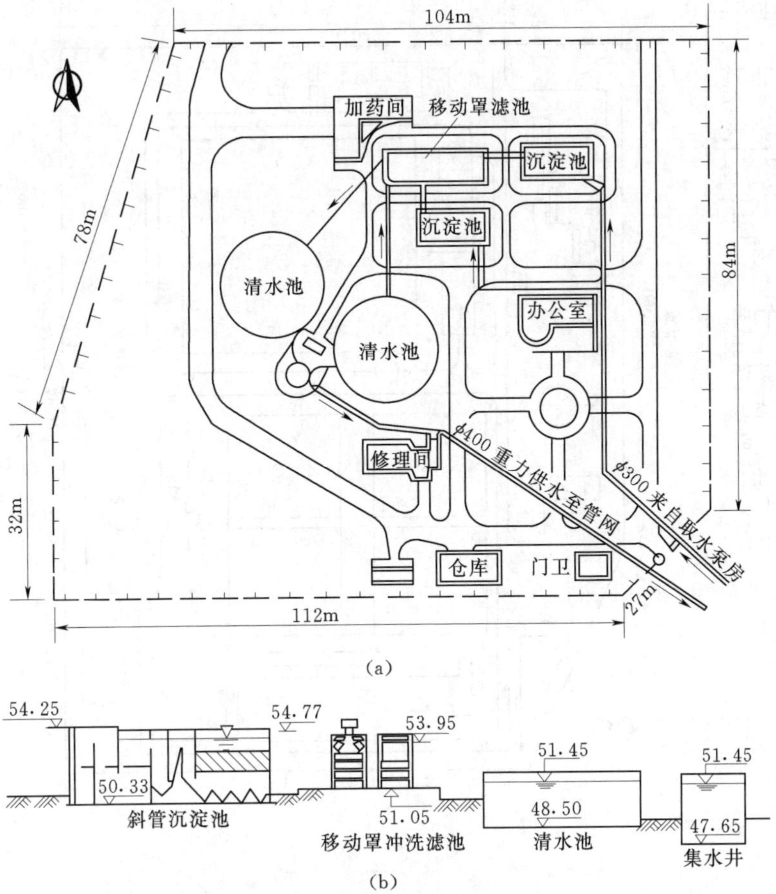

图 5-47　某镇水厂平面布置

(a) 平面布置图；(b) 流程示意图

依靠自备深井取水，日供水量只能满足 40%，供水量严重不足，且水质不良。为此，经方案比较，拟引城北冯村水库水供城区居民生活及工矿企业使用，最高日用水量为 12000m^3/d。水厂设在县城北门处，用引水渠从冯村水库干渠进水闸后引水，长 15.5km，流量 139L/s（按 24h 供水计算）。原水进入水厂后，先经预沉淀池自然沉淀，而后进入折板式反应池和平流式沉淀池进行混合反应和沉淀处理，混凝剂采用明矾。反应池容积为 160m^3，沉淀池容积为 1000m^3，均为钢筋混凝土结构。经混凝沉淀后的水进入重力式无阀滤池过滤。滤池共两座，每座产水量为 200m^3/h。采用次氯酸钠对过滤后的水进行消毒处理。最后进入两座 1000m^3 的清水池，并用 φ600 输水管道向用户供水，如图 5-48 所示。

(7) 东北地区的某水厂（图 5-49），取用松花江原水，生产能力 20 万 m^3/d。生产构筑物采用隔板絮凝斜管沉淀和普通快滤池，考虑保温要求，生产构筑物合建于室内净化车间，布置紧凑。

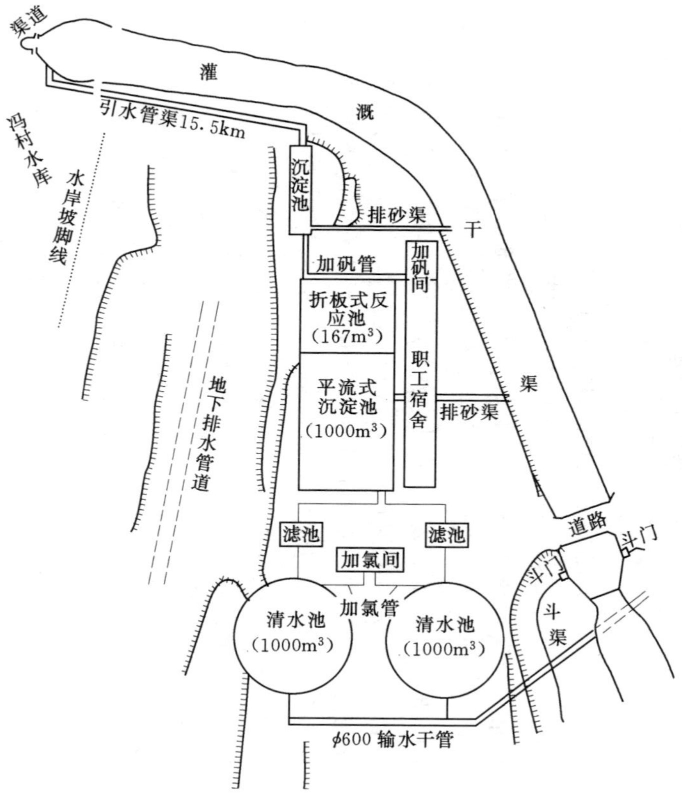

图 5-48 某县水厂平面布置图

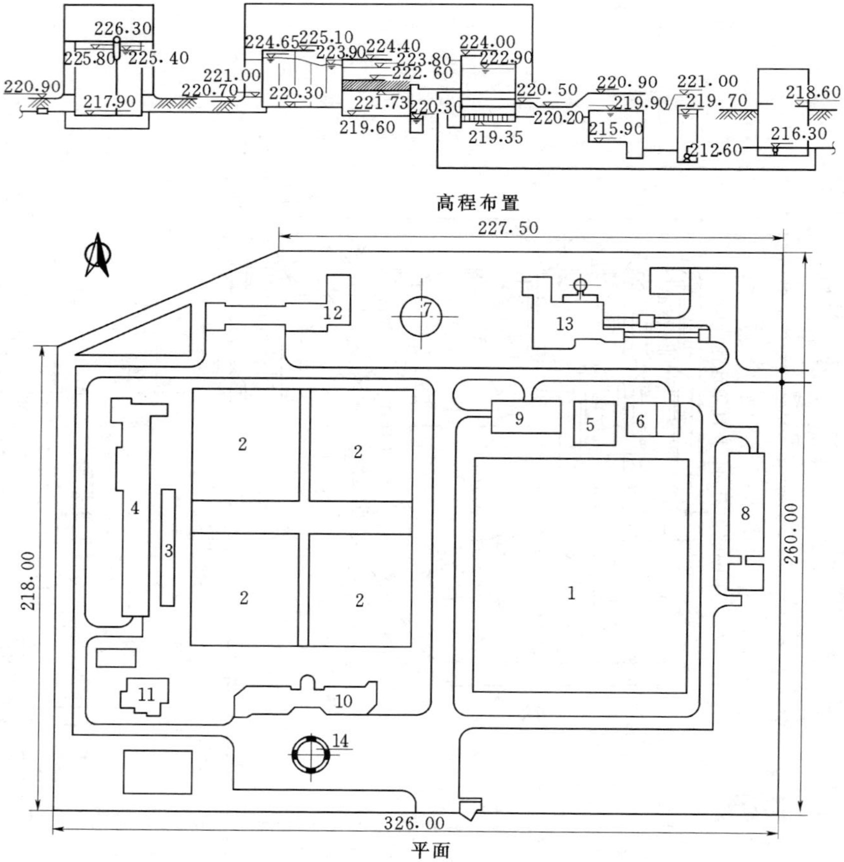

图 5-49 某 20 万 m^3/d 水厂布置(单位:m)

1—净化间(隔板絮凝斜管沉淀,普通快滤池);2—清水池;3—吸水井;4—综合泵房;5—滤料堆场;6—回收水泵房;7—反冲洗水塔;8—加药间;9—加氯间;10—综合楼;11—食堂;12—辅助建筑;13—锅炉房;14—叠形喷水池

第6章 城镇排水系统

6.1 排水系统概述

在人类的生活和生产中，使用着大量的水。水在使用过程中受到不同程度的污染，改变了原有的化学成分和物理性质，这些水被称为污水或废水。污水也包括雨水及冰雪融化水。

按照来源的不同，污水可分为生活污水、工业废水和降水三类。

6.1.1 生活污水

生活污水是指人们日常生活中用过的水，包括从厕所、浴室、盥洗室、厨房、食堂和洗衣房等处排出的水。它来自住宅、公共场所、机关、学校、医院、商店以及工厂中的生活间部分，如工厂中的厕所、浴室、厨房等。

生活污水是属于污染的废水，含有较多的有机物，如蛋白质、动植物脂肪、碳水化合物、尿素和氨氮等，还含有肥皂和合成洗涤剂等，以及常在粪便中出现的病源微生物，如寄生虫卵和肠系传染病菌等。这类污水需要经过处理后才能排入水体、灌溉农田或者再利用。

6.1.2 工业废水

工业废水是指在工业生产中所排出的废水，来自车间或矿场。由于各种工厂的生产类别、工艺过程、使用的原材料以及用水成分的不同，因此工业废水的水质变化很大。工业废水按照污染程度的不同可分为生产废水和生产污水两类。

1. 生产废水

工业废水中的生产废水是指在使用过程中水质受到轻度污染或水温增高的水。如机器的冷却水属于这一类，通常经某些处理后即可在生产中重复使用，或直接排入水体。

2. 生产污水

工业废水中的生产污水是指在使用过程中水质受到较严重污染的水。这类水多半具有危害性。例如，有的含大量有机物，有的含氰化物、铬、汞、铅、镉等有害和有毒物质，有的含多氯联苯、合成洗涤剂等合成有机化学物质，有的含放射性物质，有的物理性状十分恶劣等。这类污水大都需经过适当处理后才能排放或在生产中使用。废水中的有害或有毒物质往往是宝贵的工业原料，对这种废水应尽量回收利用，既可以创造财富，同时又减轻了污染。

工业废水按照所含主要污染物的化学性质，可分为下列三类：

(1) 主要含无机物的，包括冶金、建筑材料等工业所排出的废水。

(2) 主要含有机物的，包括食品工业、炼油和石油化工工业等废水。

(3) 同时含有大量有机物和无机物的废水，包括焦化厂、化学工业中的氮肥厂、轻工业中的洗毛厂等废水。

另外，工业废水按所含污染物的主要成分分类，如酸性废水、碱性废水、含氰废水、含铬废水、含镉废水、含汞废水、含酚废水、含醛废水、含油废水、含有机磷废水和放射性废水等。

实际上，一种工业可以排出几种不同性质的废水，而一种废水又会有不同的污染物和不同的污染效应。即便是一套生产装置排出的废水，也可能同时含有几种污染物。在不同的工业企业，虽然产品、原料和加工过程截然不同，但也可能排出性质类似的废水。

6.1.3 降水

降水是指地面上径流的雨水和冰雪融化水。其排除的特点是：时间集中、径流量大，若不及时排泄能使居住区、工厂、仓库等遭受淹没，交通受阻，积水为害，尤其山区的山洪水危害更大。通常，暴雨径流危害最严重，是排水的主要对象之一。冲洗街道和消防用水等，由于其性质和雨水相似，也并入雨水。通常，雨水不需处理，可直接就近排入水体。

降水的水质主要与流经表面情况有关，一般情况雨水比较清洁，但初降雨时雨水却挟带着大量地面和屋面上的各种污染物质，使其受到污染。尤其流经制革厂、炼油厂以及化工厂等地区的雨水，可能含有这些生产部门的污染物质，污染程度较严重。因此，流经这些地区的雨水应经过处理后，才能排入水体。

以上三种污水，均需要及时妥善处置，否则将会妨碍环境卫生、污染水体，影响工农业生产及人民生活，甚至对人们的身体健康产生严重危害。

6.1.4 城市污水

城市污水是指排入城镇排水管道的生活污水和工业废水，实际上是一种混合污水。城市污水的性质变化很大，随各种污水的混合比例和工业废水中污染物质的特性不同而异。在某些情况下可能是生活污水占多数，而在另一些情况下又可能是工业废水占多数。这类污水需经过处理后才能排入水体、灌溉农田，或再利用。

污水量以 L 或 m^3 计量，单位时间（s、h、d）的污水量称为污水流量。污水中污染物质浓度，是指单位体积污水中所含污染物质的数量，通常以 mg/L 或 g/m^3 计，用以表示污水的污染程度。生活污水量和用水量相似，而且所含污染物质的数量和成分也比较稳定。工业废水的水量和污染物质浓度差别很大，取决于工业生产性质和工艺过程。

在城市和工业企业中，应当有组织地、及时地排除上述废水和雨水，否则可能污染和破坏环境，甚至形成公害，影响生活和生产，威胁人们健康。为了系统地排除废水而建设的一整套工程设施叫排水系统。排水系统通常由管道系统（或称排水管网）和污水处理系统（即污水处理厂）组成。管道系统是收集和输送废水的设施，把废水从产生处输送至污水厂或出水口，它包括排水设备、检查井、管渠、水泵站等工程设施。污水处理系统是处理和利用废水的设施，它包括城市及工业企业污水厂（站）中的各种处理构筑物及除害设施等。

根据不同的要求，经处理后的污水其最后的出路有：一是排放水体；二是灌溉农田；三是重复使用。

排放水体是污水的自然归宿。水体对污水有一定的稀释与净化能力，也称污水的稀释处理法，这是最常用的一种处置方式。

灌溉农田是污水利用的一种方式，也是污水处理的一种方法，称为污水的土地处理法。

重复使用是一种合适的污水处置方式。污水的治理由通过处理后达到无害化后排放，发展到通过处理后达到重复使用，这是控制水污染，保护水资源的重要手段。城市污水重复使用的方式有：

(1) 自然复用。一条河流往往既作为给水水源，也接受沿河城市排放的污水，流经河流下游城市的河水中，总是掺杂有上游城市排入的污水。因而地面水源中的水，在其最后排入海洋之前，已被多次重复使用。

(2) 间接复用。将城市污水注入地下补充地下水，作为供水的间接水源，也可防止地下水位下降和地面沉降。

(3) 直接复用。可将城市污水直接作为城市饮用水水源、工业用水源、杂用水源等重复使用。城市污水经过人工处理后直接作为城市水源。近年来我国也提倡设计中水管道，利用处理过的生活污水用作冲洗厕所、庭院、马路等杂用水。

工业废水的循序使用和循环使用也是直接复用。某工序的废水用于其他工序，某生产过程的废水用于其他生产过程，称为循序使用。某生产工序或过程的废水，经回收处理后仍作原用，称为循环使用。习惯上称循序使用为循序给水，称循环使用为循环给水。我国工业用水重复利用率一般不到40%，远远低于工业发达国家，如日本为70%，前苏联为55%。不断地提高水的重复利用是今后的必然发展趋势。

6.2 排水系统的体制及其选择

如前所述，在城镇和工业企业中通常有生活污水、工业废水和雨水。这些污水是采用一个管渠系统来排除，或是采用两个或两个以上各自独立的管渠系统来排除，将直接影响到污水管道系统的设计、施工等。对于生活污水、工业废水和降水径流采取的汇集方式，称做排水体制。按照污水汇集方式，排水体制一般分为合流制和分流制两种类型。

6.2.1 合流制排水系统

将生活污水、工业废水和雨水混合在同一个管渠内汇集输送的系统称为合流制排水系统。根据污水、废水、降水径流汇集后的处置方式不同，可分为以下两种情况。

1. 直泄式合流制

最早出现的合流制排水系统的形式是直泄式合流制，即在布置管渠系统时就近坡向水体，分为若干个排出口，混合的污水未经处理直接泄入水体。我国许多城市旧城区的排水方式大多是这种系统。这是因为在以往工业尚不发达，城市人口不多，生活污水和工业废水量不大，直接泄入水体，对环境卫生及水体污染问题还不很严重。但是，随着现代工业与城市的发展，污水量不断增加，水质日趋复杂，污水未经过无害化处理就排放，使受纳水体遭受严重污染。因此，这种直泄式合流制排水系统目前不宜采用。

2. 截流式合流制

目前常采用的是截流式合流制排水系统，如图 6-1 所示。这种系统是在邻河岸边建造一条截流干管，同时在截流干管处设置溢流井，并设置污水厂。晴天和初降雨时所有污水都排送至污水厂，经过处理后排入水体，随着降雨量的增加，雨水径流也增加，当混合污水的流量超过截流干管的输水能力后，就有部分混合污水经溢流井溢出直接排入水体。截流式合流制排水系统较前一种方式前进了一大步，但仍有部分混合污水未经处理直接排放，成为水体污染源而使水体遭受污染，这是它最大的缺点。国内外在改造老城市的合流制排水系统时，通常采用这种方式。

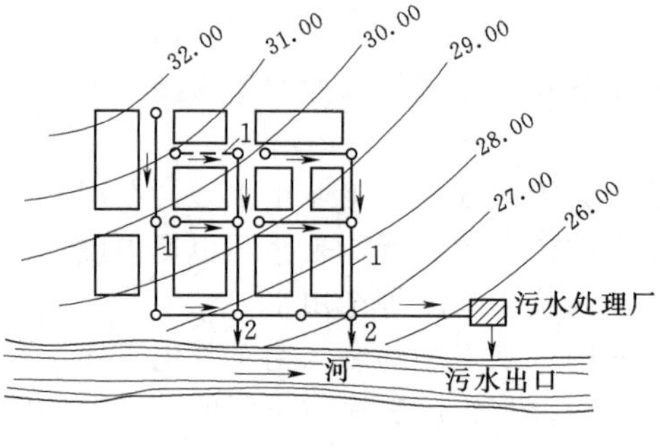

图 6-1 截流式合流制排水系统示意图
1—合流管渠；2—溢流井

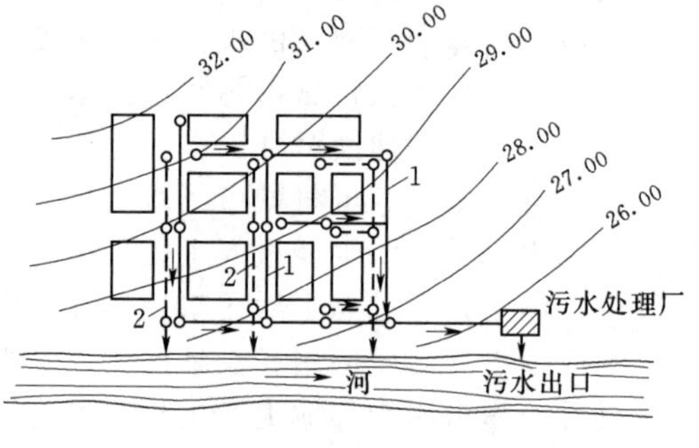

图 6-2 分流制排水系统示意图
1—污水管道；2—雨水管渠

6.2.2 分流制排水系统

将生活污水、工业废水和雨水分别用两个或两个以上各自独立的管渠来汇集和输送时，称为分流制排水系统，如图 6-2 所示。其中用来汇集和输送生活污水、城市污水或工业废水的系统称污水排水系统；用来汇集和排泄降水径流和不需要处理的工业废水（指生产废水）的系统称雨水排除系统；只排除工业废水的称为工业废水排除系统。

6.2.3 排水体制的选择

由于排除雨水方式的不同，分流制排水系统又分为完全分流制和不完全分流制两种排水系统。在城市中，完全分流制排水系统具有污水排水系统和雨水排水系统。而不完全分流制只有污水排水系统，未建雨水排水系统，雨水沿天然地面、街道边沟、水渠等原有渠道系统排泄，或者为了补充原有渠道系统输水能力的不足而修建部分雨水道，待城市进一步发展再修建雨水排水系统转变成完全分流制排水系统。

在工业企业中，一般采用分流制排水系统。然而，往往由于工业废水的成分和性质很复杂，不但与生活污水不宜混合，而且彼此之间也不宜混合，否则将造成污水和污泥处理复杂化，以及给废水重复利用和回收有用物质造成很大困难。所以，在多数情况下，采用分质分流，清污分流的几种管道系统来分别排除。但如果生产污水的成分和性质同生活污水类似时，可将生活污水和生产污水用同一管道系统来排除。生产废水可直接排入雨水道，或循环使用或重复利用。含有特殊污染物质的有害生产污水，不容许与生活或生产污水直接混合排除，应在车间附近设置局部处理设施。冷却废水经冷却后在生产中循环利用。如条件允许，工业企业的生活污水和生产污水应直接排入城市污水管道，而不作单独处理。

近年来，为了解决可用水资源的减少和水质的迅速恶化问题，以及污染物排放标准的提高，出现了以城市污水的处理水作为工业用水或杂用水新水源的再利用系统。杂用水的范围很广，包括公共、公用和高层建筑中的厕所冲洗水、洗车水、洒水、消防用水、空调用水等。这种系统对解决水源不足、有效利用水资源、减少污水排放量、控制河流水质污染、改善和保护环境具有很大作用。这种方式在工厂给水排水工程中用得也越来越多，是节约用水、控制污染的好方法。

在一个城市中，既有分流制排水系统又有合流制排水系统。

合理选择排水体制，是城市排水系统规划中的一个十分重要的问题。它关系到整个排水系统是否实用，能否满足环境保护的要求，同时也影响排水工程的总投资、初期投资和经营费用。对于目前常用的分流制和截流式合流制的分析比较，可从以下几方面说明。

1. 环境保护方面要求

截流式合流制排水系统同时汇集了部分雨水输送到污水处理厂，特别是较脏的初期雨水，带有较多的悬浮物，其污染程度有时接近于生活污水，这对保护水体是有利的。但另一方面，暴雨时通过溢流井将部分生活污水、工业废水泄入水体，周期性地给水体带来一定程度的污染，是不利的。对于分流制排水系统，将城市污水全部送到污水厂处理，但其缺点是初期雨水径流未经处理直接排入水体。从环境卫生方面分析，究竟哪一种体制较为有利，要根据当地具体条件分析比较才能确定。一般情况下，截流式合流制排水系统对保护环境卫生、防止水体污染而言不如分流制排水系统。由于分流制排水系统比较灵活，较易适应发展需要，通常能符合城市卫生要求，因此，目前得到广泛采用。

2. 基建投资方面

合流制排水体制只需要一套管渠系统，大大减少了管渠的总长度。据资料统计，一般合流制管渠的长度比分流制管渠的长度减少 30%～40%，而断面尺寸和分流制雨水管渠基本相同，因此合流制排水管渠造价一般要比分流制低 20%～40%。虽然合流制泵站和污水厂的造价通常比分流制高，但由于管渠造价在排水系统总造价中占 70%～80%，所以分流制的总造价一般比合流制高。从节省初期投资考虑，初期只建污水排除系统而缓建雨水排除系统，节省初期投资费用，同时施工期限短，发挥效益快，随着城市的发展，再逐步建造雨水管渠。分流制排水系统利于分期建设。

3. 维护管理方面

合流制排水管渠可利用雨水剧增的流量来冲刷管渠中的沉积物，维护管理较为方便、简单，可降低管渠的维护管理费用。但对于泵站和污水处理厂，由于设备容量较大，晴天和雨天流入污水厂的水量、水质变化大，从而使得泵站与污水厂的运行管理复杂，增加运行费用。分流制流入污水厂的水量、水质变化比合流制小，利于污水处理、利用和运行管理。

4. 施工管理

合流制管线单一，减少与其他地下管线、构筑物的交叉，管渠施工较为简单，对于人口稠密、街道狭窄、地下设施较多的市区更为突出。

总之，排水体制的选择，应根据城市总体规划、环境保护要求、当地自然条件和水体条件城市污水量和水质情况、城市原有排水设施等情况综合考虑，通过技术经济比较决定。一般新建城市或地区的排水系统，较多采用分流制；旧城区排水系统改造，采用截流式合流制较多。同一城市的不同地区，根据具体条件，可采用不同的排水体制。

6.3 城镇排水系统的组成

6.3.1 城镇污水排除系统的组成

污水排除系统通常是指收集和排除生活污水为主的排水系统。在现代化的房屋里，固定式面盆、浴缸、便桶等统称为房屋卫生设备。这些设备不但是人们用水的容器，而且也是承受污水的容器，是生活污水排除系统的起端设备。从图 6-3 可以看出，由卫生设备产生的污水经过存水弯后经过该楼层的支管、整栋建筑物的竖管、出流管、庭院污水管，最后通过连接支管将污水排入街道下的污水管道，进入到城镇排水系统。街道下的污水管道分为支管、干管、主干管及管道系统上的附属构筑物。支管是承受庭院管道的污水，通常管径不大；由支管汇集污水至干管，然后排入城镇中的主干管，最终将污水输送至污水处理厂或排放地点。

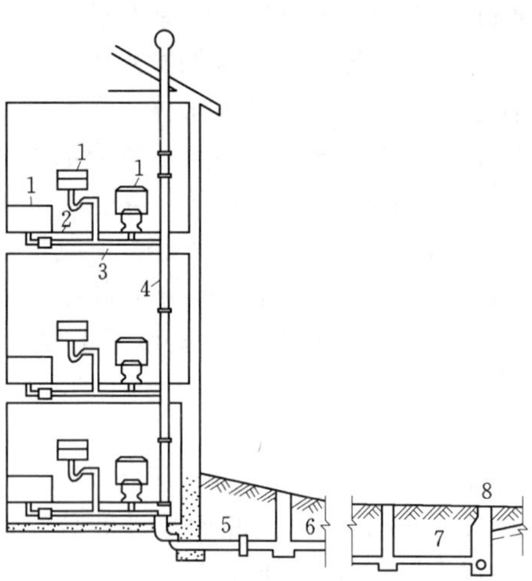

图 6-3 建筑内部的排水设备

1—卫生设备；2—存水弯；3—支管；4—竖管；5—出流管；6—庭院污水管；7—连接支管；8—街道下的管道

在管道系统中，往往需要把低处的污水向上提升，这就需设置污水泵站。一般，设在管道系统中途的泵站称中途泵站，设在管道系统终点的泵站称终点泵站。泵站后污水如需用压力输送时，应设置压力管道。

在管道系统中途，某些易于发生故障的部位，往往设有辅助性出水口（渠），称为事故出水口，主要是考虑事故、停电或检修时，借它来排除上游来的污水。如事故出水口设在污水泵站之前，当泵站检修时污水可从事故出水口排出，一般可就近排入水体。

图6-4为某城市污水排除系统组成示意图。污水排除系统主要包括以下5个部分：

（1）室内（房屋内）污水管道系统及卫生设备。

（2）室外（房屋外）污水管道系统包括庭院（或街坊内）管道和街道下污水管道系统。

（3）污水泵站及压力管道。

（4）污水处理厂。

（5）污水出口设施包括出水口（渠），事故出水口及灌溉渠等。

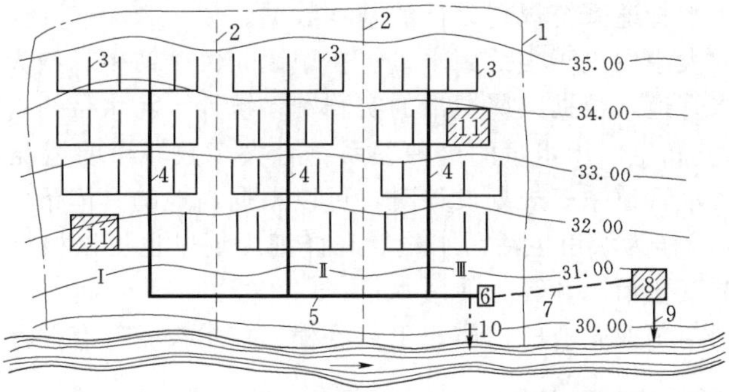

图6-4 某城市污水排除系统组成示意图

1—城市边界；2—排水流域分界线；3—污水支管；4—污水干管；
5—污水主干管；6—污水泵站；7—压力管道；8—污水处理厂；
9—出水口；10—事故出水口；11—工厂；Ⅰ、Ⅱ、Ⅲ—排水流域

6.3.2 工业废水排除系统的组成

有些工业废水排入城市污水管道或雨水管道，不单独形成系统，而有些工厂单独形成工业废水排除系统，一般其组成为：

（1）车间内部管道系统及排水设备。

（2）厂区管道系统及附属设备。

（3）污水泵站和压力管道。

（4）污水处理站（厂）。

（5）出水口（渠）。

6.3.3 城市雨水排除系统的组成

雨水来自两个方面，一部分来自屋面，一部分来自地面。屋面上的雨水通过天沟和竖管流至地面，然后随地面雨水一起排除。地面上雨水通过雨水口流至街坊（或庭院）雨水管道或街道下的管道。雨水排除系统主要为：

（1）房屋雨水管道系统包括天沟、竖管及房屋周围的雨水管沟。

（2）街坊（或厂区）和街道雨水管渠系统，包括雨水口、庭院雨水沟、支管、干管等。

(3) 泵站。

(4) 出水口(渠)。

雨水一般就近排入水体，不需处理。在地势平坦、区域较大的城市或河流洪水位较高，雨水自流排放有困难的情况下，设置雨水泵站排水。

此外，对于合流制排水系统，只有一套管渠系统，除具有上述组成部分外，还应具有溢流井、溢流口，并在管道系统中设置有截流干管。其他组成部分和污水排除系统相同。

6.4 污水量计算

城镇污水量包括城镇生活污水量和部分工业废水量，它与城镇规划年限、发展规模有关，是城镇污水管道系统规划设计的基本数据。

生活污水量的大小取决于生活用水量。在城镇人民生活中，绝大多数用过的水都成为污水流入污水管道。根据某些城市的实测资料统计，污水量约占用水量的80%～100%。生活污水量和生活用水量的这种关系符合大多数城市的情况。如果已知城市用水量，在城市污水管道系统规划设计时，可以根据当地的具体条件，按城市生活用水量的80%～100%作为城市生活污水量。在详细规划中也可以根据城市规模、污水量标准和污水量的变化情况计算生活污水量。

工业废水量则与工业企业的性质、工艺流程、技术设备等有关。

6.4.1 居住区生活污水量的计算

6.4.1.1 居住区生活污水量标准

居住区生活污水量标准可参考居民生活污水定额或综合生活污水定额。

1. *居民生活污水定额*

居民每人每天日常生活中洗涤、冲厕、洗澡等产生的污水量。

2. *综合生活污水定额*

综合生活污水定额指居民生活污水和公共建筑污水两部分的总和。

居民生活污水定额和综合生活污水定额应根据当地采用的用水定额，结合建筑内部给排水设施水平和排水系统普及程度等因素确定，可按当地相关用水定额的80%～90%采用，对排水系统完善的地区可按用水定额的90%计，一般地区可按用水定额的80%计。

6.4.1.2 变化系数

城市生活污水量逐年、逐月、逐日、逐时都在变化，是不均匀的。在一年之中，冬季和夏季的污水量不同；一日之中，白天和夜晚的污水量不一样；各小时的污水量也有很大变化；即使在一小时内污水量也是变化的。但是，在城市污水管道规划设计中，通常都假定在一小时内污水流量是均匀的。因为管道有一定容量，这样假定不致影响运转。污水量的变化情况常用变化系数表示。变化系数有日变化系数、时变化系数和总变化系数

日变化系数
$$K_t = \frac{最高日污水量}{平均日污水量} \tag{6-1}$$

时变化系数 $$K_s=\frac{最高日最高时污水量}{最高日平均时污水量} \tag{6-2}$$

总变化系数 $$K_z=\frac{最高日最高时污水量}{平均日平均时污水量} \tag{6-3}$$

污水量变化系数随污水流量的大小而不同。污水流量愈大，其变化幅度愈小，变化系数较小；反之则变化系数较大。综合生活污水量总变化系数可按当地实际综合生活污水量变化资料采用，没有测定资料时可按表 6-1 规定取值。当污水平均日流量为表 6-1 中所列污水平均日流量中间的某个数值时，其总变化系数可用内插法求得。

表 6-1　综合生活污水量总变化系数

污水平均日流量（L/s）	5	15	40	70	100	200	500	≥1000
总变化系数 K_z	2.3	2.0	1.8	1.7	1.6	1.5	1.4	1.3

生活污水量总变化系数，是我国自 1972 年起，先后在北京 19 个点进行 1 年实际观测，长春 4 个点进行 4 个月观测和广州 1 个点进行 2 个月观测，以及郑州、鞍山和广州的历史观测资料，共 27 个观测点的 2000 多个数据，经综合分析后得出的。同时，各地区普遍认为，当污水平均日流量大于 1000L/s 时，总变化系数至少应为 1.3。除了按照表 6-1 经内插法求得 K_z 外，还可通过综合分析得出总变化系数和平均流量的关系式求得，两者的关系式为

$$K_z=\frac{2.7}{Q^{0.11}} \tag{6-4}$$

式中：Q 为平均日平均时污水流量，L/s。

当 $Q<5$L/s 时，$K_z=2.3$；当 $Q>1000$L/s 时，$K_z=1.3$。

6.4.1.3　居住区生活污水量的计算

城市污水管道规划设计中需要确定居住区生活污水的最高日最高时污水流量，常由平均日污水量与总变化系数求得。

1. 居住区平均日污水量的计算

$$Q_p=\frac{q_0N}{24\times3600} \tag{6-5}$$

式中：Q_p 为居住区平均日污水量，L/s；q_0 为居住区生活污水量标准，L/（人·d）；N 为居住区规划设计人口数，人。

由于 q_0 中未包括全市性的独立公共建筑的污水量，因此这部分污水量应单独计算。

2. 最高日最高时污水量的计算

$$Q_1=Q_pK_z+\sum\frac{N_gq_gK_H}{24\times3600} \tag{6-6}$$

式中：Q_1 为居住区最高日最高时污水量，L/s；K_z 为总变化系数，按 Q_p 查表 6-1，由内插法求得；N_g 为某类公共建筑生活污水量单位的数量，相当于用水量单位；q_g 为某类公共建筑生活污水量标准，按生活用水量标准采用，L/（d·污水量单位的数量）；K_H 为小时变化系数。

为了便于计算，有些城市的设计部门根据人口密度、卫生设备、生活习惯与生活水平等条件制定相应的综合性指标。这项指标也称为污水的面积比流量，是指城市单位面积（包括公共建筑及小型工厂）每日排出的污水量。例如北京和天津就按 1L/($hm^2 \cdot s$) 计算污水量。

6.4.2 工业企业生活污水量的计算

工业企业的生活污水主要来自生产区的食堂、浴室、厕所等。其污水量与工业企业的性质、脏污程度、卫生要求等因素有关。工业企业职工的生活污水量标准应根据车间性质确定，一般采用 25～35L/（人·班），时变化系数为 2.5～3.0。淋浴污水量标准可按淋浴用水量规定确定。淋浴污水在每班下班后一小时均匀排出。

工业企业生活污水量的计算公式为

$$Q_2 = \frac{25 \times 3.0A_1 + 35 \times 2.5A_2}{8 \times 3600} + \frac{40A_3 + 60A_4}{3600} \tag{6-7}$$

式中：Q_2 为工业企业职工的生活污水量，L/s；A_1 为一般车间最大班的职工总人数，人；A_2 为热车间最大班的职工总人数，人；A_3 为三级、四级车间最大班使用淋浴的人数，人；A_4 为一级、二级车间最大班使用淋浴的人数，人。

6.4.3 工业废水量的计算

工业企业废水量通常按工厂或车间的日产量和单位产品的废水量计算，其计算公式为

$$Q_3 = \frac{mMK_{总}}{3600T} \tag{6-8}$$

式中：Q_3 为工业废水量，L/s；m 为生产单位产品排出的平均废水量，L/单位产品；M 为每日生产的产品数量，单位产品；T 为每日生产的小时数，h；$K_{总}$ 为总变化系数。

工业废水量也可按生产设备的数量和每一设备单位时间排出的废水量计算。

工业废水量计算所需资料通常由工业企业提供，规划设计人员应调查核实。若无工业企业提供的资料，可参照条件相似的工业企业的废水量确定。

6.4.4 城市污水量的计算

在城市污水管道系统规划设计中，城市污水量通常是将上述几项污水量累加计算，其计算公式为

$$Q = Q_1 + Q_2 + Q_3$$

式中：Q 为城市污水管道设计污水流量，L/s。

工业废水量 Q_3 中，凡不排入城市污水管道的工业废水量不予计算。另外，在城市污水量计算中不包括雨水量。

6.5 污水管道系统的布置

按照《室外排水设计规范》(GB 50014—2006) 的要求，排水管渠（包括输送污水和雨水的管道、明渠、盖板渠、暗渠）的系统设计，应按城镇总体规划和分期建设

情况，全面考虑，统一布置，逐步实施。

6.5.1　确定排水区界，划分排水流域

排水区界是污水排水系统设置的界限。凡是采用完善卫生设备的建筑区都应设置污水管道。它是根据城镇总体规划的设计规模决定的。

在排水区界内，根据地形及城镇（地区）的竖向规划，划分排水流域。一般在丘陵及地形起伏的地区，可按等高线划出分水线，通常分水线与流域分界线基本一致。在地形平坦无显著分水线的地区，可依据面积的大小划分，使各相邻流域的管道系统能合理分担排水面积，使干管在最大合理埋深情况下，流域内绝大部分污水能以自流方式接入。每一个排水流域往往有1个或1个以上的干管，根据流域地势标明水流方向和污水需要抽升的地区。

如图6-5所示为某市排水流域划分示意图。该市被河流分隔为4个区域，根据自然地形，可划分为4个独立的排水流域。每个排水流域内有1条或1条以上的污水干管，Ⅰ、Ⅲ两区形成河北排水区，Ⅱ、Ⅳ两区为河南排水区，南北两区污水进入各区污水处理厂，经处理后排入河流。

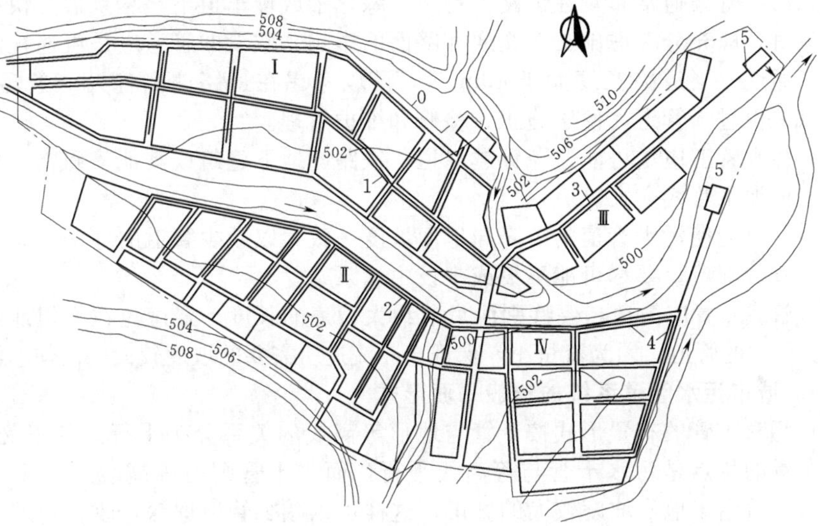

图6-5　某市污水排水系统平面布置图
0—排水区界；1、2、3、4—各排水流域干管；5—污水处理厂；
Ⅰ、Ⅱ、Ⅲ、Ⅳ—排水流域编号

6.5.2　污水管道系统平面布置

规划设计城市排水管道系统，首先要在城市总平面图上进行管道系统平面布置，也称为排水管道系统的定线。定线工作主要是确定管道的平面位置和水流方向。

污水管道平面布置，一般按先确定主干管，再定干管，最后定支管的顺序进行。在城市排水总体规划中，只决定污水主干管、干管的走向与平面位置。在详细规划中，还要决定污水支管的走向及位置。

在污水管道系统的布置中，要尽量用最短的管线。在顺坡的情况下使埋深较小，把最大面积上的污水送往污水处理厂或水体。

6.5.2.1　影响污水管道系统平面布置的主要因素

（1）城市地形和水文地质条件。

（2）城市的远景规划，竖向规划和修建顺序。

（3）排水体制、污水处理厂及出水口的位置。

（4）排水量大的工业企业和大型公共建筑的分布情况。

（5）街道宽度及交通情况。

（6）地下管线和其他地下及地面障碍物的分布情况。

6.5.2.2　污水管道系统平面布置的原则

（1）根据城市地形特点和污水处理厂、出水口的位置，利用地形，先布置主干管和干管。城市污水主干管和干管是污水管道系统的主体。它们的布置恰当与否，将影响整个系统的合理性。污水主干管一般布置在排水区域内地势较低的地带，沿集水线或沿河岸等敷设，以便支管、干管的污水能自流接入。

（2）污水干管一般沿城市道路布置。一般情况下，管渠布置应与其他地下设施综合考虑。污水管渠通常布置在道路人行道、绿化带或慢车道下，尽量避开快车道，如不可避免时，应充分考虑施工对交通和路面的影响。敷设的管道应是可巡视的，要有巡视养护通道。当道路宽度大于40m时，可以考虑在道路两侧各设一条污水干管，这样可以减少过街管道，便于施工、检修和维护管理。

（3）污水管道应尽可能避免穿越河道、铁路、地下建筑或其他障碍物。也要注意减少与其他地下管线交叉。

（4）尽可能使污水管道的坡降与地面坡度一致，以减少管道的埋深。为节省工程造价及经营管理费，要尽可能不设或少设中途泵站。

（5）管线布置应简捷，要特别注意节约大管道的长度。要避免在平坦地段布置流量小而长度大的管道。因为流量小，保证自净流速所需要的坡度较大，而使埋深增加。

6.5.2.3　城市污水管道系统的一般平面形式

（1）污水干管的布置形式按干管与地形等高线的关系分为平行式和正交式两种。平行式布置的特点是污水干管与等高线平行，而主干管则与等高线基本垂直，如图6-6所示。适用于地形坡度较大的城市，这样可以减少管道埋深，改善管道的水力条件，避免采用过多的跌水井。

正交式布置适用于地形比较平坦，略向一边倾斜的城市。污水干管与地形等高线基本垂直，而主干管布置在城市较低的一边，与等高线基本平行，如图6-7所示。

（2）污水支管的布置形式分为低边式、穿坊式和围坊式。低边式布置将污水支管布置在街坊地形较低的一边，如图6-8（a）所示。这种布置形式的特点是管线较短，在城市规划中采用较多。

围坊式布置将污水支管布置在街坊四周，如图6-8（b）所示。这种布置形式适用于地势平坦的大型街坊。

穿坊式的污水支管穿过街坊，而街坊四周不设污水支管，如图6-8（c）所示。这种布置管线较短，工程造价较低，但只适用于新村式街坊。

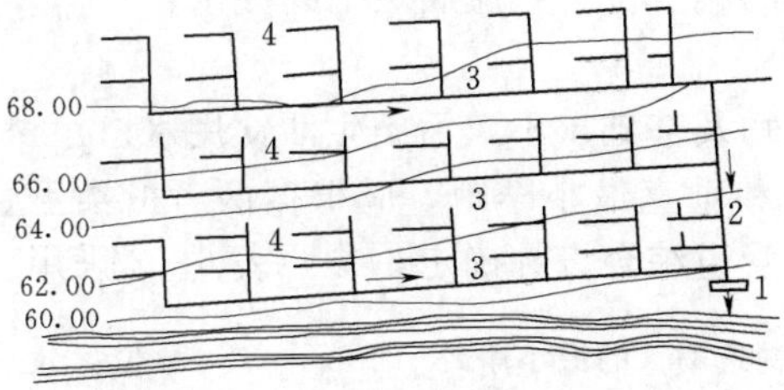

图 6-6 污水干管平行式布置

1—污水处理厂；2—主干管；3—干管；4—支管

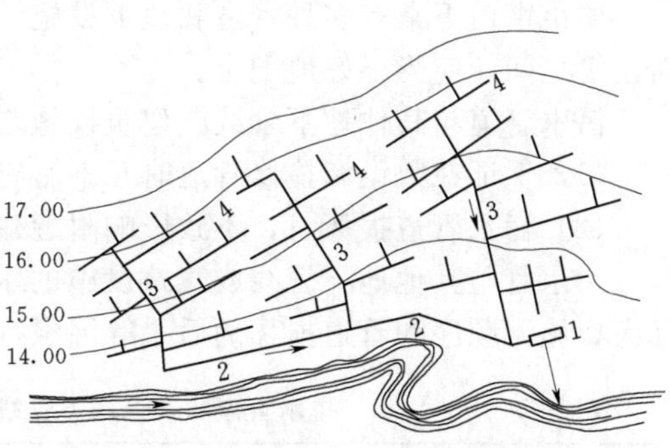

图 6-7 污水干管正交式布置

1—污水处理厂；2—主干管；3—干管；4—支管

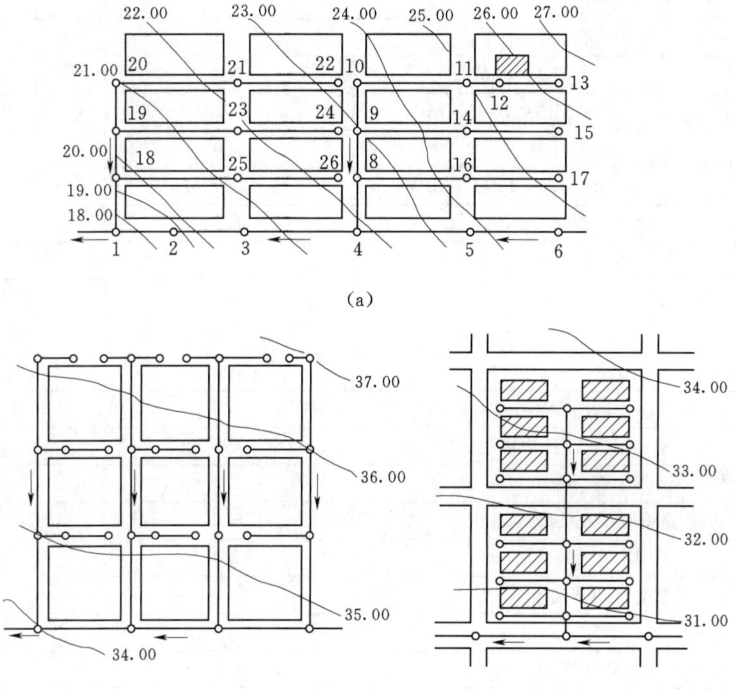

(a)

(b) (c)

图 6-8 污水支管的布置

(a) 低边式；(b) 围坊式；(c) 穿坊式

6.5.3 污水管道的具体位置

6.5.3.1 污水管道在街道上的位置

污水管道一般沿道路敷设并与道路中心线平行。当道路宽度大于 40m 且两侧街坊都需要向支管排水时，常在道路两侧各设一条污水管道。在交通频繁的道路上应尽量避免污水管道横穿道路以利维护。

城市街道下常有多种管道和地下设施。这些管道和地下设施相互之间，以及与地面建筑之间，应当很好地配合。

污水管道与其他地下管线或建筑设施之间的相互位置，应满足下列要求：

(1) 保证在敷设和检修管道时互不影响。

(2) 污水管道损坏时，不致影响附近建筑物及基础，不致污染生活饮用水。

污水管与其他地下管线或建筑设施的水平和垂直最小净距，应根据两者的类型、标高、施工顺序和管道损坏的后果等因素，按管道综合设计确定，参照表6-2采用。

表6-2　　排水管道和其他地下管线（构筑物）的最小净距　　单位：m

名称			水平净距	垂直净距
建筑物			根据表注中“3.”确定	
给水管		$d\leqslant$200mm	1.0	0.4
		$d>$200mm	1.5	
排水管				0.15
再生水管			0.5	0.4
燃气管	低压	$P\leqslant$0.05MPa	1.0	0.15
	中压	0.05MPa$<P\leqslant$0.4MPa	1.2	0.15
	高压	0.4MPa$<P\leqslant$0.8MPa	1.5	0.15
		0.8MPa$<P\leqslant$1.6MPa	2.0	0.15
热力管线			1.5	0.15
电力管线			0.5	0.5
电信管线			1.0	直埋0.5
				管块0.15
乔木			1.5	
地上柱杆		通信照明及<10kV	0.5	
		高压铁塔基础边	1.5	
道路侧石边缘			1.5	
铁路钢轨（或坡脚）			5.0	轨底1.2
电车（轨底）			2.0	1.0
架空管架基础			2.0	
油管			1.5	0.25
压缩空气管			1.5	0.15
氧气管			1.5	0.25
乙炔管			1.5	0.25
电车电缆				0.5
明渠渠底				0.5
涵洞基础底				0.15

注　1. 表中数字除注明者外，水平净距均指外壁净距，垂直净距系指下面管道的外顶与上面管道基础底间净距。

2. 采取充分措施（如结构措施）后，表中数字可以减小。

3. 与建筑物水平净距，管道埋深浅于建筑物基础时，不宜小于2.5m；管道埋深深于建筑物基础时，按计算确定，但不应小于3.0m。

图6-9和图6-10分别为某城市街道地下管线的布置和某工业区道路地下管线的布置示例。

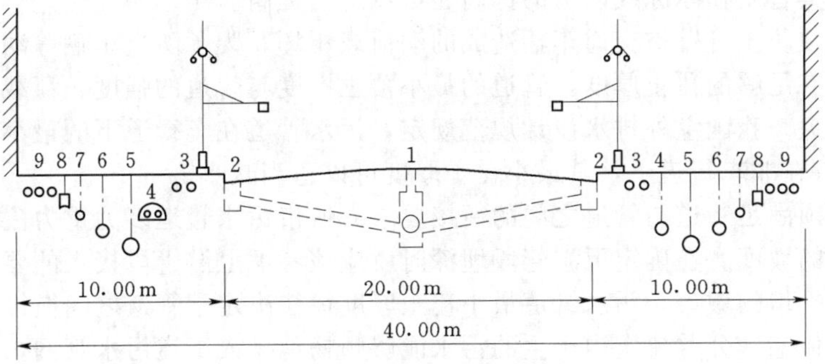

图 6-9 城市街道地下管线的布置

1—雨水管；2—雨水口；3—电车电缆，4—热力管；5—污水管；6—给水管；7—燃气管；8—通信电缆；9—电缆

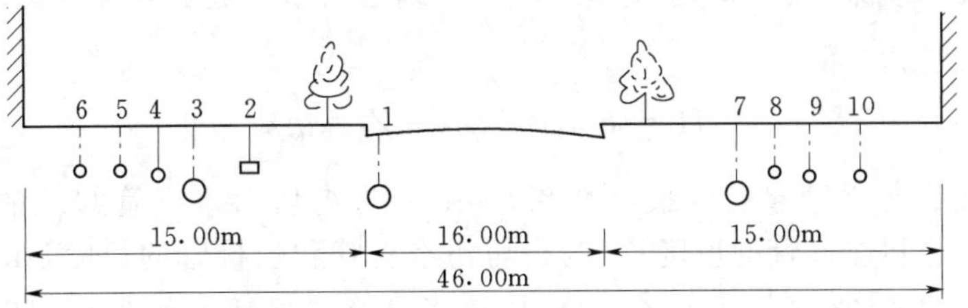

图 6-10 某工业区道路地下管线的布置

1—雨水管；2—电缆；3—生活污水管；4—化工污水管；5—给水管；6—燃气管；7—预留生活污水管；8—预留给水管；9—原油管；10—预留燃气管

在城市地下管线较多，地面情况复杂的街道下，可以把城市地下管线集中设置在专用隧道内。

6.5.3.2 污水管道埋设深度的确定

管道的埋深是指从地面到管道内底的距离。管道的覆土厚度则指从地面到管道外顶的距离，如图6-11所示。污水管道的埋深对于工程造价和施工影响很大。管道埋深愈大，施工愈困难，工程造价愈高。显然，在满足技术要求的条件下，管道埋深愈小愈好。但是，管道的覆土厚度有一个最小限值，称为最小覆土厚度，其值取决于下列三个因素：

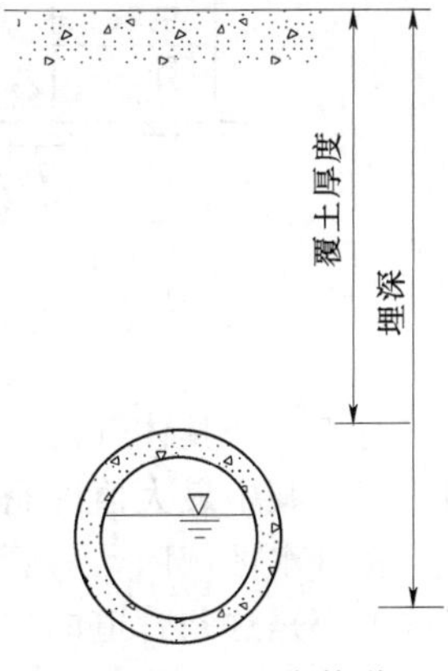

图 6-11 污水管道埋深示意图

(1) 在寒冷地区，必须防止管内污水冰冻和因土壤冰冻膨胀而损坏管道。生活污水的水温一般较高，而且污水中的有机物质分解还会放出一定的热量。在寒冷地区，即使冬季，生活污水的水温一般也在10℃左右，污水管道内的流水和周围的土壤一般不会冰冻，从而无需将管道埋设

在冰冻线以下。室外排水设计规范规定，没有保温措施的生活污水管道及温度与此接近的工业废水管道，其内底面可埋设在冰冻线以上0.15m。有保温措施或水温较高的污水管道，其管底在冰冻线以上的标高还可以适当提高。

（2）必须防止管壁被交通车辆造成的动荷载压坏。为了防止车辆等动荷载损坏管壁，管顶应有足够的覆土厚度。管道的最小覆土厚度与管道的强度、荷载大小及覆土密实程度有关。我国室外排水设计规范规定，污水管道在车行道下的最小覆土厚度不小于0.7m；在非车行道下，其最小覆土厚度可以适当减小。

（3）必须满足管道与管道之间的衔接要求。城市污水管道多为重力流，所以管道必须有一定的坡度。在确定下游管段埋深时就应该考虑上游管段接入的要求。在气候温暖，地势平坦的城市，污水管道最小覆土厚度往往决定于管道之间衔接的要求。为了保证城市住宅、公共建筑内产生的污水能够顺畅地排入街道污水管网，就必须保证街道污水管网的起点埋深不小于街区污水管终点的埋深。而街区污水管起点的埋深又必须不小于建筑物污水出户管的埋深。从安装技术方面考虑，要使建筑物首层卫生设备的污水能够顺畅排出，污水出户管的最小埋设深度通常采用0.5～0.7m，街坊污水管道起点的最小埋深一般不小于0.6～0.7m。街道污水管起点埋深（图6-12）的计算公式为

$$H = h + il + Z_1 - Z_2 + \Delta h \tag{6-9}$$

式中：H为街道污水管起点的最小埋深，m；h为街坊污水支管起端的埋探，m；i为街坊污水支管和连接管的坡度；l为街坊污水支管和连接管的长度，m；Z_1为街道污水管检查井的地面标高，m；Z_2为街坊污水支管（或住宅排水管的出户管）起端检查井的地面标高，m；Δh为街道污水管底与接入的污水支管的管底高差，m。

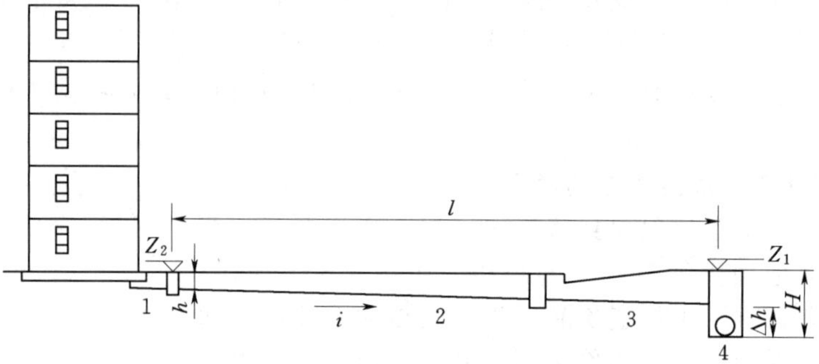

图6-12 街道污水管起端埋深

1—住宅排出管；2—街坊污水支管；3—连接管；4—街道污水管

对于一个具体管段，按上述决定最小埋深的三个条件可以得出三个不同的埋深限制数值，其中最大值即是该管段的最小埋深。

在排水区域内，对管道系统的埋设深度起控制作用的点称为控制点。各条管道的起端大都是这条管道的控制点，其中离污水厂或出水口最远最低的是整个排水管道系统的控制点。这些控制点管道的埋深，往往影响整个污水管道系统的埋深。因此，在规划设计时，应注意减少控制点管道的埋深，通常采用的措施有：①增加管道的强

度；②如为防止冰冻，可以加强管道的保温措施；③如为保证最小覆土厚度，可以填土提高地面高程；④必要时设置提升泵站，减少管道埋深。

除考虑管道的最小埋深外，也应考虑污水管道的最大埋深。管道的最大埋深决定于土壤性质、地下水位及施工方法等。在干燥土壤中一般不超过7～8m；在地下水位较高、流砂严重、挖掘困难的地层中通常不超过5m。当管道埋深超过最大埋深时，应考虑设置污水泵站等措施，以减少管道的埋深。

6.5.3.3 污水管道的衔接

为了满足衔接与维护的要求，在污水管道中，通常要设置检查井。在检查井中，上下游管道的衔接必须满足两方面的要求：①要避免在上游管道中形成回水；②要尽量减少下游管道的埋设深度。污水管道的衔接方法（图6-13），通常采用的有水面平接法和管顶平接法。

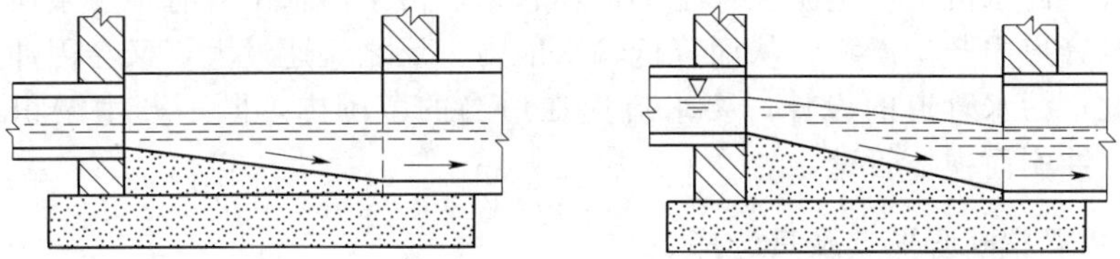

(a) (b)

图6-13 污水管道的衔接方法

水面平接法如图6-13（a）所示，是指污水管道水力计算中，使上、下游管段在设计充满度的情况下，其水面具有相同的高程。水面平接法一般用于相同口径的污水管道的衔接。由于城市污水流量是变化的，管道中水面也将随着流量的变化而变化。较小管道中的水面变化比大管道中水面变化要大，因此，当口径不相同的管道采用水面平接法衔接时，难免在上游管道中形成回水。

管顶平接法如图6-13（b）所示，是指污水管道水力计算中，使上下游管道的管顶内壁位于同一高程。采用管顶平接，可以避免在上游管段产生回水，但是，增加了下游管道的埋深。管顶平接法一般用于不同口径管道的衔接。

城市污水管道一般都采用管顶平接法。在坡度较大的地段，污水管道可采用阶梯连接或跌水井连接。城市污水管道无论采用何种方法衔接，下游管段的水面和管底都不应高于上游管段的水面和管底。污水支管与干管交汇处，若支管管底高程与干管管底高程的高差较大时，需在支管上设置跌水井，经跌落后再接入干管，以保证干管的水力条件。

6.6 污水管道水力计算

6.6.1 污水在管道内的流动特点和设计要求

（1）污水在管道内的流动，通常是依靠水的重力从高处流向低处，即所谓重力流。在重力作用下，污水由支管流入干管，由干管流入主干管，最后经主干管流入污水处理厂，在此过程中，管径从小到大。污水中含有一定数量的悬浮物，但水分一般在99%以上，可以认为城市污水的流动是遵循一般水流规律的，在设计中可采用水力学公式进行计算。

(2) 污水在管道中的流动一般按均匀流计算。由于管道内流速随时都在变化，污水在管道交汇处会形成回水，管道沉积物及管道接缝会使水流流速发生变化等原因，实际上污水的流动属非均匀流。但在一个较短的管段内，假如流量变化不大，管道坡度不变，可以认为管段内流速不变，通常把这种管段内污水的流动视为均匀流，并在设计时对每一设计管段按均匀流公式进行计算。

(3) 按部分充满管道断面设计污水管道。城市污水量每日每时都在变化，难以准确计算，因此设计时需要留出一部分管道断面，避免污水溢出地面，污染环境；同时，污水管道内的污泥可能分解而析出一些有害气体；污水内往往含有易燃液体（汽油、苯、石油等），也可能挥发形成爆炸性气体。因此污水管道应保留适当空间，以保证通风排气。

(4) 管道内水流不产生淤积，也不冲坏管壁。由于污水中含有不少杂质，流速过小，就会在管道中产生淤积，从而降低输水能力。反之流速过大，又会因冲刷而损坏管壁。为此，污水管道的设计，要求流速在适当的范围内，既不产生淤积，阻塞管道；又不因冲刷而损坏管壁。

6.6.2 排水管渠断面形式及其选择

6.6.2.1 排水管渠横断面形式

排水管渠的横断面形式必须满足静力学、水力学以及经济与维护管理方面的要求。在静力学方面，要求管道具有足够的稳定性和坚固性；在水力学方面，要求有良好的输水性能，不但要有较大的排水能力，而且当流量变化时，不易在管道中产生沉淀；在经济方面，要求管道用材省，造价低；在维护管理上要求便于清通。

常用管渠断面形式有圆形、矩形、马蹄形、半椭圆形、梯形及蛋形等。图 6-14 为排水管渠常用的断面形式。

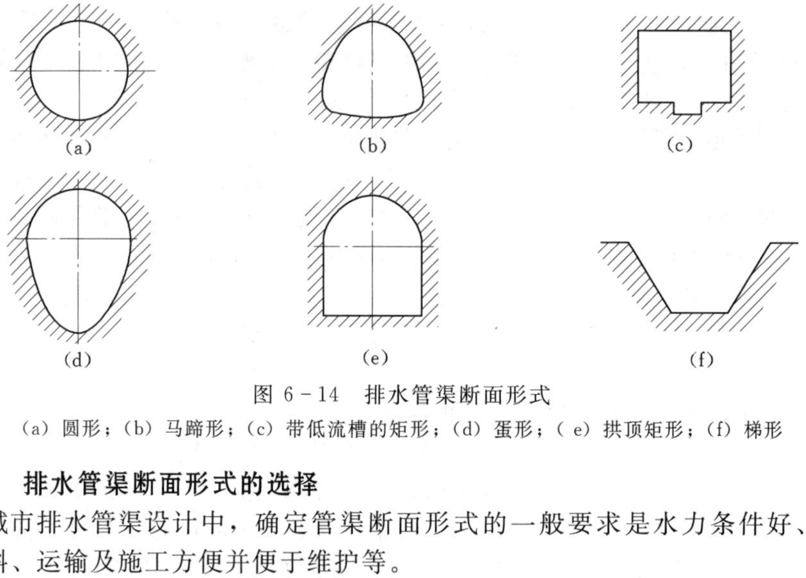

图 6-14 排水管渠断面形式

(a) 圆形；(b) 马蹄形；(c) 带低流槽的矩形；(d) 蛋形；(e) 拱顶矩形；(f) 梯形

6.6.2.2 排水管渠断面形式的选择

在城市排水管渠设计中，确定管渠断面形式的一般要求是水力条件好、受力合理、省料、运输及施工方便并便于维护等。

在众多的管渠断面形式中，圆形管道有较大的输水能力，底部呈弧形，水流较好，也比较能适应流量变化，不易产生沉积。同时圆管受力条件好、省料，便于预制和运输。因此，在城市排水工程中，圆管应用很广泛。

当然，在排水管渠设计中，确定管渠断面的形式，还要综合考虑其他各种因素，进行技术经济比较。对于中小型排水管渠，由于圆管具有很多优点，被广泛采用；对于大型管渠，由于过水断面过大，预制、运输十分不便，同时采用开槽埋管的施工方法也比较困难，所以圆形断面很少采用。设计中常采用砖石砌筑、预制组装以及现场浇筑的方法施工，渠道断面多为较宽浅的形式。

6.6.2.3 圆管流的水力特性

城市排水管渠大多为不满流。管渠中水深 h 与管径 D（或渠高 H）之比，即 h/D 或 h/H 称为充满度，如图 6－15 所示。当 $h/D=1$ 时，称为满流；$h/D<1$ 时，为不满流。圆管不满流和满流时充满度与水力因素之间的关系如图 6－15 中圆管的水力特性曲线所示。图中 v_0、Q_0 表示圆管满流时的流速、流量；v、Q 表示不满流时的流速、流量。

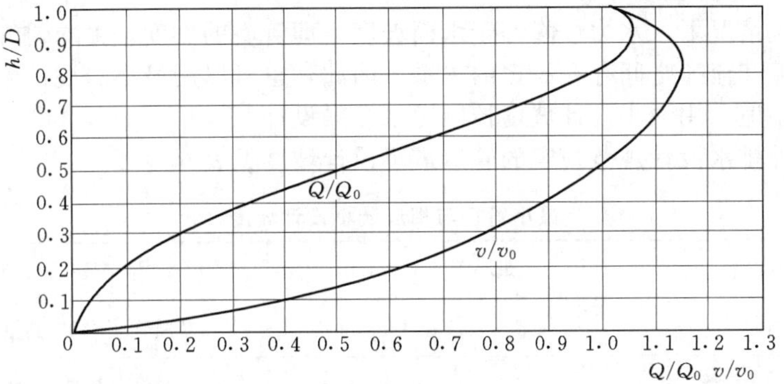

图 6－15 圆管水力因素间的关系

由图 6－15 可以看出：

当 $h/D\approx0.95$ 时，Q/Q_0 呈最大值，$Q=1.087Q_0$；

当 $h/D\approx0.81$ 时，v/v_0 呈最大值，$v=1.160v_0$。

由此可见，圆管输水能力最大时的充满度不是 1，即不是满流，而是当充满度为 0.95 时。

6.6.3 污水管道水力计算的控制数据

室外排水设计规范中对于污水管道的设计充满度、设计流速、最小管径与最小坡度等做了规定，作为设计的控制数据。

6.6.3.1 最大设计充满度

污水管道的设计充满度是指管道排泄设计污水量时的充满度。污水管道的设计充满度应不大于最大设计充满度。室外排

表 6－3 最大设计充满度

管径或渠高（mm）	最大设计充满度
200～300	0.55
350～450	0.65
500～900	0.70
≥1000	0.75

注 在计算污水管道充满度时，不包括短时突然增加的污水量，但当管径不大于 300mm 时，应按满流复核。

水设计规范规定的污水管道的最大设计充满度见表6-3。

对于明渠，其超高（渠中最高设计水面至渠顶的高度）应不小于0.2m。

6.6.3.2 设计流速

设计流速是指管渠在设计充满度情况下，排泄设计流量时的平均流速。现行室外排水设计规范对管道的设计流速规定了一个范围：

污水管道在设计充满度下最小设计流速为0.6m/s；明渠的最小设计流速为0.4m/s。

污水管渠最大的设计流速与管渠材料有关。室外排水设计规范规定：金属管道的设计流速最大为10m/s，非金属管道为5m/s。明渠设计流速的最大值决定于渠道的铺砌材料及水深。当水深为0.4～1.0m时，黏土明渠设计流速最大为1.2m/s；干砌块石明渠设计流速最大为2.0m/s；浆砌块石或浆砌砖明渠的设计流速最大为3.0m/s；石灰岩、中砂岩和混凝土明渠的设计流速最大为4.0m/s。当水深小于0.4m时，上述数值应乘以系数0.85；当水深大于1.0m小于2.0m时，应乘以系数1.25；当水深不小于2.0m时应乘以系数1.40。

6.6.3.3 最小设计坡度

在均匀流情况下，水力坡降等于水面坡度，即管底的坡度。由均匀流流速公式可知，管渠坡度和流速之间存在一定的关系。因此，也可以用最小的设计流速来反映设计流速的最小值，用最小设计坡度控制污水管渠设计。

现行室外排水设计规范规定的管道最小设计坡度见表6-4。

表6-4 最小管径与相应最小设计坡度

管道类别	最小管径（mm）	相应最小设计坡度
污水管	300	塑料管0.002，其他管0.003
雨水管和合流管	300	塑料管0.002，其他管0.003
雨水口连接管	200	0.01

$$Q=Av \tag{6-10}$$

$$v=C\sqrt{Ri} \tag{6-11}$$

$$C=\frac{1}{n}R^{1/6} \tag{6-12}$$

式中：Q为流量，m^3/s；A为过水断面面积，m^2；v为管道内污水流速，m/s；n为管道的粗糙系数，具体取值见表6-5；C为流速系数或谢才系数；i为水力坡度（等于水面坡度，也就是管底坡度）；R为水力半径（等于过水断面面积A与湿周χ的比值）。

由水力计算公式式（6-10）～式（6-12）可知，管道内的流速随着管道坡度的变化而变化。当管径增加时，在满足流速要求的前提下，管道内的最小坡度随着减小。

表 6-5 排水管渠粗糙系数表

管渠种类	n 值
混凝土、钢筋混凝土、水泥砂浆抹面渠道	0.013～0.014
陶土管、铸铁管	0.013
石棉水泥管、钢管	0.012
浆砌砖渠道	0.015
浆砌块石渠道	0.017
干砌块石渠道	0.020～0.025
土明渠（带或不带草皮）	0.025～0.030
UPVC 管、PE 管和玻璃钢管	0.009～0.01

表 6-6 为不同管径下的最小设计坡度。

表 6-6 不同管径下的最小设计坡度

管径（mm）	400	500	600	800	1000	1200	1400	1500
最小设计坡度	0.0015	0.0012	0.0010	0.0008	0.0006	0.0006	0.0005	0.0005

6.6.3.4 最小管径

城市污水管道系统中，上游管段的设计流量很小，若按流量选择管径就较小。但是，过小的管道极易阻塞，清通频繁且不方便，增加污水管道的维护工作量和管理费用。为此，室外排水设计规范规定了污水管道的最小管径，见表 6-4。当按设计流量计算确定的管径小于最小管径时，应采用最小管径。

6.6.4 排水管渠水力计算图表

为了简化管渠的水力计算，设计时通常查计算图表。这里介绍常用的 4 种水力计算图：

（1）不满流混凝土及钢筋混凝土圆管水力计算图。

（2）满流圆管水力计算图。

（3）矩形渠道水力计算图。

（4）梯形渠道水力计算图。

当然，也可以查阅《给水排水设计手册》（管渠水力计算表）或使用电子计算机。

6.6.4.1 不满流混凝土及钢筋混凝土圆管水力计算图（见附图 1-1～附图 1-15）

这些图适用于混凝土及钢筋混凝土管道，其粗糙系数 $n=0.014$。每张图适用于一个指定的管径。图上的纵坐标表示坡度 i，即设计管道的管底坡度，横坐标表示流量 Q，图中的曲线分别表示流量、坡度和流速、充满度间的关系。当选定管材与管径后，在流量 Q、坡度 i、流速 v、充满度 h/D 四个因素中，只要已知其中任意两个，就可由图查出另外两个。下面举例说明其用法。

【例 6-1】 已知污水管道粗糙系数 $n=0.014$，管径 $D=250$mm，坡度 $i=0.004$，设计流量 $Q=22$L/s。求流速 v 和充满度 h/D。

解：（1）在附图1-2中，用D=250mm的图。

（2）在该图上有4条线：即横线代表坡度，竖线代表流量，从左向右下倾的曲线代表流速，由右向左下倾的斜线代表充满度。每条线端的数代表其相应的水力因素值。先在纵坐标轴上找到i=0.004。

（3）在横座标轴线上找到Q=22L/s（20～30L/s之间有10格，每小格代表1L/s)。

（4）代表坡度i=0.004的横线与代表Q=22L/s的竖线相交于一点，这点落在代表流速v=0.75m/s和v=0.80m/s的两根斜线之间，有内插法得v=0.76m/s；同样方法，充满度h/D=0.58。

因此：流速v=0.76m/s，充满度h/D=0.58。

6.6.4.2 满流钢筋混凝土圆管水力计算图（见附图1-16）

室外排水设计规范规定，城市雨水管道及合流管道是按满流设计计算的。

附图1-16适用于粗糙系数n=0.013的圆形管道。图上横线代表坡度i，竖线代表流量Q，从左向右下倾的斜线代表流速v，从右向左下倾的斜线代表管径D。本图的用法与不满流圆管计算图的用法相似。

6.6.4.3 矩形断面渠道计算图（见附图1-17～附图1-19）

附录所列3张计算图适用于渠道内表面比较光滑的情况，其粗糙系数n=0.013。图中竖线代表流量Q，横线代表渠底坡度i，从左向右下倾斜的曲线代表流速v，从右向左下倾的斜线代表水深h。

【例6-2】 已知非满流矩形断面渠道n=0.013，底宽W=1000mm，渠底坡度i=0.002，流量Q=1500L/s，求流速v和水深h。

解：（1）在附图1-17中，找到代表流量Q=1500L/s的竖线。

（2）找到代表i=0.002的横线。

（3）上述两线的交点落在代表流速v=1.60m/s和v=1.65m/s两曲线间，按内插法得v=1.62m/s。

（4）交点也在代表水深h=1000mm和h=875mm的两斜线间，内插得水深h=925mm。

6.6.4.4 梯形断面明渠计算图（见附图1-20、附图1-21）

梯形断面适用于土明渠，其粗糙系数n=0.025。梯形断面渠道计算图的使用方法与矩形断面渠道的计算方法相似。

6.6.5 设计管段的划分及其流量的确定

污水管道系统平面布置完成后，即可划分设计管段，计算每个管段的设计流量，以便进行水力计算。污水管道中，任意两个检查井间的连续管段，如果流量基本不变，管道坡度不变，则可以选择相同的管径。这种管段称为设计管段，在水力计算中作为一个计算单元。通常根据污水管道系统的平面布置，以街坊污水支管及工厂污水出水管等接入干管的位置作为起迄点划分设计管段。管段的起迄点须设置检查井。为便于计算，设计管段起迄点应依次编号。管段设计流量等于本段设计流量与转输设计流量之和。下面以某市区污水管道系统图为例，说明管段设计流量的计算方法。

【例6-3】 已知某市区的污水管道布置和各街坊人口数如图6-16所示。印刷厂的污水流量为25L/s，化工厂的污水流量为20L/s。街坊内的公共浴室，每天容量为500人，浴室开放12h，每人每次污水量150L，变化系数为1.0。城市居住区生活污水量标准为 $q_0=100$L/（人·d）。试计算各管段的设计流量。

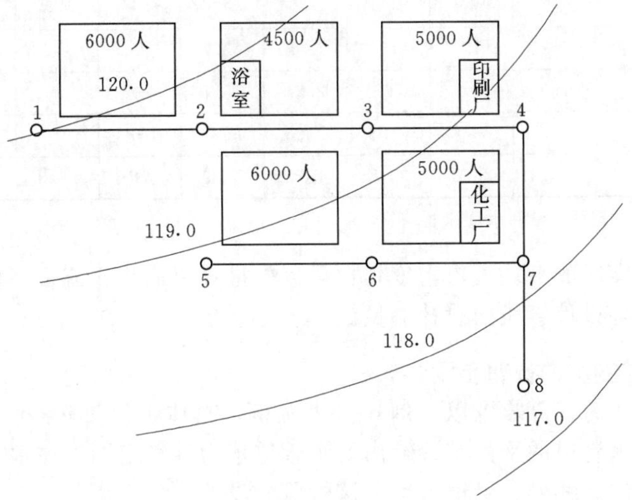

图 6-16 某城市污水管道布置图

解：（1）居住区生活污水量平均日污水量 q_1' 的计算。

居住区生活污水量应按照设计人口数和居住区生活污水量标准来计算。以管段1—2为例，其设计流量为：

平均日污水量为

$$q_1'=\frac{q_0 N}{24\times 3600}=\frac{100\times 6000}{24\times 3600}=6.94\approx 7.0(\text{L/s})$$

最高时污水量为

$$q_1=q_1'\times k_z=6.94\times 2.24=15.6(\text{L/s})$$

（2）公共浴室最高时污水量为

$$q_y=\frac{q_0 nk}{3600T}=\frac{150\times 500\times 1.0}{12\times 3600}=1.8(\text{L/s})$$

（3）各管段设计流量的计算结果见表6-7。

表6-7　　某城市污水管段设计流量计算表　　单位：L/s

管段编号	沿线流量						集中流量			管段设计流量
	本线流量		转输流量	平均流量	k_z	q_1	本段流量	转输流量	q_2	
	设计人口	q_0N								
1—2	6000	7.0	—	7.0	2.24	15.7	—	—	—	15.7
2—3	4500	5.2	7.0	12.2	2.08	25.4	1.8	—	1.8	27.2
3—4	5000	5.8	12.2	18	1.98	35.7	—	1.8	1.8	37.5

续表

管段编号	沿线流量						集中流量			管段设计流量
	本线流量		转输流量	平均流量	k_z	q_1	本段流量	转输流量	q_2	
	设计人口	q_0N								
4—7	—	—	18	18	1.98	35.7	25	1.8	26.8	62.5
5—6	6000	7.0	—	7.0	2.24	15.7	—	—	—	15.7
6—7	5000	5.8	7.0	12.8	2.08	26.7	—	—	—	26.7
7—8	—	—	30.8	30.8	1.75	53.9	20	26.8	46.8	100.7

注　表中的 q_0 为居住区的生活污水量标准。

如果已知该市区的平均人口密度，也可以先推算出面积比流量，再根据各街坊的排水面积，计算各设计管段的设计流量。

6.6.6　污水管道的水力计算步骤

污水管道的水力计算步骤以［例 6-3］为例，具体步骤如下：

（1）根据污水管道的平面布置绘出污水管道水力计算简图。在水力计算简图上标注设计管道的起讫点编号、管道长度及该管段的设计流量。

（2）从管道系统的控制点开始，向下游管段列表计算。将各管段的编号、长度和设计流量填入表 6-8 中。

表 6-8　　某城市污水管道水力计算表

管段编号	管段长度 l (m)	管段设计流量 q (L/s)	管径 d (mm)	坡度 i	设计流速 v (m/s)	设计充满度		降落量 il (m)	高程 (m)				管底埋深 (m)		
						h/d	水深 h (m)		地面		管底		起点	终点	平均
									起点	终点	起点	终点			
1	2	3	4	5	6	7	8	9	10	11	12	13	14	15	16
1—2	150	15.7	300	0.003	0.63	0.38	0.114	0.45	120.00	119.70	119.00	118.55	1.00	1.15	1.08
2—3	150	27.2	300	0.003	0.72	0.53	0.159	0.45	119.70	119.30	118.51	118.06	1.19	1.24	1.22
3—4	200	37.5	400	0.003	0.77	0.41	0.164	0.60	119.30	118.70	117.96	117.36	1.34	1.34	1.34
4—7	200	62.5	400	0.0025	0.82	0.58	0.232	0.50	118.70	118.20	117.29	116.79	1.41	1.41	1.41
5—6	150	15.7	300	0.003	0.63	0.38	0.114	0.45	118.90	118.60	117.90	117.45	1.00	1.15	1.08
6—7	120	26.7	300	0.0033	0.75	0.51	0.53	0.40	118.60	118.20	117.41	117.02	1.19	1.19	1.19
7—8	200	100.7	500	0.0035	1.05	0.49	0.245	0.70	118.20	117.50	116.69	115.99	1.51	1.51	1.51

（3）由城市污水管道布置图及城市规划图，求得各设计管段起讫点检查井处的地面高程，并列入水力计算表 6-8 的第 10 项和第 11 项。

（4）计算每一设计管段的地面坡度（地面坡度＝地面高程差/距离），作为确定管道坡度的参考。例如，管段 1—2 的地面坡度=（120.0−119.7）/150=0.002。

（5）根据管段的设计流量，根据污水管道系统平面布置的原则，参照地面坡度，试定管径。例如管段 1—2，其设计流量 $q=15.7\text{L/s}$，管段 1—2 的地面坡度为 0.002，根据表 6-4 街道下污水管道最小设计坡度为 0.003，最小管径为 300mm。初选管径 $d=300\text{mm}$，查附图 1-3 得，该管道的充满度 $h/d=0.38$，$v=0.63\text{m/s}$，均满足《室外排水设计规范》要求。因此，管段 1—2 采用管径，设计数据列入管道水力计算表的第 4、5、6、7 项。

（6）根据管段的设计坡度，计算管段两端的高程差（管段两端的高程差为降落量，即水力计算表 6—8 中的第 9 项），降落量的计算公式为降落量=管段坡度×管段长度（即第 9 项=第 2 项×第 5 项）。

（7）确定管底的起点的标高，即表 6-8 中的第 12 项。要注意满足埋深的要求，将管段起点管底标高列入水力计算表的第 12 项中。

（8）确定管段终点的管底标高，即表 6-8 中的第 13 项，终点管底标高=本段起点管底标高−降落量，即第 13 项=第 12 项−第 9 项。将计算的终点管底标高列入表中第 13 项。

（9）计算管段起点、终点的埋深及管段的平均埋深，即表 6-8 中的第 14、第 15 和第 16 项。初始管段的起点埋深由相应的设计规范确定，后继管段的起点埋深计算满足：起点埋深=管段地面起点高程−该管段管底起点高程，即第 14 项=第 10 项−第 12 项；管段终点埋深的计算满足：终点埋深=管段地面终点高程−该管段管底终点高程，即第 15 项=第 11 项−第 13 项；平均埋深=（起点埋深+终点埋深）/2，即第 16 项=（第 14 项+第 15 项）/2。将计算结果填入表中第 14 项、第 15 项和第 16 项。

6.6.7 污水管道水力计算注意事项

（1）计算设计管段的管底高程时，要注意各管段在检查井中的衔接方式，要保证下游管段起点的管底高程不大于上游管段终点的管底高程。

（2）在水力计算过程中，污水管道的管径一般应沿程增大。但是，当管道穿过陡坡地段时，由于管道坡度增加很多，根据水力计算，管径可以由大变小。当管径为 250～300mm 时，只能减小一级；当管径不小于 300mm 时，按水力计算确定，但不得超过两级。

（3）在支管与干管的连接处，要使干管的埋深保证支管接入的要求。

（4）当地面高程有剧烈变化或地面坡度太大时，可采用跌水井，以采用适当的管道坡度，防止因流速太大冲刷损坏管壁。通常当污水管道的跌落差大于 1m 时，设置跌水井；落差小于 1m 时，只把检查井的流槽做成斜坡即可。

6.7 排 水 泵 站

城市污水、雨水因受地形条件、地质条件、水体水位等因素的限制，不能以重力流方式排除、污水处理厂中为了提升污水（或污泥）时，则需要设置排水泵站。

6.7.1 排水泵站的分类

排水泵站常按排水的性质分类，一般可分为4类：

（1）污水泵站。设置于污水管道系统中或污水处理厂内，用以抽升城市污水。

（2）雨水泵站。设置于雨水管渠系统中或城市低洼地带，用以排除城区雨水。

（3）合流泵站。设置于合流制排水系统中，用以排除城市污水和雨水。

（4）污泥泵站。在城市污水处理厂中常设置污泥泵站抽送污泥。

排水泵站按其在排水系统中的位置又可分为中途泵站和终点泵站。排水泵站按其启动方式，可以分为自灌式泵站和非自灌式泵站。为了使排水泵站设备简单、启动和管理方便，应首先考虑采用自灌式泵站。

6.7.2 排水泵的特点及水泵选择

排水泵扬程一般不高，而流量较大，尤其是雨水泵站和合流制泵站的水泵，这个特点比较明显。排水泵的形式常用的是开式叶轮泵和螺旋泵，所抽升的污水中含有较多的杂质，因此开式叶轮排水泵的构造与清水泵不同，为了免于堵塞和便于清扫，泵壳中仅有一个开式叶轮，叶片也很少。叶轮的构造较坚固，在泵吸水处和泵壳上设有检查孔，用以清除污物。在污水泵站中常选用PWL立式离心污水泵；流量较大时采用ZL型轴流泵。排除含有腐蚀性的工业废水，应选择PWF型等耐腐蚀泵。

排水泵型号的选择主要根据最高时设计流量Q、总扬程H，按水泵特性曲线或性能表来选定，并使泵在高效率范围内工作。

污水泵站的设计流量应按泵站进水总管的最高日最高时流量计算确定。

雨水泵站及合流泵站的设计流量应按泵站进水总管的设计流量计算确定。排水泵站的全扬程的计算公式为

$$H \geqslant h_1 + h_2 + h_3 + h_4 \tag{6-13}$$

式中：H为泵的全扬程，m；h_1为泵吸水管的水头损失，m；h_2为泵出水管的水头损失，m；h_3为泵站集水池最低工作水位与所需提升的最高水位之间的高差，m；h_4为自由水头，一般采用1m。

水泵机组台数应选择适当。使用经验表明，当水泵台数较少时，虽然投资较省，动力费用较少，但运转管理不方便，开停频繁；若水泵台数较多，虽然便于按流量变化确定泵的工作情况，管理较方便，但增加泵房的建筑面积，投资较大。一般每台排水泵的流量最好相当于1/2～1/3总设计流量，一座泵站中安装3～4台泵，其中1台备用（雨水泵站因为是季节性地运转，一般不设置备用泵）。同一排水泵站以采用同类型泵为宜，这样便于订货、备用配件及维护检修。为适应流量变化，也可采用大、小泵搭配。如设置不同大小的两台泵，则小泵的流量不应小于大泵的1/2；如设置一大两小共3台泵时，则小泵的流量应不小于大泵流量的1/3。

根据阿基米德原理设计制造的螺旋泵，构造简单，转速低，运转可靠，耐磨，使用年限长。而且螺旋泵的螺旋部分可以做成封闭的，也可以做成敞开式的，维护检修方便。适用于低扬程、无人看管的泵站。近几年来常用于排水工程。

螺旋泵由泵轴与螺旋叶片、上支座、下支座、导槽和传动机构所组成，如图

6-17所示。

6.7.3 排水泵站的组成

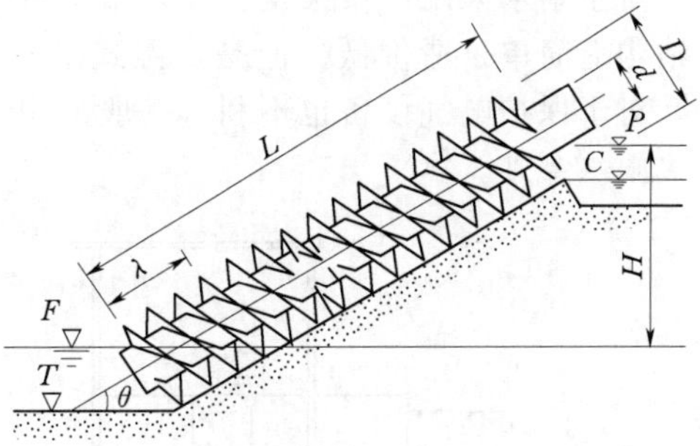

图 6-17 螺旋泵示意图

排水泵站的主要组成部分包括泵房、集水池、格栅、辅助间及变电室等。

(1) 泵房。安装泵、电动机等主要设备。

(2) 集水池。用以调蓄进水流量，使泵工作均匀。集水池中装有泵的吸水管及格栅等。

(3) 格栅。设在集水池中，用以阻拦进水中粗大的固体杂质，以防止这些杂质堵塞或损坏泵叶轮。

(4) 辅助间。包括修理间、储藏室、工作人员休息室及厕所等。

(5) 变电室。按供电情况设置。

排水泵站一般宜单独修建，并应尽量搞好绿化，以减轻对周围环境的影响。在受洪水淹没的地区，泵站入口设计地面高程应比设计洪水位高出 0.5m 以上，必要时可设置闸槽等临时防洪措施。

6.7.4 排水泵站的形式

排水泵站的形式根据进水管渠的埋深、进水流量、地质条件而定。

排水泵站按泵房和集水池的组合方式分为合建式与分建式两种。形式的选择决定于造价的比较和施工的难易。当集水池很深，泵房又很大时，常采用分建式。

按泵站的平面形状可分为圆形和矩形两种。圆形外墙受力情况比矩形泵站好，便于施工，造价较低；矩形泵站则便于布置机组和管道。图 6-18 为污水泵站的一般布置形式。

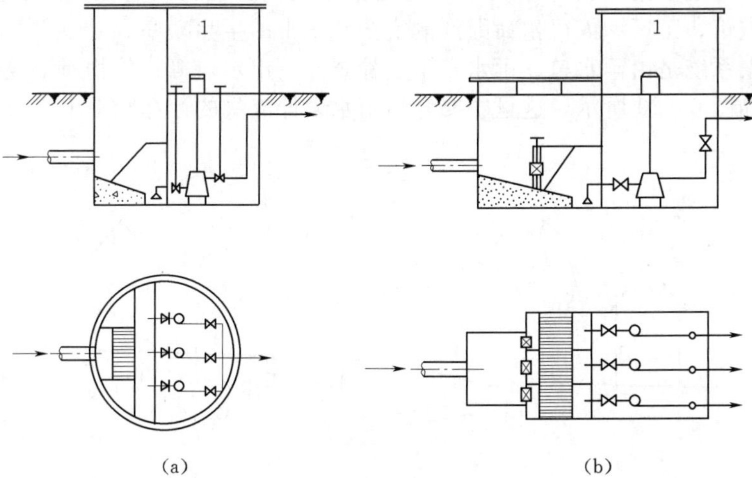

图 6-18 污水泵站的一般布置形式

(a) 圆形；(b) 矩形

对于雨水泵站，按泵是否浸入水中可分为湿式泵站和干式泵站。湿式泵站比干式泵站构造简单、造价低。但是，湿式泵站机器间比较潮湿，工作环境及卫生条件较差，对于保护电气设备也不利。一般采用干式雨水泵站。图6-19为湿式雨水泵站和干式雨水泵站。

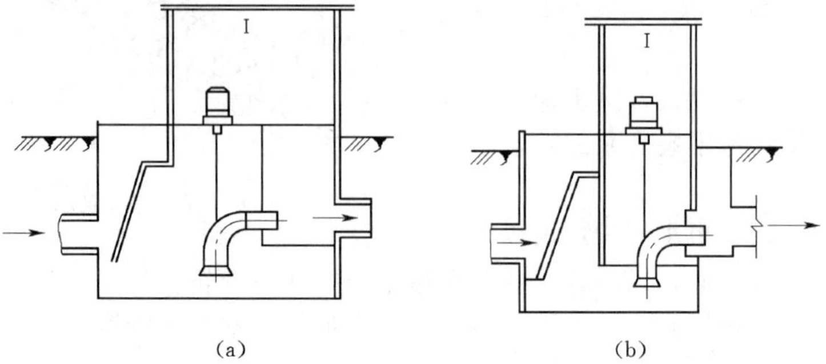

图6-19 湿式和干式雨水泵站
(a) 湿式；(b) 干式

6.8 城镇雨水管渠系统

我国地域辽阔，气候差异大，年降水量分布很不均匀，从东南向西北呈递减趋势。即使在年均降雨量在1000mm以上的雨量充沛地区，在同一面积上全年的雨水总量也不过和该地区全年的生活污水总量相近，而沿地面流入雨水管渠的雨水径流量还不到雨水量的一半。但是全年雨水的绝大部分多集中在夏季极短时间内倾泻而下，形成大量的地面径流。为了防止造成巨大的危害，需要及时排除。因此，雨水管渠系统的任务是及时地汇集并排除暴雨形成的地面径流，防止城镇居住区和工业企业受淹，以保障城镇、工厂和人民生命财产的安全和正常的生活秩序。

雨水管渠系统是由雨水口、雨水管渠、检查井、出水口等构筑物所组成的一整套工程设施，如图6-20所示。这里主要介绍雨水设计流量的计算和雨水管渠的设计步骤及方法。

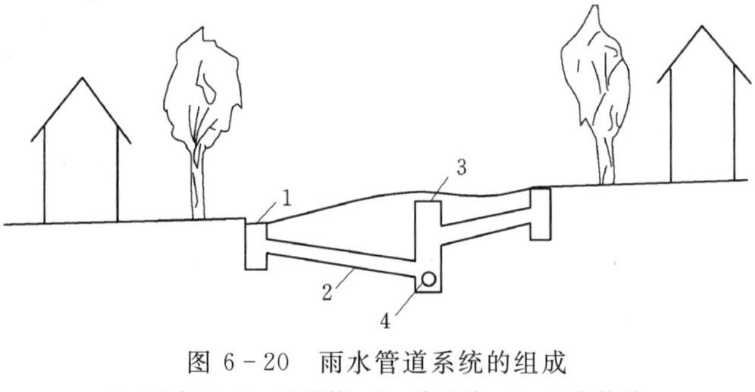

图6-20 雨水管道系统的组成
1—雨水口；2—连接管；3—检查井；4—雨水管道

6.8.1 雨水管渠系统的布置原则

为防止暴雨径流的危害，设计人员应深入现场进行调查研究，踏勘地形，了解排水走向，搜集当地的设计基础资料，作为选择设计方案及设计计算的可靠依据。雨水管渠系统布置时应遵循以下原则。

1. 充分利用地形，就近排入水体

雨水管渠应尽量利用自然地形坡度，以最短的距离靠重力流排入附近的水体中去。一般情况下，当地面坡度较大时，雨水干管宜布置在地形较低处或溪谷线上；当地形平坦时，雨水干管宜布置在排水流域的中间，以便尽可能扩大重力流排除雨水的范围。

当管道排入池塘或小河时，由于出水口的构造比较简单，造价较低，而且就近排放，管线较短，管径也较小，因此可采用分散出水口式的管道布置形式，这在技术上和经济上都是合理的，如图 6-21 所示。

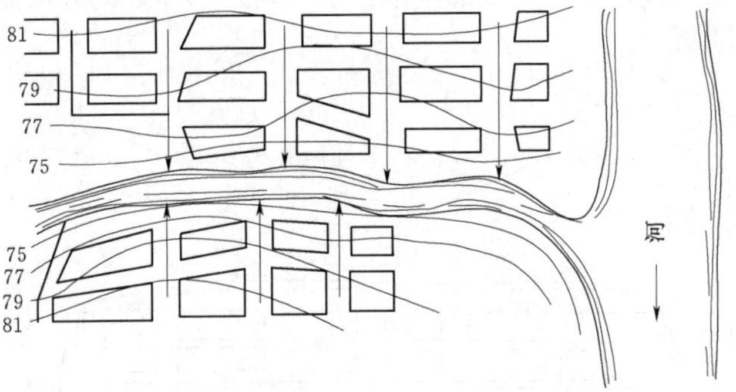

图 6-21 分散出水口式雨水管布置

当河流水位变化很大，管道出口离常水位较远时，出水口的构造就比较复杂，造价较高，这时宜采用集中出水口式的管道布置形式，如图 6-22 所示。

2. 根据城镇规划布置雨水管道

通常，应根据建筑物的分布、道路布置及街坊内部的地形，出水口位置等布置雨水管道，使雨水以最短距离排入街道低处的雨水管道。

雨水管道应平行道路敷设，且宜布置在人行道或草地带下，不宜布置在快车道下，以免积水时影响交通或维修管道时破坏路面。当道路宽度大于 40m 时，可以考虑在道路两侧分别设置雨水管道。

雨水干管的平面和竖向布置还应考虑与其他地下构筑物（包括各种管线及地下建筑物等）之间的相互协调，排水管道与其他各种管线或构筑物在竖向布置上要求的最小净

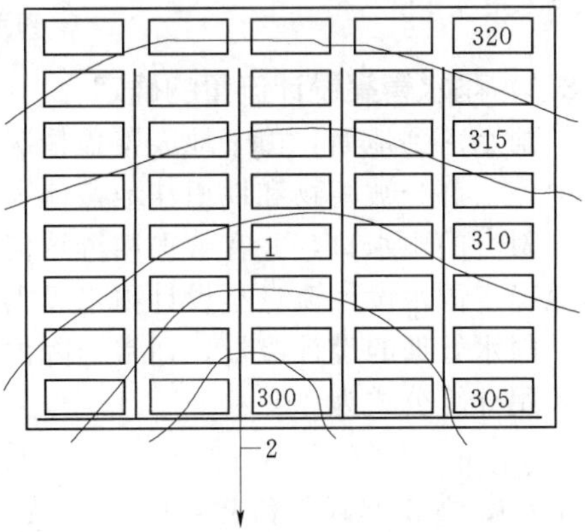

图 6-22 集中出水口式雨水管布置
1—干管；2—集中出水口

距见表6-2。

雨水口的布置应根据地形及汇水面积确定，一般在道路交叉口的汇水点、低洼处都应设置雨水口。避免因排水不畅形成积水和雨水漫过路口而影响行人的安全。此外，在道路上每隔一定距离处也应设置雨水口，其间距一般为25～60m。

雨水管渠采用明渠或暗管应结合具体条件确定。采用明渠系统排除，用材少、施工方便、造价低，但占地面积大，维护管理困难，若管理养护不善，明渠容易淤积，孳生蚊蝇，影响环境卫生，并给人们生活、生产和交通带来不便，所以在人口稀少的地方，可以采用明渠。在城市或工厂内，建筑物密集、交通繁忙，雨水管道一般应采用暗管这种方式。

设置排洪沟排除设计地区以外的雨洪径流。许多城镇或工厂傍山建设，雨季时大量雨洪径流流入，威胁城镇和工厂的安全。因此，对于靠近山麓建设的工厂和居住区，除在厂区和居住区设雨水道外，尚应考虑在设计地区周围或超过设计区设置排洪沟，以拦截从分水岭以内排泄下来的洪水，引入附近水体，则可保证工厂和居住区的安全，如图6-23所示。

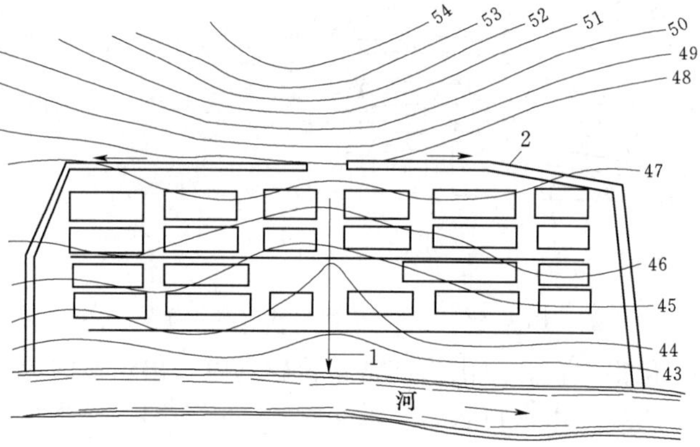

图6-23　某居住区雨水管渠及排洪沟布置

1—雨水管；2—排洪沟

6.8.2　雨水管渠设计流量的确定

雨水落到地面，由于地表覆盖情况的不同，一部分渗透到地下，一部分蒸发到大气中，一部分被植物和地面洼地截流，而余下的雨水沿地面的自然坡度形成地面径流进入附近的雨水口，并在管渠内继续流动，通过出水口排入附近的水体，所以如何合理地确定雨水设计流量是设计雨水管渠的重要内容。

雨水管渠的设计流量，通常与降雨强度、汇水面积及地面情况等影响因素有关，常采用计算公式为

$$Q_s = q\Psi F \tag{6-14}$$

式中：Q_s 为雨水设计流量，L/s；q 为设计暴雨强度，L/（s·hm^2）；Ψ 为径流系数；F 为汇水面积，hm^2。

上述计算雨水设计流量公式是根据一定的假定，由雨水径流成因加以推导出的，

因此不是严格的理论公式，而是一个经验公式。公式中的各项因素及相关的概念将在下面逐一介绍说明。

在使用雨水管渠流量公式时，随着计算管段位置的不同，管渠的 Ψ 值不同；汇水面积不同，从汇水面积最远端到计算断面处的集流时间 τ_0 是不同的，从而，相应于 τ_0 时的暴雨强度也是不同的。

6.8.2.1 降雨强度 q

降雨量是指降雨的绝对量，即降雨深度。某场雨的降雨量是指这场雨降落在不透水平面上的水层深度，可以用雨量计测定。单位时间内降落在不透水地面（假设为水平面）上的雨水深度称为降雨强度，其计算公式为

$$i = \frac{H}{t} \tag{6-15}$$

式中：i 为降雨强度，mm/min；t 为降雨历时，即连续降雨的时段，min；H 为相应于降雨历时的降雨量，mm。

在工程上，常用单位时间内单位面积上的降雨体积 q［L/（s·hm^2）］表示降雨强度。q 与 i 之间的换算关系是将每分钟的降雨深度换算成每公顷面积上每秒钟的降雨体积，即

$$q = \frac{10000 \times 1000i}{1000 \times 60} = 167i \tag{6-16}$$

降雨所笼罩的面积称为降雨面积，降雨面积上各点的降雨强度是不等的。但在城市和工业区的排水工程设计中，设计管渠的汇水面积一般大大小于降雨面积，在工程上称为小汇水面积，可以假定在整个汇水面积上降雨是均匀的。设计小汇水面积的雨水管渠，要选择降雨强度最大的雨作为设计的根据。这种降雨的特点是降雨强度大，降雨历时短，降雨面积小。

概率论与数理统计学是研究自然现象的偶然规律的。在一定条件下可能发生，也可能不发生，或按另外的样子发生的事件，叫做偶然事件。降雨属于偶然事件，例如每年夏季降雨最多这一现象几乎在大多数地方都存在，但具体到某地究竟降多大的雨，是偶然事件。利用以往观测的资料，用统计的方法对未来的情况作出估计，找出偶然事件的变化规律，作为工程设计的依据。设计雨水管渠最好有完整的降雨资料。各地的气象台（站）都设有自动雨量计。每年的降雨情况不同，10 年或 10 年以上的记录可满足雨水管渠的设计需要。记录的年数愈多，代表性愈好。利用经验频率法可以得到不同重现期、不同降雨历时的降雨强度曲线。如某市降雨强度曲线（图 6-24），从降雨曲线上可以看出以下规律：对于同一重现期的曲线，降雨历时越大，降雨强度越小；对于同一降雨历时来说，重现期越大，降雨强度越大。利用经验频率法得到的降雨强度精度虽不太高，但方法简单，用于重现期要

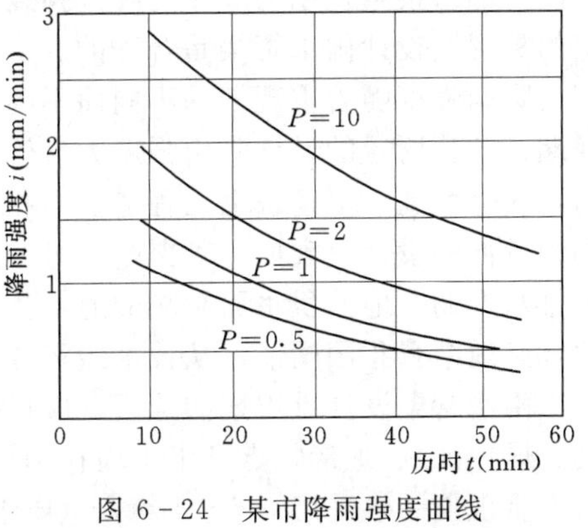

图 6-24 某市降雨强度曲线

求不高的雨水管渠的设计，使用较方便。

此外，在各地自计雨量记录分析整理的基础上，按一定的方法推求出降雨强度公式。利用公式来计算不同重现期、不同降雨历时的降雨强度。我国常用的降雨强度公式为

$$q=\frac{167A_1(1+c\lg P)}{(t+b)^n} \tag{6-17}$$

式中：q 为设计降雨强度，L/（s·hm^2）；P 为设计重现期，a；t 为降雨历时，min；A_1，c，b，n 为地方参数，根据统计方法进行计算确定。

表 6-9 是我国几个城市的降雨强度公式。

表 6-9　几个城市的降雨强度公式

城市名称	降雨强度公式	城市名称	降雨强度公式
北京	$q=\frac{2001(1+0.811\lg P)}{(t+8)^{0.711}}$	广州	$q=\frac{2424.17(1+0.533\lg T)}{(t+11.0)^{0.668}}$
上海	$q=\frac{5544(p^{0.3}-0.42)}{(t+10+7\lg P)^{0.82+0.07\lg P}}$	成都	$q=\frac{2806(1+0.803\lg P)}{(t+12.8P^{0.231})^{0.768}}$
天津	$q=\frac{3833.34(1+0.85\lg P)}{(t+17)^{0.85}}$	重庆	$q=\frac{2822(1+0.775\lg P)}{(t+12.8P^{0.076})^{0.77}}$
石家庄	$q=\frac{1689(1+0.898\lg P)}{(t+7)^{0.729}}$	昆明	$q=\frac{700(1+0.775\lg P)}{t^{0.496}}$
太原	$q=\frac{880(1+0.86\lg T)}{(t+4.6)^{0.62}}$	哈尔滨	$q=\frac{6500(1+0.34\lg P)}{(t+15)^{1.05}}$

6.8.2.2 重现期 *P*

雨水管渠的任务是为了及时排除雨水。雨水管渠的设计应该按若干年出现一次的最大降雨量为依据来确定雨水设计流量。这个若干年出现一次的期限就称为重现期。

降雨重现期是指相等的或更大的降雨强度发生的时间间隔的平均值，一般以年为单位。如果按重现期为 5 年的降雨强度设计雨水管渠，雨水管渠平均 5 年满流或溢流一次；如果按重现期为 2 年的降雨强度设计，平均 2 年满流或溢流一次。因此根据一定的重现期设计雨水管渠是合理的。

降雨强度随着重现期的不同而不同。在雨水管渠设计中，如果选用较高的设计重现期，计算所得的设计降雨强度大，管渠断面尺寸就会大。这对防止地面积水是有利的，安全性高，但经济上工程造价会相当高，而且平时管渠又不能充分发挥作用。若选用较低的设计重现期，管渠断面可相应减小，可以降低工程造价，但可能会经常发生排水不畅、地面积水而影响交通，甚至给城市人民的生活及工业生产造成危害。因此，必须结合我国国情，从技术经济方面统一考虑。

雨水管渠设计重现期的选用，应根据汇水面积的地区建设性质（广场、干道、厂区、居住区）、地形特点、汇水面积和气象特点等因素确定。《室外排水设计规范》规定：重现期一般采用 0.5～3 年，重要干道、重要地区或短期积水即能引起较严重后

果的地区，一般采用3～5年，并应与道路设计协调。特别重要地区和次要地区可酌情增减。北京天安门广场的雨水管道，是按设计重现期为10年进行设计的。

6.8.2.3 降雨历时 t

连续降雨的时段称为降雨历时，降雨历时可以指全部降雨的时间，也可以指其中任一时段。当降雨历时等于集水时间时，雨水流量为最大。因此，设计中通常用汇水面积最远点雨水流到设计断面时的集水时间作为设计降雨历时。对管道的某一设计断面来说，集水时间 t 由两部分组成（图6-25）：从汇水面积最远点流到第一个雨水口的地面集水时间 t_1 和从雨水口1流到设计断面2的管内雨水流行时间 t_2。可用公式表示为

$$t = t_1 + mt_2 \tag{6-18}$$

式中：t 为降雨历时，min；t_1 为地面集水时间，min，视距离长短、地形坡度和地面铺盖情况而定；m 为折减系数；t_2 为管渠内雨水流行时间，min。

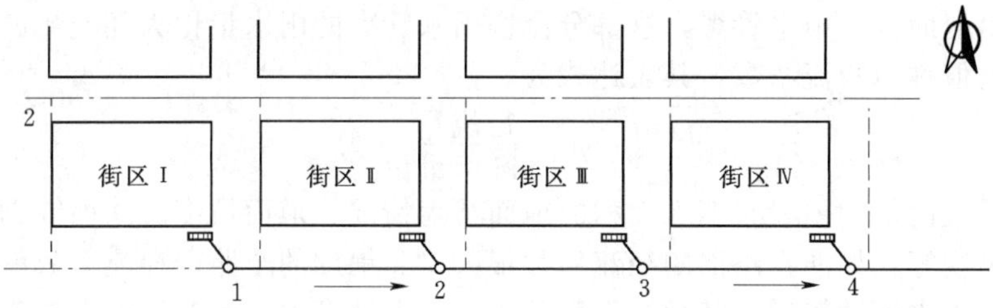

图6-25 承接四个街区雨水管道示意图

雨水在管道内的实际流行时间与计算得出的流行时间不符，需要采用一个系数进行修正，此系数叫折减系数。引入折减系数的原因有两点：一是雨水管道内不总是满流，雨水管渠的水流并非一开始就达到满流，如果按满流来计算，计算得到的流行时间小于雨水实际的流行时间；二是雨水管道的最大流量不大可能在同一时间发生，比如：管段1—2的最大流量发生在 τ_1 时刻，根据最大流量确定出 D_{1-2}；管段2—3的最大流量发生在 $\tau_1 + t_{1-2}$ 时刻，根据最大流量确定出 D_{2-3}。当 D_{1-2} 出现最大流量时，此时 D_{2-3} 只是部分充满；当管段2—3内达到最大流量时，其上游管段1－2最大流量已过。所以上游管道存在空隙容量。我国《室外排水设计规范》规定：折减系数暗管采用2，明渠采用1.2；在陡坡地区，暗管采用1.2～2。

1. 地面集水时间 t_1 的确定

地面集水时间受地形坡度、地面铺砌、地面种植情况、道路纵坡和宽度等因素的影响。这些因素直接决定着水流沿地面或边沟的速度。在上述各因素中，地面集水时间主要取决于雨水流行距离的长短和地面坡度。不少学者为寻求地面集水时间的计算方法作了大量的研究工作。但在实际的设计工作中，要准确计算出 t_1 是困难的，故一般不进行计算，而采用经验数值。根据《室外排水设计规范》建议：地面集水时间 t_1 一般采用5～15min。在设计工作中，应结合具体条件恰当地选定。如果 t_1 选用过大，将会造成排水不畅，以致使管道上游地面经常积水；选用 t_1 过小，又将使雨水管渠尺寸加大而增加工程造价。

2. 管渠内雨水流行时间 t_2 的确定

雨水在上游管段内流行时间的计算公式为

$$t_2 = \sum \frac{L}{v60} \tag{6-19}$$

式中：L 为上游各管段的长度，m；v 为上游各管段的设计流速，m/s；t_2 为上游各管段中流行时间之和，min；60 为单位换算系数，1min=60s。

在雨水管道的设计中，采用的降雨历时 $t=t_1$，此时暴雨强度、汇水面积都是相应的极限值，根据公式确定的流量应是最大值。这便是雨水管道设计的极限强度理论。极限强度理论包括两部分内容：一是当汇水面积上最远点的雨水流达集流点时，全面积产生汇流，雨水管道的设计流量最大；二是当降雨历时等于汇水面积上最远点的雨水流达集流点的集流时间时，雨水管道需要排除的雨水量最大。

6.8.2.4 径流系数 ψ

降落在地面上的雨水，一部分被植物和地面的洼地截留，一部分渗入土壤，余下的一部分沿地面流入雨水管渠，这部分流进雨水管渠的雨水量称为径流量。径流量与降雨量的比值称为径流系数，其表达式为

$$\psi = \frac{\text{径流量}}{\text{降雨量}} \tag{6-20}$$

径流系数的影响因素有汇水面积的地面覆盖情况、地面坡度、路面铺砌、降雨历时、降雨强度等，如沥青路面的径流系数很大，非铺砌的土路面径流系数就很小。地形坡度小，雨水流动较慢，其径流系数就小；地形坡度大，则其径流系数就大。降雨历时愈长，地面下土壤的湿度越大，入渗的水量就愈小，径流系数就愈大；降雨强度愈大，径流系数愈大。由于影响因素很多，要精确地求出径流系数是非常困难的，但考虑到影响径流系数的主要因素是地面覆盖种类的透水性。目前在雨水管渠设计中，径流系数通常采用按地面覆盖种类确定的经验数值，见表 6-10。

表 6-10 径流系数 ψ 值

地面种类	ψ
各种屋面、混凝土或沥青路面	0.85～0.95
大块石铺砌路面或沥青表面处理的碎石路面	0.55～0.65
级配碎石路面	0.40～0.50
干砌砖石或碎石路面	0.35～0.40
非铺砌土路面	0.25～0.35
公园或绿地	0.10～0.20

通常汇水面积是由各种性质的地面覆盖种类所组成的，各类性质的路面所占的比例不同，则汇水面积的径流系数则不同，因而整个汇水面积的径流系数为各类地面径流系数的加权平均值，即

$$\overline{\psi} = \sum_{i=1}^{n} \psi_i \frac{F_i}{F} \tag{6-21}$$

式中：$\overline{\psi}$ 为整个汇水面积上的平均径流系数；ψ_i 为相应于各类地面的径流系数；F_i

为汇水面积上不同类地面的面积，hm^2；F 为全部汇水面积，hm^2；n 为整个汇水面积含有的地面的种类个数。

【例 6-4】 某城镇居住区内，屋面面积占该区总面积的 25%，沥青道路面积占 14%，三合土人行道面积占 5%（采用与屋面相同的径流系数值），非铺砌土路面占 7%，草地面积占 49%。试计算该区的平均径流系数 $\overline{\psi}$ 值。

解：
$$\overline{\psi} = \sum_{i=1}^{n} \psi_i \frac{F_i}{F} = \frac{0.9 \times (25\% + 14\% + 5\%) + 0.3 \times 7\% + 0.15 \times 49\%}{25\% + 14\% + 5\% + 7\% + 49\%}$$
$$= 0.4905$$

【例 6-5】 已知条件如下：

（1）雨水管道平面布置如图 6-26 所示。

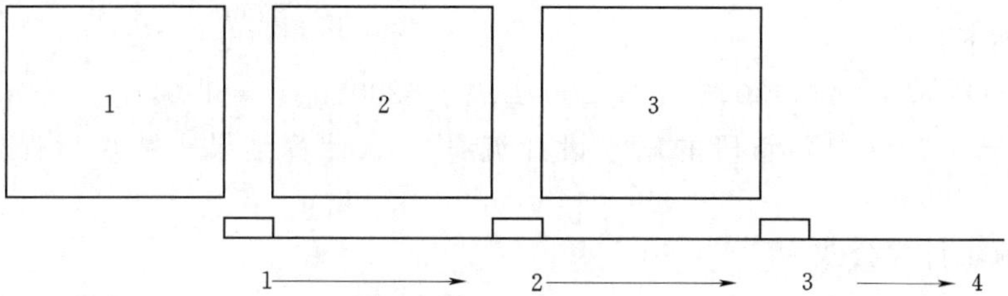

图 6-26 雨水管道平面布置

（2）各雨水口所承担的汇水面积分别为 F_1、F_2、F_3，径流系数分别为 ψ_1、ψ_2、ψ_3，管段长度分别为 l_{12}、l_{23}、l_{34}，雨水在管段 1—2、2—3、3—4 流动的流速分别为 v_{1-2}、v_{2-3}、v_{3-4}（汇水面积、管道长度、流速单位分别为 hm^2、m、m/s）

（3）雨水从各块面积上的最远点分别流入设计断面 1、2、3 所需的集水时间均为 τ。

（4）当地降雨强度计算公式为 $q = \dfrac{167A(1 + c\lg P)}{(t)^n}$，其中 A，c 为常数，（降雨强度以 L/s，hm^2 计）。

试写出管段 1—2、2—3、3—4 的设计流量表达式。

解：

$$Q_{1-2} = \psi \cdot q \cdot F = \psi_1 \cdot \frac{167A(1 + c\lg P)}{\tau^n} \cdot F_1$$

$$Q_{2-3} = \frac{F_1\psi_1 + F_2\psi_2}{(F_1 + F_2)} \cdot \frac{167A(1 + c\lg P)}{\left(\tau + 2\dfrac{l_{1-2}}{60v_{1-2}}\right)^n} \cdot (F_1 + F_2)$$

$$= (F_1\psi_1 + F_2\psi_2) \cdot \frac{167A(1 + c\lg P)}{\left(\tau + 2\dfrac{l_{1-2}}{60v_{1-2}}\right)^n}$$

$$Q_{3-4} = (F_1\psi_1 + F_2\psi_2 + F_3\psi_3) \cdot \frac{167A(1 + c\lg P)}{\left(\tau + 2\dfrac{l_{1-2}}{60v_{1-2}} + 2\dfrac{l_{2-3}}{60v_{2-3}}\right)^n}$$

【例 6-6】 已知条件如下：

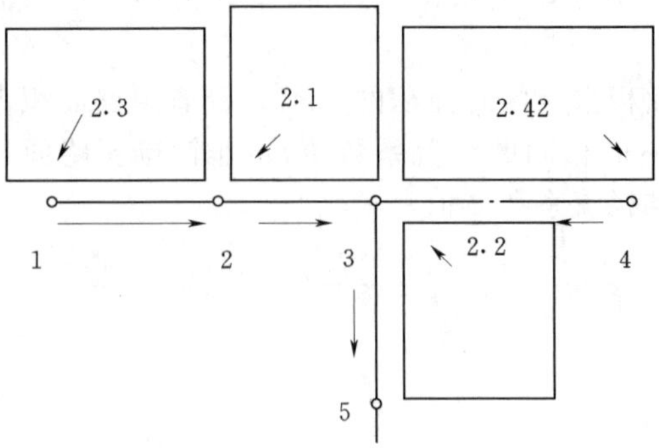

图 6-27 雨水管道平面布置

雨水管道平面布置如图6-27所示。图中各设计管段的本段汇水面积标注在图6-27上，单位以hm^2计，假定设计流量均从管段起点进入。已知当重现期$P=1a$时，暴雨强度计算公式为

$$i=\frac{20.154}{(t+18.768)^{0.784}}(mm/min) \tag{6-22}$$

经计算，径流系数$\psi=0.6$。地面集水时间$t_1=10min$，折减系数$m=2$。各管段的长度以m计，管内流速以m/s计。数据如下：

$L_{1-2}=120, L_{2-3}=130, L_{4-3}=200, L_{3-5}=200; v_{1-2}=1.0, v_{2-3}=1.2, v_{4-3}=0.85, v_{3-5}=1.2$ 试求各管段的雨水设计流量。（计算结果小数点后保留2位有效数字）

解： 流量计算公式为

$$Q=\psi qF=167\psi iF$$

$$\begin{aligned}Q_{1-2}&=167\psi iF\\&=167\times0.6\times\frac{20.154}{(10+18.768)^{0.784}}\times2.3\\&=333.6(L/s)\end{aligned}$$

$$\begin{aligned}Q_{2-3}&=167\psi iF\\&=167\psi\frac{20.154}{(t_1+2t_2+18.768)^{0.784}}F\\&=167\times0.6\times\frac{20.154}{\left(10+2\frac{l_{1-2}}{60v_{1-2}}+18.768\right)^{0.784}}\times(2.3+2.1)\\&=576.2(L/s)\end{aligned}$$

$$\begin{aligned}Q_{4-3}&=167\psi iF\\&=167\times0.6\times\frac{20.154}{(10+18.768)^{0.784}}\times2.42\\&=350.9(L/s)\end{aligned}$$

$$\begin{aligned}Q_{3-5}&=167\psi iF\\&=167\psi\frac{20.154}{(t_1+2t_2+18.768)^{0.784}}F\\&=167\times0.6\times\frac{20.154}{\left(10+2\frac{l_{1-2}}{60v_{1-2}}+2\frac{l_{2-3}}{v_{2-3}}+18.768\right)^{0.784}}\\&\quad\times(2.3+2.1+2.42+2.2)\\&=1086.2(L/s)\end{aligned}$$

在计算管段 3—5 的雨水设计流量时，雨水在上游管段流行时间 t_2 应选择两个中的较小者。即 $t_2=\min\left\{\frac{l_{1-2}}{60v_{1-2}}+\frac{l_{2-3}}{60v_{2-3}},\ \frac{l_{4-3}}{60v_{4-3}}\right\}=\min\{3.85,\ 3.92\}=3.85$。因为这样计算的雨水设计流量是最不利的情况。

6.8.3 雨水管渠系统的设计和计算

雨水管渠系统设计的基本要求是能通畅、及时地排走城镇或工厂汇水面积内的暴雨径流量。本节内容包括雨水管渠水力计算的设计数据、雨水管渠水力计算方法和雨水管渠系统的设计步骤和立体交叉道路的排水。

6.8.3.1 雨水管渠水力计算的设计数据

为了使雨水管渠正常工作，避免发生淤积、冲刷等现象，对雨水管渠水力计算的基本数据作如下的技术规定。

1. 设计充满度

雨水中主要含有泥沙等无机物质，不同于污水的性质，加之暴雨径流量大，而相应较高设计重现期的暴雨强度的降雨历时一般不会很长。故管道设计充满度按满流考虑，即 $h/D=1$。明渠则应有不小于 0.20m 的超高。街道边沟应有不小于 0.03m 的超高。

2. 设计流速

为避免雨水管渠内挟带泥砂等无机物质在管渠内沉淀导致管道堵塞，雨水管渠需要有较高的流速。《室外排水设计规范》规定：雨水管渠（满流时）的最小设计流速为 0.75m/s。明渠内发生沉淀后容易清除，所以可以采用较低的设计流速，明渠的最小设计流速为 0.4m/s。为防止管壁和渠壁的冲刷损坏，雨水管渠暗管最大允许流速为 5m/s。明渠最大设计流速，当明渠水深为 0.4～1.0m 时，根据不同构造按表 6-11 选用。

表 6-11　明渠最大设计流速

明渠类别	最大设计流速（m/s）	明渠类别	最大设计流速（m/s）
粗砂或低塑性粉质黏土	0.8	干砌块石	2.0
粉质黏土	1.0	浆砌块石或浆砌砖	3.0
黏土	1.2	石灰岩和中砂岩	4.0
草皮护面	1.6	混凝土	4.0

当水流深度 h 在 0.4～1.0m 范围以外时，表 6-11 所列最大设计流速宜乘以下列系数：

当 $h<0.4$m 时，系数为 0.85；$1.0<h<2.0$m 时系数为 1.25；$h\geq 2.0$m 时系数为 1.40。

3. 最小坡度

为了保证管渠内不发生淤积，雨水管渠的最小坡度应按最小流速计算确定。《室外排水设计规范》规定：雨水管管径为 300mm 时，塑料管最小设计坡度为 0.002，其他管最小设计坡度为 0.003；雨水口连接管的最小坡度为 0.01。

4. 最小管径

为了保证管道养护上的便利，防止管道发生阻塞，《室外排水设计规范》规定雨水管道的最小管径为300mm。

5. 最小埋深与最大埋深

具体规定与污水管道相同。

6.8.3.2 雨水管渠水力计算方法

雨水管渠水力计算仍按均匀流考虑，其水力计算公式与污水管道水力计算公式相同，见式（6-10）、式（6-11）和式（6-12），但按满流计算。

在具体计算时，设计流量 Q 和管道粗糙系数 n 已知，还有管径 D、管道坡度 i 和流速 v 是未知的，因此需要先假定1个求其他两个，这样的数学计算非常复杂，而且经常要试算。在实际计算中，通常采用根据公式绘制成的水力计算图表来计算。

水力计算图中共有5个参数，在工程设计中，通常在选定管材之后，粗糙系数 n 即为已知数，设计流量 Q 经计算后也为已知数，未知数为 i、v、D。混凝土和钢筋混凝土雨水管道的管壁的粗糙系数一般为0.013。这就确定了要查的附表，其余4个因素，只要知道其中的任意两个参数，就能在图上定出一个点，然后读出其他两个参数的数值即可。在实际应用中，粗糙系数和设计流量均为已知数，可以参考地面坡度 i，从水力计算图中求得 D 和 v 值，并使所求的 i、v、D 各值符合水力计算基本数据的技术规定。

雨水管道一般采用圆形断面，但当断面尺寸较大时，宜采用矩形、马蹄形或半椭圆形。明渠一般采用矩形或梯形。断面底宽一般不小于0.3m。边坡视土壤及护面材料而不同；用砖石或混凝土块铺砌的明渠，一般采用1∶0.75～1∶1的边坡。

6.8.3.3 雨水管渠系统的设计步骤

首先要收集和整理设计地区的各种原始资料，包括地形图、城市或工业区的总体规划、水文、地质、暴雨等资料作为基本的设计数据。然后根据具体情况进行设计。现以图6-28为例，一般雨水管道设计按下列步骤进行。

（1）划分排水流域和管道定线。应根据城市的总体规划图或工厂的总平面图，按实际地形划分排水区域。如图6-28所示一沿江城市，该市被一条自西向东南流动的河流分为南北两区。南区可见一明显分水线，其余地方地形起伏不大，沿河两岸地势最低，故排水流域的划分基本按雨水干管服务的排水面积大小确定。根据该地暴雨量较大的特点，每条干管承担面积不宜太大，故划分为12个流域。

由于地形对排除雨水有利，拟采用分散出口的雨水管道布置形式。雨水干管基本垂直于等高线，布置在排水流域地势较低一侧，这样雨水能以最短距离靠重力流分散就近排入水体。为了充分利用街道边沟的排水能力，每条干管起端100m左右可视具体情况不设雨水暗管。雨水支管一般设在街坊较低侧的道路下。

（2）划分设计管段。根据管道的具体位置，在管道转弯处、管径或坡度改变处，有支管接入处或两条以上管道交汇处以及超过一定距离的直线管段上都应设置检查井。把两个检查井之间流量没有变化且预计管径和坡度也没有变化的管段定为设计管段。并从管段上游往下游按顺序进行检查井的编号，如图6-29所示。

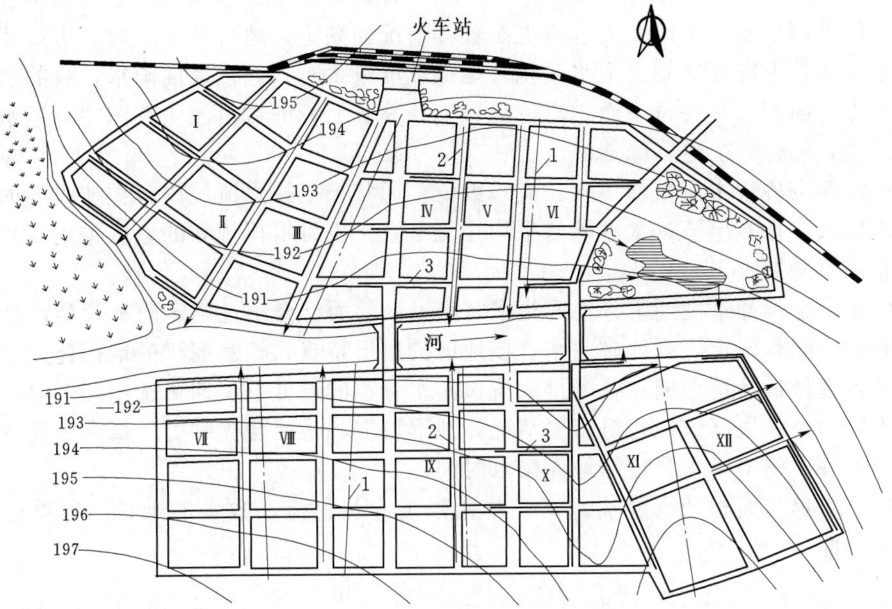

图 6-28 某地雨水管道平面布置

1—流域分界线；2—雨水干管；3—雨水支管

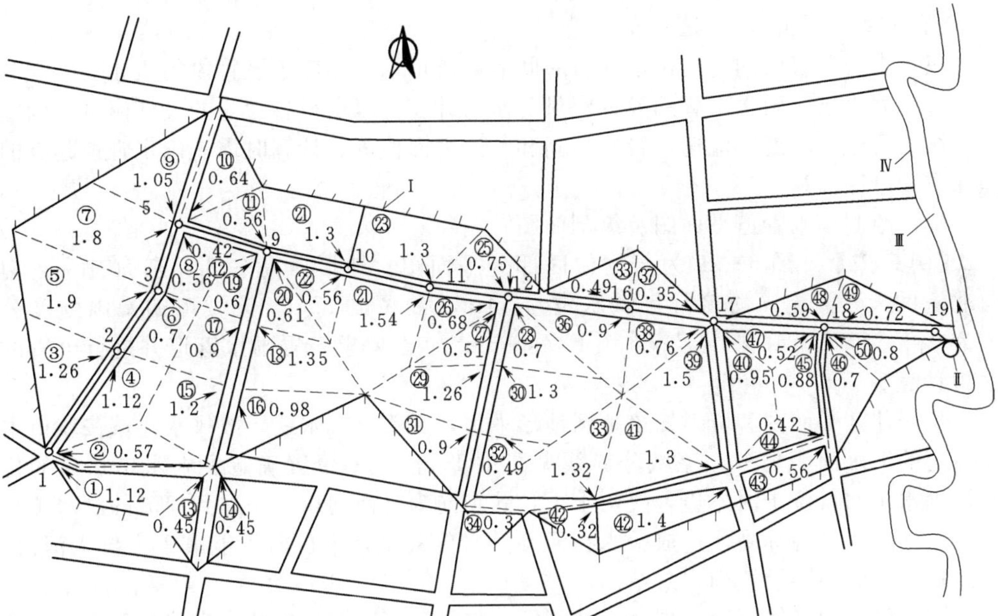

图 6-29 设有雨水泵站的雨水管布置

（图中圆圈内数字为汇水面积编号；其旁数字为面积数值，以 $10^4 m^2$ 计）

Ⅰ—排水分界线；Ⅱ—雨水泵站；Ⅲ—河流；Ⅳ—河堤岸

(3) 划分并计算各设计管段的汇水面积。各设计管段汇水面积的划分应结合地形坡度、汇水面积的大小以及雨水管道布置等情况而划定。地形较平坦时，可按就近排入附近雨水管道的原则划分汇水面积；地形坡度较大时，应按地面雨水径流的水流方向划分汇水面积。并将每块面积进行编号，计算其面积的数值注明在图中。汇水面积除街区外，还包括街道、绿地。

(4) 确定各排水流域的平均径流系数值。通常根据排水流域内各类地面的面积数或所占比例，计算出该排水流域的平均径流系数。也可根据规划的地区类别，采用区域综合径流系数。

(5) 确定设计重现期 P、地面集水时间 t_1。前面已介绍过确定雨水管渠设计重现期的有关原则和规定。设计时应结合该地区的地形特点、汇水面积的地区建设性质和气象特点选择设计重现期。各个排水流域雨水管道的设计重现期可选用同一值，也可选用不同的值。根据该地建筑密度情况，地形坡度和地面覆盖种类，街区内设置雨水暗管与否等，确定雨水管道的地面集水时间。

(6) 求单位面积径流量 q_0。q_0 是暴雨强度 q 与径流系数 ψ 的乘积，称单位面积径流量。即

$$q_0 = q\psi = \frac{167A_1(1+c\lg P)\psi}{(t+b)^n} = \frac{167A_1(1+c\lg P)\psi}{(t_1+mt_2+b)^n}[\mathrm{L/(s \cdot hm^2)}] \qquad (6-23)$$

显然，对于具体的雨水管道工程来说，式（6－23）中的 P、t_1、ψ、m、A_1、b、c 均为已知数，因此 q_0 只是 t_2 的函数。

只要求得各管段的管内雨水流行时间 t_2，就可求出相应于该管段的值 q_0。

(7) 列表进行雨水干管的设计流量和水力计算，以求得各管段的设计流量，确定各管段的管径、坡度、流速、管底标高和管道埋深值等。计算时需先确定管道起点的埋深或是管底标高。

(8) 绘制雨水管道平面图及纵剖面图。

【例 6－7】 图 6－29 为某居住区部分平面图。地形西高东低，东面有一自南向北流的天然河流，河流常年洪水位为 14m，常水位 12m。该城市的暴雨强度公式为 $q=500(1+1.38\lg P)/t^{0.65}[\mathrm{L/(s \cdot hm^2)}]$。要求布置雨水管道并进行干管的水力计算。

从居住区平面图和资料知该地区地形平坦，无明显分水线，故排水流域按城市主要街道的汇水面积划分，流域分界线见图中 1。河流的位置确定了雨水出水口的位置，雨水出水口位于河岸边，故雨水干管的走向为自西向东。考虑到河流的洪水位高于该地区地面平均标高，造成雨水在河流洪水位甚至常水位时不能靠重力排入河流，因此在干管的终端设置雨水泵站。

根据管道的具体位置，划分设计管段，将设计管段的检查井依次编上号码，各检查井的地面标高见表 6－12。每一设计管段的长度在 200m 以内为宜，各设计管段的长度见表 6－13。每一设计管段所承担的汇水面积可按就近排入附近雨水管道的原则划分。将每块汇水面积的编号、面积数、雨水流向标注在图中（图 6－28）。表 6－14 为各设计管段的汇水面积计算表。

表 6-12 地面标高表

检查井标号	地面标高（m）	检查井标号	地面标高（m）
1	14.03	11	13.60
2	14.06	12	13.60
3	14.06	16	13.58
5	14.04	17	13.57
9	13.60	18	13.57
10	13.60	19（泵站前）	13.55

表 6-13 管道长度表

管道编号	管道长度（m）	管道编号	管道长度（m）
1—2	150	11—12	120
2—3	100	12—16	150
3—5	100	16—17	120
5—9	140	17—18	150
9—10	100	18—19	150
10—11	100	19—泵站	

表 6-14 汇水面积计算表

设计管段标号	本段汇水面积标号	本段汇水面积（hm^2）	转输汇水面积（hm^2）	总汇水面积（hm^2）
1—2	1、2	1.69	0	1.69
2—3	3、4	2.38	1.69	4.07
3—5	5、6	2.60	4.07	6.67
5—9	7—10	4.05	6.67	10.72
9—10	11—20	7.52	10.72	18.24
10—11	21、22	1.86	18.24	20.10
11—12	23、24	2.84	20.10	22.94
12—16	25—32、34	6.89	22.94	29.83
16—17	35、36	1.39	29.83	31.22
17—18	33、37—42	7.90	31.22	39.12
18—19	43—50	5.19	39.12	44.31

由于市区内建筑分布情况差异不大，可采用统一的平均径流系数值，经计算$\psi=0.50$。

本例中地形平坦，建筑密度较稀，地面集水时间采用 $t_1=10\text{min}$。设计重现期选用 $P=1\text{a}$。管道起点埋深根据支管的接入标高等条件，采用 1.30。列表进行干管的水力计算（表6-15）。

表6-15 雨水干管水力计算表

设计管段编号	管长 L (m)	汇水面积 F (hm^2)	管内雨水流行时间 (min)		单位面积径流量 q_0 [L/(s·hm^2)]	设计流量 Q (L/s)	管径 D (mm)	坡度 I (‰)
			$\sum t_2=\sum \frac{L}{v}$	$t_2=\frac{L}{v}$				
1	2	3	4	5	6	7	8	9
1—2	150	1.69	0	3.29	55.98	94.58	400	2.1
2—3	100	4.07	3.29	1.98	40.29	163.98	500	1.9
3—5	100	6.67	5.27	1.98	35.05	233.78	600	1.5
5—9	140	10.72	7.25	2.59	31.25	335.00	700	1.4
9—10	100	18.24	9.84	1.63	27.60	503.42	800	1.5
10—11	100	20.10	11.47	1.59	25.79	518.38	800	1.6
11—12	120	22.94	13.06	1.79	24.29	557.21	800	1.8
12—16	150	29.83	14.85	2.27	22.84	681.32	900	1.5
16—17	120	31.22	17.12	1.82	21.28	(664.36) 681.32	900	1.5
17—18	150	39.12	18.94	1.97	20.23	791.40	900	2.0
18—19	150	44.31	20.81	1.82	19.26	853.41	900	3.0

设计管段编号	流速 v (m/s)	管道输水能力 Q (L/s)	坡降 iL (m)	设计地面标高 (m)		设计管内底标高 (m)		埋深 (m)	
				起点	终点	起点	终点	起点	终点
1	10	11	12	13	14	15	16	17	18
1—2	0.76	96.00	0.315	14.030	14.060	12.730	12.415	1.30	1.65
2—3	0.84	165.00	0.190	14.060	14.060	12.315	12.125	1.75	1.94
3—5	0.84	240.00	0.150	14.060	14.060	12.025	11.875	2.04	2.27
5—9	0.90	350.00	0.196	14.040	13.600	11.775	11.579	2.37	2.02
9—10	1.02	520.00	0.150	13.600	13.600	11.479	11.329	2.12	2.27
10—11	1.05	530.00	0.160	13.600	13.600	11.329	11.169	2.27	2.43
11—12	1.12	560.00	0.216	13.600	13.600	11.169	10.953	2.43	2.65
12—16	1.10	700.00	0.225	13.600	13.580	10.853	10.637	2.75	2.94
16—17	1.11	700.00	0.180	13.580	13.570	10.637	10.457	2.97	3.11
17—18	1.29	810.00	0.300	13.570	13.570	10.457	10.157	3.11	3.41
18—19	1.37	870.00	0.345	13.570	13.550	10.157	9.812	3.41	3.74

水力计算表明：

（1）表6-15中第1项为需要计算的设计管段，从上游至下游依次写出。第2、第3、第13、第14项从表6-12、表6-14、表6-15中取得。其余各项经计算后得到。

(2) 计算中假定管段的设计流量均从管段的起点进入，即各管段的起点为设计断面。因此，各管段的设计流量是按该管段起点，即上游管段终点的设计降雨历时（集水时间）进行计算的。也就是说在计算各设计管段的暴雨强度时，用的 t_2 值应按上游各管段的管内雨水流行时间之和 $\sum t_2(\sum L/v)$ 求得。如管段 1—2 是起始管段，故 $\sum t_2=0$，将此值列入表 6-15 第 4 项。

也有采用管段终点为设计断面进行计算的。但这种方法是用管段终点的集水时间对应的暴雨强度来计算雨水设计流量，而在未进行水力计算之前，未求出管段满流时的设计流速，也就无法求出管段起点至终点的雨水管内流行时间 t_2。因此，必须先要预设管内流速，算出管内流行时间，进而算出单位面积径流量 q_0、设计流量 Q，再由 Q 确定管段的管径 D、坡度 I、流速 v 及管底标高等。最后检查计算得出的流速与预设的流速是否相近，如果相差较大需重新预设再算。这种方法计算出的管径虽比以管段起点为设计断面的方法算出的管径小一些，但计算较烦琐，且折减系数只能采用 $m=1.0$，因此在实际工程中用得不多。

(3) 根据确定的设计参数、求单位面积径流量 q_0

$$q_0=\psi q=0.5\frac{500(1+1.38\lg P)}{(10+2\sum t_2)}=\frac{250}{(10+2\sum t_2)^{0.65}}[\mathrm{L/(s\cdot hm^2)}]$$

式中 q_0 为管内雨水流行时间 $\sum t_2$ 的函数，只要知道各设计管段内雨水流行时间 $\sum t_2$，即可求出该设计管段的单位面积径流量 q_0。

如管段 1—2 的 $\sum t_2=0$，代入得

$$q_0=\frac{250}{10^{0.65}}=55.97[\mathrm{L/(s\cdot hm^2)}]$$

而管段 5—9　　$\sum t_2=t_{1-2}+t_{2-3}+t_{3-5}=3.29+1.98+1.98=7.25(\mathrm{min})$

代入　　$q_0=\dfrac{250}{(10+2\times 7.25)^{0.65}}=31.25[\mathrm{L/(s\cdot hm^2)}]$

将 q_0 列入表 6-15 中第 6 项。

(4) 用各设计管段的单位面积径流量乘以该管段的总汇水面积得设计流量。如管段 1—2 的设计流量 $Q=55.98\times 1.69=94.58$ (L/s)，列入表 6-15 中第 7 项。

(5) 在求得设计流量后，即可进行水力计算，求管径、管道坡度和流速。在查水力计算图或表时，Q、v、I、D 4 个水力因素可以相互适当调整，使计算结果既要符合水力计算设计数据的规定，又应经济合理。本例地面坡度较小，甚至地面坡向与管道坡向正好相反，为不使管道埋深增加过多，管道坡度宜取小值。但所取坡度应能使管内水流速度不小于最小设计流速。计算采用钢筋混凝土圆管（满流，$n=0.013$）水力计算表。

将确定的管径、坡度、流速各值列入表中第 8 项、第 9 项、第 10 项。第 11 项管道的输水能力 Q' 是指在水力计算中管段在确定的管径、坡度、流速的条件下，实际通过的流量。该值等于或略大于设计流量 Q。

(6) 根据设计管段的设计流速求本管段的管内雨水流行时间 t_2。例如管段 1—2 的管内雨水流行时间 $t_2=L_{1-2}/v_{1-2}=150/(0.76\times 60)=3.29(\mathrm{min})$。将该值列入表 6-15中第 5 项。此值便是下一个管段 2—3 的 $\sum t_2$ 值。

(7) 管段长度乘以管道坡度得到该管段起点与终点之间的高差，即降落量。如管段1—2的降落量。$iL = 0.021 \times 150 = 0.315(m)$。列入表6-15中12项。

(8) 根据冰冻情况、雨水管道衔接要求及承受荷载的要求，确定管道起点的埋深或管底标高。本例起点埋深定为1.3m，将该值列入表6-15中第17项。用起点地面标高减去该点管道埋深得到该点管底标高，即14.030－1.30＝12.730（m）。列入表6-15中第15项。用该值减去1、2两点的降落量得到终点2的管底标高，即12.730－0.315＝12.415（m）。列入表6-15中第16项。用2点的地面标高减去该点的管底标高得该点的埋设深度，即14.060－12.415＝1.65（m）。列入表6-15中第18项。

雨水管道各设计管段在高程上采用管顶平接。

(9) 在划分各设计管段的汇水面积时，应尽可能使各设计管段的汇水面积均匀增加，否则会出现下游管段的设计流量小于上一管段设计流量的情况。如管段16—17的设计流量小于12—16的设计流量。这是因为下游管段的集水时间大于上一管段的集水时间，故下游管段的设计暴雨强度小于上一管段的暴雨强度，而总汇水面积只有较小增加的缘故。若出现了这种情况，应取上一管段的设计流量作为下游管段的设计流量。

(10) 本例只进行了干管的水力计算，实际上在设计中，干管和支管是同时进行计算的。在支管与干管相接的检查井处，必然会有两个$\sum t_2$值和两个管底标高值。再继续计算相交后的下一个管段时，应采用大的那一个$\sum t_2$值和小的那个管底标高值。

(11) 绘制雨水干管平面图及纵剖面图（略）。图6-30为初步设计的雨水干管平面图。

6.8.3.4 立体交叉道路排水

随着国民经济的飞速发展，全国各地修建的公路、铁路立交工程逐日增多。立交工程多设在交通繁忙的主要干道上，车辆多，速度快。而立交工程中位于下边的道路的最低点，往往比周围干道约低2～3m，形成盆地，再加上纵坡很大，立交范围内的雨水径流很快就汇集至立交最低点，极易造成严重的积水。若不及时排除雨水，便会影响交通，甚至造成事故。立交道路排水主要解决降雨在汇水面积和必要排出的地下水。雨水设计流量的计算公式和一般雨水管渠设计流量公式相同。

1. 立交排水的特点

(1) 要尽量缩小汇水面积，以减少设计流量。立交的类别和形式较多，每座立交的组成部分也不完全相同。但是其汇水面积应包括引道、坡道、匝道、跨线桥、绿地以及建筑红线以内的适当面积（汇水面积边界线与建筑红线之间约10m），如图6-31所示。

在划分汇水面积时，如果条件许可，应尽量将属于立交范围的一部分面积划归附近另外的排水系统，或采取高水高排、低水低排，这样可避免所有雨水都汇集到最低点造成排泄不及时而积水。同时还应有防止地面高的水进入低水系统的拦截措施。

(2) 注意地下水的排除。当立交工程最低点低于地下水位时，为保证路基经常处于干燥状态，使其具有足够的强度和稳定性，需要采取必要的措施排除地下水。通常可埋设渗渠或花管，以吸收、汇集地下水，使其流入附近排水干管或河湖。

(3) 排水设计标准高于一般路面。由于立交道路在交通上的特殊性，为保证交通

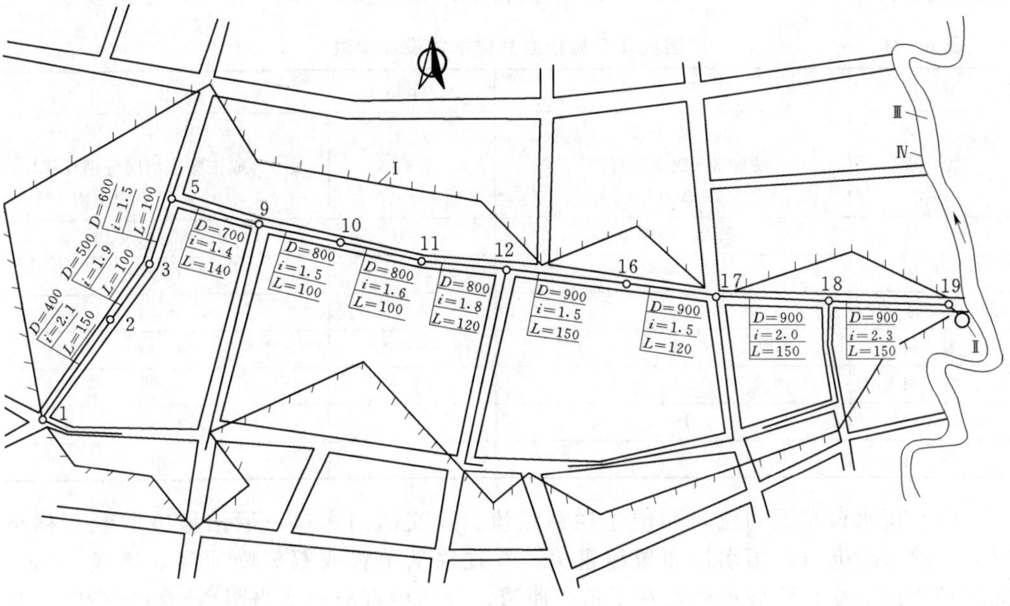

图 6-30 雨水干管平面图（图中尺寸管径 D 以 mm 计，坡度 i 以‰计，长度 L 以 m 计）

Ⅰ—排水分界线；Ⅱ—雨水泵站；Ⅲ—河流；Ⅳ—河堤岸

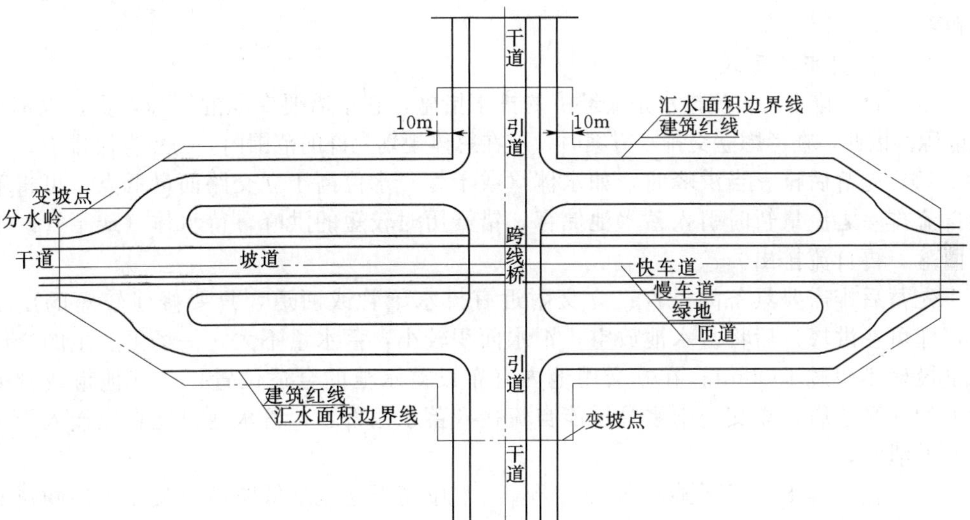

图 6-31 立交排水汇水面积

畅通无阻，排水设计标准应高于一般道路。《室外排水设计规范》规定立体交叉道路排水的地面径流量计算宜符合设计重现期不小于 3a，重要区域标准可适当提高，同一立体交叉工程的不同部位可采用不同的重现期。地面集水时间宜取 5～10min。由于坡度陡，管内流行时间不宜采用延缓系数 2。径流系数 ψ 值应根据地面种类分别计算，一般取0.8～1.0。国内几个城市立交排水的设计参数见表6-16，可供参考。

表6-16 国内几个城市立交排水的设计参数

城市	P（a）	t_1（min）	Ψ
北京	一般1～2 特殊3（或变重现期） 郊区1	5～8	0.9（或按覆盖情况分别计算）
天津	一般2，特殊1、3	5～10	0.9（或加权平均）
上海	1～2	7	0.9
石家庄	5		0.9～1.0
无锡	5		0.9
郑州	5	10	0.9
太原	3～5		0.9～1.0
济南	5～6	5	0.9

(4) 雨水口布设的位置要便于拦截径流。立交的雨水口一般沿坡度两侧对称布置，越接近最低点，雨水口布置越密集，并往往从单箅或双箅增加到8箅或10箅。面积较大的立交，除坡道外，在引道、匝道、绿地中都应在适当距离和位置设置一些雨水口。位于最后点的跨线桥，为不使雨水径流距离过长，通常由泄水孔将雨水排入立管，再引入下层的雨水口或检查井中。

(5) 管道布置。立交排水管道的布置，应与其他市政管道综合考虑，并应避开立交桥基础。

2. 立交排水的形式

(1) 自流排水。自流排水是最经济的排水措施，它不需要专职的管理人员，也不消耗能源。因此，在考虑立交排水方案时，应在总体规划允许的范围内，力争自流排出。

(2) 先蓄后排。当洪峰时，如水体（或干管）水位高于立交路面最低点，可将不能自流排除之流量暂时引入蓄水池储存，错开历时较短的洪峰，待水体（或干管）水位回落，再自流排出。

先蓄后排需要具备的条件：立交附近有排水干管或河道，只要修建较短的出水管，即可在洪峰过后将蓄水池放空；汇水面积较小，蓄水量不大，一场雨产生的全部水量最好不超过1000m^3；在立交用地内有布设蓄水池的合适位置；与其他市政管道无大的交叉矛盾，立交内雨水管道能自流接入蓄水池蓄水，蓄水池也能自流接入干管或河道泄空。

(3) 抽升排水。当下游水体（或干管）水位高于立交最低路面，又无条件修建蓄水池（或经济上不合理）时，就需设置泵站进行抽升解决排水问题。

6.8.4 城市防洪工程规划

一般城市多临近江河、山溪、湖泊或海洋等修建。江河、山溪、湖泊或海洋，一方面为城市的发展提供了必要的水源条件；另一方面也将给城市带来洪水灾害。因此，为了解除或减轻洪水对城市的危害，保证城市安全，往往需要进行城市防洪工程规划。城市或城市工业企业防洪规划的主要任务是防止由暴雨而形成巨大的地面径流所产生的严重危害。

6.8.4.1 城市防洪规划的原则

(1) 城市防洪规划应符合城市和工业企业的总体规划要求，防洪工程规划设计的规模、范围和布局都必须根据城市和工业企业总体规划制定。同时，城市和工业企业各项工程的规划对防洪工程都有影响。在靠近山区和江河的城市及工业企业尤应特别注意。

(2) 合理安排，远近期结合。由于防洪工程的建设费用较大，建设期较长，所以要按轻重缓急做出分期建设的安排。这样，既能节省初期投资，又能及早发挥工程设施的效益。

(3) 充分利用原有设施。从实际出发，充分利用原有防洪、泄洪、蓄洪设施，有计划、有步骤地加以改造，使其逐步完善。

(4) 尽量采用分洪、截洪、排洪结合的防洪措施。

(5) 不宜在城市上游修建水库。为确保城市和工业企业的安全，在城市和工业企业的上游，一般不宜修建水库，特别是大中型水库。如果必须修建时，应严格按照有关规定进行规划设计。

(6) 尽可能与农业生产相结合。防洪措施应进可能与农业上的水土保持、植树种草、农田灌溉等密切结合。这样既能减少和消除洪灾，确保城市安全，又能搞好农田水利建设，支援农业。

6.8.4.2 城市防洪标准

防洪工程的规模是以所抗御洪水的大小为依据，洪水的大小在定量上通常以某一重现期（或某一频率）的洪水流量表示。

防洪规划的设计标准，关系到城市的安危，也关系到工程造价和建设期限等问题，是防洪规划中体现国家经济政策和技术政策的一个重要环节。确定城市防洪标准的依据一般有以下几点：城市或工业区的规模；城市或工业区的地理位置、地形、历次洪水灾害情况；当地当时的经济技术条件等。对于上游有大中型水库的城市，防洪标准应适当提高。

目前城市防洪标准参照1994年建设部颁发的《防洪标准》（GB 50201—94），根据城市的社会经济地位的重要性或非农业人口的数量，将城市分为四个等级。各等级的防洪标准按表6-17的规定确定。

6.8.4.3 设计洪峰流量的计算

目前，我国各地区计算小汇水面积的设计洪峰流量一般有以下几种方法，简单介绍如下。

表 6-17 城市的等级和防洪标准

等　级	重要性	非农业人口（万人）	防洪标准［重现期（a）］
Ⅰ	特别重要的城市	≥150	≥200
Ⅱ	重要的城市	150～50	200～100
Ⅲ	中等城市	50～20	100～50
Ⅳ	一般城镇	≤20	50～20

1. 洪水调查法

当城市或工业区附近的河流，没有实测资料或资料不足时，设计洪水流量一般采用洪水调查法进行推算。有时采用推理公式或经验公式进行计算，可以通过洪水调查法推算洪水流量加以验证。

洪水调查主要是指河流、山溪历史出现的特大洪水流量的调查相推算。调查的主要内容是历史上洪水的概况及洪水痕迹标高。调查的方法主要是查阅有关地区的地方志，宫廷档案以及水利专著，沿河道查阅碑文和某些建筑物上的文字记载。这些历史记载是调查历史洪水的主要依据；调查访问河道附近的群众，特别是祖祖辈辈居住在附近的老年人，他们对河道情况熟悉。通过这些老年人对洪水的回忆以及祖辈流传的有关洪水的传说都是历史洪水的宝贵资料；在查阅文献和查访群众的基础上，还应沿河道两岸进行实地踏勘。沿河踏勘主要是寻找和判断洪水痕迹。

通过洪水调查，取得了洪痕标高（洪水水位）、调查河段的过水断面及河道的其他特征数值，根据这些数值，即可整理分析计算洪水流量。计算洪水流量的方法较多，用均匀流基本公式计算是常用的方法之一

$$Q = Av \tag{6-24}$$

式中：Q为通过调查断面的洪水流量，m^3/s；A为调查断面的过水面积，m^2；v为相应调查断面的流速，m/s。

按曼宁公式

$$v = C\sqrt{Ri} = \frac{1}{n}R^{\frac{2}{3}}i^{\frac{1}{2}} \tag{6-25}$$

得到计算洪水流量的常用公式

$$Q = \frac{1}{n}AR^{\frac{2}{3}}i^{\frac{1}{2}} \tag{6-26}$$

式中：R为水力半径，m；C为谢才系数；i为洪水水面纵坡，即上下游两个洪痕标高高差和距离之比；n为河道粗糙系数，见表6-18。

表6-18 山区和周期性流水的河槽粗糙系数 n 值

种类	河槽特征	n
1	在陡壁上开凿出来的十分整洁的人工引水河槽	0.02
2	同上类，但只是一般的整理	0.022
3	源于山区的天然河流的河槽，但坡度不大，并处于十分良好的状况下，清洁、正直、土质（枯士、砂、小砾石）河槽，$i=0.0005\sim0.0008$	0.025
4	同样情况下，小卵石、砾石河槽，$i=0.0008\sim0.0010$	0.030
5	河槽形状和表面状况良好的周期性流水的河槽（较大的和较小的），与上类一样，为小卵石，砾石河槽，但带有比较大的卵石，$i=0.001\sim0.003$	0.035
6	在好的条件下，周期性流水的土质河槽（干谷），山区河流下游规则，整洁良好的小卵石河槽，$i=0.003\sim0.007$	0.040
7	颇为堵塞、弯曲和部分有茂密的水生植物，水流不平净的石质河槽（较大和中等河流），河底为大卵石覆盖，或有生长植物覆盖的周期性（暴雨和春汛）流水的河槽，$i=0.007\sim0.015$	0.050

续表

种 类	河 槽 特 征	n
8	非常堵塞和弯曲的周期性流水的河槽，水流表面不平顺的山区型（中游）的卵石或巨石河槽，$i=0.015\sim0.05$	0.065
9	山区河流（中游和上游）与周期性流水的山区型巨石河槽，水流湍急有泡沫（水花向上喷溅），$i=0.05\sim0.09$	0.08
10	山区瀑布型河槽（主要是在上游区段），河床弯曲，并有漂石，跌水现象很明显，水流四溅，以致使水流失去透明性，变成白色，水流的响声盖过所有声音，$i=0.09\sim0.20$	0.100
11	特征与上类相同的山区河流具有更强的阻力	0.140
12	山区河流有极强阻力	0.200

2. 推理公式法

下面是前水利电力部水文科学研究所的推理公式

$$Q = 0.278\frac{\psi^s}{t^n}F \tag{6-27}$$

式中：Q为设计洪峰流量，m^3/s；ψ为洪峰径流系数；s为与设计重现期相应的最大的一小时降雨量，mm/h；t为流域的集水时间，h；n为与当地气象有关的参数；F为流域面积，km^2。

这个推理公式的使用范围为流域面积$F\leqslant500km^2$。式（6-27）中各参数的确定方法，需要查阅较多的计算图表，可参考《给排水设计手册》有关洪峰流量计算的内容。

3. 实测流量法

城市上游河流设有水文站，且具有20年以上的流量等实测资料，利用这些多年实测资料，采用数理统计方法，计算出相应于各重现期的洪水流量。计算成果的准确性优于其他几种方法。在有条件的地区，最好采用实测流量推算洪水流量。

4. 经验公式法

在缺乏水文直接资料的地区，可采用经验公式。经验公式很多，可参阅有关资料和各省水文手册。

6.8.4.4 工程防洪措施简述

工程防洪措施主要是通过控制洪水、改变洪水特性来达到防洪的目的。目前主要采取以蓄为主和以排为主两种防洪措施。

1. 以蓄为主的防洪措施

（1）水土保持。主要包括生物措施和工程措施。生物措施是通过植树种草，利用地表植被，固结土壤，涵养水源，调节、吸收地表径流，减少入河水沙。工程措施是通过修建人造梯田、拦水沟埂、鱼鳞坑、截流沟等，就地拦蓄雨水和径流，既能达到防洪的目的，又能为农业所利用。

（2）水库蓄洪调节洪峰流量。在河道上游干支流修建控制性骨干水库工程，拦蓄洪水，削减洪峰，可以减轻或消除洪水灾害。在缺水地区，可以调节枯水径流，增加枯水流量，保证供水。

2. 以排为主的防洪措施

(1) 修筑堤坝。修筑堤坝目的在于增加河道两岸高度，洪水河槽断面扩大，提高河槽泄洪的能力，有时也可以起到束水攻沙的作用。平原地区河流多采用这种防洪措施。

(2) 整治河道。整治河道主要对河道裁弯取直或加深、加宽河道过水断面，使水流通畅，水位降低、提高河道的行洪能力。

一般处于河流上中游的城市，可采用以蓄为主的防洪措施；处于河流下游的城市，可采用以排为主的防洪措施，或兼其他措施。

6.8.5 计算机在排水管道设计计算中的应用

前面介绍的污水、雨水管道设计计算方法是查图查表的手工计算方法。这种传统的设计计算方法是凭经验进行的，费时费力，计算精度不高，不利于设计方案的优化。

自20世纪60年代开始，美国、日本和一些欧洲国家，在给水排水工程设计、施工、运行和管理的经验总结和数理分析的基础上，逐渐建立了各种给水排水工程系统或过程的数学模式。与此同时，随着系统分析方法、计算技术和电子计算机的发展，开展了最优化的研究与实践。到20世纪70年代，这些国家在给水排水管道和处理等工程系统方面，不仅在方法学和计算机程序上取得了各种研究成果，而且日益广泛地将研究成果运用于工程设计与运行管理等方面。如目前美国给水排水工程CAD很普遍，利用计算机绘图和计算，各种计算程序软件齐备，使用方便。自系统分析和最优化技术的原理和方法引进我国，10多年来在给水排水工程最优化设计方面已进行了不少方法学及应用上的探索性研究，并已取得不少成果。特别是近几年来，计算机在给排水工程设计计算方面更有长足的发展。目前，各种给排水工程包括规划，给水排水管、渠的设计计算；给水处理和污水处理设计方案的选择、优化；处理构筑物的计算；工程图的绘制；工程概预算的编制等都有了专用计算机软件，其中有些还通过了有关部门、机构的鉴定，有些已经成为商业化软件进入市场。国内从事市政工程设计的单位也已采用了计算机辅助设计，这不仅把设计人员从繁杂的手工计算过程中解脱出来，加快了设计进度，更主要的是提高了设计质量。今后，随着给水排水工程计算机软件的进一步开发和应用，排水管道工程的设计计算将会更快更好。

污水、雨水管道水力计算程序是在完成污水、雨水管道系统定线的基础上进行设计的，现将计算程序设计中有关的问题简述如下。

6.8.5.1 污水管道设计程序

1. 主要计算公式

(1) 流量计算。流量计算的公式有面积比流量公式、本段平均流量、合计平均流量、生活污水量设计流量和管段污水设计流量公式。

(2) 水力计算。水力计算包含设计流速、充满度、水力半径、水力坡度、水面与管中心夹角 $\theta=\dfrac{8Q}{D^2 v}+\sin\theta$（$\theta$ 以弧度计），见图 6-32。

(3) 高程计算。高程计算包括地面坡度、管段起端和终端管内底标高、管段起端和终端水面标高、管段起端和终端管顶标高、管段起端和终端埋深。

2. 约束条件

在污水管道水力计算过程中，可能涉及到的约束条件可归纳为以下几方面。

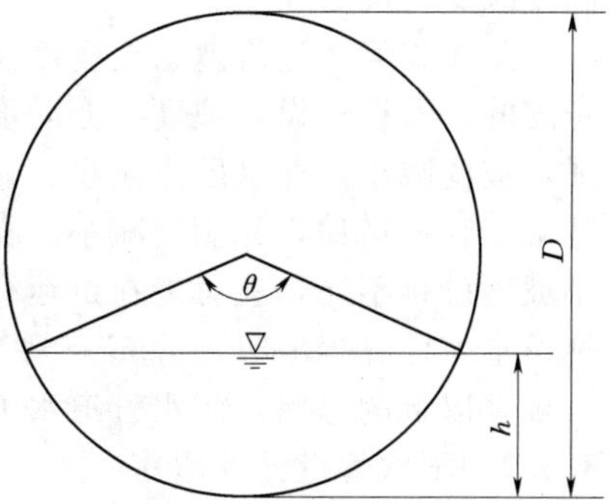

图 6-32 h/D 与 θ 关系

(1) 管径 D。管径对污水管道水力计算的约束反映在两个方面。其一是规定了最小管径（即可选管径的下限），具体规定是：街区或厂区内为 200mm，街道下面为 300mm 。其二是管径的递增或递减方式，由于管道规格的限制，在计算过程中，管径的递增或递减是非连续非均匀的。当管径小于 500mm 时，管径的递增或递减以 50mm 为一级，当管径大于 500mm 时，则以 100mm 为一级递增或递减。

(2) 流量 Q。在计算中确定管径时，应避免小流量选大管径，故应明确各种管径对应最小流速（最小充满度）时所通过的流量为最小流量。当管段设计流量小于某一管径的最小流量时，只能选小一级的管径。

(3) 充满度 h/D。为适应污水流量的变化及利于管道通风，污水管道按部分满流计算。各种管径相应的最大设计充满度的规定确定了设计充满度的上限值。为合理利用管道断面，减少投资，应考虑确定一个最小充满度为设计的下限值，各种管径的最小充满度建议不宜小于 0.25。以最大和最小充满度为约束条件，选用设计充满度，可以最佳地确定管径，达到优化的目的。

(4) 流速 v。管段的设计流速介于最小流速和最大流速之间。不同管径的圆形钢筋混凝土管，在相应的最大充满度下的最大流速是不同的。在程序设计中最大流速不宜过高，应根据地形而定，地形坡度大时可取高值，反之取低值。

(5) 坡度 i。规范只规定了最小管径的最小设计坡度。实际上各种管径都有对应的最小设计坡度。为了保证管道的运行和维护管理，也应考虑确定各种管径的最大设计坡度。最大设计坡度应为各种管径的管道，当其充满度达到最大值且流速接近和小于最大流速时所对应的坡度。在平坦地区污水管道的水力坡度应用最小设计坡度约束，而地形坡度大的地区则应用最大设计坡度约束。

(6) 连接方式。污水管道在检查处的连接方式有水面平接和管顶平接两种。无论采用哪种方式连接，均不应出现下游管段上端的水面、管底标高高于上游管段下端的水面、管底标高，且应尽量减少下游管段的埋深，这在高程计算部分是重要的约束条件之一。

(7) 埋深 H。有关埋深的约束可从 3 方面考虑：①管道起点的最小埋深；②管道最大埋深值；③当管道坡度小于地面坡度时，为保证下游管段的最小覆土厚度和减少上游管段的埋深，应采用跌水连接，即设跌水井。

由于污水管道水力计算涉及的影响因素多，因而程序设计的约束条件亦多，而有些约束条件之间是相互制约的。如流速—坡度—管径之间的关系是，流速与坡度成正比，在流量一定时，流速则与管径成反比，因而如何协调三者之间的关系而做到优选管径，在程序设计中是必须考虑的。充满度与流速之间也是相互制约的，流速增加，充满度减少，反之亦然。

因此，如何优选流速、充满度满足约束条件的要求，达到优化设计的目的也是必须考虑的。管径—设计坡度—充满度也是一组相互制约的关系。在流量一定时，管径增加，坡度减小，充满度亦减小；在相同管径下，坡度减小，充满度则增大；在相同坡度下，管径增加，充满度减小。在设计和应用程序时，若最小充满度、最大坡度、最小坡度设置不当，就可能在试运行程序中出现死循环。综上所述，在研制和应用污水管道水力计算程序时，应充分理解约束条件之间的相互制约关系。

根据以上的思路，污水管道水力计算程序框图如图6-33所示。

6.8.5.2　雨水管道设计程序

1. 主要计算公式

暴雨强度、雨水设计流量、管内雨水流行时间、雨水在管内的设计流速。

2. 约束条件

（1）管径D。最小管径为300mm，即为可选管径的下限。当管径小于500mm，管径的递增或递减以50mm为一级；当管径大于500mm时，以100mm为一级。

（2）流量Q。假定设计流量均从管段起端进入。当设计降雨历时很长，计算中若出现下游管段设计流量小于上一管段流量时，仍采用上一管段的设计流量。

（3）充满度h/D按满流设计。

（4）流速v。设计流速介于最小和最大流速之间。

（5）坡度i。相应于最小管径300mm的最小设计坡度为0.003。管径增大，坡度相应减少，当管道坡度小于地面坡度时设跌水井。

（6）连接方式采用管顶平接。

（7）埋深H规定同污水管道。

3. 雨水管道水力计算程序框图

雨水管道水力计算程序框图如图6-34所示。

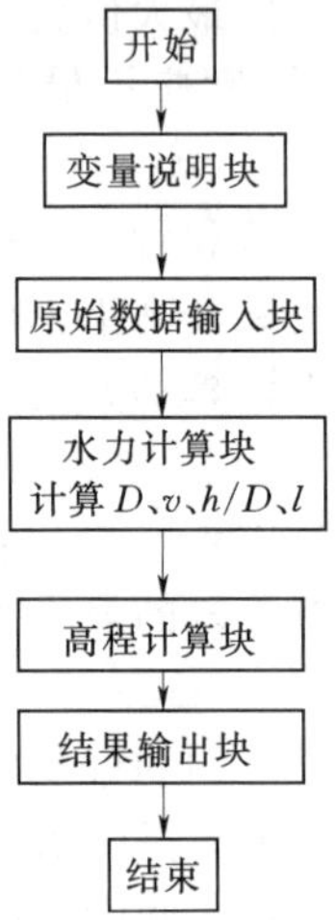

图6-33　污水管道水力计算程序框图

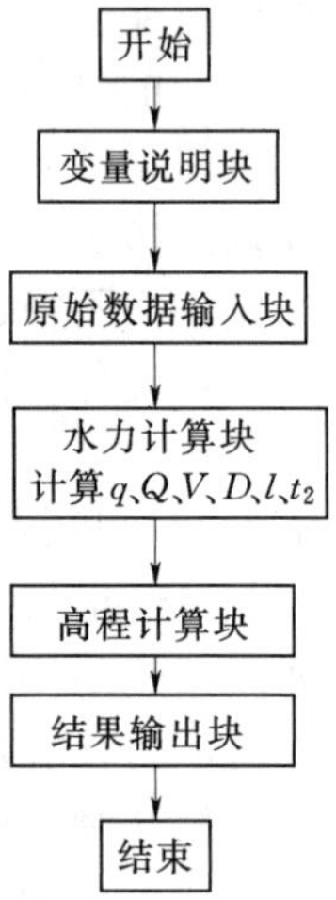

图6-34　雨水管道水力计算程序框图

6.9 合流制管渠系统

6.9.1 合流制管渠系统的使用条件和布置特点

6.9.1.1 合流制的工作情况与特点

合流制管渠是在同一管渠内排除生活污水、工业废水及雨水的管渠系统。合流制分为直泄式合流制排水系统和截流式合流制排水系统，直泄式合流制一般直接将污水排放进河流；截流式合流制排水系统是在直泄式的基础上增加了截流干管，并在截流管上设置溢流井。晴天时，截流管以非满流将生活污水和工业废水送至污水厂处理。雨天时，随着雨水量的增加，截流管以满流将生活污水、工业废水和雨水的混合污水送往污水厂处理。当雨水径流量继续增加到混合污水量超过截流管的设计输水能力时，溢流井开始溢流，并随雨水径流量的增加，溢流量增加。当降雨时间继续延长时，由于降雨强度的减弱，雨水溢流井处的流量减少，溢流量减少。最后，混合污水量又重新等于或小于截流管的设计输水能力，溢流停止。

合流制管渠系统因在同一管渠内排除所有的污水，所以管线单一，管渠的总长度减少。但合流制截流管、提升泵站以及污水厂都较分流制大，截流管埋深也因为同时排除生活污水和工业废水而比单设的雨水管渠的埋深大。在暴雨天，有一部分带有生活污水和工业废水的混合污水溢入水体，使水体受到一定程度的污染。因此，排水体制的选择，应根据城镇和工业企业的规划、环境保护要求、污水利用情况、原有排水设施、水质、水量、地形、气候和水体等条件，从全局出发，通过技术经济比较，综合考虑确定。

6.9.1.2 合流制排水系统的使用条件

一般的说，在下述情形下采用合流制排水系统：

(1) 排水区域内有一处或多处水量充沛的水体，其流量和流速都较大，一定量的混合污水排入后对水体造成的污染危害程度在允许的范围内。

(2) 街坊和街道的建设比较完善，必须采用暗管（渠）排除雨水，而街道横断面又较窄，地下管线较多，管渠的设置位置受到限制时，可考虑选用合流制。

(3) 雨水稀少的地区。

(4) 地面有一定的坡度倾向水体，当水体高水位时，岸边不受淹没。

6.9.1.3 截流式合流制管渠系统的布置特点

(1) 管渠布置应使所有服务面积上的生活污水、工业废水和雨水都能合理的排入管渠，并能以可能的最短距离坡向水体。

(2) 沿水体岸边布置与水体平行的截流干管，在截流干管的适当位置上设置溢流井，使超过截流干管设计输水能力的那部分混合污水能顺利地通过溢流井就近排水水体。

(3) 溢流井的数目不易过多，且应适当集中。从环境保护方面上讲，溢流井的数目宜少，且尽量集中，并尽可能设置在水体的下游。从经济上讲，为了减小截流干管的尺寸，溢流井的数目多一些好，这可使混合污水及早溢入水体，降低截流干管下游的设计流量。但溢流井过多，会增加溢流井和排放渠道的造价，尤其在溢流井远离水体、施工条件困难时更是如此。溢流井的位置通常设在合流干管和截流干管的交汇处。但为了节省投资及减少对水体的污染，并不是在每个交汇点都设置溢流井，其数目和设置位置应根据当地实际条件，结合管渠布置进行比较确定。

（4）在合流制管渠系统的上游排水区域内，如果雨水可沿地面的街道边沟排泄，则只需设置污水管。当雨水不能沿地面排泄时，应考虑布置合流管渠。

城镇排水工程一般随城镇建设的发展而逐渐完善。在我国许多城镇尚未兴建排水管渠，污水沿街漫流，严重地影响了环境卫生；另外，虽然一些城镇兴建了排水管渠，由于条件的限制，通常采用明渠直接排除雨水和污水到附近的水体。这类排水系统往往断面偏小，排泄能力不足，出水口各自分散，部分工业废水未加处理直接排入水体，不同程度地污染了水资源，使人民的健康受到威胁。为了改善环境卫生，保护水体，在进行规划时要对旧的排水体制进行改造。截流式合流制排水系统在改建中往往起着重要的作用，这也是常用的一种排水方式。

6.9.2　合流制排水管渠的设计流量及水力计算

截流式合流制排水系统的设计流量，在溢流井上游和下游是不同的。

6.9.2.1　第一个溢流井上游管渠的设计流量

如图6-35所示，第一个溢流井上游管渠（1—2管段）的设计流量 Q 为生活污水设计流量 Q_s、工业废水设计流量 Q_g、与雨水设计流量 Q_y 之和，即

$$Q = Q_s + Q_g + Q_y \tag{6-28}$$

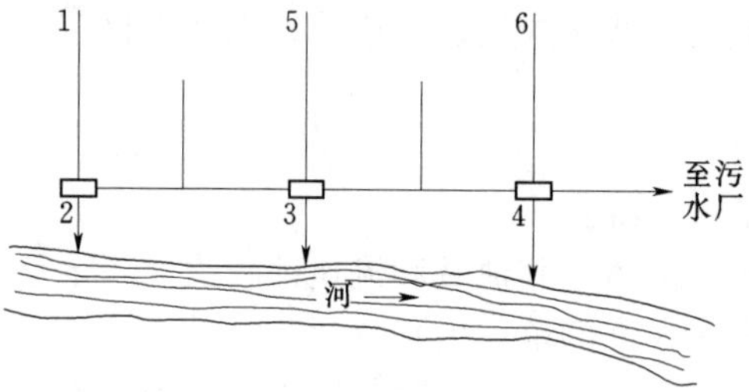

图6-35　设有溢流井合流管渠

在实际进行水力计算时，当生活污水量与工业废水量之和小于雨水设计流量的5%时，其流量一般可以忽略不计，因为它们的加入与否往往不影响管径和管道坡度的确定。即使生活污水量和工业废水量较大，也没有必要将三部分设计流量之和作为合流管渠的设计流量，因为这三部分设计流量同时发生的可能性很小。所以，一般以雨水的设计流量 Q_y、生活污水的平均流量 $\overline{Q}_s$、工业废水最大班的平均流量 $\overline{Q}_g$ 之和作为合流管渠的设计流量，即

$$Q = \overline{Q}_s + \overline{Q}_g + Q_y \tag{6-29}$$

式中：$\overline{Q}_s + \overline{Q}_g$ 为晴天的设计流量，或称为旱流流量 Q_h。

由于 Q_h 相对较小，因此按该式 Q 算得的管径、坡度和流速，应用晴天的旱流流量 Q_h 进行校核，检查管道在晴天输送旱流流量时是否满足不淤的最小流速的要求。

6.9.2.2　溢流井下游管渠的设计流量

合流制排水管渠在截流干管上设置了溢流井后，对截流干管的水流影响很大。不从溢流井泄出的雨水量，通常按旱流流量 Q_h 的指定倍数计算，该指定倍数称为截流倍数 n_0，如流到溢流井的雨水流量超过 n_0Q_h，则超过的水量由溢流井溢出，并经排放渠道泄入水体。

因此，溢流井下游管渠的雨水设计流量为

$$Q_g = n_0 Q_h + Q_1 \tag{6-30}$$

式中：Q_1 为溢流井下游设计管段集水面积上的雨水设计流量。

溢流井下游管渠的设计流量是上述雨水设计流量与生活污水平均流量及工业废水最大班平均流量之和，即

$$Q = n_0 Q_h + Q_1 + Q_h + Q_2 = (n_0 + 1) Q_h + Q_1 + Q_2 \tag{6-31}$$

式中：Q_2 为溢流井下游管段集水面积上的旱流流量。

6.9.2.3 合流制排水管渠的水力计算内容

合流制排水管渠一般按满流计算。水力计算的设计数据包括设计流速、最小坡度和最小管径等，基本上和雨水管渠的设计相同。合流制排水管渠的水力计算内容包括溢流井上游合流管渠的计算、截流干管和溢流井的计算、晴天旱流情况校核等。

溢流井上游合流制管渠的计算与雨水管渠的计算基本相同，只是它的设计流量要包括雨水、生活污水和工业废水。但由于合流制管渠泛滥时溢出的混合污水会污染环境，因此合流管渠的雨水设计重现期一般应比同一情况下雨水管渠的设计重现期提高10%～25%。

对于截流干管和溢流井的计算，主要是要合理地确定所采用的截流倍数 n_0。为了使溢流井以下的截流干管管径小一些、造价低一些，宜用较小的截流倍数。因此，截流倍数 n_0 应根据旱流污水的水质、水量、排放水体的卫生要求、水文、气候、经济和排水区域大小等因素经计算确定，我国《室外排水设计规范》规定一般采用 1～5。在同一排水系统中可采用同一截流倍数或不同截流倍数。美国、日本及西欧各国，多采用截流倍数 n_0＝3～5；前苏联则按排放条件的不同来规定 n_0 值，见表 6-19。

表 6-19　　不同排放条件下的 n_0 值

排放条件	n_0 值
在居住区内排入大河流	1～2
在居住区内排入小河流	3～5
在区域泵站和总泵站前及排水总管的端部，根据居住区内水体的不同特性	0.5～2
在处理构筑物前根据不同的处理方法与不同构筑物的组成	0.5～1
工厂区	1～3

关于晴天旱流流量的校核，应使旱流时的流速能满足污水管渠最小流速的要求。当不能满足这一要求时，可修改设计管渠的管径和坡度。但由于合流制管渠中旱流流量相对较小，特别在上游管段，旱流校核时往往不能满足最小流速的要求，此时可在管渠底设低流槽以保证旱流时的流速，或者加强养护管理，利用雨天流量刷洗管渠，以防淤塞。

6.9.3 截流式合流制排水管渠的水力计算举例

图 6-36 为某一区域的截流式合流干管的计算平面图，其计算已知资料如下。

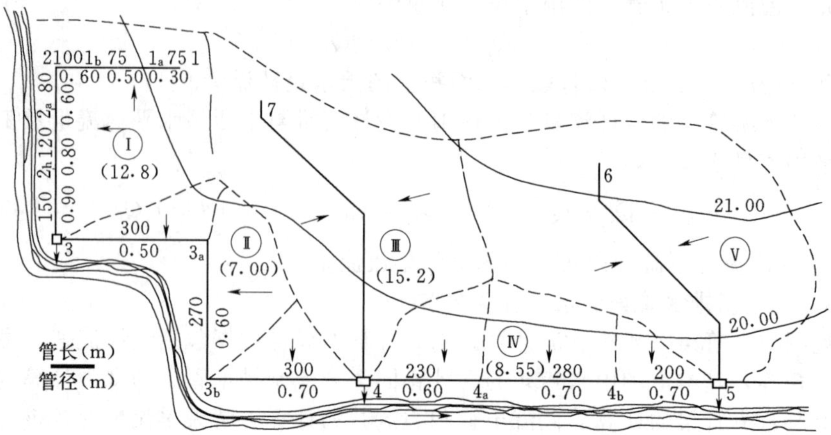

图 6-36 某市一个区域的截流式合流干管计算平面图

(1) 设计雨水量计算公式为

$$q=\frac{167\times(47.77+41.66\lg P)}{t+33+9\lg(P-0.4)} \tag{6-32}$$

式中：P 为设计重现期，采用 1 年；t 为集水时间，地面集水时间按 10min 计算，管内流行时间为 t_2，$t=10+2\sum t_2$。

该设计区域平均径流系数计算为 0.45，则设计雨水量为

$$Q_y=\psi qF=0.45\times\frac{167\times(47.77+41.66\lg 1)}{10+2\sum t_2+33+9\lg(1-0.4)}F=\frac{3590}{41+2\sum t_2}F$$

式中：F 为设计排水面积，$10^4\mathrm{m}^2$。

当 $t_2=0$ 时，单位面积的径流量 $q_0=87.5\mathrm{L}/(\mathrm{s}\cdot 10^4\mathrm{m}^2)$。

(2) 设计人口密度按 200 人/$10^4\mathrm{m}^2$ 计算，生活污水量标准按 100L/（人·d）计，所以生活污水平均流量为 $q_s=0.231\mathrm{L}/(\mathrm{s}\cdot 10^4\mathrm{m}^2)$。

(3) 截流干管的截流倍数 $n_0=3$。

(4) 管道起点埋深 1.70m。

(5) 河流最高月平均洪水位为 12.00m。

计算时，先划分各设计管段及其排水面积，计算每块面积的大小，填入图 6-36 中括号内所示数据；再计算设计流量，包括雨水量、生活污水量及工业废水量；然后根据设计流量查水力计算表（满流）得出设计管径和坡度，本例中采用的管道粗糙系数 $n=0.013$；最后校核旱流情况。

表 6-20 系管段 1—5 的水力计算结果。下面对其中部分计算加以说明。

1) 为简化计算，有些管段如 1—2、3—3a、4—4a 的生活污水量及工业废水量未计入总设计流量，因为其数值太小，不影响设计管径及坡度的确定。

2) 表中第 17 项设计管道输水能力是设计管径在设计坡度下的实际输水能力，该值应接近或略大于第 12 项的设计总流量。

3) 1—2 管段因旱流流量太小，未进行旱流校核，在施工设计时或在养护管理中应采取适当措施防止淤塞。

表 6-20　　截流式合流制干管计算表

管段编号	管长 (m)	排水面积 ($10^4 m^2$) 本段	排水面积 ($10^4 m^2$) 转输	排水面积 ($10^4 m^2$) 总计	管内流行时间 (min) 累计 $\sum t_2$	管内流行时间 (min) 本段 t_2	设计流量 (L/s) 雨水	设计流量 (L/s) 生活污水	设计流量 (L/s) 工业废水	设计流量 (L/s) 溢流井转输量	设计流量 (L/s) 总计	设计管径 (mm)	设计坡度	管道坡降 (m)
1	2	3	4	5	6	7	8	9	10	11	12	13	14	15
1—1a	75	0.60		0.60	0	1.67	52.4	0.14	1.5		52.4	300	0.0028	0.21
1a—1b	75	1.40	0.60	2.00	1.67	1.54	162	0.46	3.1		162	500	0.0017	0.13
1b—2	100	1.80	2.00	3.80	3.21	1.65	288	0.88	6.4		288	600	0.0021	0.21
2—2a	80	0.70	3.80	4.50	4.86	1.16	318	1.04	8.5		327.54	600	0.0027	0.22
2a—2b	120	4.50	4.50	9.00	6.02	1.60	610	2.08	14.5		626.58	800	0.0022	0.26
2b—3	150	3.80	9.00	12.8	7.62	1.90	817	2.97	18.5		838.47	900	0.0021	0.31
3—3a	300	2.00		2.00	0	5.25	175	0.46	0.18	85.88	260.88	600	0.0018	0.54
3a—3b	270	2.80	2.00	4.80	5.25	3.92	368	1.15	0.43	85.88	455.46	700	0.0022	0.59
3b—4	300	2.20	4.80	7.00	9.17	3.95	422	1.61	0.61	85.88	515.59	700	0.0027	0.81
4—4a	230	2.95		2.95	0	3.06	259	0.46	0.13	123.16	382.16	700	0.0025	0.57
4a—4b	280	3.10	2.95	6.05	3.06	4.00	460	1.38	0.28	123.16	584.82	800	0.0018	0.51
4b—5	200	2.50	6.05	8.55	7.06	2.25	620	1.98	0.40	123.16	745.54	800	0.0029	0.58

管段编号	设计流速 (L/s)	设计管道输水能力 (L/s)	地面标高 (m) 起点	地面标高 (m) 终点	管内底标高 (m) 起点	管内底标高 (m) 终点	埋深 (m) 起点	埋深 (m) 终点	旱流校核 旱流流量 (L/s)	旱流校核 充满度	旱流校核 流速 (m/s)	备注
1	16	17	18	19	20	21	22	23	24	25	26	27
1—1a	0.75	53	20.20	20.00	18.50	18.29	1.70	1.71	1.64			
1a—1b	0.81	165	20.20	19.80	18.09	17.96	1.91	1.84	3.56			
1b—2	1.01	290	19.80	19.55	17.86	17.65	1.94	1.90	7.28			
2—2a	1.15	330	19.55	19.55	17.65	17.43	1.90	2.12	9.54	0.12	0.52	
2a—2b	1.23	630	19.55	19.50	17.23	16.97	2.32	2.53	16.58	0.11	0.52	
2b—3	1.32	840	19.50	19.45	16.87	16.56	2.63	2.89	21.47	0.11	0.54	3点设溢流井
3—3a	0.95	262	19.45	19.50	16.56	16.02	2.89	3.48	22.11	0.23	0.62	
3a—3b	1.15	460	19.50	19.45	15.92	15.33	3.58	4.12	22.97	0.18	0.66	
3b—4	1.27	515	19.45	19.45	15.33	14.52	4.12	4.93	23.69	0.16	0.59	4点设溢流井
4—4a	1.25	385	19.45	19.45	14.52	13.95	4.93	5.50	31.50	0.24	0.61	7～4管段转输 $q_s=7.10$L/s
4a—4b	1.17	600	19.45	19.50	13.85	13.34	5.60	6.16	32.39	0.21	0.62	
4b—5	1.48	750	19.50	19.50	13.34	12.76	6.16	6.74	33.11	0.19	0.68	

4）3点及4点均设有溢流井。对于3点而言，由1—3管段流来的旱流流量为21.47L/s。在截流倍数 $n_0=3$ 时，溢流井转输的雨水量为

$$Q_y = n_0 Q_h = 3 \times 21.47 = 64.41(\text{L/s})$$

经溢流井转输的总设计流量为

$$Q = Q_y + Q_h = (n_0 + 1)Q_h = (3 + 1) \times 21.47 = 85.88(\text{L/s})$$

经溢流井溢流入河道的混合废水量为1—3管段的雨水、生活污水及工业废水的总混合废水量减去溢流井转输的总设计流量，即

$$Q_0 = 838.47 - 85.88 = 752.59(\text{L/s})$$

对于4点来说，由3—4管段流来的旱流流量为23.69×（2.97＋18.5＋1.61＋0.61）（L/s）；由7—4管段流来的总设计流量为713.10L/s，其中旱流流量为7.10L/s，故到达4点的总旱流流量为

$$Q_h = 23.69 + 7.10 = 30.79(\text{L/s})$$

经溢流井转输的雨水量为

$$Q_y = n_0 Q_h = 3 \times 30.79 = 92.37(\text{L/s})$$

经溢流井转输的总设计流量为

$$Q = Q_y + Q_h = (n_0 + 1)Q_h = (3 + 1) \times 30.79 = 123.16(\text{L/s})$$

经溢流井溢入河道的混合污水量为

$$Q_0 = 515.59 + 713.10 - 123.16 = 1105.50(\text{L/s})$$

5）截流管3—3a、4—4a的设计流量分别为

$$\begin{aligned} Q_{(3-3a)} &= (n_0 + 1)Q_h + Q_{y(3-3a)} + Q_{s(3-3a)} + Q_{g(3-3a)} \\ &= 85.88 + 175 + 0.46 + 0.18 \\ &\approx 260.88(\text{L/s}) \\ Q_{(4-4a)} &= (n_0 + 1)Q_h + Q_{y(4-4a)} + Q_{s(4-4a)} + Q_{g(4-4a)} \\ &= 123.16 + 259 + 0.64 + 0.13 \\ &\approx 382.16(\text{L/s}) \end{aligned}$$

因为两管段中的 Q_s 及 Q_g 相对较小，计算中都忽略不计。

6）3点和4点溢流井的堰顶标高按设计计算分别为17.16m和15.22m，均高于河流最高月平均洪水位12.00m，所以河水不会倒流。

6.9.4 城市旧合流制排水管渠系统的改造

城市排水管渠系统一般随城市的发展而相应地发展。最初，城市往往用合流明渠直接排除雨水和少量污水至附近水体。随着工业的发展和人口的增加与集中，为保证市区的卫生条件，便把明渠改为暗管渠，污水仍基本上直接排入附近水体，也就是说，大多数的大城市，旧的排水管渠系统一般都采用直泄式的合流制排水管渠系统。据有关资料介绍，日本有70%左右、英国有67%左右的城市采用合流制排水管渠系统。我国绝大多数的大城市也采用这种系统。但随着工业与城市的进一步发展，直接排入水体的污水量迅速增加，势必造成水体的严重污染，为保护水体，就提出了对城市已建旧合流制排水管渠系统的改造问题。

6.9.4.1 旧排水系统存在的主要问题

归纳起来，旧排水体制一般存在的主要问题如下：

(1) 管径偏小，排水能力不足，系统零乱，缺乏统一的改建规划。

(2) 一般为直泄式合流制，出水口多而分散，就近直接排放，污染水体，影响城市环境卫生及水体利用。

(3) 工业废水未加控制，不经处理擅自排入城市管渠或泄入水体，造成对城市管渠的严重腐蚀与水体污染。

(4) 管渠渗漏损坏较严重，管渠系统上泵站等构筑物往往不能充分发挥作用。

(5) 有些市区尚未兴建排水管渠，污水和雨水沿街乱流，严重影响环境卫生。

6.9.4.2 城市旧排水系统的改造途径

旧排水系统改造中，除了加强管理、养护、严格控制工业废水的排放，新建或改建局部管渠与泵站等措施外，在体制改造上通常包括两种途径，分述如下。

1. 改合流制为分流制

该方法是将旧合流制管渠局部改建后作为单纯排除雨水（或污水）的管渠系统，而另外新建污水（或雨水）管渠系统。将合流制改为分流制，就可以将雨污分流，污水全部送往污水处理厂经过处理后达标排放，完全杜绝溢流混合污水对水体的污染，是一种比较彻底的改造方法。

通常，在具有下列条件时，可考虑采用此种方法：①住房内部有完善的卫生设备，便于将生活污水与雨水分流；②工厂内部可清浊分流，便于将符合要求的生产污水接入城市污水管道系统，将生产废水接入城市雨水管渠系统，或可将其循环使用；③城市街道的横断面有足够的位置，允许设置由于改成分流制而增建的污水管道，并且不致对城市交通造成过大的影响。

2. 保留合流制，修建截流干管

由于将合流制改为分流制往往投资大、施工困难等原因，所以目前旧合流制排水系统的改造多采用保留合流制，沿河修建截流干管，即改造成截流式合流制排水管渠系统。

旧排水管渠系统的改造是一项很复杂的系统工程。对于我国来说，因为城市排水管渠系统在随着城市发展而进行修建的过程中，管渠材料和技术条件等先后都有差别，这就给城市旧排水管渠的改造增加了困难。因此，城市旧排水管渠系统的改造必须根据当地的具体情况，与城市规划相结合，在确保水体免受污染的条件下，充分发挥原有管渠系统的作用，使改造方案既有利于保护环境，又经济合理的切实可行。

第 7 章 排水管渠及附属构筑物

7.1 常用排水管渠

排水管渠有暗沟和明渠之分，暗沟埋在地下，明渠沿地面修筑。暗沟又有管道和沟渠之分，管道是指由预制管铺设而成，沟渠是指用土建材料在工程现场筑成的口径较大的暗沟。

7.1.1 排水管渠对材料的要求

排水管渠必须具有足够的强度，以承受外部的荷载和内部的水压，并在运输中不致损坏。外部荷载包括土壤的重量——静荷载，以及由于车辆运行所造成的动荷载。压力管及倒虹管一般要考虑内部水压。自流管道发生淤塞时或雨水管渠系统的检查井内充水时，也可能引起内部水压。

排水管渠应具有能抵抗污水中杂质的冲刷和磨损的作用，还应该具有抗腐蚀的性能，以免在污水或地下水的侵蚀作用（酸、碱或其他）下很快损坏。

排水管渠必须不透水，以防止污水渗出或地下水渗入。因为污水从管渠渗出至土壤，将污染地下水或邻近水体，或者破坏管道及附近房屋的基础。地下水渗入管渠，不但降低管渠的排水能力，而且将增大污水泵站及处理构筑物的负荷。

排水管渠的内壁应整齐光滑，使水流阻力尽量减小。

排水管渠应就地取材，并考虑到预制管件及快速施工的可能，以便尽量降低管渠的造价及运输和施工的费用。

7.1.2 排水管渠的断面形式

排水管渠的断面形式除必须满足静力学、水力学方面的要求外，还应经济和便于养护。在静力学方面，管道必须有较大的稳定性，在承受各种荷载时是稳定和坚固的。在水力学方面，管道断面应具有最大的排水能力，并在一定的流速下不产生沉淀物。在经济方面，管道单位长度造价应该是最低的。在养护方面，管道断面应便于冲洗和清通淤积。

常用的排水管渠断面形式有圆形、半椭圆形、马蹄形、矩形、梯形和蛋形等。

圆形断面，有较好的水力性能，在一定的坡度下，指定的断面面积具有最大的水力半径，因此流速大，流量也大。此外，圆形管便于预制，使用材料经济，对外压力的抵抗力较强，若挖土的形式与管道相称时，能获得较高的稳定性，在运输和施工养护方面也较方便，因此是最常用的一种断面形式。

半椭圆形断面，在土压力和活荷载较大时，可以更好地分配管壁压力，因而可减小管壁厚度。在污水流量无大变化及管渠直径大于 2m 时，采用此种形式的断面较为合适。

马蹄形断面，其高度小于宽度。在地质条件较差或地形平坦，受受纳水体水位限制时，需要尽量减少管道埋深以降低造价，可采用此种形式的断面。又由于马蹄形断面的下部较大，对于排除流量无大变化的大流量污水较为适宜。但马蹄形管的稳定性，需依靠还土的坚实度，要求还土坚实稳定度大，若还土松软，两侧底部的管壁易产生裂缝。

蛋形断面，由于底部较小，从理论上看，在小流量时可以维持较大的流速，因而可减少淤积，适用于污水流量变化较大的情况。但实际养护经验证明，这种断面的冲洗和清通工作比较困难，加以制作和施工较复杂，现已很少使用。

矩形断面，可以就地浇制或砌筑，并按需要将深度增加，以增大排水量。某些工业企业的污水管道、路面狭窄地区的排水管道以及排洪沟道常采用这种断面形式。

不少地区在矩形断面的基础上，将渠道底部用细石混凝土或水泥砂浆做成弧形流槽，以改善水力条件。也可在矩形渠道内做低流槽。这种组合的矩形断面是为合流制管道设计的，晴天时污水在小矩形槽内流动，以保持一定的充满度和流速，使之能够免除或减轻淤积程度。

梯形断面，适用于明渠，它的边坡决定于土壤性质和铺砌材料。

7.1.3 常用排水管渠

1. 混凝土管和钢筋混凝土管

混凝土管和钢筋混凝土管适用于排除雨水、污水，可在专门的工厂预制，也可在现场浇制。分混凝土管、轻型钢筋混凝土管、重型钢筋混凝土管 3 种。管口通常有承插式、企口式、平口式。

混凝土管的管径一般小于 450mm，长度多为 1m，适用于管径较小的无压管。当管道埋深较大或敷设在土质条件不良地段，为抗外压，当管径大于 400m 时，通常都采用钢筋混凝土管。混凝土、轻型钢筋混凝土、重型钢筋混凝土排水管的技术条件、产品规格可参考《给水排水设计手册》第 10 册的有关部分或相关企业的产品介绍。

混凝土管和钢筋混凝土管便于就地取材，制作方便，造价低。而且可根据抗压的不同要求，制成无压管、低压管、预应力管等，所以在排水管道系统中得到普遍应用。混凝土管和钢筋混凝土管除用作一般自流排水管道外，钢筋混凝土管及预应力钢筋混凝土管亦可用作泵站的压力管及倒虹管。它们的主要缺点是抵抗酸、碱浸蚀及抗渗性能较差、管节短、接头多、施工复杂。在地震烈度大于Ⅷ度的地区及饱和松砂、淤泥和淤泥土质、冲填土、杂填土的地区不宜敷设。另外大管径管的自重大，搬运不便。

2. 陶土管

陶土管是由塑性黏土制成的。为了防止在焙烧过程中产生裂缝，通常加入耐火黏土及石英砂（按一定比例），经过研细、调和、制坯、烘干、焙烧等过程制成。根据需要可制成无釉、单面釉、双面釉的陶土管。若采用耐酸黏土和耐酸填充物，还可以制成特种耐酸陶土管。

陶土管一般制成圆形断面，有承插式和平口式两种形式。

普通陶土排水管（缸瓦管）最大公称直径可到300mm，有效长度800mm，适用于居民区室外排水管。耐酸陶土管最大公称直径国内可做到800mm，一般在400mm以内，管节长度有300mm、500mm、700mm、1000mm几种，适用于排除酸性废水。

带釉的陶土管内外壁光滑，水流阻力小，不透水性好，耐磨损，抗腐蚀。但陶土管质脆易碎，不宜远运，不能受内压。抗弯抗拉强度低，不宜敷设在松土中或埋深较大的地方。此外，管节短，需要较多的接口，增加施工复杂程度和费用。由于陶土管耐酸抗腐蚀性好，适用于排除酸性废水，或管外有侵蚀性地下水的污水管道。

3. 金属管

常用的金属管有铸铁管及钢管。室外重力流排水管道一般很少采用金属管，只有当排水管道承受高内压、高外压或对渗漏要求特别高的地方，如排水泵站的进出水管、穿越铁路、河道的倒虹吸管，或靠近给水管道和房屋基础时，才采用金属管。在地震烈度大于Ⅷ度或地下水位高，流沙严重的地区也采用金属管。

金属管质地坚固、抗压、抗震、抗渗性能好；内壁光滑，水流阻力小；管子每节长度大，接头少。但价格昂贵，钢管抵抗酸碱腐蚀及地下水浸蚀的能力差。因此，在采用钢管时必须涂刷耐腐蚀的涂料并注意绝缘。

4. 浆砌砖、石或钢筋混凝土大型管渠

排水管道的预制管管径一般小于2m，实际上当管道设计断面大于1.5m时，通常就在现场建造大型排水渠道。建造大型排水渠常用的建筑材料有砖、石、陶土块、混凝土块、钢筋混凝土块和钢筋混凝土等。采用钢筋混凝土时，要在施工现场支模浇制，采用其他几种材料时，在施工现场主要是铺砌或安装。在多数情况下，建造大型排水渠道，常采用两种以上材料。

砖砌渠道在国内外排水工程中应用较早，常用的断面形式有圆形、矩形、半椭圆形等，可用普通砖或特制的楔形砖砌筑。当砖的质地良好时，砖砌渠道能抵抗污水或地下水的腐蚀作用，很耐久，因此能用于排泄有腐蚀性的废水。

在石料丰富的地区，常采用条石、方石或毛石砌筑渠道。通常将渠顶砌成拱形，渠底和渠身扁光、勾缝，以使水力性能良好。

5. 其他管材

随着新型建筑材料的不断研制，用于制作排水管道的材料也日益增多。比如，在英国已正式生产玻璃纤维筋混凝土管（在强度上优于普通混凝土管）。美国除采用聚氯乙烯、丙烯腈、丁二烯、苯乙烯，空隙填充珍珠岩水泥的“构架管”外，还采用一种加筋的热固性树脂管。这种管由环绕耐腐蚀衬里的玻璃纤维和微性玻璃球构成，重量轻，不漏水，抗腐蚀性好。日本的排水管材除离心混凝土管外，有强化塑料管、聚氯乙烯管，玻璃纤维筋离心混凝土管近年来也大量使用。硬聚氯乙烯管用作排水管道在国内也日益普遍，目前还限于小口径管道。

7.1.4 管渠材料的选择

合理地选择管渠材料，对降低排水系统的造价影响很大。选择排水管渠材料时，应综合考虑技术、经济及其他方面的因素。

根据排除的污水性质：当排除生活污水及中性或弱碱性（pH 值＝8～10）的工业废水时，上述各种管材都能使用。当生活污水管道和合流污水管道采用混凝土或钢筋混凝土管时，由于管道运行时沉积的污泥会析出硫化氢，而使管道可能受到腐蚀。为减轻腐蚀损害，可以在管道内加专门的衬层。这种衬层大多由沥青、煤焦油或环氧树脂涂制而成。排除碱性（pH 值＞10）的工业废水时可用铸铁管或砖渠，也可在钢筋混凝土管渠内涂塑料衬层；排除弱酸性（pH 值＝5～6）的工业废水可用陶土管或砖渠；排除强酸性（pH 值＜5）的工业废水时可用耐酸陶土管及耐酸水泥砌筑的砖渠，亦可用内壁涂有塑料或环氧树脂衬层的钢筋混凝土管、渠；排除雨水时通常都采用钢筋混凝土管、渠或用浆砌砖、石大型渠道。

根据管道受压、管道埋设地点及土质条件：压力管段（泵站压力管、倒虹管）一般都可采用金属管、钢筋混凝土管或预应力钢筋混凝土管。在地震区、施工条件较差的地区（地下水位高、有流沙等）以及穿越铁路等，也可采用金属管。而在一般地区的重力流管道常采用陶土管、混凝土管、钢筋混凝土管。

总之，选择管渠材料时，在满足技术要求的前提下，应尽可能就地取材，采用当地易于自制、便于供应和运输方便的材料，以使运输及施工总费用降至最低。

7.2 排水管渠的接口与基础

7.2.1 排水管渠接口

排水管道的不透水性和耐久性，在很大程度上取决于敷设管道时接口的质量。管道接口应具有足够的强度、不透水、能抵抗污水或地下水的浸蚀并有一定的弹性，根据接口的弹性，一般分为柔性、刚性和半柔性等 3 种接口形式。

柔性接口允许管道纵向轴线交错 3～5mm 或交错一个较小的角度，而不致引起渗漏。常用的柔性接口有沥青卷材及橡胶圈接口。沥青卷材接口用在无地下水，地基软硬不一，沿管道轴向沉陷不均匀的无压管道上。橡胶圈接口使用范围更加广泛，特别是在地震区，对管道抗震有显著作用。柔性接口施工复杂，造价较高，在地震区采用有它独特的优越性。

刚性接口不允许管道有轴向的交错，但比柔性接口施工简单、造价较低，因此采用较广泛。常用的刚性接口有水泥砂浆抹带接口、钢丝网水泥砂浆抹带接口。刚性接口抗震性能差，用在地基比较良好，有带形基础的无压管道上。

半柔性接口介于上述两种接口形式之间，使用条件与柔性接口类似。常用的是预制套环石棉水泥接口。

几种常用的接口方法如下。

1. 水泥砂浆抹带接口

在管子接口处用 1∶2.5～3 的水泥砂浆抹成半椭圆形或其他形状的砂浆带，带宽 120～150mm，带厚 30mm，属于刚性接口。一般适用于地基土质较好的雨水管道，或用于地下水位以上的污水管上。企口管、平口管、承插管均可采用此种接口，如图 7-1 所示。

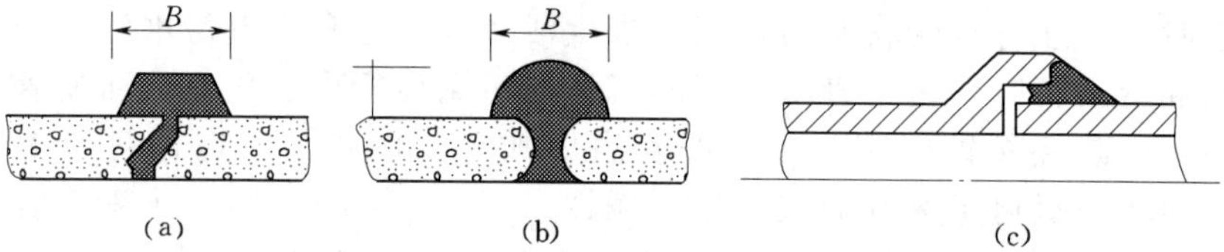

图 7-1　水泥砂浆抹带接口

(a) 企口；(b) 平口；(c) 承插口

2. 钢丝网水泥砂浆抹带接口

钢丝网水泥砂浆抹带接口属于刚性接口。将抹带范围的管外壁凿毛，抹 1∶2.5 水泥砂浆一层，厚 15mm，中间采用 20 号 10×10 钢丝网一层，两端插入基础混凝土中，上面再抹砂浆一层，厚 10mm，带宽 200mm，如图 7-2 所示。该接口方法适用于地基土质较好的具有带形基础的雨水、污水管道上。

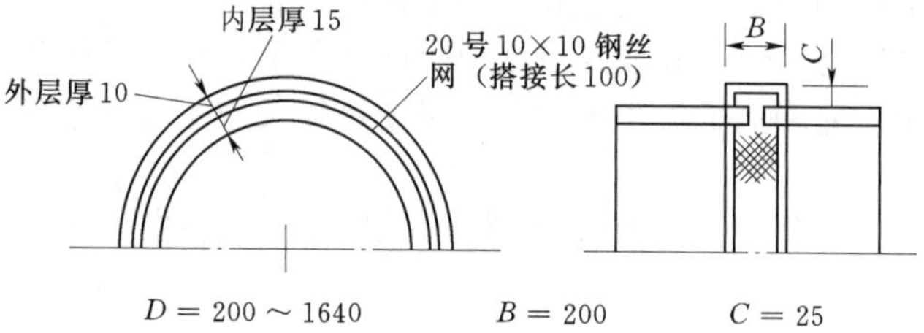

图 7-2　钢丝网水泥砂浆抹带接口

3. 石棉沥青卷材接口

石棉沥青卷材接口属于柔性接口。石棉沥青卷材为工厂加工，沥青玛蹄重量配比为沥青∶石棉∶细砂＝7.5∶1∶1.5。先将接口处管壁刷净烤干，涂上冷底子油一层，再刷沥青玛蹄脂厚 3mm，包上石棉沥青卷材，再涂 3mm 厚的沥青砂玛蹄脂，这叫“三层做法”。若再加卷材和沥青砂玛蹄脂各一层，便叫“五层做法”。该接口方法一般适用于地基沿管道轴向沉陷不均匀地区，如图 7-3 所示。

4. 橡胶圈接口

橡胶圈接口属于柔性接口。该接口结构简单，施工方便。适用于施工地段土质较

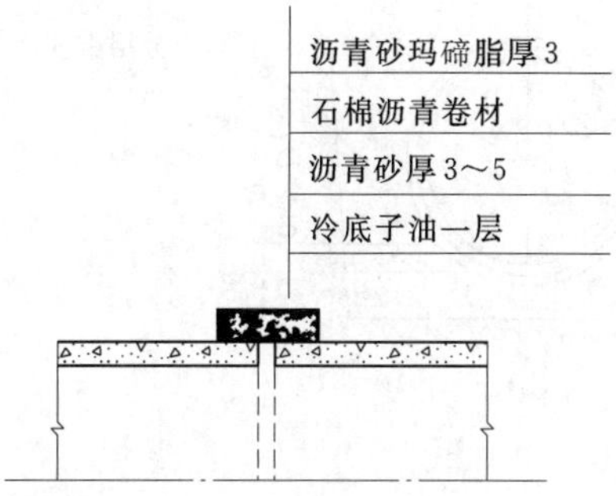

图 7-3 石棉沥青卷材接口

差，地基硬度不均匀，或地震地区。

5. 预制套环石棉水泥（或沥青砂）接口

预制套环石棉水泥（或沥青砂）接口属于半柔性接口。石棉水泥重量比为水∶石棉∶水泥＝1∶3∶7（沥青砂配比为沥青∶石棉∶砂＝1∶0.67∶0.67）。该接口方法适用于地基不均匀地段，或地基经过处理后管道可能产生不均匀沉陷且位于地下水位以下，内压低于10m的管道上，如图7-4所示。

此外，接口形式还有排水承插管沥青油膏接口、排水承插管水泥砂浆接口、排水承插管石棉水泥接口等。采用铸铁管的排水管道，接口做法与给水管道相同，常用的有承插式铸铁管油麻石棉水泥接口。

除上述常用的管道接口外，在化工、石油、冶金等工业的酸性废水管道上，需要采用耐酸的接口材料。目前有些单位研制了防腐蚀接口材料——环氧树脂浸石棉绳，使用效果良好。也有试用玻璃布和煤焦油、高分子材料配制的柔性接口材料等。

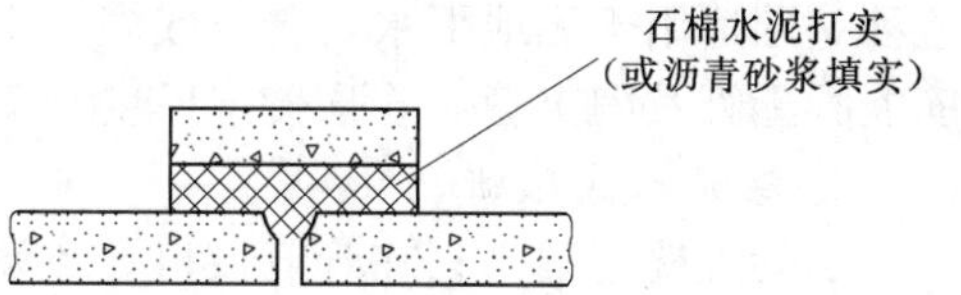

图 7-4 预制套环石棉水泥（或沥青砂）接口

7.2.2 排水管渠的基础

排水管道的基础一般由地基、基础和管座3个部分组成。地基是指沟槽底的土壤部分，它承受管子和基础的重量、管内水重、管上土压力和地面上的荷载。基础是指管子与地基间经人工处理过的或专门建造的设施，其作用是将管道较为集中的荷载均匀分布，以减少对地基单位面积的压力，或由于土的特殊性质的需要，为使管道安全稳定地运行而采取的一种技术措施，如原土夯实、混凝土基础等。管座是管子下侧与基础之间的部分，设置管座的目的在于它使管子与基础连成一个整体，以减少对地基的压力和对管子的反力。管座包角的中心角愈大，基础所受的单位面积的压力和地基对管子作用的单位面积的反力愈小。

为保证排水管道系统能安全正常运行，除管道工艺本身设计施工应正确外，管道的地基与基础要有足够的承受荷载的能力和可靠的稳定性。否则排水管道可能产生不均匀沉陷，造成管道错口、断裂、渗漏等现象，导致对附近地下水的污染，甚至影响附近建筑物的基础。一般应根据管道本身情况及其外部荷载的情况、覆土的厚度、土壤的性质合理地选择管道基础。

目前常用的管道基础有3种。

1. 砂土基础

砂土基础包括弧形素土基础及砂垫层基础，如图7-5所示。

弧形素土基础是在原土上挖一弧形管槽（通常采用90°弧形），管子落在弧形管

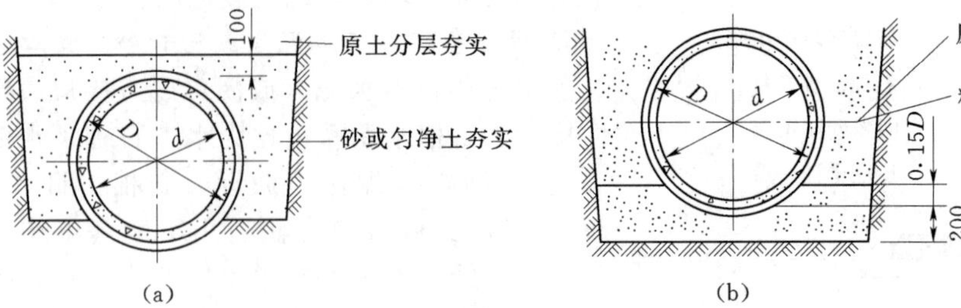

图 7-5 砂土基础

(a) 弧形素土基础；(b) 砂垫层基础

槽里。这种基础适用于无地下水、原土能挖成弧形的干燥土壤；管道直径小于600mm的混凝土管，钢筋混凝土管、陶土管。管顶覆土厚度在0.7～2.0m之间的街坊污水管道，不在车行道下的次要管道及临时性管道。

砂垫层基础是在挖好的弧形管槽上，用带棱角的粗砂填10～15mm厚的砂垫层。这种基础适用于无地下水，岩石或多石土壤，管道直径小于600mm的混凝土管、钢筋混凝土管及陶土管，管顶覆土厚度0.7～2.0m的排水管道。

2. 混凝土枕基础

混凝土枕基础是只在管道接口处才设置的管道局部基础，如图7-6所示。

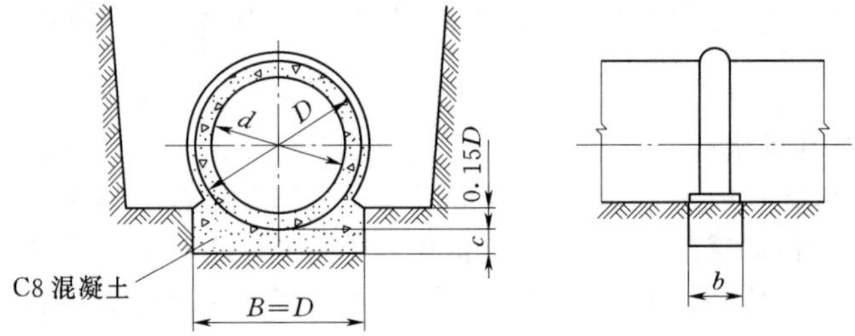

图 7-6 混凝土枕基

通常在管道接口下用混凝土做成枕状垫块。此种基础适用于干燥土壤中的雨水管道及不太重要的污水支管，常与素土基础或砂垫层基础同时使用。

3. 混凝土带形基础

混凝土带形基础是沿管道全长铺设的基础。按管座的形式不同可分为90°、135°、180°等多种管座基础，如图7-7所示。这种基础适用于各种潮湿土壤，以及地基软硬不均匀的排水管道，管径为200～2000mm。无地下水时在槽底老土上直接浇混凝土基础，有地下水时常在槽底铺10～15cm厚的卵石或碎石垫层，然后才在上面浇混凝土基础。当管顶覆土厚度在0.7～2.5m时采用90°管座基础，管顶覆土厚度为2.6～4.0m时用135°基础，管顶覆土厚度在4.1～6.0m时采用180°基础。在地震区，土质特别松软，不均匀沉陷严重地段，最好采用钢筋混凝土带形基础。

对地基松软或不均匀沉降地段，为增强管道强度，保证使用效果，北京、天津等地的施工经验是对管道基础或地基采取加固措施，接口采用柔性接口。

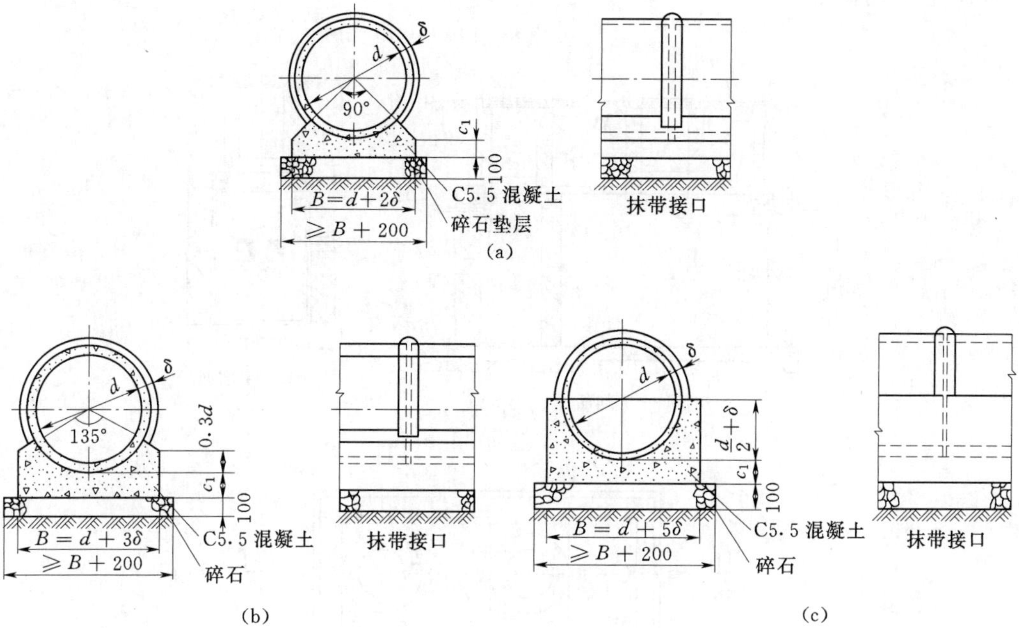

图 7-7　混凝土带形基础

(a) 90°基础；(b) 135°基础；(c) 180°基础

7.3　排水管渠附属构筑物

为了保证排水管渠系统的正常工作，在系统上除了设置管渠本身外，还需设置必要的附属构筑物，这些构筑物有的数量很多，在管渠系统的总造价中占有相当大的比例。因此，如何使这些构筑物建造得合理，并使其发挥最大作用，是排水管渠系统设计和施工中的重要问题之一。

7.3.1　化粪池

化粪池是一种局部处理生活污水的构筑物。当生活污水无法进入集中污水处理厂进行处理，在排入水体或城市排水管网前，至少应经过化粪池简单处理后，才允许排放。

生活污水中含有大量粪便、纸屑、病原虫等杂质，化粪池将这些污染物进行沉淀和厌氧发酵，能去除50%～60%的悬浮物，沉淀下来的生污泥经过3个月以上的厌氧消化，将污泥中的有机物进行氧化降解，转化成稳定的无机物，易腐败的生污泥转化为熟污泥，改变了污泥结构，便于清掏外运，并可用作肥料。

化粪池有矩形和圆形两种，视地形、修建地点、面积大小而定。矩形化粪池有双格和三格之分，视其日需处理的污水量大小确定，当日处理污水量小于10m³ 时，采用双格，当日处理污水量大于10m³ 时，采用三格，化粪池的材质可用砖砌、水泥砂浆抹面、条石砌筑、钢筋混凝土建造，地下水位较高时应采用钢筋混凝土建造。双格化粪池如图7-8所示。化粪池距建筑外墙面一般为5m，距地下取水构筑物不小于

30m，且应防渗漏。

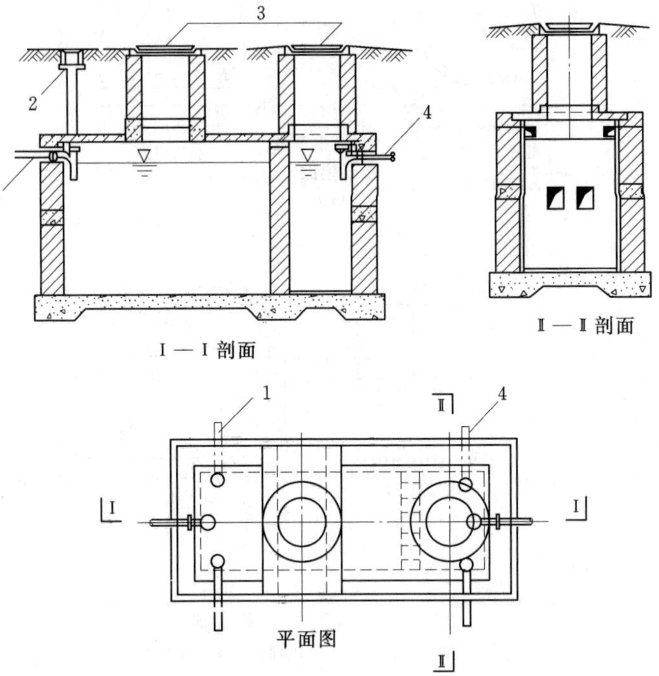

图 7-8 化粪池

1—进水管（3 个方向任选 1 个）；2—清扫口；3—井盖；4—出水管（3 个方向任选 1 个）

7.3.2 雨水口、连接暗井、溢流井

1. 雨水口

雨水口是在雨水管渠或合流管渠上收集雨水的构筑物。雨水径流经雨水口通过连接管流入雨水管渠或合流管渠中。

雨水口的设置，应能保证迅速有效地收集雨水。常设在交叉路口、路侧边沟及道路低洼的地方。

雨水口的形式、数量和布置，通常应按汇水面积所产生的径流量、雨水口的泄水能力及道路形式确定。一般一个平箅雨水口可排泄 15～20L/s 的地面径流量。道路上雨水口的间距宜为 25～50m，连接管串联雨水口个数不宜超过 3 个，雨水口连接管长度不宜超过 25m，连接管的最小管径为 200mm，坡度一般为 0.01。

雨水口的构造包括进水箅、井筒和连接管等 3 部分，如图 7-9 所示。

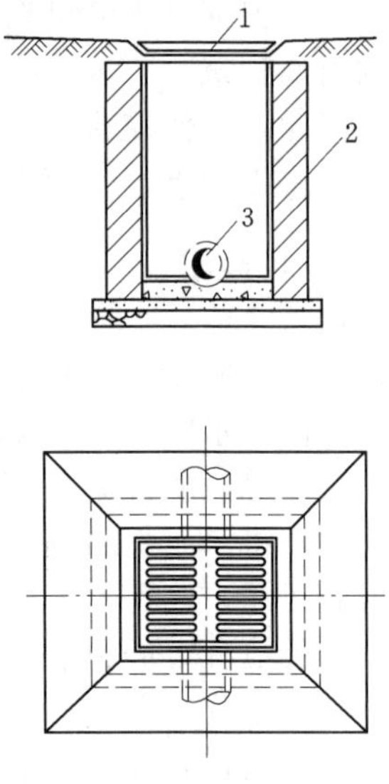

图 7-9 平箅雨水口

1—进水箅；2—井筒；3—连接管

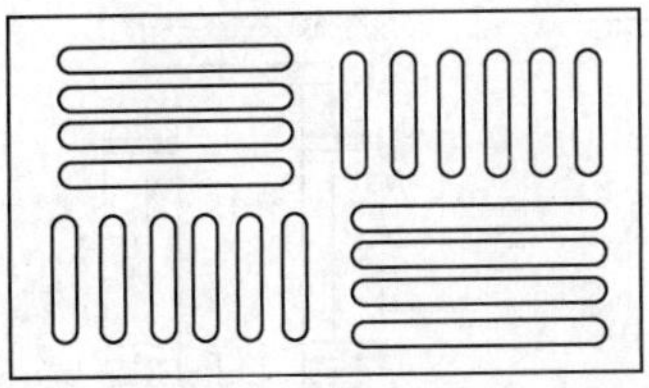

图 7-10　箅条交错排列的进水箅

雨水口的进水箅可用铸铁或钢筋混凝土、石料制成。进水箅条的方向与进水能力也有很大关系，箅条与水流方向平行比垂直的进水效果好，因此有些地方将进水箅设计成纵横交错的形式，以便排泄路面上从不同方向流来的雨水，如图 7-10所示。

雨水口按进水箅在街道上的设置位置可分为：①边沟雨水口，进水箅稍低于边沟底水平位置；②边石雨水口，进水箅嵌入边石垂直放置；③联合式雨水口，在边沟底和边石侧面都安放进水箅，如图 7-11 所示。为提高雨水口的进水能力，目前我国许多城镇已采用双箅联合式或三箅联合式雨水口，由于扩大了进水箅的进水面积，进水效果良好。

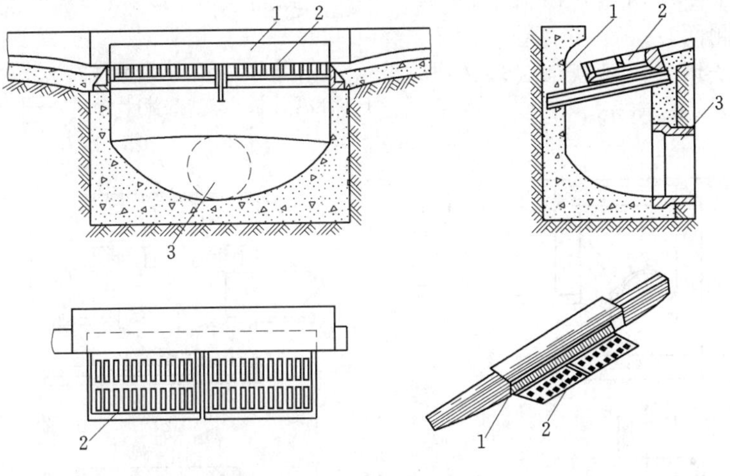

图 7-11　双箅联合式雨水口

1—边石进水箅；2—边沟进水箅；3—连接管

2. 连接暗井

当排水管直径大于 800mm 时，可在连接管与街道排水管渠连接处不另设检查井，而设连接暗井，如图 7-12 所示。

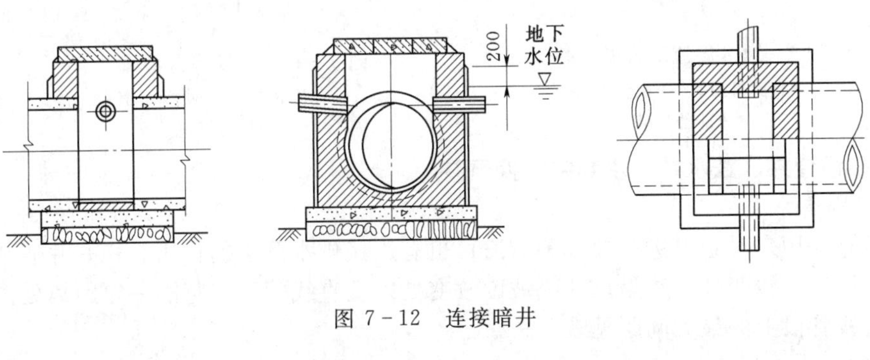

图 7-12　连接暗井

3. 溢流井

在截流式合流制管渠系统中，通常在合流管渠与截流干管的交汇处设置溢流井。其作用是将超过溢流井下游管道的输水能力的那部分水量排出。常见的溢流井有截流槽式、溢流堰式、跳跃堰式 3 种。

（1）截流槽式。截流槽式溢流井是最简单的。在井中设置截流槽，槽顶与截流干管的管顶相平，其构造如图 7－13 所示。

（2）溢流堰式。溢流堰式溢流井构造如图 7－14 所示，溢流堰设在截流管的侧面。

（3）跳跃堰式。跳跃堰式溢流井构造如图 7－15 所示。

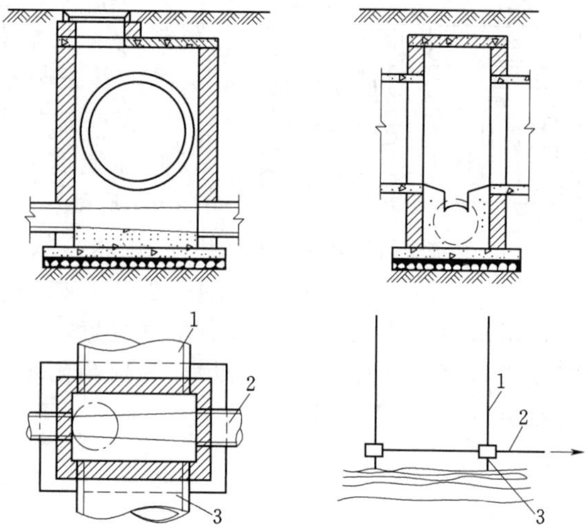

图 7－13　截流槽式溢流井
1—合流管渠；2—截流干管；3—排出管渠

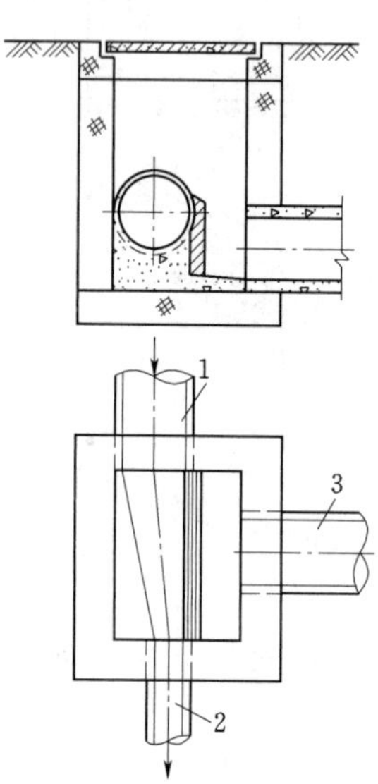

图 7－14　溢流堰式溢流井
1—合流管道；2—截流干管；
3—排出管道

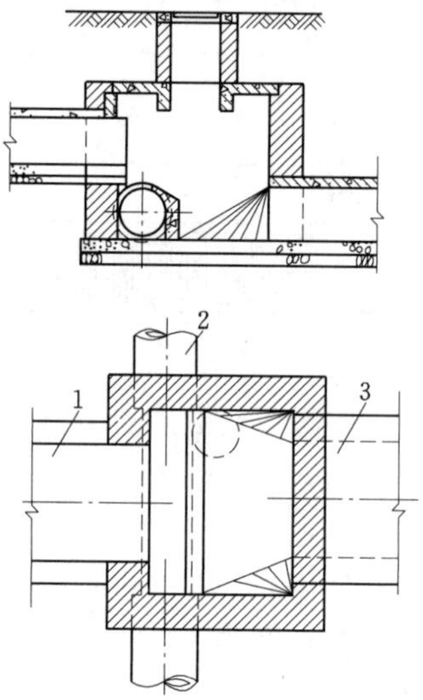

图 7－15　跳跃堰式溢流井
1—合流管道；2—截流干管；
3—排出管道

7.3.3　检查井、跌水井、水封井、换气井

1. 检查井

检查井用来对管渠进行检查和清通，也有连接排水管渠的作用。检查井通常设在管渠交汇处、转弯处、管渠尺寸或坡度改变处以及直线管段上每隔一定距离处。检查井在直线管段上的最大间距见表 7－1。

表 7-1　**检查井的最大间距**

管径或暗渠净高（mm）	最大间距（m）	
	污水管道	雨水（合流）管道
200～400	40	50
500～700	60	70
800～1000	80	90
1100～1500	100	120
1600～2000	120	120

检查井通常由井底（包括基础）、井身和井盖（包括盖底）等 3 部分组成，如图 7-16 所示。

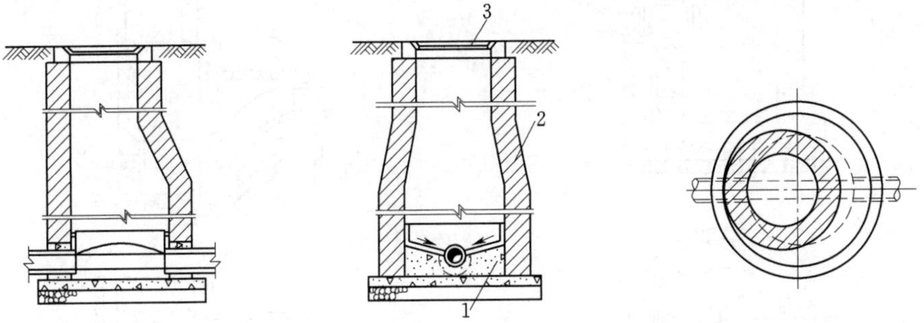

图 7-16　检查井

1—井底；2—井身；3—井盖

检查井井底材料一般采用低标号混凝土，基础采用碎石、卵石、碎砖夯实或低标号混凝土。井底宜设流槽，污水管道的检查井流槽顶可与 0.85 倍大管管径高处相平，雨水管渠和合流管渠的检查井流槽顶可与 0.5 倍大管管径处相平。流槽两侧至检查井壁间的底板（称沟肩）应有一定宽度，一般应不小于 20cm，以便养护人员下井操作，并应有 0.02～0.05 的坡度坡向流槽。在管渠转弯处，检查井内流槽中心线的弯曲半径应按转角大小和管径大小确定，但不宜小于大管的管径。检查井底各种流槽的平面形式如图 7-17 所示。检查井井身的材料可采用砖、石、混凝土或钢筋混凝土。井身的平面形状一般为圆形或方形。检查井宜采用具有防盗功能的井盖。位于路面上的井盖，宜与路面持平；位于绿化带内的井盖，不应低于地面。

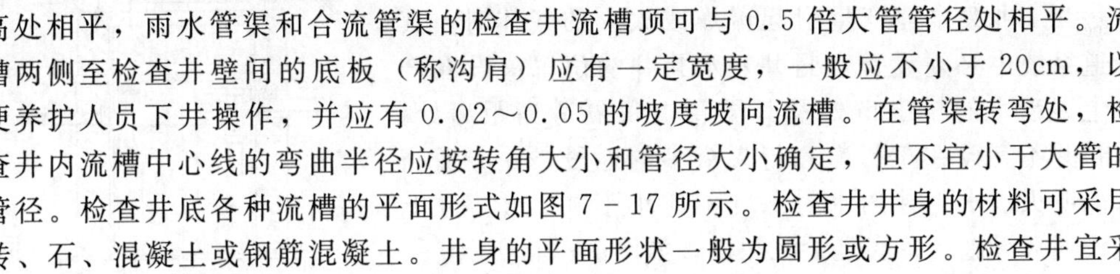

图 7-17　检查井底流槽的形式

2. 跌水井

为消减水流速度，防止冲刷，在检查井内设有消能措施，这种检查井称跌水井。当管道跌水水头为1.0～2.0m时，宜设跌水井；跌水水头大于2.0m时，应设跌水井。目前常用的跌水井有两种形式：竖管式（或矩形竖槽式）和溢流堰式。前者适用于管径不大于400mm的管道系统，后者适用于管径大于400mm的管道系统。当上、下游管底高差小于1m时，可在检查井底部做成斜坡，不做专门的跌水设施。在管道的转弯处，一般不宜设跌水井，且跌水井中不得接入支管。

竖管式和溢流堰式跌水井的构造如图7-18和图7-19所示。

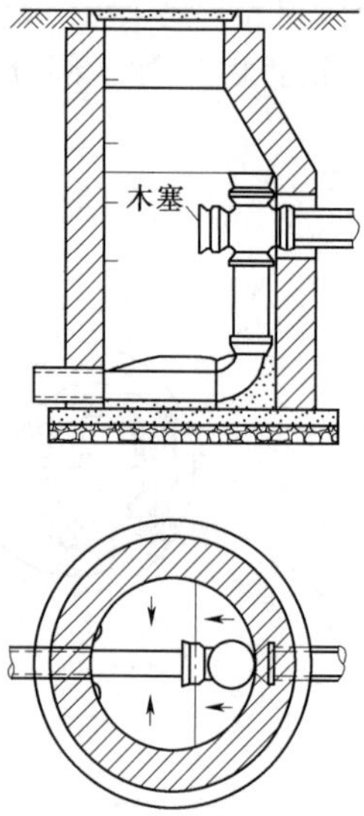

图7-18 竖管式跌水井

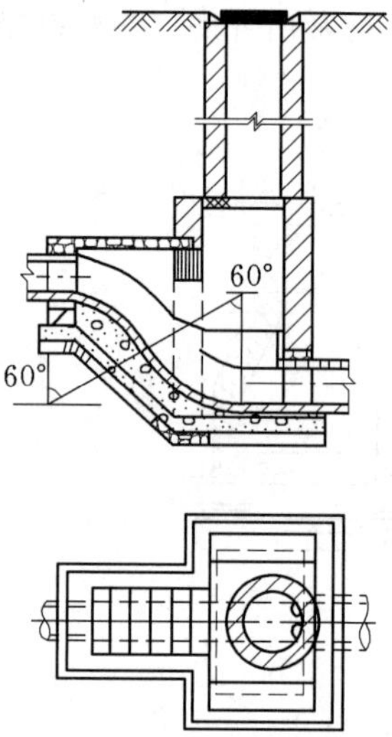

图7-19 溢流堰式跌水井

3. 水封井

当工业废水能产生引起爆炸或火灾的气体时，其管道系统中必须设置水封井。水封井的位置应设在产生上述废水的排出口处及其干管上每隔适当距离处。水封井不宜设在车行道和行人众多的地段，并应适当远离明火。水封井的水封深度不应小于0.25m。井上宜设通风设施，井底宜设沉泥槽，如图7-20所示。

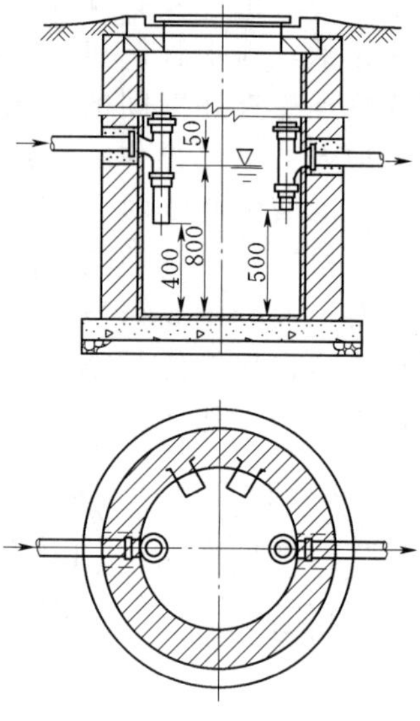

图7-20 水封井

4. 换气井

污水中的有机物常在管渠中沉积而厌氧发酵，产生的甲烷、硫化氢、二氧化碳等气体，如与一定体积的空气混合，在点火条件下将产生爆炸，甚至引起火灾。因此，在街道排水管的检查井上设置通风管，使此类有害气体在住宅竖管的抽风作用下，随同空气沿庭院管道、出户管及竖管排入大气中。这种设有通风管的检查井称换气井。图7-21所示为换气井的形式之一。

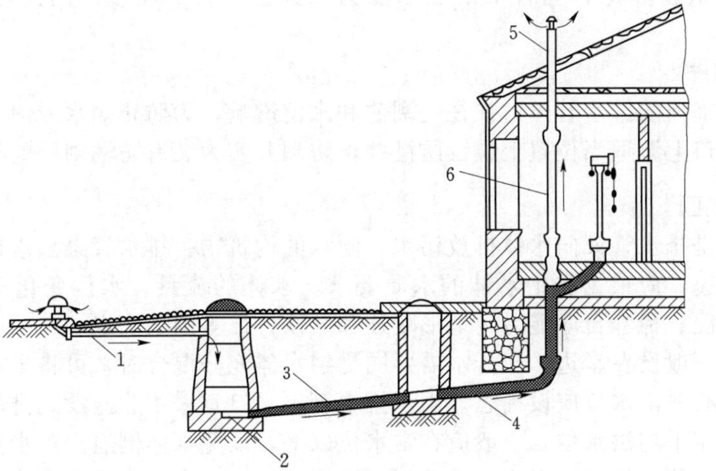

图 7-21　换气井

1—通风管；2—街道排水管；3—庭院管；4—出户管；5—透气管；6—竖管

7.3.4　倒虹吸

排水管渠穿越河道、山涧、洼地、铁路或地下构筑物等障碍物时，不能按原有的坡度埋设，而是按下凹的折线方式从障碍物下通过，这种管道称为倒虹管。倒虹管一般由进水井、下行管、平行管、上行管和出水井等组成，如图 7-22 所示。

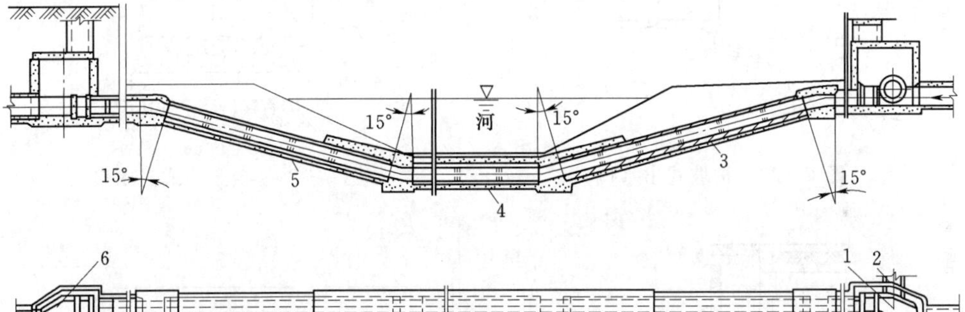

图 7-22　倒虹管

1—进水井；2—事故排出口；3—下行管；4—平行管；5—上行管；6—出水井

倒虹管线应尽可能与障碍物正交通过，以缩短其长度。通过河道的倒虹管，不宜少于两条；通过谷地、旱沟或小河的倒虹管可采用一条。通过障碍物的倒虹管，尚应符合与该障碍物相交的有关规定。由于倒虹管的清通比一般管道困难得多，因此必须采用各种措施来防止倒虹管内污泥淤积。

7.3.5　冲洗井、防潮井

1. 冲洗井

由于合流制排水管渠的过水断面很大，晴天流量很小，流速很低，往往在管底造成淤积，淤积过多将影响管渠的通水能力，甚至使管渠堵塞。因此，必须设置冲洗井。

2. 防潮井

临海、临河的排水管道，往往受潮汐和水位影响，为防止潮水或河水倒灌，在排水管道出水口上游适当位置上应设防潮井，防潮井实为装有防潮闸门的检查井。

7.3.6 出水口

出水口是排水管渠向水体排放污水、雨水的构筑物。排水管渠出水口的位置、形式和出口流速，应根据受纳水体的水质要求、水体的流量、水位变化幅度、水流方向、波浪状况、稀释自净能力、地形变迁和气候特征等因素确定。

出水口一般设在岸边，当排水需要同受纳水体充分混合时，可将出水口伸入水体中，伸入河心的出水口应设标志。雨水排水管出水口宜采用非淹没式排放，出水口顶不宜低于多年平均洪水位，一般应在常水位以上，以免水体倒灌。污水排水管出水口为使污水与水体水较好地混合，宜采用淹没式排放，出水口淹没在水体水面以下。出水口与水体岸边接连处，一般做成护坡或挡土墙，以保护河岸及固定出水管渠与出水口，如图7-23和图7-24所示。江心分散式出水口如图7-25所示。

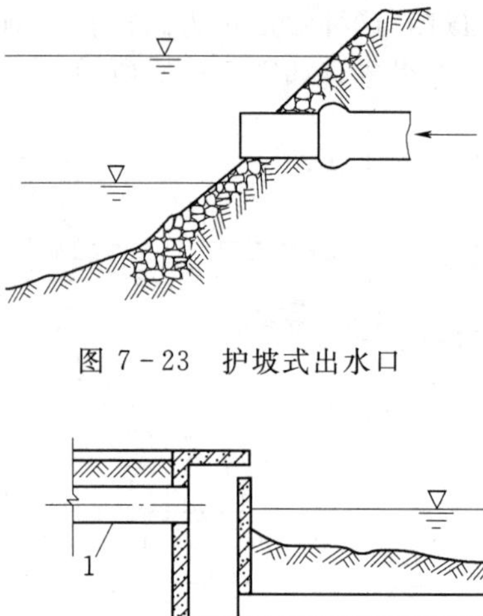

图7-23　护坡式出水口

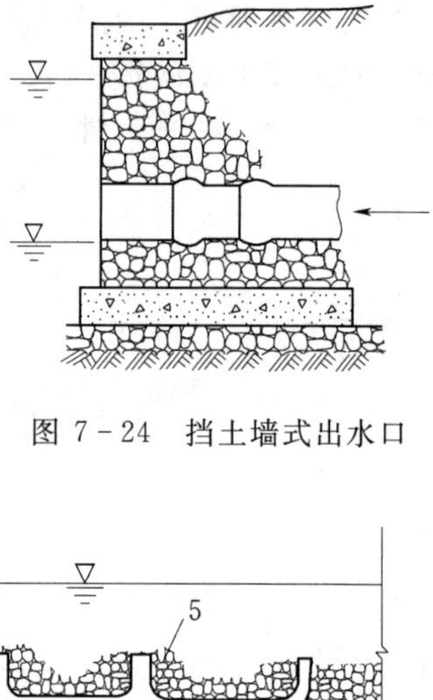

图7-24　挡土墙式出水口

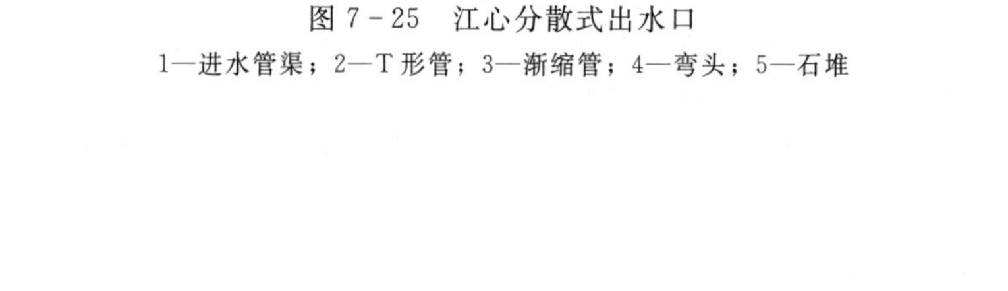

图7-25　江心分散式出水口

1—进水管渠；2—T形管；3—渐缩管；4—弯头；5—石堆

第8章 城镇污水处理与利用

城镇污水是城镇范围内的生活污水、工业废水和径流污水的总称，它通常是由城镇排水管渠汇集排入水体或者通过城镇污水处理厂处理后排入水体。城镇是工矿企业和人口相对集中的地点，每天会排出大量的生活污水和工业废水，这些污水中含有大量的有毒有害物质，若未经处理直接排放，就会导致水体污染、环境恶化、疾病传播等严重后果，直接影响当地居民的身体健康和工农业生产。一般来说，当环境和资源遭到破坏、生态平衡失调后，没有十几年、几十年，甚至上百年的时间，是难以恢复的，而且有时是无法恢复的。因此，从保护水资源及维持区域生态平衡的角度出发，污水在排放之前必须考虑污水处理问题。同时，上述污废水中的有毒有害物质往往也是有用的物质。例如，生活污水中含有大量的肥料，工业废水中含有工业生产原料和副产品。因此，在进行污水处理、改善水质的同时，若能回收利用污废水中的有用物质，不仅可以控制环境和水体污染，而且可以化害为利，变废为宝。

总之，随着人们健康意识、环保意识的提高，污水处理与利用受到了各界的广泛关注，已经成为我国环保工作的重要组成部分。

8.1 城镇污水性质及水质污染指标

8.1.1 城镇污水的性质

根据污水的来源和性质的不同，城镇污水主要分为生活污水、工业废水和径流降水3类。

8.1.1.1 生活污水

生活污水是指人们日常生活中用过的水，主要来自住宅、机关、学校、商店及其他公共建筑和工厂的生活间，如厕所、浴室、厨房、洗衣房、盥洗室等排出的水。

生活污水中含有大量的有机物，如蛋白质、动植物脂肪、碳水化合物、尿素和氨氮等，其中粪便污水中更含有寄生虫卵、病菌和病毒等有害物质，因此，这类污水必须经过收集和处理后才可以排入水体、灌溉农田或再利用。

8.1.1.2 工业废水

工业废水是指在工业生产过程中产生的废水。由于各种工业生产的生产类别、工艺过程、使用的原材料以及生产管理等不尽相同，因此，各种工业废水的性质也就存在很大的差异。根据污染程度的不同，工业废水可分为生产废水和生产污水两类。

生产废水是指在使用过程中受到轻度污染或水温稍有升高的水。如工业设备的冷却废水，通常经过简单处理后即可重复使用或直接排入水体。

生产污水是指在使用过程中受到较严重污染的水，这类水多数具有危害性。如含有有机物的食品、石油化工工业污水；含有有毒重金属铬、汞、铅、镉及氰化物的冶金、电镀、建材等工业污水；含有大量有机物和无机物的焦化、氮肥等工业污水；含有放射性物质的核工业污水等。这类污水需要经过适当处理后才能排放或重复使用。生产污水中有害物质主要来源见表8-1。

表8-1　　生产污水中有害物质主要来源

有害物质	主要来源
游离氯	造纸厂、织物漂白
氨	煤气厂、焦化厂、化工厂
氰化物	电镀厂、焦化厂、煤气厂、有机玻璃厂、金属加工厂
氟化物	玻璃制品厂、半导体元件厂
硫化物	皮革厂、染料厂、炼油厂、煤气厂、橡胶厂
六价铬化合物	电镀厂、化工染料厂、合金制造厂、冶炼厂、铬鞣制革厂
铅及其化合物	电池厂、油漆化工厂、冶炼厂、铅再生厂、矿山
汞及其化合物	电解食盐厂、炸药制造厂、医用仪表厂、汞精炼厂、农药厂
镉及其化合物	有色金属冶炼、电镀厂、化工厂、特种玻璃制造厂
砷及其化合物	矿石处理、农药制造厂、化肥厂、玻璃厂、涂料厂
有机磷化合物	农药厂
酚	煤气厂、焦化厂、炼油厂、合成树脂厂
酸	化工厂、钢铁厂、铜及金属酸洗、矿山
碱	化学纤维厂、制碱厂、造纸厂
醛	合成树脂厂、青霉素药厂、合成橡胶厂、合成纤维厂
油	石油炼厂、皮革厂、毛纺厂、食品加工厂、防腐厂
亚硫酸盐	纸浆工厂、粘胶纤维厂
放射性物质	原子能工业、放射性同位素实验室、医院、疗养院

8.1.1.3　径流污水

径流污水是由降水（雪）淋洗城镇大气污染物和冲洗建筑物、地面、废渣、垃圾而形成的，这类污水具有季节变化和成分复杂的特点。虽然初期雨水径流含有一定的污染物质，但一般不需处理，可直接排入水体。

8.1.2　城镇污水的水质污染指标

城镇污水的水质污染指标用来衡量城镇污水被污染的程度。各种污水的水质特点是非常复杂的，对于色度、臭味、浊度等指标可以通过感官进行观察鉴别，若要全面了解污水的物理、化学及生物学特性，则需要进行污水水质的分析检验。通常城镇污水水质特性主要通过以下几个水质指标进行评价。

8.1.2.1　有机物质

城镇生活污水和多数工业废水中都含有大量的有机污染物，是污水处理的主要对象。有机杂质进入水体后，在好氧微生物分解作用下，使水中溶解氧浓度大幅度下降，甚至造成缺氧状态，危害水生生物生长，有时甚至造成大批鱼类死亡。溶解氧耗尽时，有机物转入厌氧分解过程，使水色度变黑，并散发恶臭，造成水体污染和环境恶化。由于被污染水体中所含的有机物成分复杂，难以一一测定，在水环境监测分析中，一般采用生化需氧量和化学需氧量两个指标来间接表示污水中的有机物浓度。

1. 生化需氧量

生化需氧量（Biochemical Oxygen Demand ，缩写为 BOD）又称为生化耗氧量，是指在有氧条件下，好氧微生物氧化分解单位体积水中有机物所消耗的游离氧的数量，单位为 mg/L。BOD 越高，说明水中有机物越多，污染越严重。微生物对有机物的降解作用与温度有关，在测定 BOD 时一般以 20℃作为测定的标准温度。当水温为20℃时，一般的含碳有机物氧化需要 20 天左右（约完成降解过程的 99%），将 20 天的生化需氧量（BOD_{20}）称为总生化需氧量。在实际应用中，20 天的检测时间显得太长，因此一般以 5 天的生化需氧量（BOD_5）作为检验指标。

2. 化学需氧量

化学需氧量（Chemical Oxygen Demand，缩写为 COD）又称为化学耗氧量，是指利用化学氧化剂（如重铬酸钾）氧化污水中有机物所需要的氧化剂量，单位为 mg/L。COD 越高，说明水中有机物越多，污染越严重。目前测定 COD 常用的方法有 $KMnO_4$ 和 K_2CrO_7 法，前者适用于测定较清洁的水样，后者适用于污染严重的水样和工业废水。重铬酸钾可以氧化水中大多数有机物，所以 COD 一般高于 BOD。采用化学需氧量的优点是大大缩短了检测时间，并且检测不受水质的影响。

8.1.2.2　有毒物质

有毒物质是指污水中所含能危害人体的各种毒物的成分和数量，单位为 mg/L。有的有毒物质毒性作用明显，容易引起人们的重视，例如氰化物；而有的有毒物质则是通过食物在人体内逐渐积累，只有达到一定浓度后才会表现出病症（即慢性中毒），例如水俣病就属于长期食用被污染的鱼和贝类而引起的甲基汞慢性中毒。

8.1.2.3　固体物质

城镇生活污水和多数工业废水中都含有大量的固体污染物。固体物质可分为悬浮固体和溶解固体两类，单位为 mg/L。悬浮固体分为沉降性悬浮物（分为可沉物和难沉物）和漂浮性悬浮物，是污水的重要水质污染指标，会导致淤积、堵塞等情况的发生。溶解固体包括污水中溶解性盐类及其他物质，是造成水体浑浊和色度的主要原因，当含盐量很高的污水渗入土壤后，会逐渐导致土壤盐碱化。

8.1.2.4　酸、碱度

酸、碱度用 pH 值表示，是污水的重要污染指标。生活污水一般呈中性或弱碱性，而工业废水酸、碱度则无规律，有的呈现强酸性或强碱性。酸性废水会腐蚀管道，碱性废水会导致土壤盐碱化。同时，酸、碱废水都将影响渔业生产。研究表明，当pH值小于5或大于9时，将会导致一般鱼类死亡。

8.1.3 水体防护

8.1.3.1 水体污染危害

污水最终出路是排入江、河、湖泊等地表水体、灌溉农田及重复利用。含有各种污染物质的城镇污水若未经处理直接排入水体，将会改变原有水体的物质组成，一旦水体中有害物质超标，将会破坏水体原有的生态功能，导致水体污染问题的发生。由于污水中污染物性质不同，将会对水体产生不同的危害，见表8-2。

表8-2 水体污染危害

危害对象	表现形式
人体健康	疾病蔓延、人体中毒
农业、渔业	影响作物生长、作物中毒；土壤盐碱化；鱼类中毒、死亡
自然环境	环境恶化，影响人们休闲和娱乐

8.1.3.2 水体自净

广义地说，水体自净是指受污染的水体由于物理、化学、生物等作用，使污染物浓度逐渐降低，经过一段时间后，恢复到受污染前的状态；狭义地说，水体自净是指水体中微生物氧化分解有机污染物而使水质净化的作用。

水体自净机理包括物理、化学和生物净化过程。物理过程是指水中污染物由于稀释、扩散、沉淀等作用而使其浓度降低的过程；化学过程是指水中污染物由于氧化、还原、分解、化合等作用而使其浓度降低的过程；生物净化过程是指水中有机污染物在溶解氧存在时，在需氧微生物的作用下，氧化分解为简单、稳定的无机物（如二氧化碳、水、硝酸盐和磷酸盐等），使水体得到净化。

需要说明的是，水体自净的能力是有一定限度的，这种能力的大小也是一种环境容量，即某一环境所能容纳的污染物的最大负荷量，超过这一负荷限度则不能自净。实际上，水体对于有机氯农药、合成洗涤剂、多氯联苯等物质以及其他难于降解的有机化合物、重金属、放射性物质等的自净能力是极其有限的。因此，为了有效保护水体水质、防止污染，不能过分依赖水体自净，而应该积极进行污水处理。

8.1.3.3 污水排放标准

污水排放标准是对排入水体中的污染物或有害因子所做的控制规定，即排放的极限值（包括污染物最高允许排放浓度及最高允许年排放总量），它是控制水体污染、保护环境的重要手段。污水排放标准可以分为综合性排放标准和行业性排放标准两类。

1. 生活污水相关排放标准

迄今为止，我国尚未制定专门的城镇生活污水排放国家标准，可以参照《污水综合排放标准》（GB 8978—1996）、《污水排入城市下水道水质标准》（CJ 3082—1999）中的有关规定控制排入水体或城镇污水处理厂的污水水质。排入城市下水道的污水中，各有害物质最高允许浓度必须符合表8-3的规定。

表 8-3 **污水排入城市下水道水质标准**

序号	项目名称	单位	最高允许浓度	序号	项目名称	单位	最高允许浓度
1	pH 值	mg/L	6.0～9.0	19	总铅	mg/L	1
2	悬浮物	mg/L·15min	150（400）	20	总铜	mg/L	2
3	易沉固体	mg/L	10	21	总锌	mg/L	5
4	油脂	mg/L	100	22	总镍	mg/L	1
5	矿物油类	mg/L	20	23	总锰	mg/L	2.0（5.0）
6	苯系物	mg/L	2.5	24	总铁	mg/L	10
7	氰化物	mg/L	0.5	25	总锑	mg/L	1
8	硫化物	mg/L	1	26	六价铬	mg/L	0.5
9	挥发性酚	mg/L	1	27	总铬	mg/L	1.5
10	温度	℃	35	28	总硒	mg/L	2
11	生化需氧量（BOD_5）	mg/L	100（300）	29	总砷	mg/L	0.5
12	化学需氧量（CODcr）	mg/L	150（500）	30	硫酸盐	mg/L	600
13	溶解性固体	mg/L	2000	31	硝基苯类	mg/L	5
14	有机磷	mg/L	0.5	32	阴离子表面活性剂（LAS）	mg/L	10.0（20.0）
15	苯胺	mg/L	5	33	氨氮	mg/L	25.0（35.0）
16	氟化物	mg/L	20	34	磷酸盐（以P计）	mg/L	1.0（8.0）
17	总汞	mg/L	0.05	35	色度	倍	80
18	总镉	mg/L	0.1				

注 括号内数值适用于有城市污水处理厂的城市下水道系统。

表 8-4 **第一类污染物最高允许排放浓度**

序号	污染物	最高允许排放浓度	序号	污染物	最高允许排放浓度
1	总汞（mg/L）	0.05	8	总镍（mg/L）	1.0
2	烷基汞（mg/L）	不得检出	9	苯并（a）芘（mg/L）	0.00003
3	总镉（mg/L）	0.1	10	总铍（mg/L）	0.005
4	总铬（mg/L）	1.5	11	总银（mg/L）	0.5
5	六价铬（mg/L）	0.5	12	总α放射性（Bq/L）	1
6	总砷（mg/L）	0.5	13	总β放射性（Bq/L）	10
7	总铅（mg/L）	1.0			

2. 工业废水相关排放标准

不同的行业有不同的国家标准，如《造纸工业水污染物排放标准》（GB 3544—

2001)、《钢铁工业水污染物排放标准》(GB 13456—92)、《纺织染整工业水污染物排放标准》(GB 4278—92)等，其最高允许排放浓度应符合相应的标准要求。对于没有行业国家标准的工业，均执行《污水综合排放标准》(GB 8978—1996)。该标准中将排放的污染物按其性质及控制方式分为两类：第一类污染物是指能在环境或动植物体内蓄积，对人体健康产生长远不良影响的有害物质。其最高允许排放浓度是指不分行业和污水排放方式，也不分受纳水体的功能类别，一律在车间或车间处理设施排放口（采矿行业的尾矿坝出水口不得视为车间排放口）采样应符合的标准见表8-4。第二类污染物是指其长远影响小于第一类的有害物质。其最高允许排放浓度是指在排污单位排放口采样应符合的标准。

3. 地面水水质卫生要求

2002年国家颁布了《工业企业设计卫生标准》(GBZ 1—2002)。在该标准中，对于城镇污水排入地面水体后下游最近用水点水质的卫生要求做出了具体规定，见表8-5。

表8-5 地面水水质卫生要求

指标	卫生要求
悬浮物质色、嗅、味	含有大量悬浮物质的工业废水，不得直接排入地面水体，不得呈现工业废水和生活污水所特有的颜色、异臭或异味
漂浮物质	水面上不得出现较明显的油膜和浮沫
pH值	6.5～8.5
生化需氧量（BOD_5）	≤3～4mg/L
溶解氧	≥4mg/L
有害物质	不超过规定的最高容许浓度
病原体	含有病原体的工业废水和医院污水，必须经过处理和严格消毒，彻底消灭病原体后方准排入地面水体

注 1. 最近用水点是指排出口下游最近的城镇、工业企业集中式给水取水点上游1000m断面处或农村生活饮用水集中取水点。
2. 在城镇、工业企业集中式给水取水点的上游1000m及下游100m的范围内，不得排入工业废水和生活污水。
3. 地面水的流量应按最枯流量或95%保证率的最旱年最旱月的平均小时流量计算，污水按排出时最高小时流量计算。
4. 地面水中有害物质的最高容许浓度参见《工业企业设计卫生标准》(GBZ 1—2002)。

8.2 污水处理与利用方法

所谓污水处理与利用，就是采用各种技术手段，将污水中所含有的污染物质分离出来，或将污染物质转化为无害物质，使污水得到净化，达到设定的某些标准后排入水体或供给农、林、牧、渔业、工业、城市低质杂用水等部门重复利用的用水方式。污水处理按照作用原理不同可分为物理法、化学法和生物法三种，见表8-6。

表 8-6　**污水处理基本方法**

基本方法		基本原理
物理法		物理或机械的分离过程
化学法	混凝	向胶状浑浊液中投加电解质，凝聚水中胶状物质，使之与水分开
	中和	酸碱中和，pH 值达中性
	氧化还原	投加氧化（或还原）剂，将废水中物质氧化（或还原）为无害物质
	电解	在废水中插入电极板，通电后，废水中带电离子变为中性原子
	萃取	将不溶于水的溶剂投入废水中，使废水中的溶质溶于此溶剂中，然后利用溶剂与水的相对密度差，将溶剂分离出来
	吸附（包含离子交换）	将废水通过固体吸附剂，使废水中溶解的有机或无机物吸附在吸附剂上，通过的废水得到处理
生物法		微生物在污水中对有机物进行氧化、分解的新陈代谢过程

污水处理按处理程度划分，通常可分为一级、二级和三级处理。一级处理主要去除污水中呈悬浮状态的固体污染物质，经常采用物理处理法。经过一级处理的污水，BOD 一般可去除 20%左右，达不到排放标准。一级处理属于二级处理的预处理；二级处理的主要任务是大幅度去除污水中呈胶体和溶解状态的有机污染物质，BOD 去除率可达 80%～90%，使有机污染物达到排放标准；三级处理进一步处理难降解的有机物、氮和磷等能够导致水体富营养化的可溶性无机物等。三级处理主要方法有生物脱氮除磷法、活性炭吸附法、离子交换法和电渗分析法等。

一级处理和二级处理是处理城镇污水时经常采用的方法，所以又称为常规处理法。一般城镇污水在经过常规处理后基本上可以达到国家规定的污水排放标准。三级处理适用于对排放标准要求特别严格的水体，而且往往以污水回用为目的，因此不属于常规处理，属于深度处理。

8.2.1　物理处理法

物理处理法是利用物理作用分离和去除污水中呈悬浮状态的固体污染物质，在处理过程中，污染物的化学性质不发生变化。物理处理法包括重力分离法、离心分离法及筛滤截留法等，常用的处理构筑物有格栅、沉砂池、沉淀池等。物理处理法设备简单、操作方便、处理效果稳定，故使用极为广泛，但处理程度较低。

8.2.1.1　处理流程

典型的城镇污水物理处理流程如图 8-1 所示，它由格栅、沉砂池、沉淀池等构筑物组成，处理过程为：被处理的污水先经过格栅截流粗大污物，再进入沉砂池沉下砂粒等较重固体物质，然后进入沉淀池去除大部分悬浮固体，出水可用于灌溉或养殖（或排入水体）。沉砂池沉下的砂粒可用于填坑，沉淀池中的污泥被消化池发酵后可用作农肥，发酵中产生的沼气可用作气体燃料。

8.2.1.2　常用处理构筑物

1. 格栅

格栅是城镇污水处理厂污水处理流程的第一个处理设备，其作用是截留污水中较

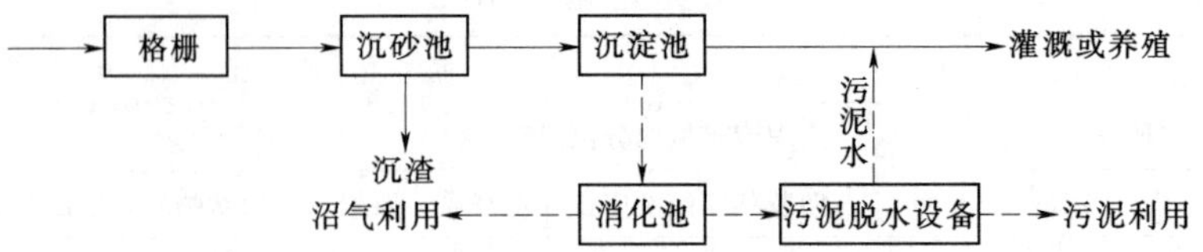

图 8-1 城镇污水物理处理流程

大的呈悬浮或漂浮状态的固体污染物，对后续处理构筑物或水泵机组具有保护作用。

格栅由一组（或多组）互相平行的金属栅条与框架组成，斜置在污水流经的渠道上或进水泵站集水池的进口处，与水面成60°～70°夹角，以便于清除格栅上截留的污物。

格栅栅条经常采用扁钢或圆钢条制作，栅条间距视污水类型而定，城镇污水一般采用16～25mm。格栅按照截留污物清除方法的不同可分为人工清除格栅和机械清除格栅两种，见图8-2和图8-3。

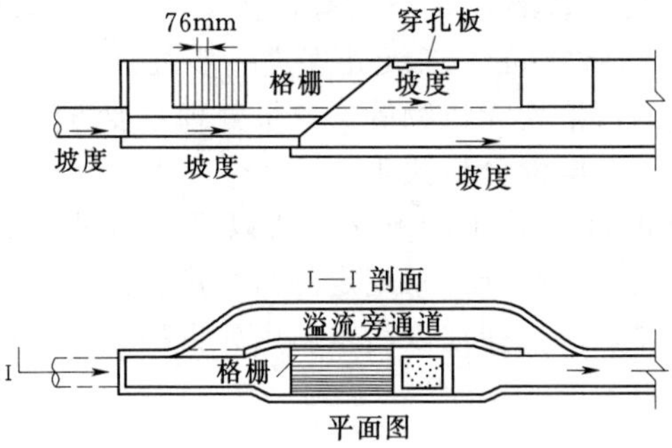

图 8-2 人工清除格栅

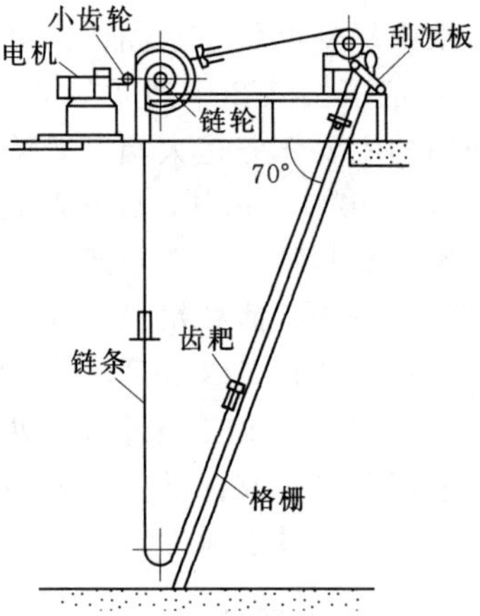

图 8-3 履带式机械格栅

2．*沉砂池*

沉砂池一般设置在沉淀池之前，其作用是去除污水中的砂粒、煤渣等比重较大的无机颗粒，以免这些杂质影响后续处理构筑物的正常运行。

沉砂池按构造不同可以分为平流式、竖流式和旋流式（曝气沉砂池）三种基本形式。其中，平流式沉砂池是最常用的一种形式，它截留效果好，工作稳定，构造比较简单，并且易于排砂。图8-4为平流式沉砂池，池的上部实际上是一个加宽的明渠，在其两端设有闸板，以控制水流。在池的底部设置1～2个储砂斗，下接排砂管，开启储砂斗的闸阀后即可将沉砂排出。

3．*沉淀池*

沉淀池的作用是使原水中的固体颗粒依靠重力作用，从水中分离出来沉淀在池中。用于生物处理法中作预处理的称为初次沉淀池。对于一般的城市污水，初次沉淀池可以去除约25%～30%左右的BOD_5和50%～55%的悬浮物。设置在生物处理构

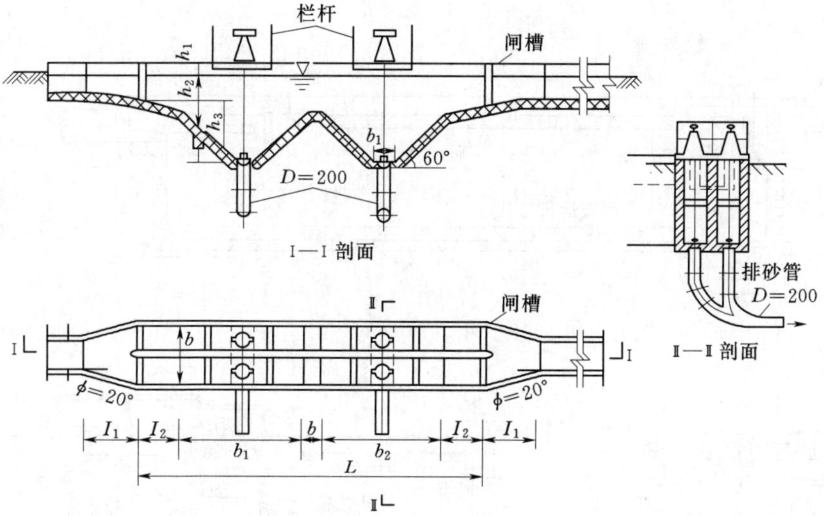

图 8-4　平流式沉砂池

筑物后的称为二次沉淀池，是生物处理工艺中的必要组成部分。

沉淀池按池内水流方向不同可分为平流式、竖流式及辐流式三种，见图 8-5。平流式沉淀池池型呈长方形，污水从池的一端流入，沿水平方向在池内流动，从池的另一端流出。在池的进口处底部设储泥斗，其他部位池底向储泥斗有一定倾斜坡度。竖流式沉淀池池型多呈圆形，也有呈方形或多角形的，污水从设在池中央的中心管进入，从中心管的下端通过反射板向四周均匀分布，然后沿池子整个横断面缓慢上升，被澄清的污水从水池四周溢出。辐流式沉淀池也称为辐射式沉淀池，池型多呈圆形或方形，进、出口布置基本上与竖流式相同，进口在池中央，出口在池周顶部，但池径与池深之比比竖流式大许多倍。水流在池中呈水平方向向四周辐（射）流，速度从池中心向池四周逐渐递减。

平流式沉淀池是最早和最常用的沉淀池，适用于较大流量的污水处理厂。平流式沉淀池构造简单，造价低，工作性能稳定，处理效果好，但占地面积大，排泥困难。图 8-5（a）是设有链带式刮泥机的平流式沉淀池。污水通过进水槽和进水孔流入池内，在挡板作用下，在池的半高处均匀分布在整个池宽上。污水在池内缓缓流动，水中可沉悬浮物逐渐沉向池底。出口处设有溢流堰和出水槽，堰前设有浮渣槽及出水挡板，以排除水面浮渣，保证出水水质。污泥斗设于沉淀池前端。污泥在刮泥机推动下被刮入污泥斗，开启排泥管上的闸阀，在静水压作用下，污泥由排泥管排出池外。为满足排泥需要，池底向污泥斗应有 1%～2%的倾斜坡度。

8.2.2　生物处理法

8.2.2.1　生物处理法机理

在自然界中，存在着大量依靠有机物生存的微生物（细菌、真菌、藻类、原生动物和一些小型的后生动物等），它们具有氧化分解有机物的巨大能力，污水生物处理就是利用这些微生物的代谢作用来完成的。当被处理的污水与微生物接触后，微生物

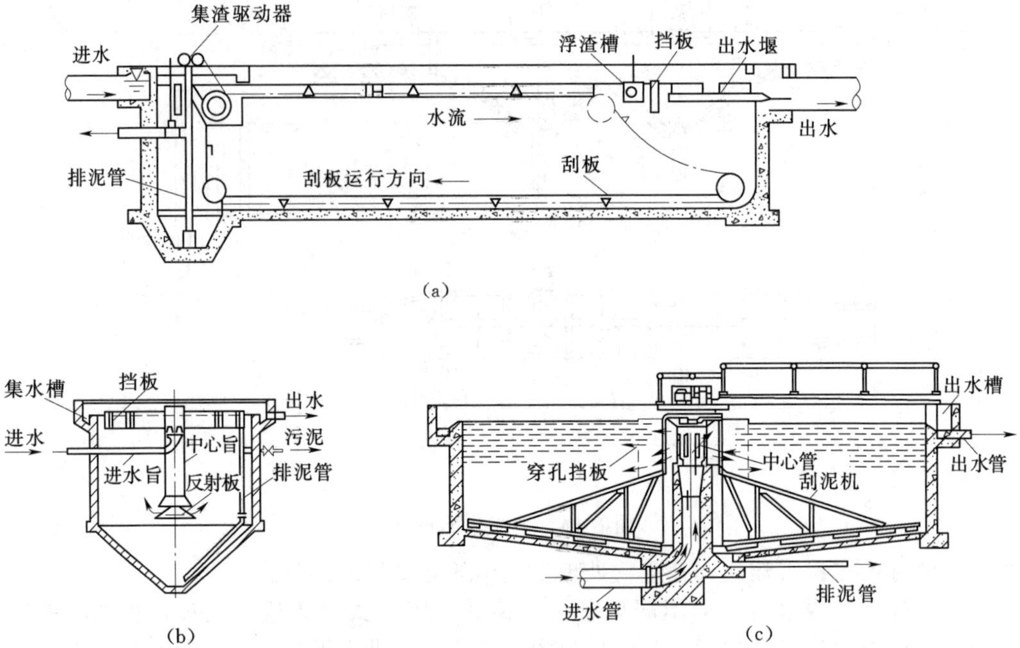

图 8-5　沉淀池

(a) 平流式；(b) 竖流式；(c) 辐流式

能在较短的时间内将污水中大部分有机物吸附住。在酶的作用下，微生物通过分解氧化、合成等过程，将大约 1/3 的有机物转化为简单无机物，同时释放出微生物生长所需能量，将大约 2/3 的有机物转化为生物肌体，合成新的原生质，即进行微生物自身的生长繁殖。微生物正是通过自身的生命活动，以污水中的有机物为"粮食"，分离、吸收了污水中的有机物，达到了污水净化的效果，这种微生物的生物化学反应过程，就是生物处理法的机理。污水好氧生物处理过程可用图 8-6 来表示。

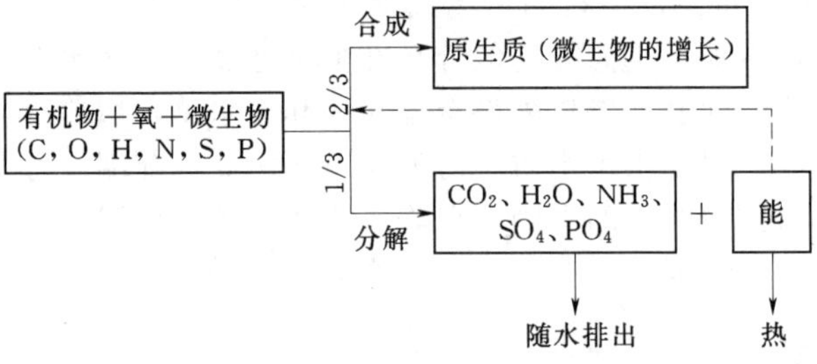

图 8-6　污水好氧生物处理过程中有机物的转化

8.2.2.2　生物处理法分类

根据不同的分类标准，污水生物处理法可以划分为不同的类型，见表 8-7。

表 8-7 污水生物处理法分类

划分依据	类型	方法举例
微生物种类	好氧（兼性）微生物	活性污泥法、接触氧化法等
	厌氧微生物	厌氧污泥床、厌氧滤池等
	藻类	好氧塘、兼性塘、厌氧塘等
微生物生长方式	悬浮生长	活性污泥法、氧化沟等
	附着生长	生物滤池、生物转盘等
反应器类型	完全混合式	完全混合式曝气池、曝气塘等
	间歇式	间歇消化池、SBR 装置等
	推流式	推流式曝气池、氧化沟等
	固定床	生物滤池、接触氧化沟等
	流化床	好氧流化床、厌氧流化床等
	转盘式	生物转盘等

8.2.2.3 常用的污水处理工艺

1. *活性污泥法*

活性污泥法是水体自净的人工化，它是使微生物群体在反应器（曝气池）内呈悬浮状态，并与污水接触而使之净化的方法，所以又称为悬浮生长法。活性污泥法又称为曝气法，对活性污泥法的研究最早开始于 19 世纪 60 年代，到 1914 年，由英国人阿尔敦（Ardern）和洛开脱（Lockeet）开始进行实际应用。他们以污水中的有机污染物作为培养基，在有氧的条件下培养各种微生物群体形成充满微生物的絮状物——活性污泥，通过凝聚、吸附、氧化、分解、沉淀等过程去除污水中的有机污染物。现在世界各种污水处理厂的二级处理中，活性污泥法占绝大多数，并且已经由最开始的传统流程，发展到今天的多种多样的工艺流程，如渐减曝气法、多点进水法、深井曝气法等。

(1) 处理流程。活性污泥法的基本处理流程如图 8-7 所示。它的主要处理构筑物是曝气池和二次沉淀池。经过初次沉淀池进行预处理的污水，大部分悬浮物已被除去，然后与回流的活性污泥一起进入曝气池，共同构成了曝气池内的混合液体。曝气池是一个生物反应器，通过曝气设备充入空气，空气中的氧溶入污水，使活性污泥混合液产生好氧代谢反应。曝气设备不仅传递氧气进入混合液，而且使混合液得到足够的搅拌而呈悬浮状态，从而使污水中的有机物、氧气同微生物能充分接触和反应。在供氧充足的条件下，污水中的有机物被活性污泥中的微生物群体所分解，然后混合液体进入二次沉淀池进行泥水分离，被澄清的污水从二次沉淀池溢出，下沉的污泥一部分回流到曝气池（称为回流污泥），以维持曝气池内有足够的微生物量，剩余的活性污泥（称为剩余污泥）从系统中排出进入污泥处理流程。

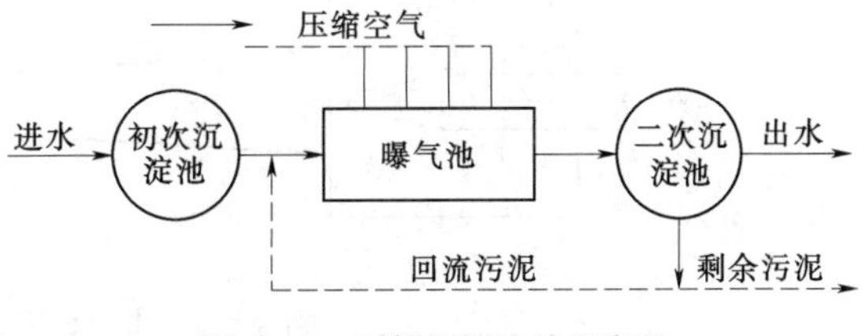

图 8-7 活性污泥法处理流程

(2) 曝气设备。曝气设备主要分为鼓风曝气设备和机械曝气设备，前者采用水下曝气方式，后者采用表面曝气方式。

1) 鼓风曝气设备。鼓风曝气设备具有动能消耗合理和充氧效率高的优点，因此鼓风曝气设备在城镇污水处理工艺流程中得到广泛应用。

鼓风曝气系统由空气净化器、鼓风机、空气输配管系统和浸没于混合液中的扩散器组成。鼓风机提供一定的风量，风量应满足生化反应所需的氧量和能保持混合液悬浮固体呈悬浮状态，风压则应满足克服管道系统和扩散器的摩阻损耗以及扩散器上部的静水压；空气净化器可以改善整个曝气系统的运行状态和防止扩散器阻塞；扩散器是整个鼓风曝气系统的关键部件，它的作用是将空气分散成空气泡，增大空气和混合液之间的接触界面，把空气中的氧溶解于水中。

在污水处理厂中经常采用罗茨鼓风机和离心式鼓风机。前者适用于中小型污水厂，但噪声大，必须采取消音、隔音措施；离心式鼓风机噪声小、效率高，适用于大中型污水厂。

根据分散气泡的大小，扩散器可分为小气泡扩散器、中气泡扩散器、大气泡扩散器和微气泡扩散器几种类型。图 8-8 是几种扩散器的简图。扩散器一般布置在曝气池的一侧和池底，以便形成旋流，增加气泡和混合液的接触时间，有利于氧的传递，同时使混合液中的悬浮固体呈悬浮状态。

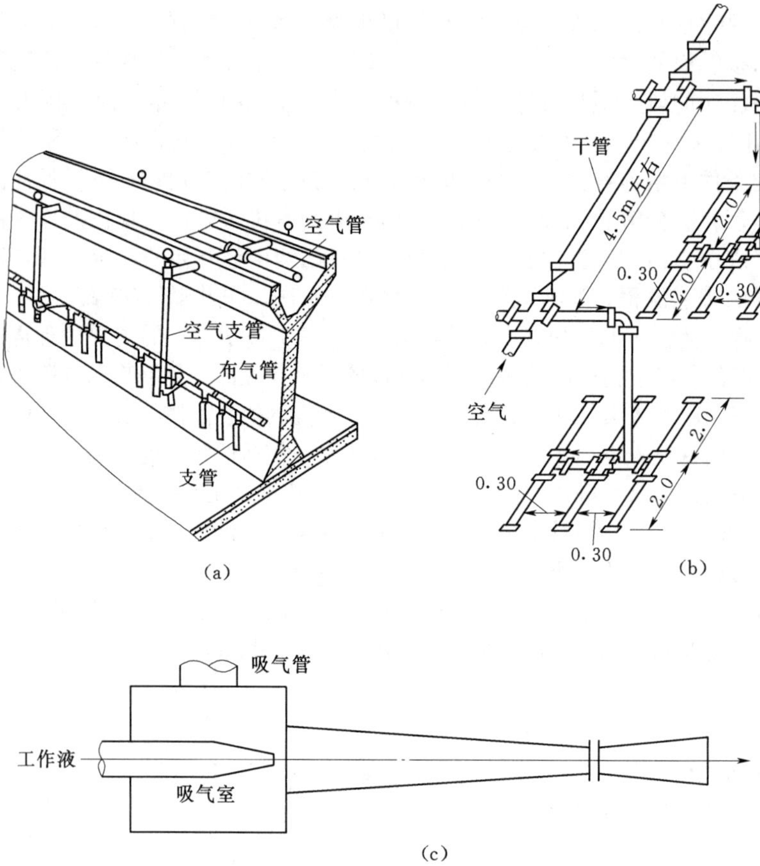

图 8-8　几种扩散器简图

(a) 竖管扩散器；(b) 穿孔管扩散器；(c) 射流式扩散器

2）机械曝气设备。与鼓风曝气设备相比，机械曝气设备不需要修建鼓风机房及设置大量布气管道和曝气头，设施简单、集中，一般不适用于曝气过程中产生大量泡沫的污水。机械曝气是通过安装于曝气池表面的表面曝气机来实现的。表面曝气机可以分为立式和卧式两类。

立式曝气机的转动轴与水面垂直，装有叶轮，当叶轮转动时，使曝气池表面产生水跃，把大量的混合液水滴和膜状水抛向空气中，然后挟带空气形成水气混合物回到曝气池中，由于气水接触界面大，从而使空气中的氧很快溶入水中。随着曝气机的不断转动，表面水层不断更新，氧气不断地溶入，同时池底含氧量小的混合液向上环流和表面充氧区发生交换，从而提高了整个曝气池混合液的溶解氧含量。我国目前应用的立式表曝机有泵型、倒伞型和平板型，见图 8－9（a）、（b）、（c），其中泵型表曝机已有系列产品。

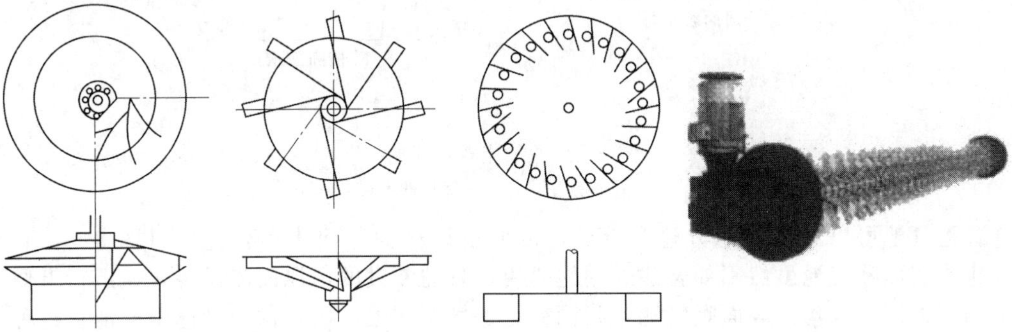

(a)　(b)　(c)　(d)

图 8－9　机械表面曝气机

（a）泵型；（b）倒伞型；（c）平板型；（d）卧式转刷曝气机

卧式转刷曝气机转动轴与水面平行，主要用于氧化沟。在垂直于转动轴的方向装有不锈钢丝（转刷）或板条，用电机带动。转动时，钢丝或板条把大量液滴抛向空中，并使液面剧烈波动，促进氧的溶解；同时推动混合液在池内回流，促进溶解氧的扩散，见图 8－9（d）。

（3）曝气池。曝气池实质上是一个反应器，主要分为推流式、完全混合式以及二池结合型三大类。曝气设备的选用及其布置必须和池型及水力要求相配合。

推流式曝气池也称为长廊式曝气池，一般采用鼓风曝气设备。该种曝气池的水力特征为污水从长池的池首流入，以推进形式沿池长方向流经整个曝气池后，由池尾流出。进出水方式不限，出水采用溢流堰。根据横断面上的水流情况，推流式曝气池可分为平移推流和旋转推流两种形式。平移推流是曝气池底铺满扩散器，池中的水流只有沿池长方向的流动，见图 8－10（a）；旋转推流是扩散器装于横断面的一侧，由于气泡形成的密度差，池水产生旋流。池中的水除沿池长方向流动外，还有侧向旋流，形成了旋转推流，见图 8－10（b）。

完全混合式曝气池的池型呈圆形、方形或矩形。曝气设备可采用表面曝气机，置于池的表层中心，污水进入池的底部中心。污水进入池中之后，在表面曝气机的搅拌下，立即和全池混合，使得水质均匀，不像推流式那样前后段有明显的区别。完全混

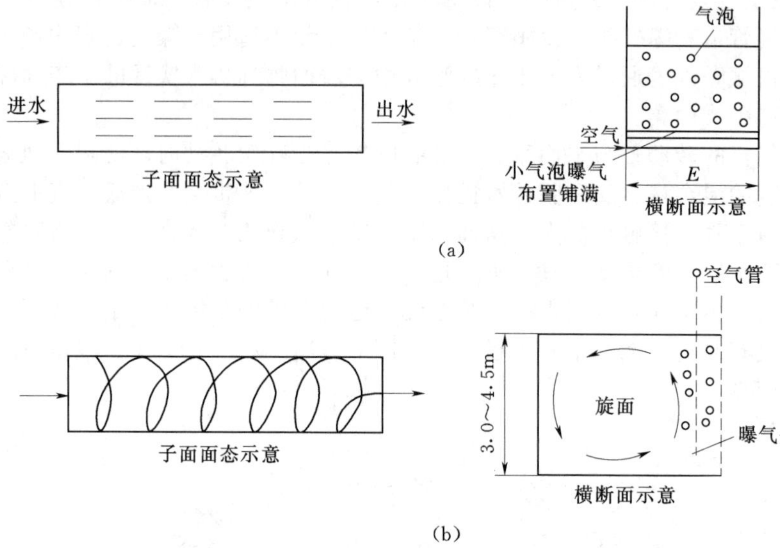

图 8-10　推流式曝气池
(a) 平移推流式；(b) 旋转推流式

合式曝气池可以和沉淀池分建和合建，因此可以分为分建式和合建式（图 8-11)。分建式表面曝气池虽然不如合建式用地紧凑，且需专设的污泥回流设备，但运行上便于调节控制；合建式表面曝气池在我国称为曝气沉淀池，国外称为加速曝气池。这种池型由于曝气池和沉淀池合建成一个构筑物，结构紧凑，在我国曾一度流行，但控制调节较困难，运行不灵活，出水水质难以保证，国外已逐渐淘汰。

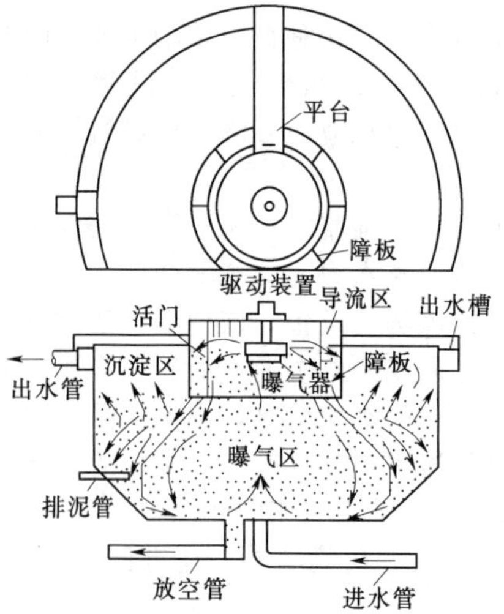

图 8-11　圆形合建式曝气沉淀池

在推流式曝气池中，也可以用多个表曝机充氧和搅拌，对于每一个表曝机所影响的范围内，为完全混合，而对于全池而言，为近似推流，此时相邻的表曝机旋转方向应相反，否则两机之间的水流会互相冲突，见图 8-12 (a)。也可采用横向挡板将表曝机分隔开，避免互相干扰，若各池相互独立，就成为完全混合，若各池互相串联，就成为近似推流，运行灵活，见图 8-12 (b)。

2. 生物膜法

生物膜法主要用于去除污水中溶解性有机污染物，是一种被广泛采用的生物处理方法。生物膜法本质上与土壤处理的过程相似，是污水灌溉和土壤处理的人工化和强化。生物膜法的主要设施是生物滤池、生物转盘和生物接触氧化池。最常见的处理构筑物为生物滤池。生物滤池包括间歇、普通（单层）、塔式

(多层)及高负荷等多种类型，其中，间歇生物滤池很少采用，只适用于极个别的场合。

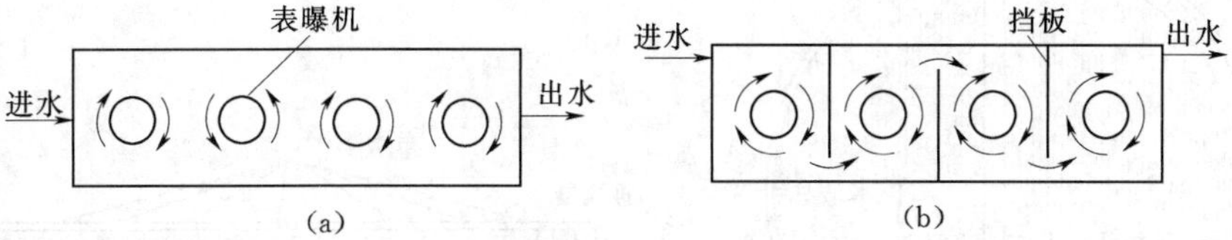

图 8-12 推流式、完全混合式结合曝气池

(a) 无挡板结合池型；(b) 有挡板结合池型

(1) 处理流程。生物膜法是土壤自净（如农田灌溉）的人工化，它是使微生物群体附着于其他物体表面上呈膜状，并让生物膜与污水接触而使之净化的方法，所以又称为固定（附着）生长法。生物膜法的主要特点是微生物附着在介质“滤料”的表面上，形成生物膜，污水同生物膜接触后，溶解性有机污染物被微生物吸附转化为 H_2O、CO_2、NH_3 及微生物细胞质，使污水得到净化，所需氧气一般直接来自大气。生物膜法的基本处理流程如图 8-13 所示。

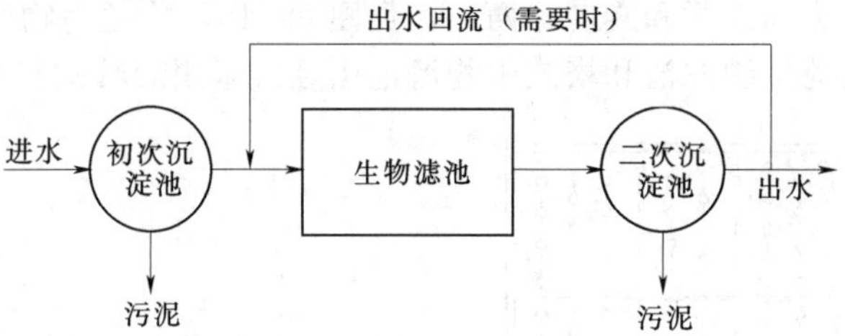

图 8-13 生物膜法基本处理流程

污水由初次沉淀池进行预处理，去除大部分悬浮固体物质，以防止堵塞生物滤池滤料孔隙。然后污水定量喷洒入生物滤池。出水进入二次沉淀池，使随出水流走的生物污泥（脱落的生物膜）与水分离，下沉的污泥排至污泥池进行后续处理。高负荷生物滤池与塔式生物滤池经常采用出水回流，其目的是提高生物滤池的水力负荷，加大水流对生物膜的冲刷作用，更新生物膜，避免生物膜的过量累积，从而维持良好的生物膜活性和适当的膜厚度。

(2) 普通生物滤池。普通生物滤池又称滴滤池，在平面上一般呈方形、矩形或圆形，由滤床（池壁+滤料）、布水装置和排水系统等部分组成，见图 8-14。

1) 滤床。滤床由滤料和池壁组成，床内填充滤料。滤料是生物滤池的主体部分，是微生物生长栖息的场所，直接影响着污水处理效果。理想的滤料应具有坚固耐蚀、表面积大、空隙率高等特点。普通生物滤池一般采用实心拳状滤料，如碎石、卵石、炉渣和焦炭等，20 世纪 60 年代中期以后，开始采用塑料滤料。普通生物滤池的滤料层厚度（也称为工作深度）一般为 1.8～3.0m。池壁起围护滤料、减少污水飞溅的作用，应能承受水和滤料的压力，常用砖、石或混凝土建造。池壁一般应高出滤料 0.5～0.9m，以防止风吹而影响污水在滤池表面的均匀分布。

2) 布水装置。布水系统的作用是使污水能均匀地分布在整个滤床表面上。生物

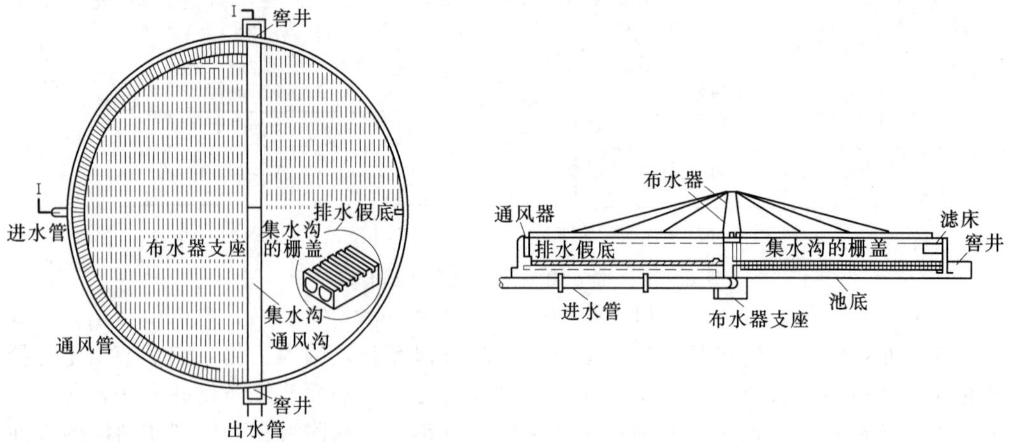

(a) (b)

图 8-14 圆形生物滤池构造

(a) 平面图；(b) Ⅰ—Ⅰ剖面图

滤池的布水装置分为固定式和旋转式两类，见图 8-15。普通生物滤池多采用固定式布水装置，而高负荷生物滤池和塔式生物滤池则经常采用旋转式布水装置。

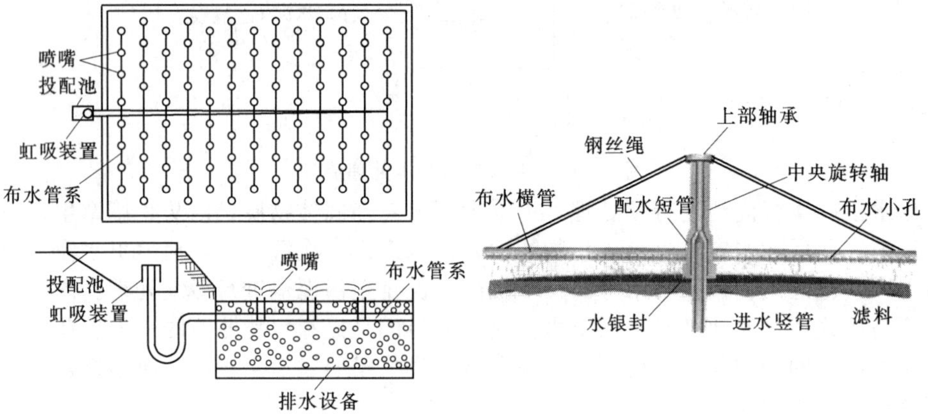

(a) (b)

图 8-15 生物滤池布水装置

(a) 固定式；(b) 旋转式

3) 排水系统。排水系统位于滤池底部，用于排除处理后的出水、支撑滤料，并保证滤池通风良好。排水系统由池底、排水假底和集水沟组成。排水假底的作用是支撑滤料，并将滤后水沿空隙排入集水沟。排水假底的下底与池底之间的净空高度一般应在 0.6m 以上，以利于通风。池底和集水沟的坡度约为 1%～2%。集水沟要有充分的高度，并在任何时候都不会满流，以确保空气能在水面上畅通无阻，使滤池中空隙充满空气。

近些年来，生物膜法发展较快，已经出现一些新型高效的生物处理构筑物，例如高负荷生物滤池、塔式生物滤池（图8-16）及生物转盘（图8-17）等。

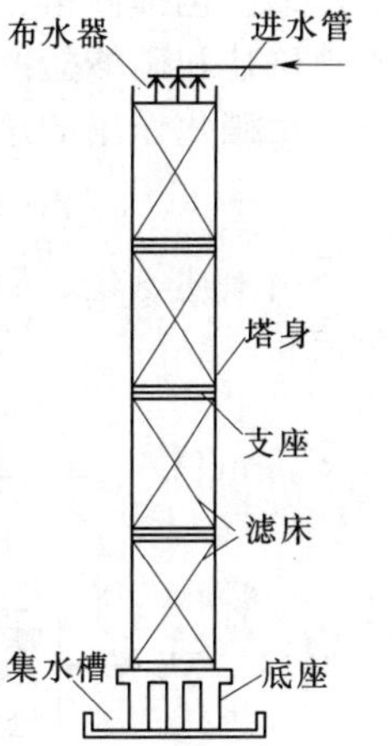

图 8-16 塔式生物滤池

3. 除磷脱氮工艺

（1）生物脱氮。在未经处理的污水中，既有可溶性的氮，又有非可溶性的氮。可溶性有机氮主要以尿素和氨基酸的形式存在，一部分非可溶性有机氮在初沉池中可以被去除。生物脱氮原理是在微生物的作用下，通过硝化反应先将氨氮转化为亚硝态氮、硝态氮，在通过反硝化反应将硝态氮、亚硝态氮还原成气态氨从水中逸出，从而达到脱氮的目的。其中包括氨化作用、硝化作用、反硝化作用三个反应过程。

氨化作用是有机氮化合物，在氨化菌的作用下，分解、转化为氨态氮的过程。

$$RCHNH_2COOH + O_2 \xrightarrow{\text{好氧菌，氨化菌}} RCOOH + CO_2 + NH_3$$

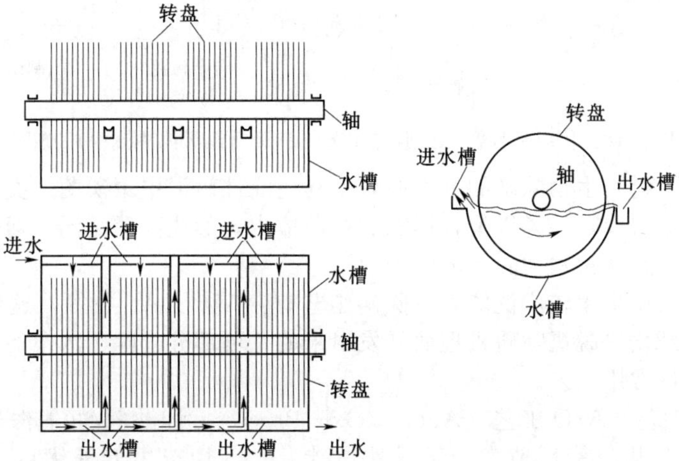

图 8-17 生物转盘

硝化作用是在好氧条件下，将氨氮转化为硝酸盐氮的过程。硝化反应是由一群自养型好氧微生物完成的，它包括两个基本反应步骤：第一阶段是由亚硝酸菌将氨氮转化为亚硝酸盐，称为亚硝化反应。亚硝酸菌中有亚硝酸单胞菌属、亚硝酸螺旋杆菌属和亚硝化球菌属等。第二阶段则由硝酸菌将亚硝酸盐进一步氧化为硝酸盐，称为硝化反应。硝酸菌有硝酸杆菌属、螺旋杆菌属和球菌属等。亚硝酸菌和硝酸菌统称为硝化菌，均是化能自养菌。

硝化作用的总反应式

$$NH_4^+ + 2O_2 \xrightarrow{\text{硝化菌}} NO_3^- + 2H^+ + H_2O + \ (350 \sim 440\text{kJ/mol})$$

反硝化作用是由一群异养型微生物完成的生物化学过程，它的主要作用是在缺氧（无分子态氧）的条件下，将硝化过程中产生的亚硝酸盐和硝酸盐还原成气态氮。反硝化细菌包括假单胞菌属、反硝化杆菌属、螺旋菌属和无色杆菌属等。反硝化过程中亚硝酸盐和硝酸盐的转化是通过反硝化细菌的同化作用和异化作用来完成的。

反硝化作用的总反应式

$$6NO_3^- + 5CH_3OH \xrightarrow{\text{反硝化菌}} 5CO_2 + 3N_2 \uparrow + 2H_2O + 6OH^-$$

由上述氨化、硝化和反硝化3个生化反应过程为基础建立的工艺流程如图8-18所示。

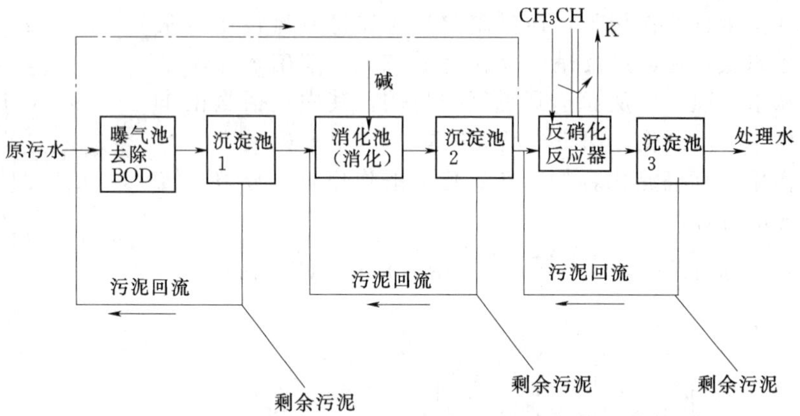

图8-18　传统活性污泥法脱氮工艺（三级活性污泥法流程）流程图

（2）生物除磷。生物除磷的基本原理是利用活性污泥中聚磷菌一类的微生物，超量地从污水中摄取磷，将磷以聚合形态储在菌体内，形成高磷污泥，通过排出剩余污泥到系统外，达到从污水中除磷的效果。

目前，污水厂采用较广泛的脱氮除磷工艺有：A/O、A^2/O等，这些工艺均是基于传统硝化反硝化法脱氮除磷机理而开发出来的，可部分去除污水中的氮和磷。下面简单介绍这两种常用工艺。

1）A/O工艺。A/O工艺（Anoxic/Oxic Process，即缺氧/好氧法）具有流程简单、构筑物少、基建费用节省、无需外加碳源、运行费用低等优点。近十几年来A/O工艺在国内外的应用发展迅速，被认为是迄今为止最简单的生物脱氮工艺。这种工艺是在曝气池前增加厌氧池，以增强工艺有机物去除能力和达到脱氮目的，其主要特点是将反硝化反应器放置在系统之首，设内循环系统，向前置的反硝化器回流含有大量硝酸盐的硝化液。

a. A/O工艺反应原理。在缺氧条件下，反硝化菌利用污水中的有机碳作为电子供体，以硝酸盐作为电子受体进行"无氧呼吸"，将回流液中硝态氮还原成氮气释放出来，完成反硝化过程。一方面，兼性细菌与厌氧细菌降解部分复杂的有机化合物，将其转化为简单的化合物，同时释放能量，可以减轻好氧段的有机负荷。在好氧条件下，硝化菌把污水中的氨氮氧化成硝酸盐，回流到缺氧池，进行反硝化脱氮。另一方面，好氧菌在有氧条件下分解，利用废水中的有机物质进行新陈代谢，降解污水中有机污染物。

b. A/O工艺处理流程。废水经预处理和一级处理后，首先进入缺氧池，利用氨化菌将废水中有机氮转化成NH_4^+—N，与原废水中的NH_4^+—N一并进入好氧池。在好氧池中，除与常规活性污泥法一样对含碳有机物进行氧化外，在适宜的条件下，利用亚硝化菌及硝化菌，将废水中 NH_4^+—N 硝化生成 NO_X—N。为了达到废水脱氮的目的，好氧池中硝化混合液通过内循环回流到缺氧池，利用原废水中有机碳作为电子供体进行反硝化，将 NO_x—N 还原成氮气。工艺流程见图 8-19。

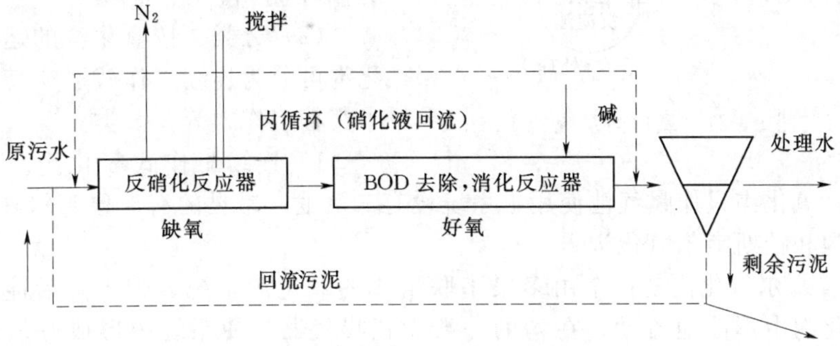

图 8-19 A/O工艺处理流程

2) A^2/O 工艺。A^2/O 是同步脱氮除磷工艺（Anaerobic Anoxic Oxic），是在原有 A/O 工艺基础上，嵌入一个缺氧池，并将好氧池中的混合液回流到缺氧池达到反硝化脱氮目的，这样厌氧—缺氧—好氧相串联的系统就具有同步脱氮除磷功能，A^2/O工艺流程见图 8-20。

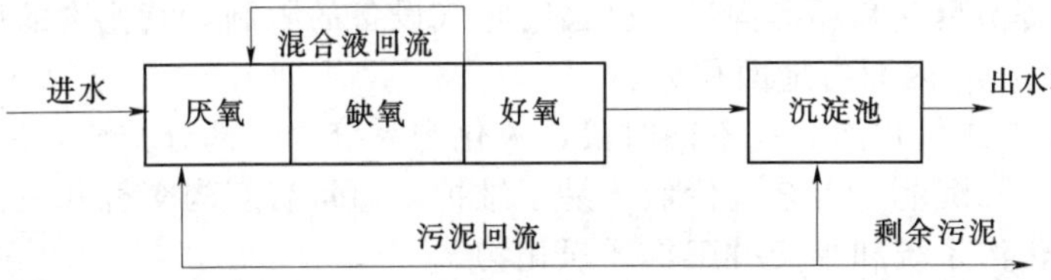

图 8-20 A^2/O工艺流程图

4. 氧化沟

氧化沟（Oxidation Ditch）又名氧化渠，它是活性污泥法的一种变形。因为污水和活性污泥的混合液在环状的曝气渠道中不断循环流动，有人称其为“循环曝气池”、“无终端的曝气系统”。氧化沟是一种简易污水处理设备，污水在氧化沟内的停留时间往往不少于 24h，因此氧化沟实质上是一个延时曝气池。由于它运行成本低，构造简单，易于维护管理，出水水质好，运行稳定，并可以进行脱氮除磷，因此日益受到人们的重视，并逐步得到广泛应用。到现在为止，我国已兴建了 30 多座氧化沟污水处理厂。

(1) 氧化沟工艺的原理。氧化沟一般做成椭圆形的狭长沟道，污水从一端进入，另一端排出，沿沟道的横向设置有曝气转筒顺污水的流向而旋转。污水和回流污泥在转筒后端流入氧化沟，转筒转动时，在其附近发生曝气作用，使沟中的污水和回流污泥的混合液充氧，并能保持一定的循环流速。从氧化沟流出的污水仅为混合液流量的一部分，大部分用于循环，因此使进入氧化沟的污水能迅速地被循环水所混合，而使氧化沟接近于完全混合。氧化沟工艺一般不设初沉池，且

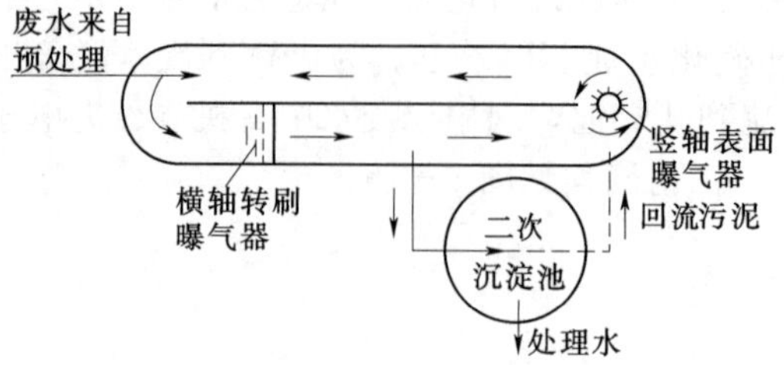

图 8-21 氧化沟系统

通常采用延时曝气。其曝气池呈封闭的环形沟渠形（图 8-21），池体狭长，曝气装置多采用表面曝气器，污水和活性污泥的混合液在其中做不停的循环流动。

（2）分类。按氧化沟的运行方式氧化沟可分为连续工作式、交替工作式和半交替工作式等 3 大类。

1）连续工作式氧化沟。进出水流方向不变，氧化沟只作曝气池使用，系统设有二沉池，常见的有卡鲁塞尔氧化沟、奥贝尔氧化沟和帕斯韦尔氧化沟。

a. 卡鲁塞尔氧化沟是一个由多渠串联组成的氧化沟系统，废水与活性污泥的混合液在氧化沟中不停地流动，在沟的一端设置曝气器，使系统中形成好氧区和缺氧区，使其具有生物脱氮的处理功能。它不仅可以达到 95%以上的 BOD 去除率，同时还可达到脱除部分氮磷的目的。

b. 奥贝尔氧化沟一般由 3 条同心圆形或椭圆形渠道组成，各渠道之间相通，进水先引入最外的渠道，在其中不断循环的同时，依次进入下一个渠道，相当于一系列完全混合反应池串联在一起，最后从中心的渠道排出。

c. 帕斯韦尔氧化沟是同传统活性污泥法最为接近的氧化沟工艺，构型上根本性的变化是采用转刷曝气和环形沟道，受当时曝气设备的限制，氧化沟的设计有效水深一般在 1.5m 以下，因而占地面积大。

2）交替工作式氧化沟。在不同时段，氧化沟系统的一部分交替轮流作为沉淀池，不需要单独设立二沉池，工艺造价低，易于维护，通常有双沟交替和三沟交替（T 型氧化沟）的氧化沟系统和半交替工作式氧化沟。

3）半交替工作式氧化沟。兼具连续工作式和交替工作的特点。系统设有二沉池，使曝气池和沉淀完全分离，故能连续式工作；氧化沟又可分段处于不同的工作状态，具有交替工作运行的特点，特别利于脱氮。最典型的半交替工作式氧化沟是 DE 型氧化沟。DE 型氧化沟是在 D 型氧化沟基础上为强化生物脱氮而开发的新工艺，专为生物脱氮而开发，设有独立的二沉池和污泥回流系统，氧化沟内交替进行硝化与反硝化，两个氧化沟串联运行，交替进出水，通过两沟内转刷交替处于高速和低速运行，可使两沟交替处于好氧和缺氧状态，在 DE 型氧化沟前增设一厌氧池，可达到同时脱氮、除磷的效果。

（3）氧化沟脱氮除磷工艺。传统氧化沟的脱氮，主要是利用沟内溶解氧分布的不均匀性，通过合理的设计，使沟中产生交替循环的好氧区和缺氧区，从而达到脱氮的目的。其最大的优点是在不外加碳源的情况下在同一沟中实现有机物和总氮的去除，因此是非常经济的。但在同一沟中好氧区与缺氧区各自的体积和溶解氧浓度很难准确地加以控制，因此对除氮的效果是有限的，而对除磷几乎不起作用。另外，在传统的单沟式氧化沟中，微生物在好氧－缺氧－好氧短暂的经常性的环境变化中使硝化菌和反硝化菌群并非总是处于最佳的生长代谢环境中，由此也影响单位体积构筑物的处理能力。

随着氧化沟工艺的发展，目前在工程应用中比较有代表性的形式有：多沟交替式氧化沟（如三沟式，五沟式）及其改进型、卡鲁塞尔氧化沟（Carrousel）及其改进型、奥贝尔（Orbal）氧化沟及其改进型、一体化氧化沟等。他们都具有一定的脱氮除磷能力。

1）奥贝尔（Orbal）氧化沟脱氮除磷工艺。奥贝尔氧化沟简称同心圆式，它也是分建式，有单独二沉池，采用转碟曝气，沟深较大，它的脱氮效果很好，但除磷效率不够高，要求除磷时还需前加厌氧池。应用上多为椭圆形的三环道组成，三个环道用不同的DO（如外环为0，中环为1，内环为2），有利于脱氮除磷。采用转碟曝气，水深一般在4.0～4.5m，动力效率与转刷接近，现已在山东潍坊、北京黄村和合肥王小郢等的城市污水处理厂应用。

2）卡鲁塞尔氧化沟（Carrousel）脱氮除磷工艺。卡鲁塞尔氧化沟是1967年由荷兰的DHV公司开发研制的。它的研制目的是为满足在较深的氧化沟沟渠中使混合液充分混合，并能维持较高的传质效率，以克服小型氧化沟沟深较浅，混合效果差等缺陷。该工艺具有投资省、处理效率高、可靠性好、管理方便和运行维护费用低等优点。卡鲁塞尔氧化沟使用立式表曝机，曝气机安装在沟的一端，因此形成了靠近曝气机下游的富氧区和上游的缺氧区，有利于生物絮凝，使活性污泥易于沉降，设计有效水深4.0～4.5m，沟中的流速0.3m/s。BOD_5的去除率可达95%～99%，脱氮效率约为90%，除磷效率约为50%，如投加铁盐，除磷效率可达95%。

a. 单级卡鲁塞尔氧化沟脱氮除磷工艺。单级卡鲁塞尔氧化沟有两种形式：一是有缺氧段的卡鲁塞尔氧化沟，可在单一池内实现部分反硝化作用，使用于有部分反硝化要求，但要求不高的场合。另一种是卡鲁塞尔A/C工艺，即在氧化沟上游加设厌氧池，可提高活性污泥的沉降性能，有效控制活性污泥膨胀，出水磷的含量通常在2.0mg/L以下。以上两种工艺一般用于现有氧化沟的改造，与标准的卡鲁塞尔氧化沟工艺相比变动不大，相当于传统活性污泥工艺的A/O和A^2/O工艺。

b. 合建式卡鲁塞尔氧化沟。缺氧区与好氧区合建式氧化沟是美国EIMCO公司专为卡鲁塞尔系统设计的一种先进的生物脱氮除磷工艺（卡鲁塞尔2000型）。它的构造上的主要改进是在氧化沟内设置了一个独立的缺氧区。缺氧区回流渠的端口处装有一个可调节的活门。根据出水含氮量的要求，调节活门张开程度，可控制进入缺氧区的流量。缺氧和好氧区合建式氧化沟的关键在于对曝气设备充氧量的控制，必须保证进入回流渠处的混合液处于缺氧状态，为反硝化创造良好环境。缺氧区内有潜水搅拌器，具有混合和维持污泥悬浮的作用。

在卡鲁塞尔2000型基础上增加前置厌氧区，可以达到脱氮除磷的目的，被称为A^2/C卡鲁塞尔氧化沟。

c. 四阶段卡鲁塞尔Bardenpho系统。在卡鲁塞尔2000型系统下游增加了第二缺氧池及再曝气池，实现更高程度的脱氮。五阶段卡鲁塞尔Bardenpho系统在A^2/C卡鲁塞尔系统的下游增加了第二缺氧池和再曝气池，实现更高程度的脱氮和除磷。

综上所述，厌氧、缺氧与好氧合建的氧化沟系统可以分为三阶段 A^2/O 系统以及四、五阶段 Bardenpho 系统，这几个系统均是 A/O 系统的强化和反复，因此这种工艺的脱氮除磷效果很好，脱氮率达 90%～95%。

3）DE 型、T 型氧化沟脱氮工艺。DE 型氧化沟为双沟系统，T 型氧化沟为三沟系统，其运行方式比较相似，都是通过配水井对水流流向的切换，堰门的起闭以及曝气转刷的调速，在沟中创造交替的硝化、反硝化条件，以达到脱氮的目的。其不同之处在于 DE 型氧化沟系统是二沉池与氧化沟分建，有独立的污泥回流系统，而 T 型氧化沟的两侧沟轮流作为沉淀池。

4）合建式一体化氧化沟。是指集曝气、沉淀、泥水分离和污泥回流功能为一体，无需建造单独二沉池的氧化沟。这种氧化沟设有专门的固液分离装置和措施。它既是连续进出水，又是合建式，且不用倒换功能，从理论上讲最经济合理，且具有很好的脱氮除磷效果。

5. SBR 工艺

SBR 是间歇式活性污泥法（Seguencing Bath Reacter Activated sludge process）的缩写，又称为序批式活性污泥法，其污水处理机理与普通活性污泥法完全相同，只是运行方式不同。其特点是间歇进水、工艺简单、建设与运行费用都较低、处理效果稳定、出水水质好、操作灵活、占地面积小。

（1）SBR 工艺的原理。SBR 工艺处理污水，其核心处理设备是一个序批式间歇反应器（SBR 反应器），SBR 省去了许多处理构筑物，所有反应器都在一个 SBR 反应器中运行，通过时间控制来使 SBR 反应器实现各阶段的操作目的，在流态上属于完全混合式，实现了时间上的推流，有机污染物随着时间的推移而降解。采用集有机物降解与混合液沉淀于一体的反应器—间歇曝气池，在反应器中同时去除有机物和脱氮除磷，无须设污泥回流设备，不设二次沉淀池。

（2）SBR 工艺的运行程序。SBR 的运行程序由进水、反应、沉淀、出水和闲置等 5 个基本过程组成，如图 8－22 所示。

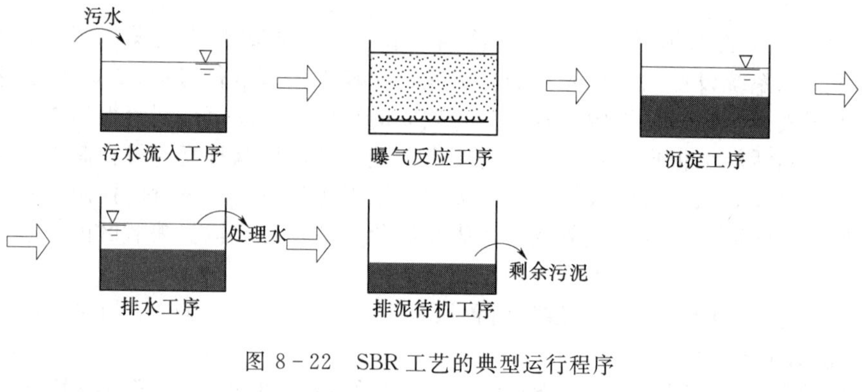

图 8－22　SBR 工艺的典型运行程序

1）进水工序。进水工序是反应池接纳污水的过程，将原污水或经过预处理的污水引入 SBR 反应器，此时反应器中已有一定数量的满足处理要求的活性污泥，注入污水，注入完毕再进行反应，从这个意义上说，反应器又起到了调节池的作用，所以

SBR 法受负荷变动影响较小，对水质、水量变化的适应性较好。

2）反应工序。SBR 工艺中最主要的一道工序，当污水达到预定高度时，便开始反应操作，可以根据不同的处理目的（去除 BOD、硝化、脱氮、除磷）来选择相应的操作。

3）沉淀工序相当于传统活性污泥法中的二沉池，停止曝气和搅拌，使混合液处于静止状态，受外界干扰小，活性污泥进行重力沉淀和上清液分离。传统活性污泥的二沉池是各种流向的沉降分离，而 SBR 的沉淀工序是静止沉淀，避免了连续出水容易带走密度轻、活性好的污泥的问题，因而沉降时间短、沉淀效率高，能使污泥保持较好的活性，有更高的效率。

4）出水工序。排出沉淀后的上清液，一直排放到最低水位，剩下的一部分处理水，可以起到循环水和稀释水的作用。而反应池底部沉降的活性污泥大部分作为下个处理周期的回流污泥使用，过剩的污泥引出排放。

5）闲置工序。沉淀之后到下个周期开始的期间称为待机工序，SBR 池处于空闲状态，微生物通过内源呼吸复活，溶解氧浓度下降，起到一定的反硝化作用而进行脱氮，为下一运行周期创造良好的初始条件。

（3）SBR 的工艺设备。

1）滗水器。滗水器是随着 SBR 工艺发展起来的，其类型可以分为 5 种：电动机械摇臂式，套筒式，虹吸式，旋转式和浮筒式。滗水器的组成分为收水装置、连接装置和传动装置。SBR 工艺采用静止沉淀、集中滗水的方式运行。由于集滗水时间较短，因此每次滗水的流量较大，这就需要在短时间大量排水的状态下，对反应器内的污泥造成扰动，因而需安装特别的排水装置。

2）曝气设备。SBR 的曝气装置与传统活性污泥法基本相同，不同之处是 SBR 具有间歇运行的特殊性，对曝气设施也有特殊的要求，如要求曝气器具有防堵塞、抗瞬间的强度冲击等。SBR 工艺的曝气装置分为机械曝气和鼓风曝气两类

a. 机械曝气。SBR 机械曝气器分为表面曝气器和叶轮曝气器。表面曝气器直接从空气中吸收氧气。叶轮曝气器是从曝气池底部的空气分布装置引入的空气中吸取氧气。

b. 鼓风曝气。SBR 工艺通常采用微孔曝气器作为曝气装置。

3）阀门、排泥系统。SBR 运行中曝气、滗水和排泥等过程均采用计算机自动控制，因此需要配备相应的电动、气动阀门，以便控制气、水的自动进出。剩余污泥的排放目前采用潜水泵的自动排放方式实现。

4）自动控制系统。SBR 采用自动控制技术来达到 SBR 工艺的控制要求，把用人工操作难以实现的控制通过计算机、软件、仪器设备的有机结合自动完成，并创造满足微生物生存的最佳环境。

（4）CASS 工艺。CASS（Cyclic Activated Sludge System）工艺是普通 SBR 工艺的一种改进型工艺。CASS 反应池由预反应区和主反应区组成，预反应区控制在缺氧状态，可以提高对难降解有机物的去除效果。CASS 进水是连续的，因此进水管道上无电动控制阀，单个池子可独立运行。

CASS 工艺可以根据脱氮除磷效果的要求，将预反应区分成厌氧、缺氧两段。

在工艺运行过程中，可根据实际污泥性状和除磷要求选择回流装置的开启。CASS 工艺处理流程简图见图 8-23。

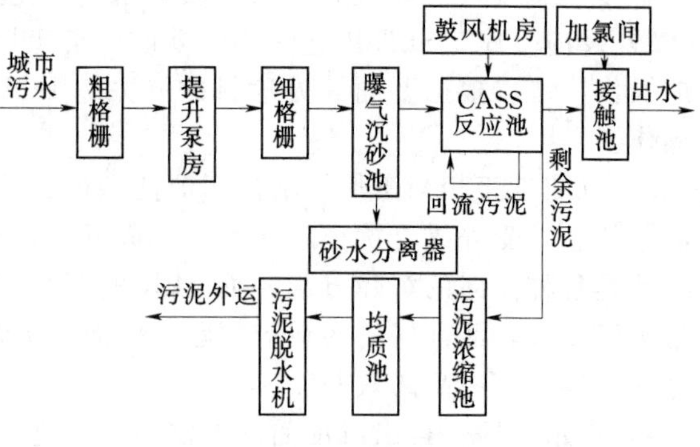

图 8-23　CASS 工艺处理流程简图

（5）ICEAS 工艺。ICEAS（Intermittent Cycle Extended Aeration System）工艺是间歇式活性污泥工艺的一种变形，又称周期循环延时曝气活性污泥法。该系统连续进水、间歇排水，运行管理复杂。

污水从进水池分两股流经格栅，通过机械清除装置不断循环把栅渣送至脱水输送机，并由定时器自动控制。在 ICEAS 反应池中，污水先进入预反应池，很快地被活性污泥吸附，然后进入反应池。ICEAS 反应池的底部安装 4 台由定时器控制的液下搅拌器用以搅拌污泥，污泥在 ICEAS 反应池内经好氧（曝气）、缺氧和厌氧周期循环处理。在处理过程中，生成少量的污泥。由潜水泵泵入污泥稳定浓缩池稳定浓缩后，用螺杆泵把污泥输送到经带式脱水机脱水后，形成含水率为 75%～80%的泥饼定期外运，由污泥浓缩池排出的上清液和脱水机房的污水返回 ICEAS 反应池重新处理。ICEAS 工艺流程如图 8-24 所示。

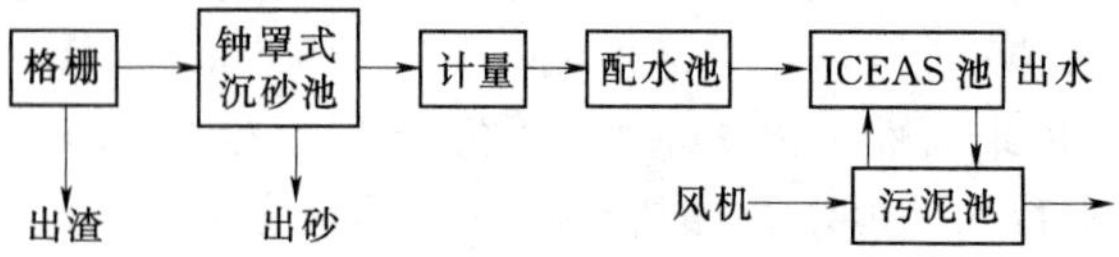

图 8-24　ICEAS 工艺处理流程图

（6）CAST 工艺。CAST（Cyclic Activated Sludge Technology）工艺是循环式活性污泥法的简称，是间歇式活性污泥法的一种变形。整个工艺为一间隙式反应器，在此反应器中活性污泥法过程按曝气和非曝气阶段不断重复，将生物反应过程和泥水分离过程结合在一个池子中进行。

CAST 工艺原理是通过可变容积的曝气和非曝气、充水和停止顺序，结合池首端选择器中的 VFA 的吸收储存和磷的释放，循环上述运行周期，从而提高生物除磷脱氮效果。同时硝化/反硝化和生物除磷在 CAST 系统的曝气阶段和非曝气阶段不断重复进行，在一般循环周期的 CAST 系统中，其生物除磷在 80%～95%，如需再进一步提高除磷的效果，可通过调整非曝气时间占整个循环时间的比例实现。必要时可投加化学药品作为辅助措施。

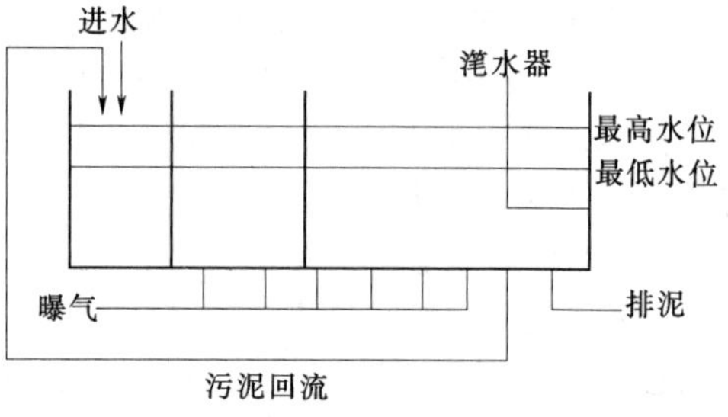

图 8-25　CAST 反应池

CAST 为间歇式反应器，特指设有一个分建或合建式生物选择器的可变容积，以序批的曝气—非曝气方式运行的充—放式间歇式活性污泥处理工艺，并在一个反应器中完成有机污染物的生物降解和泥水分离的处理功能。它由一个或几个 CAST 反应池组成，CAST 反应池见图 8-25。

6. 阶段曝气法

阶段曝气活性污泥法（SAAS）是传统活性污泥法（CAS）的一种成功的改进方案，是针对普通曝气法进口负荷过大而改进的，将废水沿池长多点处进入，所以也称为多点进水活性污泥法。这种方法的特点是能平衡曝气池供气量，使微生物营养供应均匀，污泥浓度沿池长变化，池子前段污泥浓度高于平均浓度，后段低于平均浓度，曝气池出流混合液浓度降低，对二沉池工作有利。在提高 CAS 曝气池的有效性方面颇为显著。

其优点是废水负荷均匀，与供氧量相适应，既节省曝气费用，又提高污泥的活性；峰值需氧量较低，供氧较均匀，有利于提高曝气池的效率和降低动力消耗；剩余污泥产量较少，工艺流程有较大的灵活性。池容积较普通法小 1/3 以上，适合处理各种废水，用于普通法的改造简单易行。其缺点是最后进水因处理时间短，污泥浓度低，处理效果降低，若入池废水混合不匀，也使效果降低。

（1）阶段曝气法原理。阶段曝气法是普通活性污泥法的一个简单的改进，废水沿池长多点进入，可以使有机物均匀地分配在曝气池中，从而避免了前端缺氧、后端氧过剩的弊病，克服普通活性污泥法供氧同需氧不平衡的矛盾，提高了空气的利用效率和曝气池的工作能力，并且由于容易改变各个进水口的水量，在运行上也有较大的灵活性。

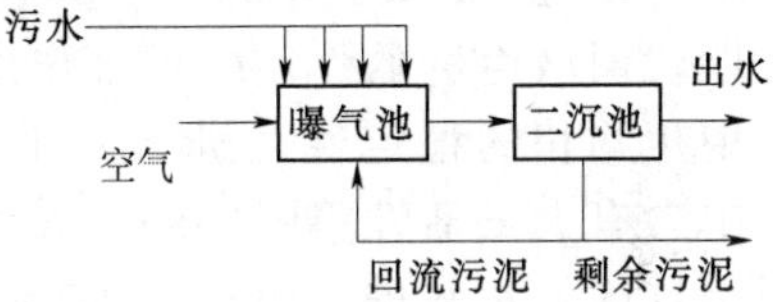

图 8-26 阶段曝气工艺流程

（2）阶段曝气法的工艺流程。阶段曝气工艺流程见图 8-26。

7. 吸附再生法

吸附再生法又称接触稳定法，是对传统活性污泥法的一项重要改革。这种方法的主要特点是使活性污泥对有机物降解的两个过程，吸附与代谢稳定，分别在各自的容池内进行。吸附再生法工艺的优点在于进入再生池的活性污泥流量少，所以在保证足够水力停留时间条件下，构筑物的容积较小。对水质、水量的冲击负荷具有一定承受能力，当吸附池内污泥遭到破坏时，可由再生池污泥予以补救，适宜处理含悬浮物多的废水。其缺点是处理效果低于普通法，不适宜处理主要含溶解性有机物的废水。

（1）吸附再生法的基本原理。接触槽内活化的活性污泥吸附污染物质，污泥与水分离后，在再曝气槽内把吸附的污染物质进行氧化吸附再生活性污泥。污水和污泥经过在再生池充分再生，活性很强的活性污泥同步进入吸附池，在这里充分接触 30～60 min，使部分呈悬浮、胶体和溶解性状态的有机污染物为活性污泥所吸附，有机污染物得以去除。

（2）吸附再生法的工艺流程。污水和经过再生池充分再生的污泥同步进入吸附池充分接触 30～60min，活性污泥对废水中有机物和胶体物质进行吸附后，进入二沉池进行泥水分离，澄清水排放，污泥则从底部进入再生池，在此进行第二阶段的分解和合成代谢反应，微生物进入内源呼吸期，使污泥活性得以充分恢复。在其进入吸附池与污水接触后，能够充分发挥其吸附功能。处理流程中不设

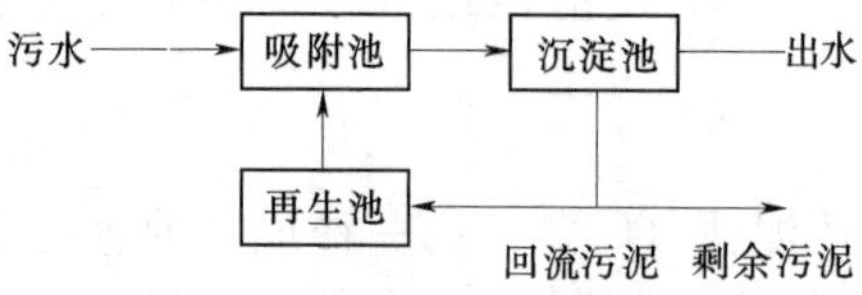

图 8-27 吸附再生活性污泥法工艺

初沉池，使排水管网中的细菌不断地补充到生化反应器中，使吸附池、再生池中的微生物不断更新，保持了反应器中一定浓度的生物量，使污泥具有高度的活性。其工艺流程见图 8-27。

8. AB 法

AB 法是吸附生物降解法（AdsoIption Biodegradation）的简称，是在常规活性污泥法和两段活性污泥法基础上发展起来的一种新型污水处理工艺，属超高负荷活性污泥法。它是两个活性污泥系统的串联系统，两者各有独立的二次沉淀池。该法抗冲击负荷能力强，有利于除磷脱氮，特别适于处理浓度较高、水质水量变化大的污水。

(1) AB 法的基本原理。AB 法污水处理工艺不设初沉池，分为 A 段和 B 段。A 段为吸附段，该段曝气由于具有很高的有机负荷，使微生物处于快速增长期，以发挥其对有机物的快速吸附作用，在缺氧（兼性）环境下工作 BOD_5 去除率为40%～70%，SS 去除率可达 60%～80%；B 段为生物氧化段，在低负荷率下工作，利用长期代谢微生物的作用，保证出水水质。两段的污泥回流系统分开，保证了处理过程中生物相的稳定性。进入 A 段的污水直接由排水管网而来，没有经过初沉池，其中含有大量活性很强的细菌及微生物群落，并在 A 段反应池中不断地繁殖和更新。这样，污水进入 A 段反应池后，其中的悬浮物和有机物很快被絮凝吸附，获得较高的 SS、BOD_5 去除率，而且一部分结构复杂的难分解的有机物被降解为易分解的物质，A 段对有机物大量的削减为 B 段微生物提供了良好的进水水质条件，处理效果得以提高。

(2) AB 法的工艺流程。经 A 段处理后，城市污水中的 BOD_5 去除效率可达 40%～70%，而 BOD_5/COD 之值却只有微小降低或者保持不变。当 A 段在兼性条件下运行时（BOD_5 去除率为 20%～40%），BOD_5/COD 的值有所提高，这说明通过 A 段的处理，可为 B 段的微生物提供良好的进水水质条件，为 B 段的净化效果提供了保证。B 段微生物主要为原生动物、后生动物和菌胶团。AB 法工艺流程如图 8-28 所示。

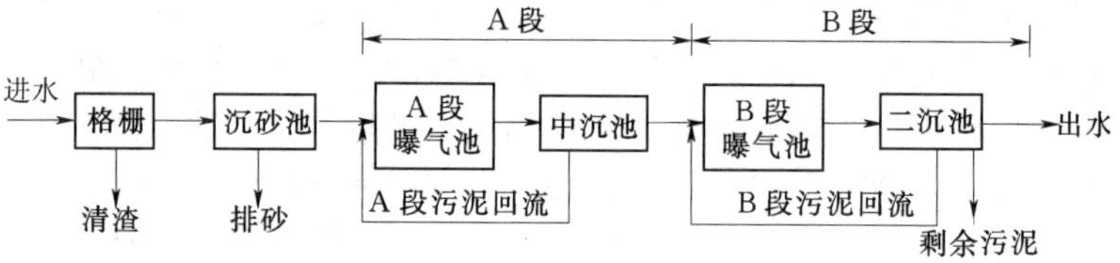

图 8-28 AB 法工艺流程

9. 生态处理工艺

污水生态处理是目前世界上最新发展起来的污水处理技术，它吸收了传统的污水生化处理和生态处理技术优势，借鉴自然界水体自净的原理，加入人工强化预处理技术，把污水有控制地投配到土地或构造湿地基质中，利用土壤—植物系统生物、化学、物理的净化功能，进行污水处理。对可降解污染物加以净化，对污水的水资源和氮、磷资源加以利用，实现污水无害化、资源化。

(1) 生态塘处理系统。生态塘城市污水处理工艺是以太阳能为初始能源，利用在塘中种植水生植物，进行水产、水禽养殖，形成人工生态系统。在太阳能（日光辐射提供能量）的推动下，通过生态系统中的多条食物链将污水中的有机污染物进行降解和转化，最后不仅去除污染物，并以水生植物、水产和水禽的形式进行资源回收，使污水处理与利用结合起来，实现污水处理资源化。同时处理后的污水可灌溉农田、改良土壤，或经进一步处理后回用于某些工业用水，具有很好的环境效益和经济效益。

生态塘污水处理系统具有基建投资省，运行费用低，管理维护方便，运行稳定可靠等诸多优点。生态塘处理系统可去除大部分的有机物、难降解有机物和重金属，对细菌和大肠杆菌的去除率分别高达 99.8%和 99.99%。其在国内外应用非常广泛。在美国用于处理城市污水和工业废水的生态塘共有上万座，德国有 3000 多座，法国有 2000 多座。它们或单独使用，或与其他处理设施组合应用。我国也建造了越来越多的生态塘，如黑龙江省齐齐哈尔稳定塘系统、广东省尖峰山养猪厂稳定塘、内蒙古集宁市稳定塘系统等。生态塘处理系统具体的处理工艺流程如图 8-29 所示。

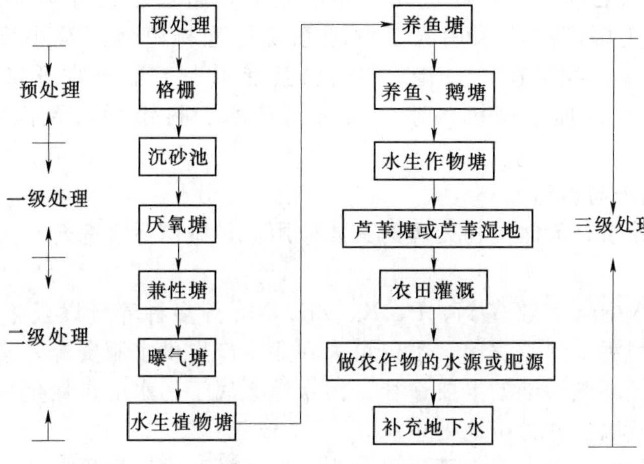

图 8-29 生态塘处理系统的处理工艺流程

(2) 蚯蚓生态滤池。蚯蚓生态滤池是利用在滤床中建立的人工生态系统，通过蚯蚓和滤床中其他微生物的协同作用处理污水，可对污水和污泥进行分解和吸收。通过生态系统的合理设计，既可高效率、低能耗地去除污水中的污染物质，又可避免剩余污泥等二次污染物的产生。蚯蚓生态滤池具有投资低、工艺简单、操作方便、占地面积小、维护和运行费用低、无剩余污泥产生等优点。

1) 蚯蚓生态滤池工作原理。在污水处理反应器中引入蚯蚓物种，延长和扩展了原有的微生物代谢链，强化了生态系统富集与扩散、合成与分解、拮抗与协同等多种自然调控作用。蚯蚓属变温动物，喜欢吞食肥力高的有机腐殖质，主要以污水中的悬浮物、生物污泥及部分微生物为食料，能破碎粗大的有机物，使有机物更易被微生物降解利用，有利于微生物的生长繁殖，正是蚯蚓和微生物的这种协同共生作用，使蚯蚓生态滤床具有污水污泥同步高效处理的能力。目前常用的蚯蚓主要为赤子爱胜蚓（Eisenia Foetida），这种蚓种繁殖快、趋肥性强，对环境温度及环境湿度的适应范围广。

2）蚯蚓生态滤池处理工艺。进水→沉砂池→粗、细格栅→蚯蚓生态滤池→出水。该方法与传统二级处理工艺相比，省去了传统二级处理工艺的初沉池、二沉池和污泥处理，使操作和管理大大简化，这一点对于我国的中小城镇污水处理厂在缺乏专业技术操作人员的情况下有着特别重要的意义。

（3）人工湿地处理系统。人工湿地系统是污水生态处理的重要类型之一，它由一些浮水、挺水及沉水植物和微生物、动物与处于水饱和状态的基质层所组成。不仅起到污水净化的作用，而且通过营造湿地环境，形成独特的自然人工景观，与城市绿化与生态建设紧密结合。人工湿地污水处理系统的优势在于生长于其中的植物和与其相适应的微生物，污水从生长有植物的介质中流过，通过机制过滤、吸附、沉淀、离子交换、植物吸收和微生物分解来实现对污水的高效净化。同时，植物生长还有对污染物的吸收和同化作用，并且通过根茎叶向水体与基质层供氧，使周围的多种微生物在厌氧、兼氧、好氧等复杂状态下消化降解污染物。

人工湿地污水处理技术，经过几十年的发展，目前已经成为一项较成熟的污水处理技术。欧美国家广泛采用人工湿地系统处理村镇地区及小型社区的污水，取得了显著的成效。我国在“七五”期间已开展了人工湿地的研究，目前国内已有不少利用该技术处理小城镇污水、污染河道水、村镇污水及面源污水的成功实例。

8.2.2.4 污水灌溉与养殖

污水灌溉与养殖是天然生物处理的具体应用，是城镇污水综合利用的一条途径。

1. *污水灌溉*

据测定，污水中含有较多N、P、K、Zn、Mg等多种养分以及丰富的有机质悬浮物，因此，利用污水灌溉农田，不仅可为农业生产提供水肥资源，又可以改善城市卫生条件，是减轻环境污染的重要途径。污水灌溉属于污水的自然生物处理法，是土壤自净的过程，所以也称为土地处理法。

（1）污水灌溉的机理。污水灌溉可分为旱田灌溉和水田灌溉，前者的机理与生物滤池类似，而后者则与氧化塘相近。以污水灌溉旱田为例，它的净化过程由表层土的过滤截留、土壤团粒的吸附、微生物的氧化分解与吸收以及作物的吸收等过程组成。由上述可知，污水灌溉是污水利用与污水净化同时进行的。

（2）污水灌溉的水质要求。污水灌溉对于缓解水资源短缺、减轻环境污染具有重大意义，但必须谨慎从事。生活污水一般预先经过沉淀处理后即可满足灌溉水质的要求，但我国大多数城镇污水中均含有一定比例的工业废水，因此需要注意对灌溉污水水质的控制问题。污水灌溉的关键在于正确地控制污水水质，使之符合作物正常生长、保护农田土壤和地下水源的要求，即应符合现行《农田灌溉水质标准》（GB 5084—2005）的有关规定，见表8-8和表8-9。

表 8-8 农田灌溉用水水质标准（基本控制项目）

序号	项目类别	作物种类		
		水作	旱作	蔬菜
1	五日生化需氧量（mg/L）	≤60	≤100	≤40①，≤15②
2	化学需氧量（mg/L）	≤150	≤200	≤100①，≤60②
3	悬浮物（mg/L）	≤80	≤100	≤60①，≤15②
4	阴离子表面活性剂（mg/L）	≤5	≤8	≤5
5	水温（℃）	≤25		
6	pH值	5.5～8.5		
7	全盐量（mg/L）	≤1000③（非盐碱土地区），≤2000③（盐碱土地区）		
8	氯化物（mg/L）	≤350		
9	硫化物（mg/L）	≤1		
10	总汞（mg/L）	≤0.001		
11	镉（mg/L）	≤0.01		
12	总砷（mg/L）	≤0.05	≤0.1	≤0.05
13	铬（六价）（mg/L）	≤0.1		
14	铅（mg/L）	≤0.2		
15	粪大肠菌群数（个/100mL）	≤4000	≤4000	≤2000①，≤1000②
16	蛔虫卵数（个/L）	≤2		≤2①，≤1②

① 加工、烹调及去皮蔬菜。

② 生食类蔬菜、瓜类和草本水果。

③ 具有一定的水利灌排设施，能保证一定的排水和地下水径流条件的地区，或有一定淡水资源能满足冲洗土体中盐分的地区，农田灌溉水质全盐量指标可以适当放宽。

表 8-9 农田灌溉用水水质标准（选择性控制项目） 单位：mg/L

序号	项目类别	作物种类		
		水作	旱作	蔬菜
1	铜	≤0.5	≤1	
2	锌	≤2		
3	硒	≤0.02		
4	氟化物	≤2（一般地区），≤3（高氟区）		
5	氰化物	≤0.5		
6	石油类	≤5	≤10	≤1
7	挥发酚	≤1		
8	苯	≤2.5		
9	三氯乙醛	≤1	≤0.5	≤0.5
10	丙烯醛	≤0.5		
11	硼	≤1①（对硼敏感作物），≤2②（对硼耐受性较强的作物），≤3③（对硼耐受性强的作物）		

① 对硼敏感作物，如黄瓜、豆类、马铃薯、笋瓜、韭菜、洋葱、柑橘等。

② 对硼耐受性较强的作物，如小麦、玉米、青椒、小白菜、葱等。

③ 对硼耐受性强的作物，如水稻、萝卜、油菜、甘蓝等。

在具有浅层地下水的砂质土壤地区，不允许用污水灌溉农田，以免污染地下水。

2. 污水养殖

利用天然湖泊、水塘，采用污水养殖鱼类及其他水生生物，也是城镇污水综合利用的一条途径。在这些湖、塘中，由于微生物和藻类大量繁殖，使得污水中的有机物迅速分解，成为藻类的食物，使藻类大量繁殖，藻类通过光合作用释放出氧气，供应好氧分解的需要以及湖塘生物的呼吸。而藻类与其他微生物又是原生动物和浮游动物的食物。这样，污水中的有机物就转化为有生命的肌体，供鱼类食用，同时污水也得到净化。

用于湖塘养殖的城镇污水，同样必须经过预处理，以使水质符合养殖水质标准，见表8-10。除了严格控制入塘水质外，还应保证养鱼塘内的溶解氧不小于3～4 mg/L，pH值为7～8。同时，养鱼塘应备有清水水源，当城镇污水浓度较高时，可先稀释后再入塘。

表8-10　淡水养殖用水水质要求

序号	项目	标准值	序号	项目	标准值
1	色、臭、味	不得使养殖水体带有异色、异臭、异味	10	氟化物（mg/L）	≤1
2	总大肠菌群（个/L）	≤5000	11	石油类（mg/L）	≤0.05
3	汞（mg/L）	≤0.0005	12	挥发性酚（mg/L）	≤0.005
4	镉（mg/L）	≤0.005	13	甲基对硫磷（mg/L）	≤0.0005
5	铅（mg/L）	≤0.05	14	马拉硫磷（mg/L）	≤0.005
6	铬（mg/L）	≤0.1	15	乐果（mg/L）	≤0.1
7	铜（mg/L）	≤0.01	16	六六六（丙体）（mg/L）	≤0.002
8	锌（mg/L）	≤0.1	17	DDT（mg/L）	0.001
9	砷（mg/L）	≤0.05			

8.2.3 污水消毒处理

污水经过物理处理和生物处理之后，细菌含量明显减少，但残留的细菌量仍然是很高的，并且可能含有病原菌，若这样的污水直接排入水体，必然会污染水体，导致疾病的传播。因此，污水在排入水体之前，必须进行消毒处理。

8.2.3.1 污水消毒的要求

污水是否需要消毒及其消毒程度，应视排出污水的水质情况以及污水处理厂处理后出水的使用情况而定。《工业企业设计卫生标准》（TJ 36—79）在有关地面水水质卫生要求中规定：可能含有病原体的工业废水（如生物制品厂、屠宰场等的排水）和医院污水，必须经过处理和严格消毒，彻底消灭病原体后才允许排入地面水体。《污水排入城市下水道水质标准》（CJ 3082—1999）中也明确规定：医疗卫生、生物制品、科学研究、肉类加工等含有病原体的污水必须经过严格消毒处理后才允许排入城市下水道。对于处理后用于灌溉或养殖的城镇污水，一般不需要进行消毒处理。

8.2.3.2　污水消毒处理方法

污水消毒处理方法包括药剂消毒、紫外线消毒、高温消毒等。其中，药剂消毒法最为常用。

1. 药剂消毒

经常采用的药剂为漂白粉、漂白精、液氯或次氯酸钠等氯系消毒剂，但氯系消毒剂最明显的缺点是维持时间短，而且容易产生三氯甲烷、氯酚等致癌物。近年来，氯消毒所引发的环境健康问题引起人们越来越高的关注，氯消毒替代品研究也越来越深入，在可选用的新型消毒剂中，二氧化氯（ClO_2）被认为是其中性价比最优的一种。世界卫生组织已将二氧化氯列为AI级、快速持久、广谱高效、安全无毒、无二次污染、不受pH值影响的消毒剂，因此二氧化氯是国际卫生组织公认的氯系消毒剂最理想的更新换代产品。二氧化氯污水消毒处理工艺流程见图8-30。

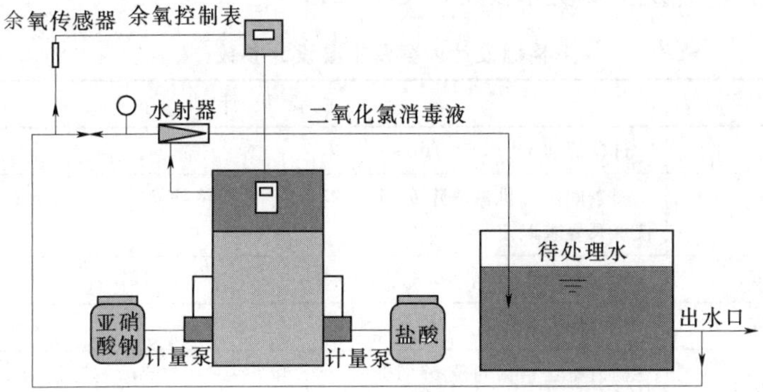

图8-30　ClO_2污水消毒处理工艺流程

在药剂消毒法中，除了上述氯系消毒剂外，还可以选择臭氧（O_3）消毒剂。臭氧是一种强氧化剂，杀菌效率高、速度快，杀灭水中微生物的效率是氯剂的600～3000倍，可以杀灭水中所有的细菌、病毒、芽胞、孢子虫类，还能杀灭藻类等。但臭氧消毒运行管理有一定的危险性，操作复杂，电能消耗大，基建投资大，运行成本高。

2. 紫外线消毒

紫外线消毒在小型的水处理和灭菌要求较高的医院污水处理中一直有较多的应用。其灭菌范围广、效果好、无须投加化学药剂、使用简便、无二次污染的优点得到广泛的认可，但紫外线消毒电耗大，对处理水的水质要求较高，无后续杀菌作用，同时，昂贵的设备及成本也限制了紫外线消毒技术的推广。近年来，随着紫外线消毒技术的不断进步和国际市场竞争的日益激烈，尤其是仅有少数国家才能生产的高技术含量的紫外线灯管价格大幅度下降，紫外线消毒技术已在国外污水处理领域中得到广泛应用。上海闵行污水处理厂是我国第一个采用紫外线消毒的城市污水处理厂，取得了良好的示范效果。在公众环保意识日益提高的今天，紫外线消毒技术在我国城镇污水处理领域将有着广阔的应用前景。

3. 高温消毒

高温消毒由于成本较高，因此，只适用于一些小型的污水处理。

8.3 污水处理构筑物设计

8.3.1 格栅

8.3.1.1 格栅的选择

格栅的选择主要是确定栅条断面、栅条间隙及栅渣清除方式。栅条断面有圆形、矩形、正方形及半圆形等。其中，圆形断面出水条件好，但刚度差，一般多采用矩形断面。一般按格栅栅渣量确定栅渣清除方式，当每日栅渣量大于0.2m³时，应采用机械格栅除渣机。目前，一些小型污水处理厂为了改善劳动条件和有利于自动控制，也采用机械格栅除渣。

8.3.1.2 格栅设计

格栅的设计内容及主要设计参数见表8-11。

表8-11 格栅设计内容及主要设计参数

设计内容	主要设计参数
栅槽宽度	过栅流速 v=0.6～1m/s
过栅水头损失	栅条间隙：机械清除 b=16～25mm；人工清除 b=30～50mm；水泵前格栅间隙按水泵要求确定
格栅总高度	栅前渠内流速 v_1=0.4～0.9m/s
栅槽总长度	格栅倾角 α=45°～75°
每日栅渣量	栅渣量：格栅间隙 b=16～25mm和 b=30～50mm时分别为1～0.05m³ 栅渣/10³m³ 污水和0.03～0.01m³ 栅渣/10³m³ 污水

8.3.2 沉砂池

8.3.2.1 平流式沉砂池

1. 设计参数

平流式沉砂池的设计参数是按去除比重为2.65、粒径大于0.2mm的砂粒确定的。主要参数包括如下6个。

(1) 设计流量。当污水自流入池时，应按最大设计流量计算；当污水用水泵抽升入池时，按工作水泵的最大组合流量计算；合流制处理系统按降雨时的设计流量计算。

(2) 设计流量时的水平流速。最大流速为0.3m/s，最小流速为0.15m/s。此流速范围可基本保证无机颗粒能沉掉，而有机物不下沉。

(3) 污水停留时间。最大设计流量时，污水在池内的停留时间应不小于30s，一般为30～60s。

(4) 设计有效水深应不大于1.2m，一般采用0.25～1.0m，每格池宽不宜小于0.6m。

(5) 沉砂量。生活污水按0.01～0.02L/(人·d)计，城市污水按 1.0×10^6m³ 污水产生沉砂30m³ 计算，沉砂含水率约为60%，容重1.5 t/m³，储砂斗的容积按2d的沉砂量计，斗壁倾角55°～60°。

（6）沉砂池超高不宜小于0.3m。

2. 计算公式

（1）沉砂池水流部分长度。沉砂池两闸板之间的长度为水流部分长度

$$L = vt \tag{8-1}$$

式中：L 为水流部分长度，m；v 为最大流速，m/s；t 为最大设计流量时的停留时间，s。

（2）水流断面面积

$$A = q_{max}/v \tag{8-2}$$

式中：A 为水流断面面积，m^2；q_{max}为最大设计流量，m^3/s。

（3）池总宽度

$$B = A/h_2 \tag{8-3}$$

式中：B 为池总宽度，m；h_2 为设计有效水深，m。

（4）沉砂斗容积

$$V = \frac{86400 q_{max} t x_1}{10^5 K_{总}} \quad 或 \quad V = N x_2 t'/1000 \tag{8-4}$$

式中：V 为沉砂斗容积，m^3；x_1 为城市污水沉砂量，L/m^3；x_2 为生活污水沉砂量，L/（人·d）；t'为清除沉砂的时间间隔，d；$K_{总}$ 为流量总变化系数；N 为沉砂池服务人口数，人。

（5）沉砂池总高度

$$H = h_1 + h_2 + h_3 \tag{8-5}$$

式中：H 为总高度，m；h_1 为超高，0.3m；h_3 为储砂斗高度，m。

（6）验算。按最小流量时，池内最小流速 $v_{min} \geqslant 0.15m/s$ 进行验算

$$v_{min} = \frac{q_{min}}{n\omega} \tag{8-6}$$

式中：v_{min}为最小流速，m/s；q_{min}为最小流量，m^3/s；n 为最小流量时，工作的沉砂池个数；ω 为工作沉砂池的水流断面面积，m^2。

8.3.2.2 其他类型沉砂池

其他类型沉砂池设计内容及主要设计参数见表8-12。

表8-12 其他类型沉砂池设计内容及主要设计参数

类 型	设 计 内 容	主 要 设 计 参 数
曝气沉砂池	总有效面积	停留时间1～3min
	水流断面面积	池内水平流速0.08～0.12m/s
	池总宽	旋流速度0.25～0.3m/s
	池长	有效水深2～3m
	池高	每立方米污水所需曝气量为0.2m^3空气
	每小时所需空气量	
钟氏沉砂池	池尺寸	根据设计流量参考有关工具书

注 设计流量同平流式。

8.3.3 沉淀池

8.3.3.1 平流式沉淀池

平流式沉淀池设计内容包括沉淀池个数、沉淀区尺寸和污泥区尺寸等。设计沉淀池时应根据需达到的去除效率，确定沉淀池的表面水力负荷（或过流率）、沉淀时间以及污水在池内的平均流速等。目前常按照沉淀时间和水平流速或表面水力负荷进行计算，其计算公式为

1. 沉淀池表面积

$$A = q_{\max}\frac{3600}{q} \tag{8-7}$$

式中：A 为沉淀池表面积，m^2；$q_{\max}$ 为最大设计流量，m^3/s；q 为表面水力负荷，$m^3/(m^2 \cdot h)$。

初沉池一般取 $q=1.5\sim3m^3/(m^2 \cdot h)$，二沉池一般取 $q=1\sim2m^3/(m^2 \cdot h)$。

2. 沉淀区有效水深

$$h_2 = qt \tag{8-8}$$

式中：h_2 为沉淀区有效水深，m；t 为沉淀时间，h。

初沉池一般取 $t=1\sim2$h，二沉池一般取 $t=1.5\sim2.5$h。沉淀区的有效水深 h_2 通常取 2～3m。

3. 沉淀区有效容积

$$V_1 = Ah_2 \quad 或 \quad V_1 = 3600q_{\max}t \tag{8-9}$$

式中：V_1 为沉淀区有效容积，m^3。

4. 沉淀池长度

$$L = 3.6vt \tag{8-10}$$

式中：L 为沉淀池长度，m；v 为最大设计流量时的水平流速，mm/s，一般不大于 5～7mm/s。

5. 沉淀池总宽度

$$b = \frac{A}{L} \tag{8-11}$$

式中：b 为沉淀池总宽度，m。

6. 沉淀池个数

$$n = \frac{b}{b'} \tag{8-12}$$

式中：n 为沉淀池个数，个；b' 为每个沉淀池的宽度，m。

平流式沉淀池的长度一般为 30～50m，为了保证污水在池内均匀分布，沉淀池长宽比应不小于 4，以 4～5 为宜。

7. 污泥区容积

对于生活污水，污泥区总容积为

$$V = \frac{SNT}{1000} \tag{8-13}$$

式中：V 为污泥区容积，m^3；S 为每人每日污泥量，L/（人·d），一般采用 0.3～0.8L/（人·d）；N 为设计人口数，人；T 为污泥储存时间，d。

8. *沉淀池总高度*

$$h = h_1 + h_2 + h_3 + h_4 = h_1 + h_2 + h_3 + h'_4 + h''_4 \qquad (8-14)$$

式中：h 为沉淀池总高度，m；h_1 为沉淀池超高，m，一般取 0.3m；h_2 为沉淀区有效深度，m；h_3 为缓冲层高度（为了保证所沉积污泥不重新卷走，沉淀区以下与污泥区应保持一定的缓冲层高度），m，一般无机械刮泥设备时取 0.5m，有机械刮泥设备时，其上缘应高出刮板 0.3m；h_4 为污泥区高度，m；h'_4 为泥斗高度，m；h''_4 为污泥斗以上由底坡形成的梯形部分的高度，m。

9. *污泥斗容积*

$$V_1 = \frac{1}{3}h'_4(S_1 + S_2 + \sqrt{S_1 S_2}) \qquad (8-15)$$

式中：V_1 为污泥斗容积，m^3；S_1 为污泥斗上口面积，m^2；S_2 为污泥斗下口面积，m^2。

当采用四棱台形污泥斗时，泥斗倾角常采用 60°，当采用圆台形污泥斗时，泥斗倾角常采用 55°。

10. *污泥斗以上梯形部分污泥容积*

$$V_2 = \frac{L_1 + L_2}{2}h''_4 b \qquad (8-16)$$

式中：V_2 为污泥斗以上梯形部分污泥容积，m^3；L_1 为梯形上底边长，m；L_2 为梯形下底边长，m。

8.3.3.2　竖流式沉淀池

竖流式沉淀池的直径一般为 4～7m ，不超过 10m。竖流式沉淀池的设计参数如下：

（1）污水在沉降区流速 v 等于待去除的颗粒最小沉速 u，一般采用 0.3～1mm/s。

（2）沉淀时间为 1～2h。

（3）中心管内水流速度小于 30mm/s。

（4）中心管至反射板表面的尺寸为 0.3m。

（5）沉淀池直径 D 与沉降区深度（中心管下口和堰口的间距）h 的比值为 $D:h \leqslant 3:1$。

（6）出水堰口最大溢流量为 1.5L/（m·s）。

竖流式沉淀池的单池容量小，只适用于处理水量较小的情况。

8.3.3.3　辐流式沉淀池

辐流式沉淀池的面积按过流率设计计算，常用设计参数如下：

（1）污水沉淀时间为 1.5～2h。

（2）表面负荷通过试验确定或取 q=2.0～3.6m^3/（m^2·h）。

（3）导流板上开孔面积为沉淀池断面积的 10%～20%。

（4）沉淀池表面积 $A = \frac{q_{max}}{nq}$，其中 n 为池子个数。

（5）沉淀池直径 $D = \sqrt{4A/\pi}$ 。

（6）有效水深 $h_2 = \frac{q_{max}t}{nA}$，其中 t 为沉淀时间。

(7) 污泥储泥量及污泥斗的尺寸参见平流式沉淀池设计计算。

(8) 池的总高度包括有效水深、保护层高及缓冲层高。

8.3.4 曝气池

8.3.4.1 曝气池工作参数

1. 污泥负荷

污泥负荷又称为生物负荷率或食物与微生物之比（F/M），是指单位重量的活性污泥在单位时间内去除污染物的重量。其中，污染物是指可以被微生物氧化降解的有机物，也就是微生物的食物，一般用 BOD_5 来表示。

按照假定，单位时间内进入曝气池的污染物量为

$$F = PQ \tag{8-17}$$

式中：F 为污染物（食物）量，$kgBOD_5/d$；P 为单位体积污水中需去除的污染物，$kgBOD_5/m^3$；Q 为污水流量，m^3/d。

进入曝气池的食物被曝气池内的微生物利用，池内微生物量为

$$M = XV \tag{8-18}$$

式中：M 为曝气池内微生物量，kg；X 为混合液中污泥浓度，kg/m^3；V 为曝气池容积，m^3。

则曝气池的污泥负荷 F_w 为

$$F_w = \frac{F}{M} = \frac{PQ}{XV} = \frac{P}{X\dfrac{V}{Q}} \tag{8-19}$$

令式（8-19）中 $V/Q = T$，T 为污水在曝气池内的停留时间，称为污水的水力停留时间或曝气时间，单位为 d，则

$$F_w = \frac{P}{XT}[kgBOD_5/(kgMLSS \cdot d)] \tag{8-20}$$

2. 容积负荷

容积负荷是指单位容积曝气池在单位时间内所能去除污染物质的重量（以 BOD_5 来表示），其计算公式为

$$F_r = F_w X = \frac{P}{XT}X = \frac{P}{T} \tag{8-21}$$

式中：F_r 为容积负荷，$kgBOD_5/(m^3 \cdot d)$。

需要说明的是，上述 F_w、F_r 的计算公式仅适用于完全混合式曝气池，具有一定局限性，对于不同的水质、不同的曝气方法，F_w、F_r 及 T 等均应根据经验公式或实验数据来选用。

3. 污泥回流比

污泥回流比是指回流污泥量与污水流量之比，以百分数来表示

$$X = \frac{R}{1+R}X_s \tag{8-22}$$

式中：R 为污泥回流比，%；X_s 为回流污泥浓度，一般为 5～8 kg/m^3；其他符号意义同前。

4. 污泥泥龄

污泥泥龄是活性污泥停留在曝气池中的时间，根据污泥的泥龄和曝气池的有效容积可求出每天的排泥量。在曝气池的运行管理中就是根据污泥泥龄和排泥量来确定剩余污泥的量。

污泥泥龄是指曝气池中工作的活性污泥总量与每日排放的剩余污泥量的比值。它表示新生的微生物在反应系统中的平均停留时间，也就是反应系统中工作着的微生物总量被完全更新一次所需的时间

$$\theta_s = \frac{VX}{Q_s X_s + Q_e X_e} \tag{8-23}$$

式中：θ_s 为污泥龄，d；Q_s 为排放污泥流量，m^3/d；Q_e 为出水流量，m^3/d；X_e 为出水中所含微生物的浓度，一般认为 $X_e \approx 0$；其他符号意义同前。

8.3.4.2 曝气池设计计算

1. 曝气区容积

以污泥负荷为主要参数，曝气池曝气区容积（有效容积）的计算公式为

$$V = \frac{QP}{XF_w} \tag{8-24}$$

式中各符号意义同前。

2. 曝气系统需氧量

活性污泥系统日平均需氧量按合成系数法计算：

$$O_2 = aL_d + bS_a \tag{8-25}$$

式中：O_2 为单位时间需氧量，kgO_2/d；a 为降解每千克 BOD_5 需氧量，$kgO_2/kgBOD_5$；L_d 为每日去除 BOD_5 量，$kgBOD_5/d$；b 为每千克污泥（MLVSS）每日耗氧量，$kgO_2/(kgMLVSS \cdot d)$；S_a 为氧化活性污泥量，kg。

系数 a、b 随污泥负荷和污水中有机污染物种类不同会发生很大变化，见表 8-13。实际计算中，a、b 值应加大 50%以上。

表 8-13　　生活污水和几种工业废水的 a、b 值

污水种类	a	b
生活污水	0.42～0.53	0.110～0.188
漂染废水	0.50～0.60	0.065
酿造废水	0.44	—
亚硫酸盐纸浆废水	0.40	0.185
制浆造纸废水	0.38	0.092

8.3.5 普通生物滤池

8.3.5.1 滤料容积

普通生物滤池的滤料容积一般按照负荷率进行计算，有水力负荷率和有机负荷率两种方法。水力负荷率是指在保证处理水达到要求水质的前提下，单位体积滤料或单位面积滤池每天可以处理的水量，单位为 $m^3/(m^3 \cdot d)$ 或 $m^3/(m^2 \cdot d)$；有机负荷

率是指在保证处理水达到要求水质的前提下，单位体积滤料每天所能承受的有机物量（通常以 BOD_5 来表示），单位为 $gBOD_5/(m^3 \cdot d)$。根据污水水量、水质和要求的处理程度，可以采用有机负荷率计算滤料容积

$$V = \frac{S_0 Q}{N} \tag{8-26}$$

式中：V 为滤料体积，m^3；S_0 为滤池进水的有机物浓度（通常以 BOD_5 来表示），$gBOD_5/m^3$；Q 为流入滤池的污水设计流量，m^3/d，一般采用平均流量，若流量小或变化大时，可取最高流量；N 为有机负荷率，$gBOD_5/(m^3 \cdot d)$。

处理以生活污水为主体的城镇污水时，N 值可根据当地的年平均气温进行选择：$100gBOD_5/(m^3 \cdot d)$（3～6℃）、$170gBOD_5/(m^3 \cdot d)$（6～10℃）和 $200gBOD_5/(m^3 \cdot d)$（>10℃）。

8.3.5.2 平面面积

滤池平面面积的计算公式为

$$A = \frac{V}{H} \tag{8-27}$$

式中：A 为滤池平面面积，m^2；H 为滤池的滤料厚度，即滤池的有效深度，m。

H 与滤池负荷直接相关，对于生活污水可以取 2m；对于某些工业废水，须先考虑小型试验设备状况，初步选定滤料厚度进行计算。

8.3.5.3 校核

在求得滤池平面面积后，还应该用水力负荷进行校核

$$q = \frac{Q}{A} \tag{8-28}$$

式中：q 为水力负荷率，$m^3/(m^2 \cdot d)$。

对于生活污水，若采用碎石滤料，则水力负荷率应为 $1\sim3m^3/(m^2 \cdot d)$，否则应进行适当调整。

8.4 污泥处置与综合利用

在污水处理过程中，同时会产生大量的污泥。据统计，一个城镇污水处理厂每天产生污泥的体积约为污水处理量的0.3%～0.5%，污泥处理费用约占污水处理厂总运行费用的20%～50%。污泥中含有大量的污染物，若未经处理直接施用于农田，会造成土壤污染，影响作物生长，并积累于作物中通过食物链传递，危及人类健康和牲畜的生存。同时污泥中还含有可供植物所利用的氮、磷、钾等营养元素，其中的有机物经微生物分解后转化为腐殖质，可用作农肥。因此，污泥处置与综合利用是污水处理系统的重要组成部分，必须予以充分重视。

8.4.1 污泥的分类与特性

8.4.1.1 污泥的分类

1. 按成分不同分类

污泥按成分不同可分为污泥和沉渣两类。污泥以有机物为主要成分，初次沉淀池

与二次沉淀池的沉淀物均属污泥。污泥易腐化发臭，颗粒细，比重小（约为1.02～1.006），含水率高且不易脱水，呈胶状结构；沉渣以无机物为主要成分，其主要性质是颗粒较粗，相对密度较大（约为2左右），含水率较低且易于脱水，流动性差。沉砂池与某些工业废水处理沉淀池的沉淀物属于沉渣。

2. 按来源不同分类

污泥可以根据污水处理工艺的不同（即来源的不同）进行分类，见表8-14。

表8-14　污泥分类

类型	来源
初次沉淀污泥	来自初次沉淀池，其性质因污水成分而异
腐殖污泥	来自生物膜法后的二次沉淀池
剩余活性污泥	来自活性污泥法后的二次沉淀池
消化污泥	生污泥（初次沉淀污泥、腐殖污泥、剩余活性污泥）经厌氧消化处理后而生成
化学污泥	用混凝、化学沉淀等化学方法处理污水所产生

8.4.1.2　污泥的特性

污泥的特性可以用以下几个指标来表征。

1. 污泥含水率

污泥中所含水分的重量与污泥总重量之比称为污泥含水率。污泥的体积、重量及所含固体物浓度之间的关系为

$$\frac{V_1}{V_2}=\frac{W_1}{W_2}=\frac{100-p_2}{100-p_1}=\frac{c_2}{c_1} \tag{8-29}$$

式中：V_1、W_1、c_1分别为污泥含水率为$p_1\%$时的污泥体积、重量及固体物浓度；V_2、W_2、c_2分别为污泥含水率为$p_2\%$时的污泥体积、重量及固体物浓度。

式（8-29）适用于含水率大于65%的污泥。当含水率低于65%以后，污泥内出现很多气泡，体积与重量不再符合式（8-29）所示关系。不同含水率下的污泥状态如表8-15所示。

表8-15　污泥含水率及其状态

含水率	污泥状态	含水率	污泥状态
90%以上	几乎为液体	60%～70%	几乎为固体
80%～90%	粥状物	50%	黏土状
70%～80%	柔状物		

2. 挥发性固体和灰分

挥发性固体（或称灼烧减重）近似地等于有机物含量；灰分（或称灼烧残渣）表示无机物含量。

3. 可消化程度

可消化程度表示污泥中可被消化降解的有机物数量，其计算公式为

$$R_d=\left(1-\frac{p_{v2}\,p_{s2}}{p_{v1}\,p_{s2}}\right)\times 100 \tag{8-30}$$

式中：R_d 为可消化程度,%；p_{v1} 为生污泥的有机物含量,%；p_{v2} 为消化污泥的有机物含量,%；p_{s1} 为生污泥的无机物含量,%；p_{s2} 为消化污泥的无机物含量,%。

4. 污泥比重

污泥比重是指污泥重量与同体积水重量的比值。

(1) 干污泥比重。污泥中干固体包括有机物（即挥发性固体）和无机物（即灰分）两种成分，经过推导（过程略）其平均比重为

$$\gamma_s = \frac{250}{100 + 1.5p_v} \tag{8-31}$$

式中：γ_s 为污泥中干固体平均比重；p_v 为干固体中有机物所占百分比。

(2) 湿污泥比重。经过推导（过程略），湿污泥比重计算公式为

$$\gamma = \frac{100\gamma_s}{p\gamma_s + (100 - p)} = \frac{25000}{250p + (100 - p)(100 + 1.5p_v)} \tag{8-32}$$

式中：γ 为湿污泥比重；p 为污泥含水率,%；其他符号意义同前。

5. 污泥肥分

污泥中含有大量植物生长所必需的肥分（N、P、K）、微量元素及土壤改良剂（有机腐殖质）。我国城市污水处理厂的各种污泥所含肥分见表 8-16。

表 8-16 我国城市污水处理厂污泥肥分含量 %

污泥类别	总氮	磷（以 P_2O_5 计）	钾（以 K_2O 计）	有机物
初沉污泥	2～3	1～3	0.1～0.5	50～60
活性污泥	3.3～7.7	0.78～4.3	0.22～0.44	60～70
消化污泥	1.6～3.4	0.6～0.8	0.24	25～30

6. 污泥重金属离子含量

污泥中重金属离子含量决定于城市污水中工业废水所占比例及工业性质。污水经二级处理后，其中重金属离子约有 50%以上转移到污泥中。若污泥作为肥料使用时，污泥中重金属离子含量必须符合我国《农用污泥中污染物控制标准》（GB 4284—84）的有关规定。

8.4.2 污泥处理基本方法

为了满足环境卫生要求以及污泥回用的需要，必须对污泥进行处理。污泥处理与利用基本流程如图 8-31 所示。含水率很高的污泥首先进行浓缩，初步降低水分，然后对有机物进行消化处理，消化后的污泥可以直接用作农肥，也可以进一步脱水干化，然后进行最终处置。

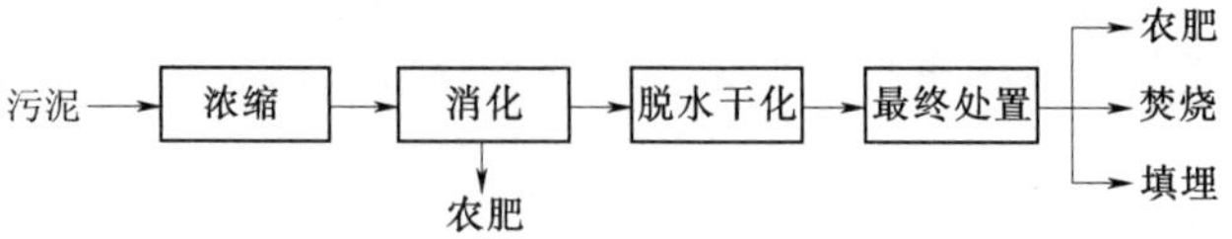

图 8-31 污泥处理与利用基本流程

8.4.2.1 污泥浓缩

污泥浓缩的目的是初步降低污泥含水率，去除污泥颗粒间的空隙水，减少污泥体

积，以利于后续处理与利用。经浓缩后的污泥近似呈糊状，仍保持流动性。

污泥浓缩的方法有重力（沉降）法、气浮法和离心法。其中，重力浓缩法是一种重力沉降过程，依靠污泥中固体物质的重力作用进行沉降与压密，主要用于浓缩初沉污泥及初沉污泥和剩余活性污泥的混合污泥。重力浓缩法相应的处理构筑物为重力式浓缩池，按其运行方式可分为间歇式和连续式（图 8-32）两种。前者主要用于小型污水处理厂或工业企业污水处理厂，后者用于大、中型污水处理厂。重力式浓缩池的构造类似于竖流式或辐流式沉淀池，其浓缩时间一般采用 10～16h，沉淀部分上升流速通常不大于 0.1mm/s。污泥经过浓缩处理后，其含水率可由原来的 99%以上降低到 97%左右。

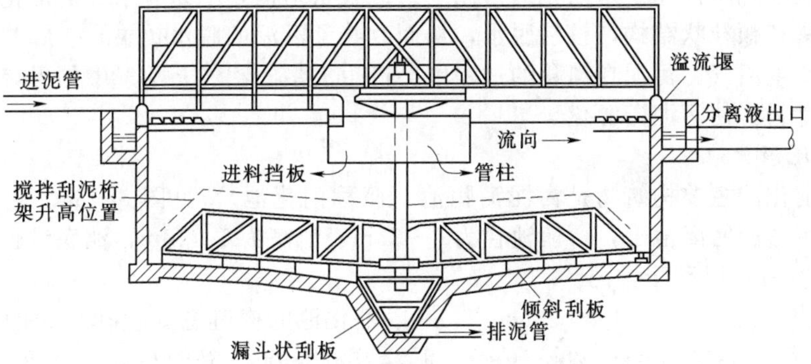

图 8-32　有刮泥机及搅拌装置的连续式重力浓缩池

8.4.2.2　污泥厌氧消化

污泥消化分为厌氧消化和好氧消化两种，一般所说的污泥化是指污泥厌氧消化。污泥厌氧消化是指在无氧的条件下，厌氧微生物降解有机物产生 CO_2 和甲烷的生物处理过程，即污泥的生物稳定。它属于无氧生物处理法，适用于以有机物为主要成分的有机污泥。

1. 污泥厌氧消化机理

污泥厌氧消化属于厌氧微生物处理过程，见图 8-33。污泥中有机物厌氧消化需要经过酸性发酵和碱性发酵两个过程。在分解初期，有机物在酶的作用下，先进行水解，然后在产酸菌的作用下，分解成有机酸、醇等，在此过程中，由于有机酸的大量积累而导致 pH 值降低，称为酸性发酵过程；在分解后期，由于甲烷细菌的作用而产生沼气，其主要成分是甲烷（CH_4），还有 CO_2，在此过程中，由于含氮化合物的分解，产生氨的中和作用，而使 pH 值上升，称为碱性发酵过程。

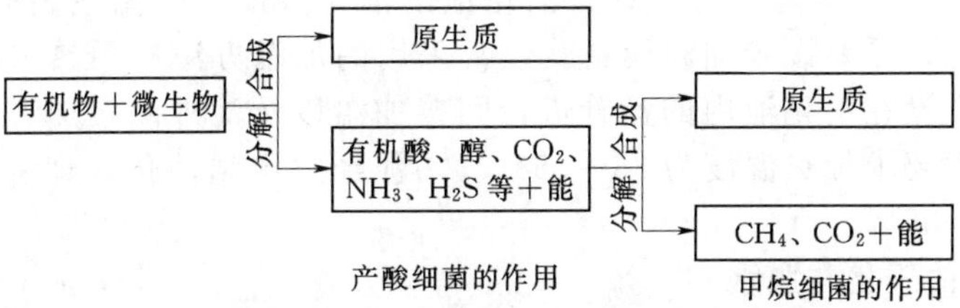

图 8-33　厌氧微生物处理过程

2. 污泥厌氧消化的作用

(1) 改善污泥卫生质量。污泥经过消化处理后，可使其中的致病细菌及寄生虫卵大量减少，从而改善卫生条件，使污泥无害化。

(2) 稳定污泥性质。污泥经过消化处理后，有机物被厌氧消化分解，除去了恶臭，使污泥稳定化，便于用作肥料。

(3) 提高肥效。污泥经过消化处理后，大量的氮被分解为可溶于水的重碳酸氨，易于被作物吸收，提高了肥效。

(4) 减少污泥体积。消化后的污泥进一步得到浓缩，体积可减少 60%～70%，使污泥减量化。

(5) 改善脱水性能。未消化的污泥呈黏性胶状结构，不易脱水，而消化后的污泥呈黑色，具有颗粒状结构，较易脱水，从而改善了污泥的脱水效果。

(6) 产生沼气。污泥在消化的过程中会产生大量的沼气，沼气中的甲烷气体是宝贵的气体燃料，使污泥资源化。

3. 污泥消化池

污泥消化的主要构筑物是污泥消化池（简称消化池），见图 8-34。它是一个呈圆柱形或蛋形的密闭池子，一般池径为 6～35m，池高为 5～10m，池底呈圆锥形，底坡在 25%左右，以利于排泥。

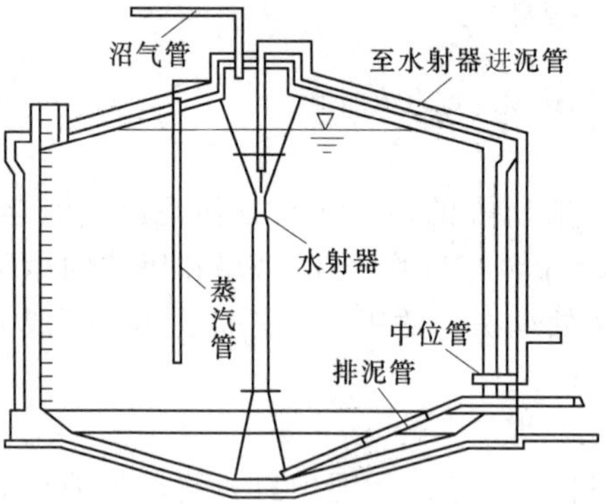

图 8-34 污泥消化池

消化池的构造主要包括污泥的投配、排泥及溢流系统、沼气排出、收集与储气设备、搅拌设备及加温设备等。生污泥应先排入消化池的污泥投配池，然后用污泥泵抽送至消化池。投配池应加盖，设排气管及溢流管。溢流管在消化池投配过量、排泥不及时或沼气产量与用气量不平衡等情况发生时可及时溢流，以保持沼气室压力恒定。排泥管设于消化池池底，依靠消化池内的静水压力将熟污泥排至污泥的后续处理装置；污泥消化过程中产生的沼气从集气罩通过沼气管输送到储气柜，储气柜用于调节产气量与用气量的不平衡；为了使消化池内污泥温度与浓度保持均匀，防止污泥分层或形成浮渣层，缓冲池内碱度，从而提高污泥分解速度，需要设置搅拌设备。消化池经常采用泵加水射器搅拌、联合搅拌及沼气搅拌等方法。当消化池内各处污泥浓度相差不超过 10%时，认为搅拌均匀；为了维持消化池的消化温度（中温或高温），使消化过程能有效地进行，需要设置加温设备。经常采用的加温方法有用热水或蒸汽直接通入消化池或通入设在消化池内的盘管进行间接加温以及池外间接加温。消化池通常采用中温发酵，要求加热温度为 33～35℃。污泥经过中温消化处理后，有机物分解程度约为45%～55%。

8.4.2.3 污泥的干化与脱水

污泥经浓缩或消化处理之后，含水率仍在 96%左右，体积很大，不便于运输和使用。为了将流态污泥转变为湿污泥，使污泥含水率降至60%～80%，需要对污泥进行干化、脱水处理。常用的处理方法包括自然干化和机械脱水两种。

1. 自然干化

自然干化包括晒砂场和干化场两种，前者适用于沉砂池沉渣的脱水，后者适用于初沉池污泥、腐殖污泥、消化污泥、化学污泥及混合污泥的脱水。污泥干化场是选择渗水性能良好的平坦场地，将含水率很高的污泥铺成约0.3～0.5m的均匀薄层，利用自然蒸发和渗透作用使污泥逐渐变干。污泥干化场分为自然滤层干化场（无人工排水滤层）和人工滤层排水干化场（图8-35）两种。

图8-35　人工滤层干化场

污泥干化场具有结构简单、管理方便、费用低等优点，但占地面积大（约占到污水处理厂总面积的25%左右）、有臭味、卫生条件差且易受气候条件影响。它适用于气候干燥、雨量少、用地不紧张且地下水位较低的地区。

2. 机械脱水

机械脱水具有不受气候条件影响、效果好、效率较高、占地面积小、卫生条件较好等优点，是污泥脱水的有效方法和发展方向，但基建及运行费用高。

(1) 机械脱水的基本原理。利用介质两面的压力差值作为推动力，使污泥水分被强制通过过滤介质，形成滤液，而固体颗粒被截留在介质上，形成滤饼，达到脱水的目的。

(2) 分类。根据脱水原理的不同，可将污泥机械脱水分为3类：真空过滤脱水、压滤脱水和离心脱水。

1) 真空过滤脱水原理是利用真空的方法造成过滤介质两侧的压力差，从而造成脱水动力进行污泥脱水，主要用于初次沉淀污泥和消化污泥的脱水。其主要优点是连续生产，运行平稳，能实现过程操作自动化，缺点是脱水前必须预处理，附属设备多，工艺复杂，运行费用高。真空过滤装置由真空过滤机和一个较大的转鼓组成，转鼓有一个多孔滤布或金属件覆盖，转鼓的底部在污泥中，当转动时，污泥在真空吸力的作用下，被带到滤布上。

影响真空过滤脱水性能的因素有污泥性质、真空度、转鼓浸没程度、转鼓转速、搅拌强度、滤布种类、污泥调质等情况，这些因素优势相互关联，必须引起注意。

2）压滤脱水的原理是利用多种液压泵或空压机形成 4～8MPa 的压力，将其加压到污泥上进行过滤。压滤脱水的优点是过滤效率高，特别是对过滤困难的物料更加明显，脱水滤饼固体含量高，节省调节剂，滤饼的剥离简单，因此广泛应用于污泥脱水。压滤脱水机械有板框式压滤机和带式压滤机两种，板框式压滤机构造简单，过滤推动力大，适用各种污泥，缺点是只能间断运行，脱水泥饼产量低。带式压滤机动力消耗少，可连续操作，设备简单，噪声小，脱水率高。

3）离心脱水的原理是利用污泥颗粒与水的密度不同，在相同的离心力作用下产生不同的离心加速度，从而导致污泥固体与液体分离。污泥离心脱水设备一般采用转筒机械装置。离心脱水设备的优点是结构紧凑，附属设备少，臭味少，能长期自动运行；缺点是噪声大，脱水后污泥含水率较高，污泥中含有砂砾，易磨损设备。

8.4.2.4 污泥的干燥与焚烧

污泥脱水干化后，体积仍然较大，为了便于利用与处理，可以进一步进行干燥处理或焚烧。污泥经过干燥处理（自然风干或加热烘干）后，含水率可降至 20%左右，体积大大减小，便于运输或进行最终处理。经过焚烧处理后，可使污泥完全脱水干化，并杀灭其中的病原微生物，但由于有机物完全被破坏，已经没有肥分价值，可用于填地或作为筑路材料使用。自然风干适用于少雨地区；加热烘干由于能耗较高，城镇污水处理厂采用较少；污泥焚烧费用昂贵，且易产生大气污染问题，只有在使用其他处置方法有困难或不能使用时才考虑采用。

8.4.3 污泥的最终处置与利用

污泥的最终处置与利用途径包括以下几种。

8.4.3.1 用作农肥

污泥中含有作物生长所需要的营养成分和有机物，污泥的肥效取决于污泥的组成和性质，是一种优质的有机肥料。以生活污水的污泥为例，其 N、P、K 的含量分别为 2%～6%、1%～4%、0.2%～0.4%，比一般的农家肥都高，其综合肥力远高于普通农家肥。但污泥中含有病菌、寄生虫、病原体及重金属离子，用作农肥前，应首先进行稳定化（消化）处理，使病菌、寄生虫和病原体等死亡或减少，稳定有机物和减少臭味，同时，其中重金属离子的含量必须符合我国农业部制定的《农用污泥中污染物控制标准》（GB 4284—84）的要求。

常用的处理方法是堆肥，污泥堆肥技术是 20 世纪 60 年代发展起来的一项新兴生物处理技术。主要是利用嗜热微生物，使污泥中的有机物和水分好氧分解，达到腐化稳定有机物、杀死病原体、破坏污泥中恶臭成分，提高污泥肥分，产生的肥料可用于园艺和农业，是一种无害化、减容化、稳定化的综合处理技术。然而堆肥也是有缺点的，因为物理和化学变化要几个月才能观察到，进展缓慢，而且会产生臭气。

1. 堆肥的基本原理

利用微生物在一定温度、湿度和 pH 值条件下，使有机物发生生物化学降解，形成一种类似腐殖质土壤的物质，作为肥料和改良土壤，这种利用微生物降解城市有机固体废物的方法称为生物处理法，一般又称堆肥化。

有机固体废物的生物可降解性是堆肥生物赖以生存、繁殖的物质条件。由于微生物生活时有的需要氧气，有的不需要氧气，因此，根据处理过程中起作用的微生物对氧气要求的不同，有机废物处理可分为好氧堆肥法（高温堆肥）和厌氧堆肥法两种。好氧堆肥是在通气条件下借好氧性微生物活动使有机物得到降解，由于好氧堆肥温度一般在50～60℃，极限可达到80～90℃，故也称高温堆肥。厌氧堆肥是利用非好氧微生物发酵代谢转化有机物的过程。

2. 堆肥产品的质量要求

堆肥过程把污泥和废物转化成了堆肥产品，其影响因素为有机质含量、供氧量、水分、空隙率、温度、碳氮比、氮磷比、pH值等。堆肥产品的质量要求见表8-17。

表8-17 堆肥产品的质量要求

用 途	覆盖层	顶 肥	一般用途
颗粒大小（cm）	1.2～3	0.16～0.6	0.6～2.5
颜色	咖啡色	棕黑色	棕黑色
外观	粗糙	精细	中等

堆肥化石是使有机废弃物稳定化、资源化和无公害化的有效途径之一，而且污泥用作农肥，肥效持续时间长，这一点优于化肥，应给予充分重视，也可以考虑将污泥和化肥制成复合肥使用。

8.4.3.2 用作饲料

污泥中含有大量的有价值的有机质（蛋白质和脂肪酸等）。例如，含有28.7%～40.9%的粗蛋白、26.4%～46%的灰分、26.6%～44%的纤维素和0～3.7%的脂肪酸，其中70%的粗蛋白以氨基酸的形式存在，是一种非常好的饲料蛋白。但如何将污泥中的营养成分转化为饲料蛋白，目前研究的还不够深入。污泥用作饲料时应符合卫生要求，不得含有致病细菌和寄生虫卵，有毒物质含量也必须满足有关规定的要求。

8.4.3.3 制取沼气

污泥厌氧消化是利用无氧环境下生长于污水、污泥中的厌氧菌菌群的作用，使有机物经液化、气化而分解成稳定物质。同时，病菌、寄生虫卵被杀死，固体达到减量化和无害化。污泥厌氧发酵过程产生的沼气是一种理想的燃料，在全球能源危机日益凸显的今天具有广阔的应用前景。沼气就是有机物在厌氧条件下经厌氧菌的分解作用产生的以甲烷为主的可燃性气体。当将沼气用作锅炉燃料时，1 m^3 沼气的发热量大约相当于1kg煤的发热量。另外，以沼气中的甲烷为原料可以制成多种化学品，在化学工业中也有着广阔的应用前景。

8.4.3.4 土地利用

污泥土地利用是一种积极的、有效而安全的污泥处置方式，在美国约有40%左右的污泥采用土地利用方式进行处置。在我国污水污泥的土地利用已有20多年的历史，20世纪80年代初，第一座城市污水处理厂天津纪庄子污水处理厂建成投产后，污泥即由附近郊区农民用于农田。我国是一个发展中的农业大国，污泥土地利用相对于其他污泥处置方式而言，是符合我国国情、具有巨大发展潜力的一种污泥处置方式。

污泥土地的利用方式有农业利用、园林绿化、林地利用、退化土地的修复等。将污泥施用于农田是目前土地利用的主要途径。除了 K 以外，污泥中的其他营养元素和有机质含量均高于家畜粪便，是良好的农家肥料。污泥中的有机腐殖质可以改善土壤结构，是一种优良的土壤改良剂，可用于农业耕地、牧业草地、森林与园艺、废弃矿场等场地的改良。目前我国耕地土壤中有机质缺乏现象十分严重，合理开发污泥，将污泥应用于农田，既可以为农业开辟有机肥源，提高土壤肥力，又可充分利用土壤的自净能力消除污泥污染问题。

由于污泥中含有重金属，有机有毒物质等有害物质，长期大量地在农田中施用污泥这些有害物质可能被植物吸收而进入食物链，并在动物或人体中累积，最终影响人类健康。所以处理后的污泥农用时，其污染物应满足表 8-18 的要求，其使用条件必须符合《农用污泥中污染物控制标准》的有关规定。

目前污泥土地利用的发展趋势是将污泥施用于种植非食物链植物土地中。如将污泥施用于林地和园林绿地，既有效地处置了污泥，又解决了造林、绿化缺乏基肥的问题，且不会对人体构成危害，是较好的污泥土地利用方式。

8.4.3.5 填埋

根据《城镇污水处理厂污泥处置分类》（CJ/T 239—2007）污泥填埋的定义为：指运用一定的工程措施将污泥埋于天然或人工开挖坑地内的安全处置方式，这里的工程措施指的是防渗、覆盖、渗滤液处理等一系列操作，以达到避免对地下水和周边环境造成污染的目的。污泥填埋具有投资少、处理量大、效果明显、对污泥的卫生学指标和重金属指标要求较低等优点，但污泥填埋也存在场地不易寻求、污泥运输和填埋场地建设费用较高、填埋容量有限、有害金属成分渗漏造成地下水污染、填埋场卫生与臭气造成二次污染、污泥中营养物质促使病原菌繁殖等问题。污泥用作垃圾填埋场覆盖土时，其卫生学指标还需满足《城镇污水处理厂污染物排放标准》GB 18918 中的指标要求，见表 8-18，同时不得检测出传染性病原体。

表 8-18　污泥农用时污染物控制标准限制

序号	控制项目	最高允许量（mg/kg 干污泥）	
		在酸性土壤上（pH 值<6.5）	在中和碱性土壤上（pH 值≥6.5）
1	总镉	5	20
2	总汞	15	15
3	总铅	300	1000
4	总铬	600	1000
5	总砷	75	75
6	总镍	100	200
7	总锌	2000	3000
8	总铜	800	1500

续表

序号	控制项目	最高允许量（mg/kg 干污泥）	
		在酸性土壤上（pH 值<6.5）	在中和碱性土壤上（pH 值≥6.5）
9	总硼	150	150
10	石油类	3000	3000
11	苯并（a）芘	3	3
12	多氯代二苯并噁英/多氯代二苯并（PCDD/PCDF 单位：ng 毒性单位/kg 干污泥）	100	100
13	可吸附有机卤化物（AOX）（以 Cl 计）	500	500
14	多氯联苯（PCB）	0.2	0.2

城市污泥可以单独填埋，也可以与生活垃圾混合填埋。污泥单独填埋可以分为填沟法，平面填埋法和筑堤法。填沟法分窄沟法和宽沟法，平面填埋法有土墩填埋和分层填埋。污泥填埋方法的选择取决于填埋场地的特性及污泥含水量。

污泥卫生填埋法是一种自然生物处理法，它是在自然条件下，利用土壤微生物的作用将污泥中的有机物质分解，使其体积减少而逐渐趋于稳定的过程。卫生填埋法费用昂贵，且易污染地下水，很难找到合适的地点。随着人口的增加和城镇化的发展，可供填埋的场地日益受限，用作垃圾填埋场覆盖土的污泥卫生学指标见表 8-19。

表 8-19 用作垃圾填埋场覆盖土的污泥卫生学指标

序号	控制项目	>限值
1	粪大肠菌群菌值	>0.01
2	蠕虫卵死亡率（%）	>95

我国目前采取的污泥填埋一般是运至垃圾填埋场，与城市垃圾一起进行处置。这种填埋方式的问题是污泥中的 N、P 和重金属在无防渗情况下污染地下水，同时污泥填埋需要投入运输和管理费用，并且填埋将占用大量土地。在目前我国城乡耕地越来越少的情况下，显然不符合社会持续发展的要求，而且处置技术还处在低水平阶段，由于对大多数工业危险废物只是简单堆放或填埋，因此污染十分严重。近年来，我国逐步加强了对电镀污泥等危险废物的管理和处置力度。我国的深圳、沈阳、大连等城市已拥有符合标准的危险废物集中处理场，这对积累危险固体废物的处置、管理经验，以及进一步推广打下了良好的基础。

8.4.3.6 投海

污泥投海是用驳船装运污泥或用管道把污泥输送到深海区域，利用海洋的潮流作用将其迅速扩散、稀释。一般不需要进行严格的无毒无害化处理，也无需脱水便可直接排入水体，而且容量很大。污泥投海后，必须保证其所投海区不受污染。污泥投海方法简单，费用低，但可能污染海洋。对海洋生态系统和人类食物链造成威胁，沿海城市将污泥进行投海处置已有多年历史，有成功的经验，也有造成严重污染、影响环境卫生和海洋生态的失败教训。随着社会的发展，污泥投海处置方法近年来已被国际禁止，从1991年12月31日起，美国已禁止向海洋倾倒污泥，从1998年开始，欧盟也禁止向海洋倾倒污泥。

8.4.3.7 生产建筑材料

污泥中除了有机物以外，往往还含有20%～30%的无机物，主要是Si、Al、Fe、Ca等，与许多建筑材料常用的原料成分相近，因此可以用于生产建筑材料。当污泥中含有的有机废物、重金属和有毒有害微生物等的数量过高，不宜作农肥使用，且简单堆埋又易造成二次污染时，可用于生产建筑制品。污泥的建筑材料利用主要用于制砖、制生化纤维板，也可以用于制水泥、制玻璃态集料、制陶粒及其制品等，此外，污泥还可以用作筑路材料。目前，污泥的建材利用已经被看作一种可持续发展的污泥处置方式，在日本和欧美等国都有许多成功实例。污泥建材利用最终产物是在各种类型建筑工程中使用的材料制品，无需依赖土地作为其最终消纳的载体，同时它还可替代一部分用于制造建筑材料的原料，因此具有资源保护意义。

1. *污泥制砖*

利用污泥制砖有两种工艺方式，一种是污泥焚烧灰制砖；另一种是干化污泥直接制砖。将污泥焚烧后收集的灰与黏土混合制砖，其中污泥灰的掺量可高达50%，砖的综合性能好，但没有利用污泥的热值。污泥焚烧灰制砖主要是非建筑承重的地砖，是一种基本利用焚烧灰单一原料的污泥建材利用方法，无需掺和大量黏土，符合相关建材技术政策的优势。用干化污泥直接制砖，应对污泥的成分进行调整，使其成分与黏土的化学成分相当。当污泥与黏土按质量比1∶10配料时，污泥砖可达到普通红砖的强度。这两种制砖方式都存在空气污染问题，因污泥中含有大量的有机物，焚烧或烧砖时都有有害气体放出。

2. *污泥制水泥*

水泥生产中利用的废物主要是高炉矿渣和粉煤灰，副产品为石膏、炉渣烟灰等。近年来，国外在寻找污泥材料利用的过程中，找到了污泥与水泥行业的结合点。研究出利用城市垃圾焚烧物和城市污水处理产生的脱水污泥为原料制造水泥的技术。该水泥被称为生态水泥，利用工业废弃物替代天然的原料和燃料，生产出达到质量标准并符合环保要求的生态水泥，对于资源的优化配置、环境的保护和社会的可持续发展起到了重要的作用。

污泥中除了CaO含量低、SO_3含量较高外其他成分与硅酸盐水泥含量相当，向污泥中加入一定量的石灰或石灰石，经煅烧可制成灰渣硅酸盐水泥，有利于城市垃圾的减量化、无害化、资源化。

3. *污泥制生化纤维板*

污泥中含有大量的有机成分，其中的粗蛋白（大约质量分数为30%～40%）与球蛋白（酶）能溶解于水及稀酸、稀碱、中性盐的水溶液，在碱性条件下加热、干燥、加压后，产生蛋白质的变性作用，制成污泥树脂，再与漂白、脱脂处理的废纤维压制成板材，就是污泥生化纤维板，其品质好于国家三级硬质纤维板。污泥生化纤维板的制造工艺可分为污泥预处理（浓缩）、树脂调制（碱处理）、填料处理（纤维预处理）、搅拌、预压成型、热压和后续处理等7个工序。

利用污泥制生化纤维板，在技术上是可行的，但在制造的过程中，需要有脱臭措施；板材成品仍然有一些气味；板材强度有待提高，这些问题需要进一步研究。

8.4.3.8 其他用途

污泥除了上述最终处置与利用途径外，还具有制氢、低温热解制油、制活性炭吸附剂、制黏结剂以及制可降解塑料等用途。

8.5 污水处理厂厂址选择及布置

污水处理厂是城镇排水系统的重要组成部分，其位置及平面布局是否合理，与城镇的总体规划、环境保护、污水回用、排水系统的布置、工程造价以及运行管理费用等密切相关。因此，污水处理厂厂址选择及其平面布置是城镇排水工程规划的一项重要内容，必须慎重对待。

8.5.1 污水处理厂厂址选择

城镇污水处理厂的厂址选择受到多种因素的影响，是制定城镇污水处理系统方案的重要环节。它与城镇的总体规划、排水系统的走向、布置、处理后污水的出路及利用途径等都密切相关。污水处理厂厂址必须进行现场踏勘，经过多方案技术经济比较才能最终确定。

在选择污水处理厂厂址时，一般应考虑以下各项原则：

（1）从保障粮食安全的角度出发，厂址应尽量不占或少占农田。若处理后的污水（泥）用于农业，厂址的位置应便于农业灌溉和污泥运输。

（2）厂址必须位于集中给水水源的下游，并应设在城镇工业区、居住区的下游以及夏季主风向的下风向。为保证卫生要求，厂址应与城镇工业区、居住区保持约300 m以上的距离，但也不宜太远，以免增加管道长度，提高造价。

（3）厂址应结合污水管道系统布置及出水口位置统一考虑。污水处理厂厂址应设在城市低处，便于污水自流排放，沿途尽量不设或少设提升泵站。同时，污水处理厂通常设在水体附近，以利于处理后的污水就近排入水体，减少排放渠道的长度。

（4）应充分利用地形条件，选择有适当坡度的地区建厂，以满足各污水处理构筑物高程布置上的需要，减少土方工程量。

（5）厂址应有良好的交通和水电条件，以便于污水处理厂能够正常运行。厂址应选在地质条件较好（地基承载力较高、地下水位较低）的地方，以便于施工，降低造价。厂址不应设在雨季易受水淹的低洼处。同时，靠近水体的污水处理厂应考虑不受洪水威胁，以保证汛期能够正常运行。

（6）厂址选择应根据城镇总体发展规划考虑远期发展的可能性，为扩建留有余地。应根据城镇对中水回用的需要，制定大、中、小规模及近、远期相结合的污水处理厂布局规划，在合适的地点建设适当规模的污水处理厂，既有利于污水再生回用，又减轻了城市排水管网系统的负担，且易于实现分期建设。

污水处理厂占地面积与处理水量、处理方法等因素有关，选择厂址时可根据表8-20估算污水处理厂所需面积。

表 8-20 城镇污水处理厂所需面积

处理水量（m^3/d）	所需面积（万 m^2）		
	物理处理	生物处理	
		生物滤池	曝气池或高负荷生物滤池
5000	0.5～0.7	2～3	1.0～1.25
10000	0.8～1.2	4～6	1.5～2.0
15000	1.0～1.5	6～9	1.85～2.5
20000	1.2～1.8	8～12	2.5～3.0
30000	1.6～2.5	12～18	3.0～4.5
40000	2.0～3.2	16～24	4.0～6.0
50000	2.5～3.8	20～30	5.0～7.5
75000	3.75～5.0	30～45	7.5～10.0
100000	5.0～6.5	40～60	10.0～12.5

8.5.2 污水处理厂工艺流程

污水处理厂工艺流程是指在达到所要求的处理程度的前提下，各种污水处理构筑物的有机组合。污水处理厂工艺流程选择受到污水处理的程度、工程造价与运行费用、当地的自然条件、原材料与电力供应、原污水的水量与污水流入情况以及施工的难易程度与运行管理的技术条件等因素的影响。其中，污水处理程度是确定污水处理厂工艺流程的主要依据，而污水处理程度则主要取决于接受处理后污水的水体的自净能力或处理后污水的出路。目前，国外城镇污水处理的趋势为在不考虑水体自净能力的条件下，以二级处理为主体，以一级处理为预处理，以三级处理为深度处理。考虑我国国情，国内应大力推广普及二级处理。城镇污水处理厂的典型工艺流程如图 8-36 所示。

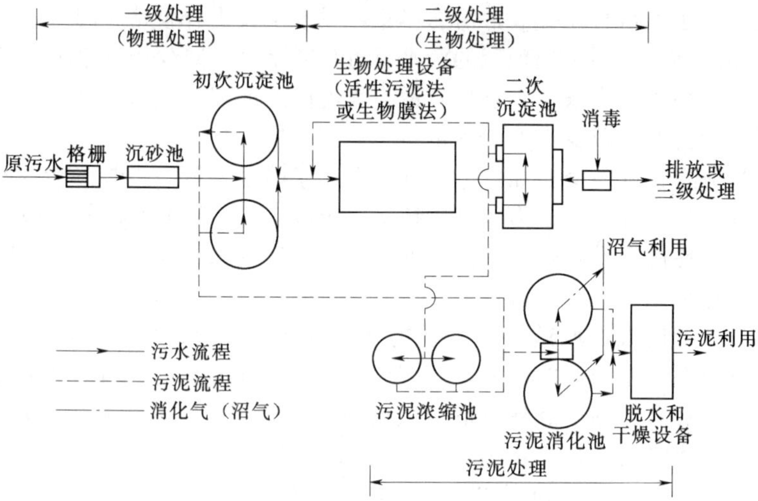

图 8-36 城镇污水典型处理流程

8.5.3 污水处理厂平面布置

污水处理厂平面布置包括：各处理单元构筑物；连通各处理构筑物之间的管、渠及其他管线；辅助性建筑物；道路、绿地、电力、照明线路等。进行污水处理厂平面布置时应考虑以下原则：

（1）各处理构筑物与辅助建筑的位置应结合污水处理工艺流程，根据安全、运行方便与节能的原则确定。相互有关的构筑物应尽量靠近，以减少连接管渠长度及水头损失，并考虑运转时操作方便。例如，变电所宜设于耗电量大的构筑物附近；鼓风机房宜设于曝气池附近；化验室与办公室应远离污泥处理设施，并与其他处理构筑物保持适当的距离，位于其夏季主风向的上风向处；操作运行的值班室应尽量布置在使操作管理人员能够便于观察各种处理构筑设施运行情况的位置等。

（2）各处理构筑物布置应尽量紧凑，以节约占地，缩短连接管线长度，但同时还应考虑到敷设管线、闸阀等附属设备、构筑物地基的相互影响以及施工、操作运行与检修方便，构筑物之间必须留有5～10m的间距，如不能保证时也应不小于3m。消化池及消化气罐等特殊构筑物的间距应按有关规定确定。

（3）各处理构筑物布置应结合厂址的地形、气候及地质条件，力求挖填土方平衡，尽量减少土石方工程量，避开劣质地基，通过技术经济比较来确定。

（4）污水与污泥的流向应充分利用原有地形，各个构筑物的连接管渠应简单而便捷，避免迂回曲折，并尽可能采用重力流。

（5）联系各处理构筑物的管渠布置应使各处理系统自成体系，以保证各处理单元能够独立运行，当某一处理构筑物因故停止运行时，不致影响其他构筑物的正常运行。应合理地布置处理构筑物的超越管渠，以便在发生事故或检修时，污水能超越后续构筑物进入事故池或直接排入水体。处理构筑物应设放空管道，排出的水应回流处理。并联运行的处理构筑物间应设均匀配水装置，各处理构筑物系统间应设可替换的连通管渠。污水处理厂内应有完善的雨水管道系统，以便及时排除雨水。同时，污水处理厂内各种管渠布置应全面安排，避免互相干扰。

（6）污泥处理构筑物应尽量集中布置并单独组合，以便于安全和管理。污泥消化池应距离初次沉淀池较近，以缩短污泥管线，但消化池与其他构筑物之间的距离不得少于20m。储气罐、余气燃烧装置、消化气管道与其他危险品仓库的位置与设计，应符合国家或地区的防火规范要求。

（7）生活设施与生产管理建筑物应集中布置，位置和朝向应力求合理，并与处理构筑物保持一定距离。污水处理厂厂区内应加强绿化，绿化面积不宜小于全厂总面积的30％。

（8）污水处理厂内应合理修建道路，以便于运输。污水处理厂周围应设置高度不低于2m的围墙。

（9）考虑扩建的可能性，留有适当的扩建余地。如有远期规划，应按远期规划做好分期建设的安排，同时考虑分期施工的要求。

图8-37为某城镇污水处理厂平面布置图。泵站和湿污泥池均设于厂外，主要处理构筑物包括格栅、曝气沉砂池、初次沉淀池、曝气池、二次沉淀池等。该污水处理厂未设污泥处理系统，污泥通过污泥泵房直接压送至农田作为肥料使用。

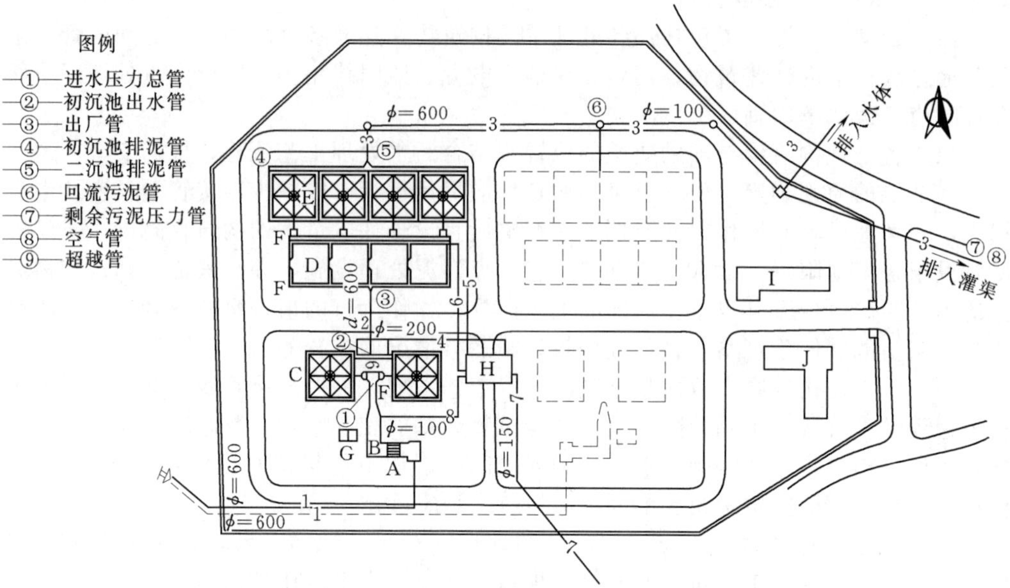

图 8-37 某城镇污水处理厂平面布置图

A—格栅；B—曝气沉砂池；C—初沉池；D—曝气池；E—二沉池；
F—计量堰；G—除渣池；H—污泥泵房；I—机修车间；J—办公室及化验室

该污水处理厂平面布置具有布置整齐、紧凑、卫生、工作条件较好以及运行灵活等优点。工程分两期建设（虚线表示二期工程），且两期工程各自成独立系统，相互干扰较少。不足之处为二期工程预留地设在一期工程与厂前区之间，若二期工程发生变更，在其平面布置上将受到一定的限制。同时，由于泵站和湿污泥池均设于厂外，导致管理不便。

8.5.4 污水处理厂高程布置

污水处理厂高程布置的主要任务是确定各处理构筑物和泵房的标高、各构筑物之间连接管渠的标高、各部分水位标高。

（1）计算水头损失时，一般应以近期最大流量或泵的最大出水量做构筑物和管渠的设计流量，且以远期最大流量为设计流量，并考虑扩建时的备用水头。

（2）水力计算需考虑某个构筑物故障检修时，另一构筑物及连接管渠能通过全部流量。

（3）布置高程时要考虑某些处理构筑物的排空，构筑物的挖土深度不宜过大，以免建设投资过大和施工困难增加。

（4）污水流程与污泥流程的配合，尽量减少污泥量的提升。污泥干化场、污泥浓缩池、消化池等构筑物高程的确定，应注意它们的污泥水能自动排入污水流干管或其他构筑物的可能性。

（5）高程布置应与厂区的地形、地质条件相联系。自然坡度有利于高程布置，地形平坦要避免二沉池埋入地下过深，为不增加构筑物造价要避免沉砂池在地面上架的过高。

图 8-38 为某城镇污水处理厂高程布置图，沉淀池集水槽中的水头损失由堰上水头、自由跌落和槽起端水深 3 部分组成。整个污水处理流程，从栅前水位 155.52m 开始到排放点（灌溉渠水位）149.25m，全部水头损失为 6.27m，这是比较高的，应考虑降低其水头损失。此外，这一处理系统，在降低水头损失，节省能量方面，是有潜力可挖的。该系统采用的初次沉淀池、二次沉淀池，在形式上都是不带刮泥设备的多斗辐流式沉淀池，而且都是用配水井进行配水。曝气池采用的是 4 座完全混合型曝气池，而且污水由初次沉淀池进入曝气池采用的是水头损失较大的倒虹管。

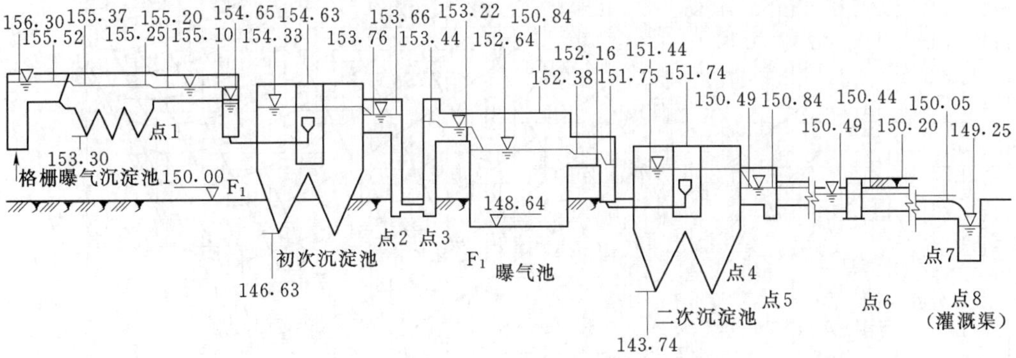

图 8-38　某城镇污水处理厂高程布置（单位：m）

附录　排水管渠水力计算图

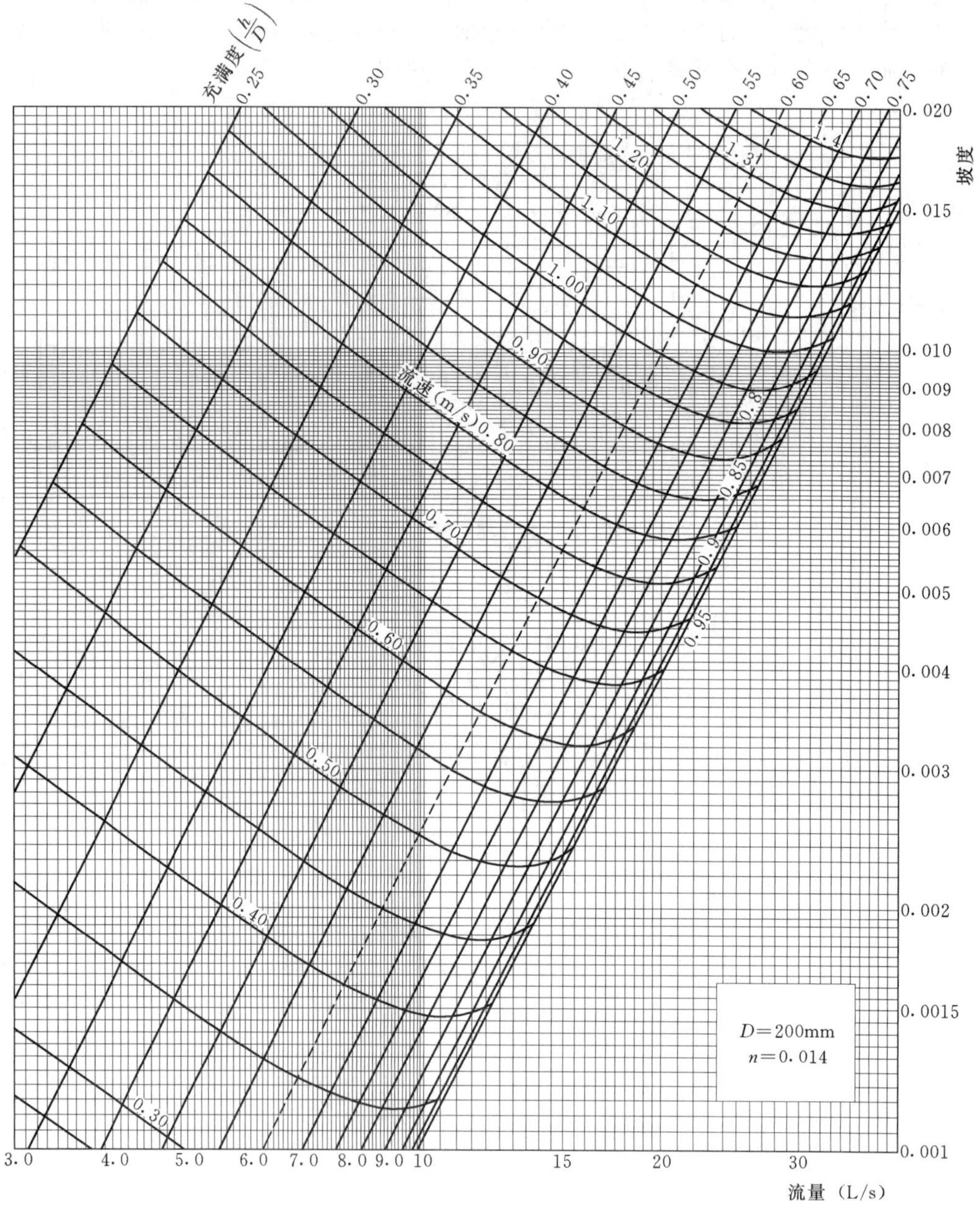

附图 1-1　D=200mm，n=0.014 非满流钢筋混凝土圆管计算图

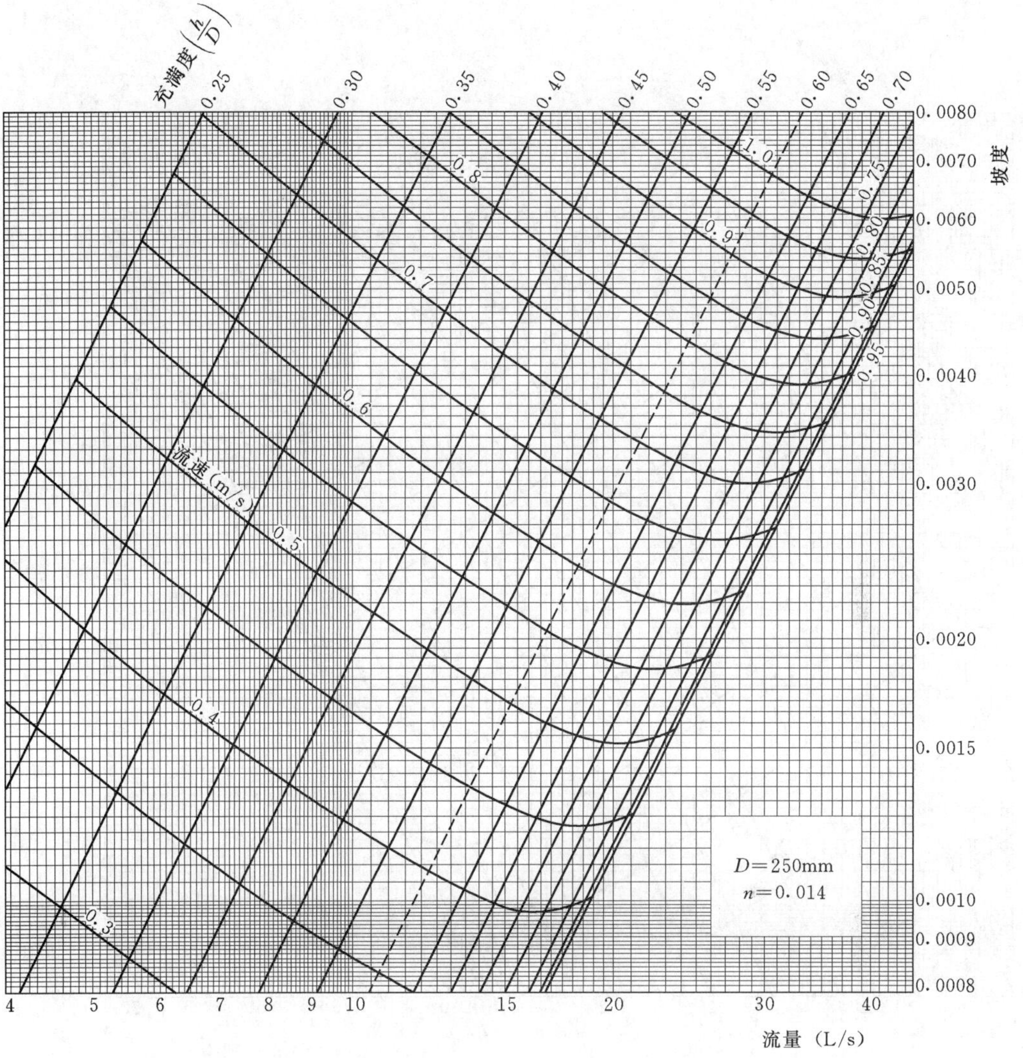

附图 1-2　D=250mm，n=0.014 非满流钢筋混凝土圆管计算图

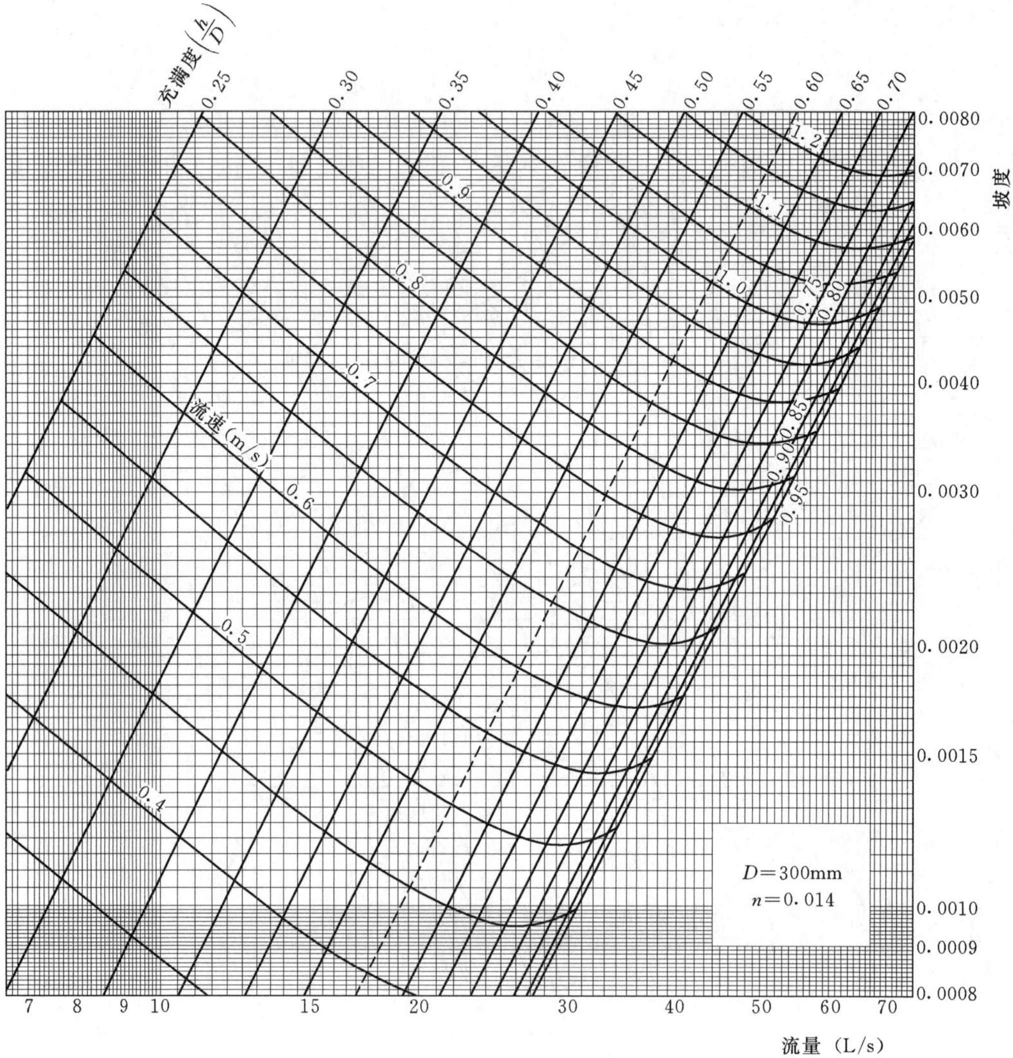

附图 1-3 $D=300$mm，$n=0.014$ 非满流钢筋混凝土圆管计算图

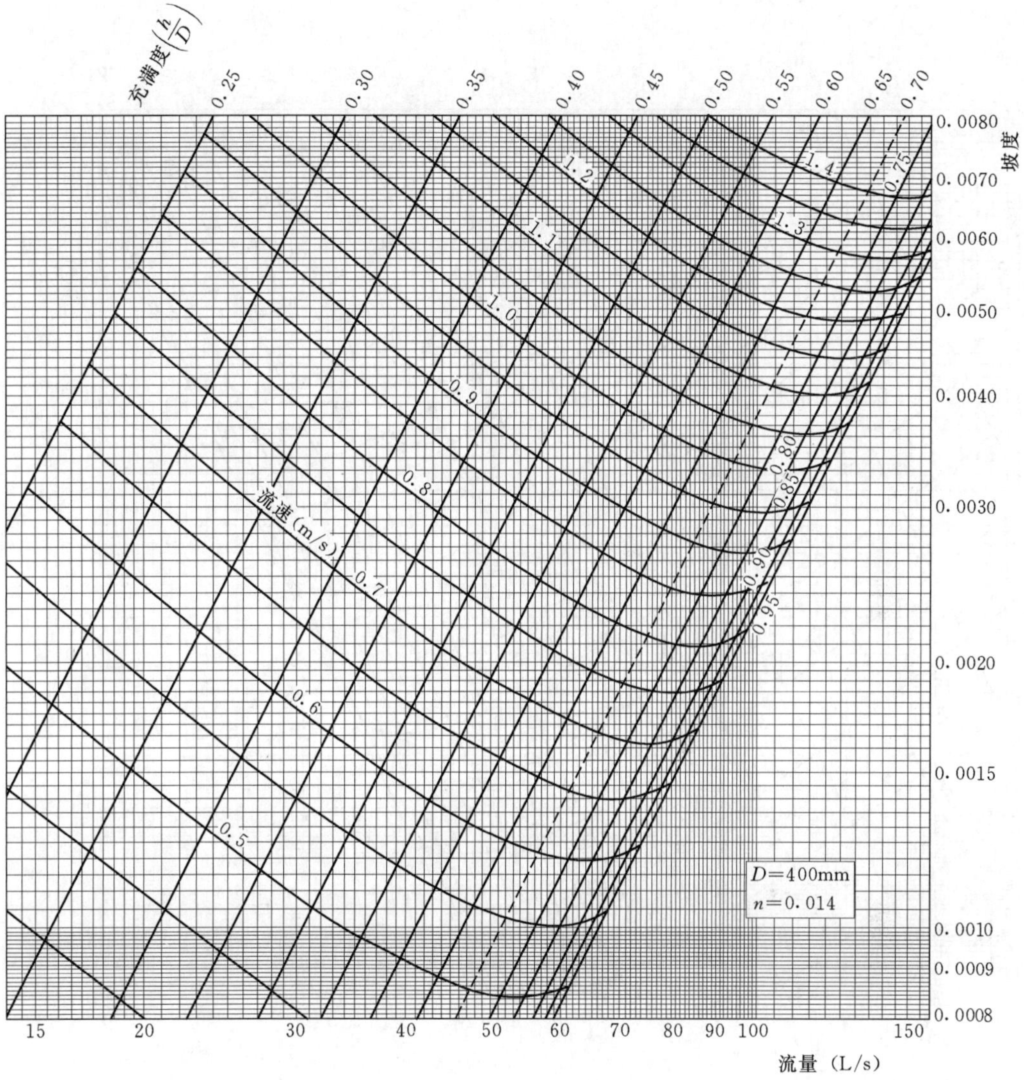

附图 1-4　D=400mm，n=0.014 非满流钢筋混凝土圆管计算图

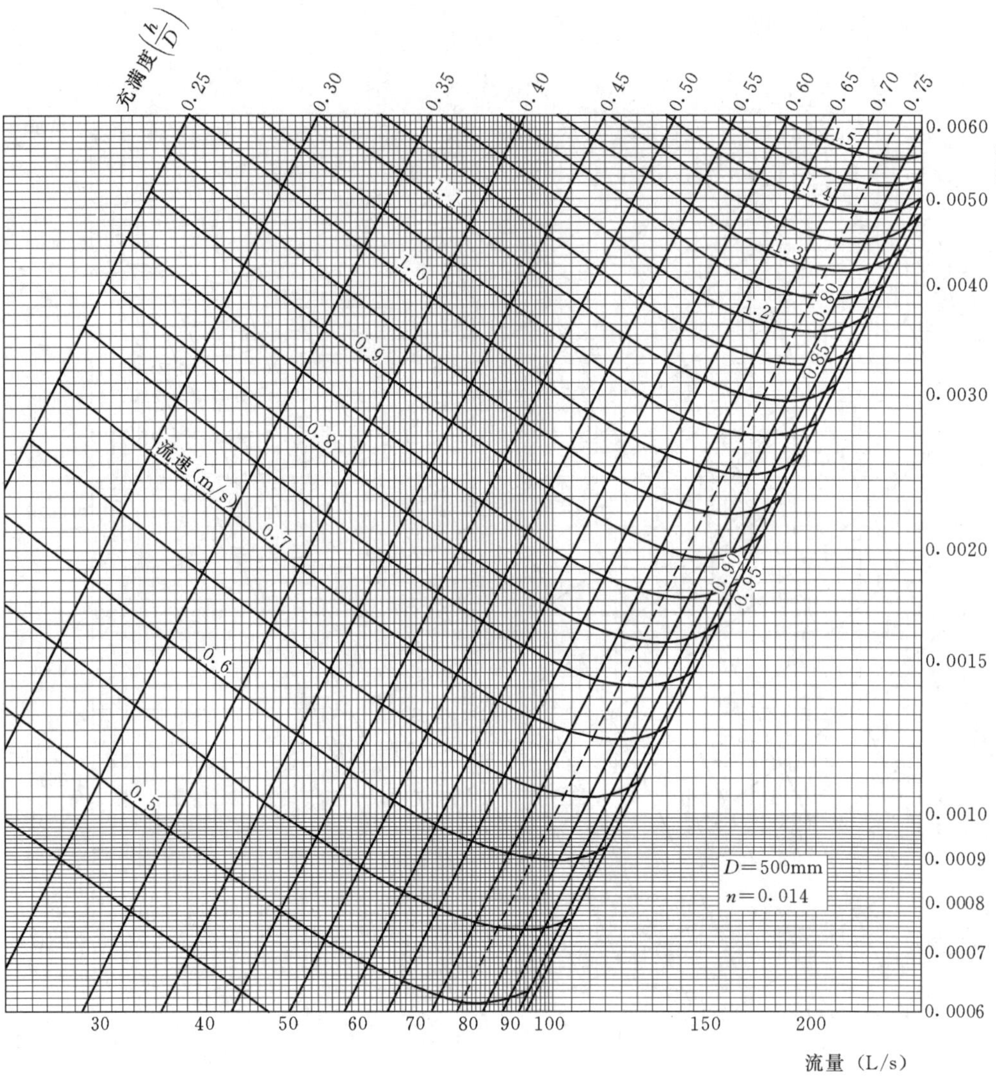

附图 1-5 D=500mm，n=0.014 非满流钢筋混凝土圆管计算图

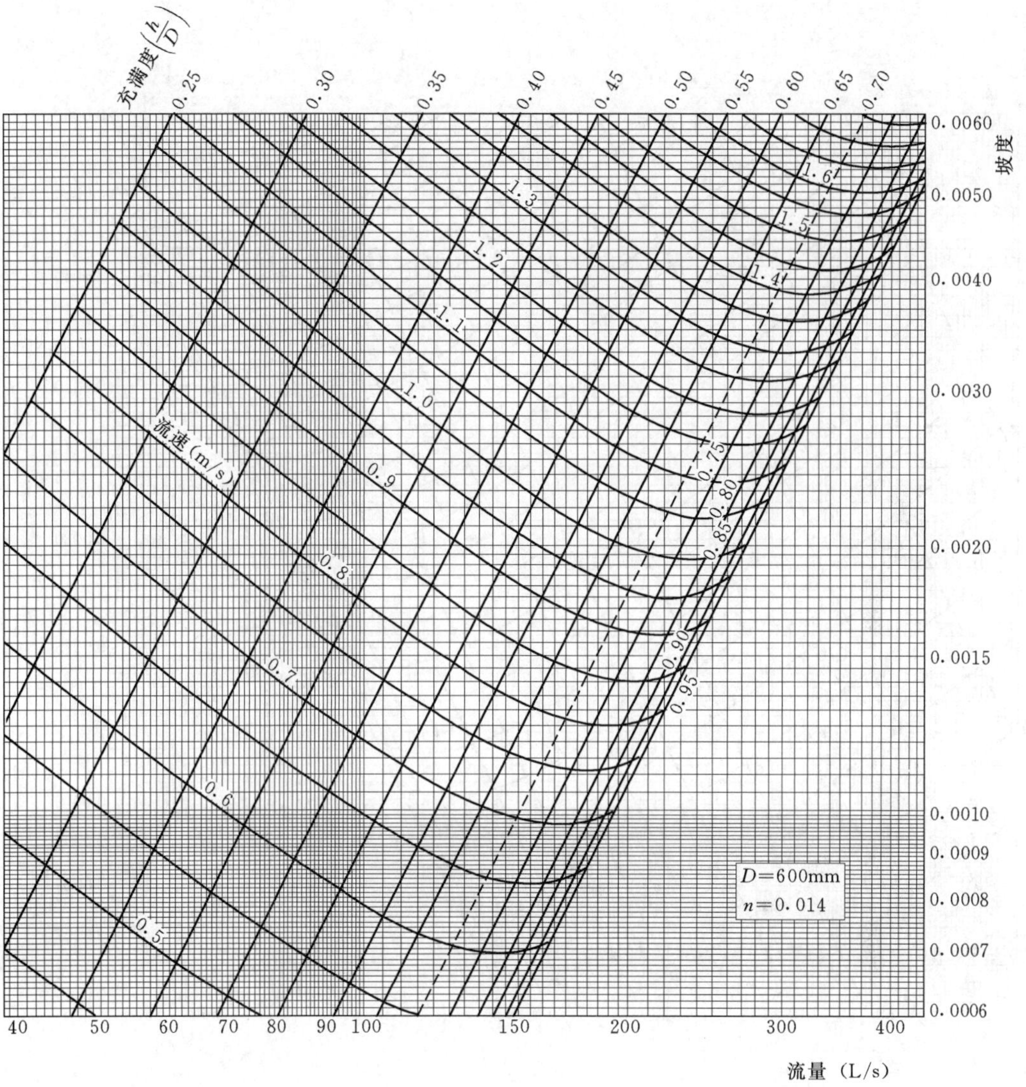

附图 1-6　D=600mm，n=0.014 非满流钢筋混凝土圆管计算图

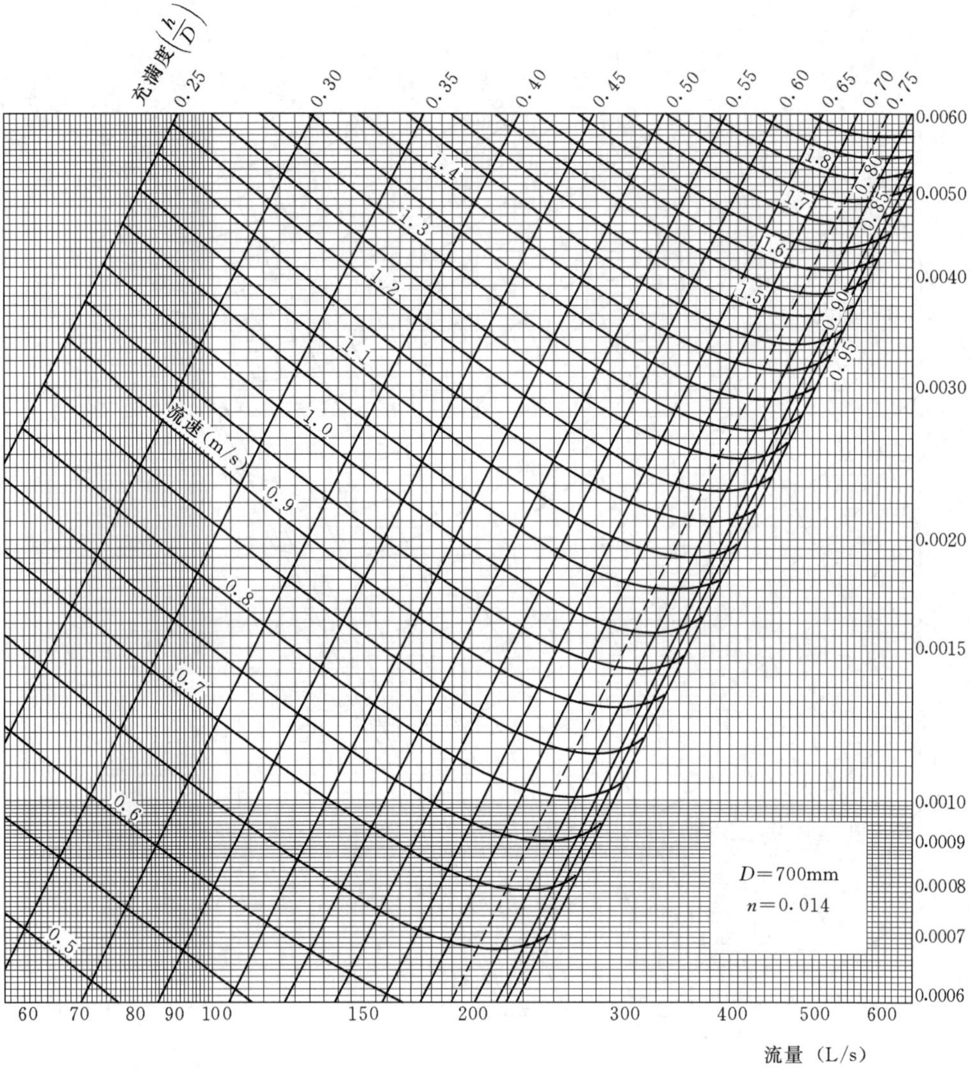

附图 1-7　$D=700$mm，$n=0.014$ 非满流钢筋混凝土圆管计算图

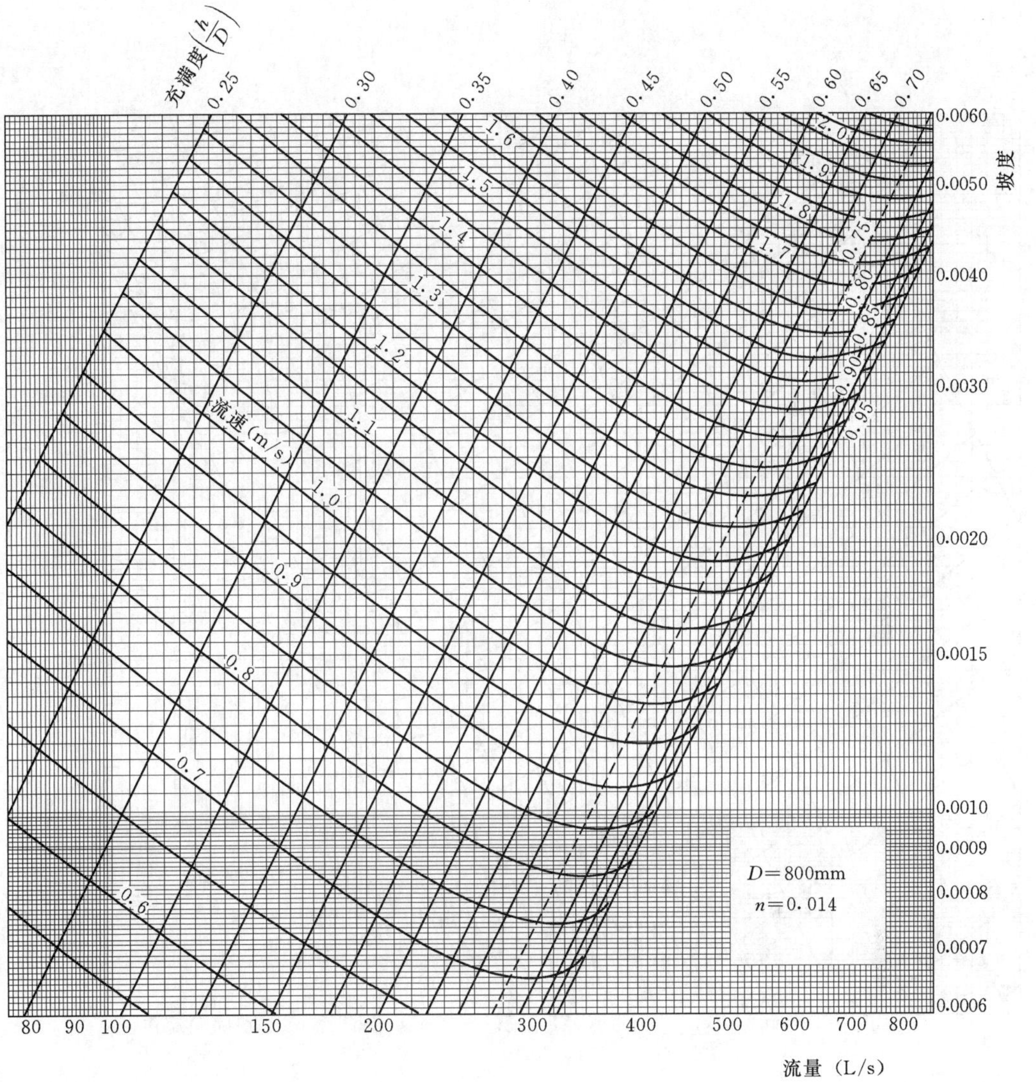

附图 1-8　$D=800$mm，$n=0.014$ 非满流钢筋混凝土圆管计算图

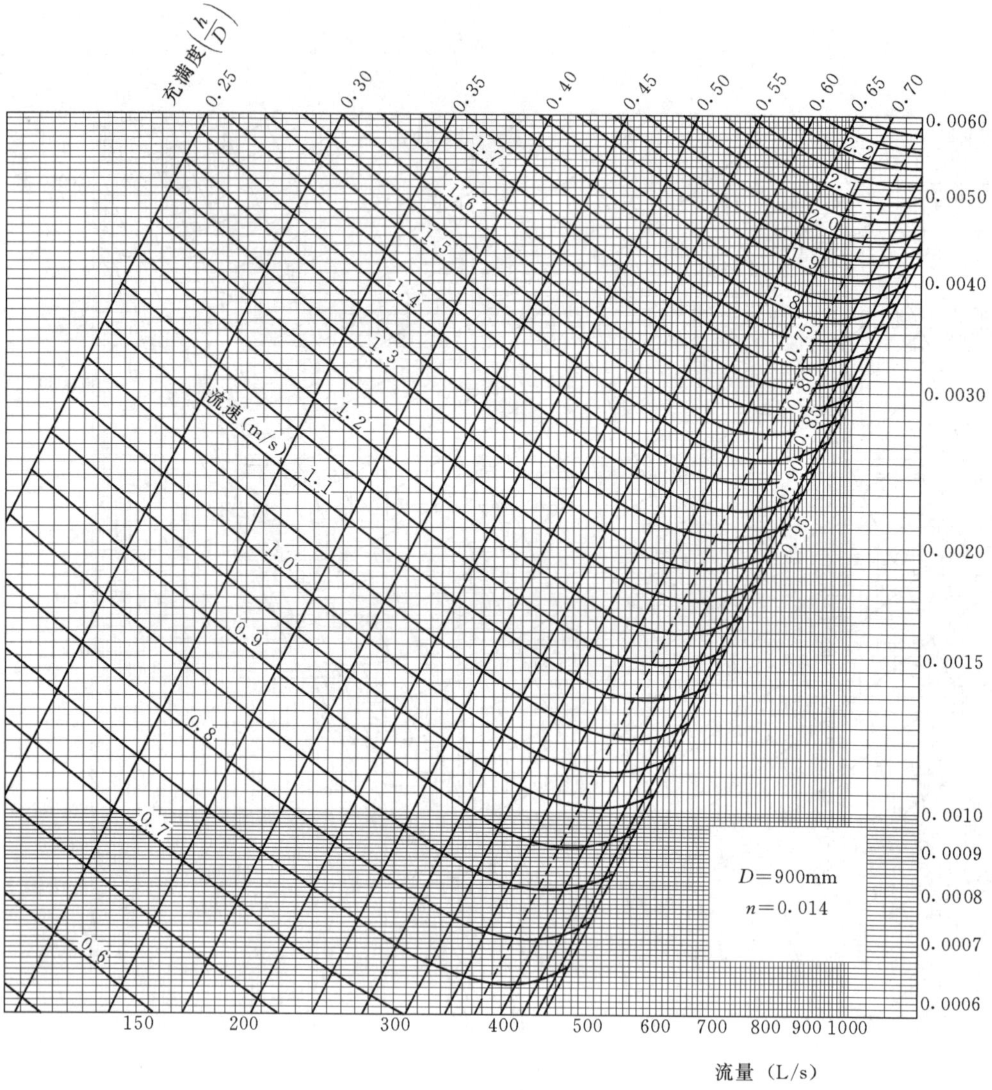

附图 1-9 $D=900$mm，$n=0.014$ 非满流钢筋混凝土圆管计算图

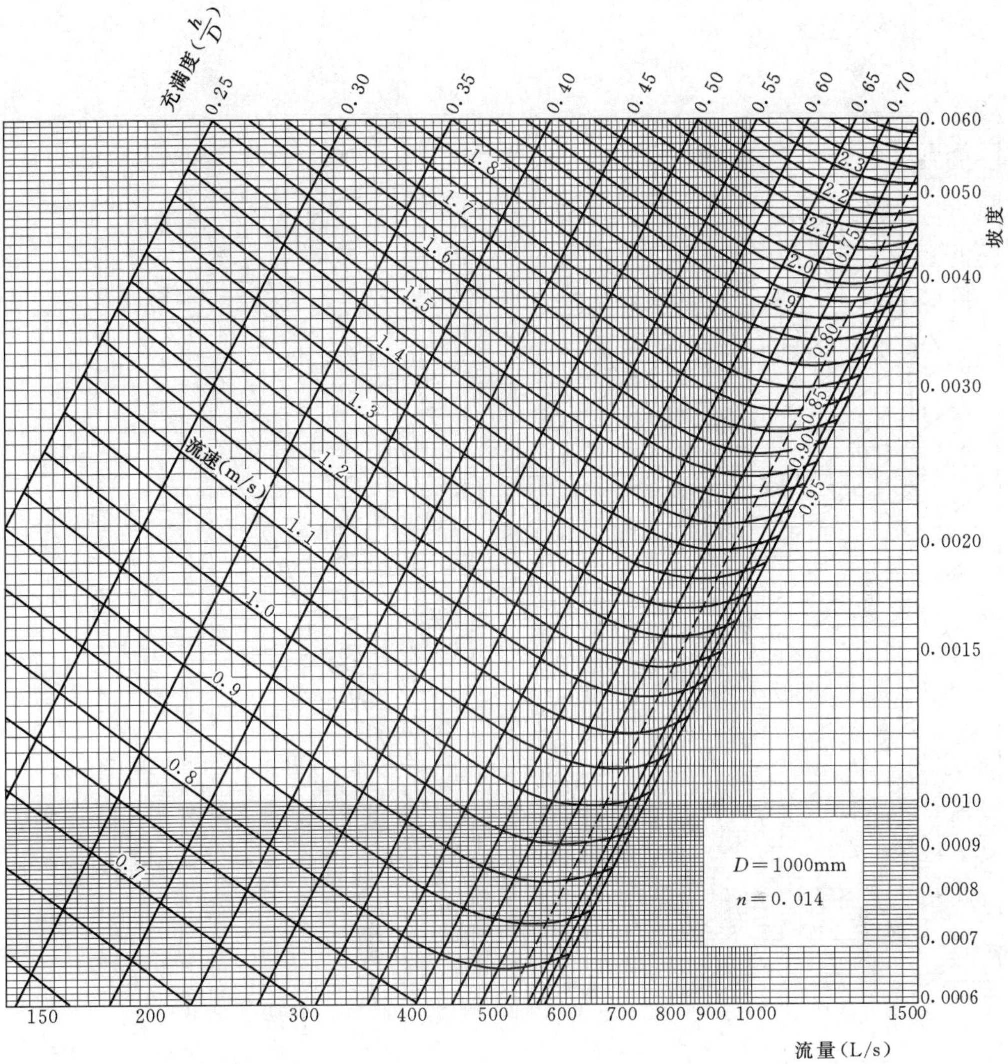

附图 1-10　D=1000mm，n=0.014 非满流钢筋混凝土圆管计算图

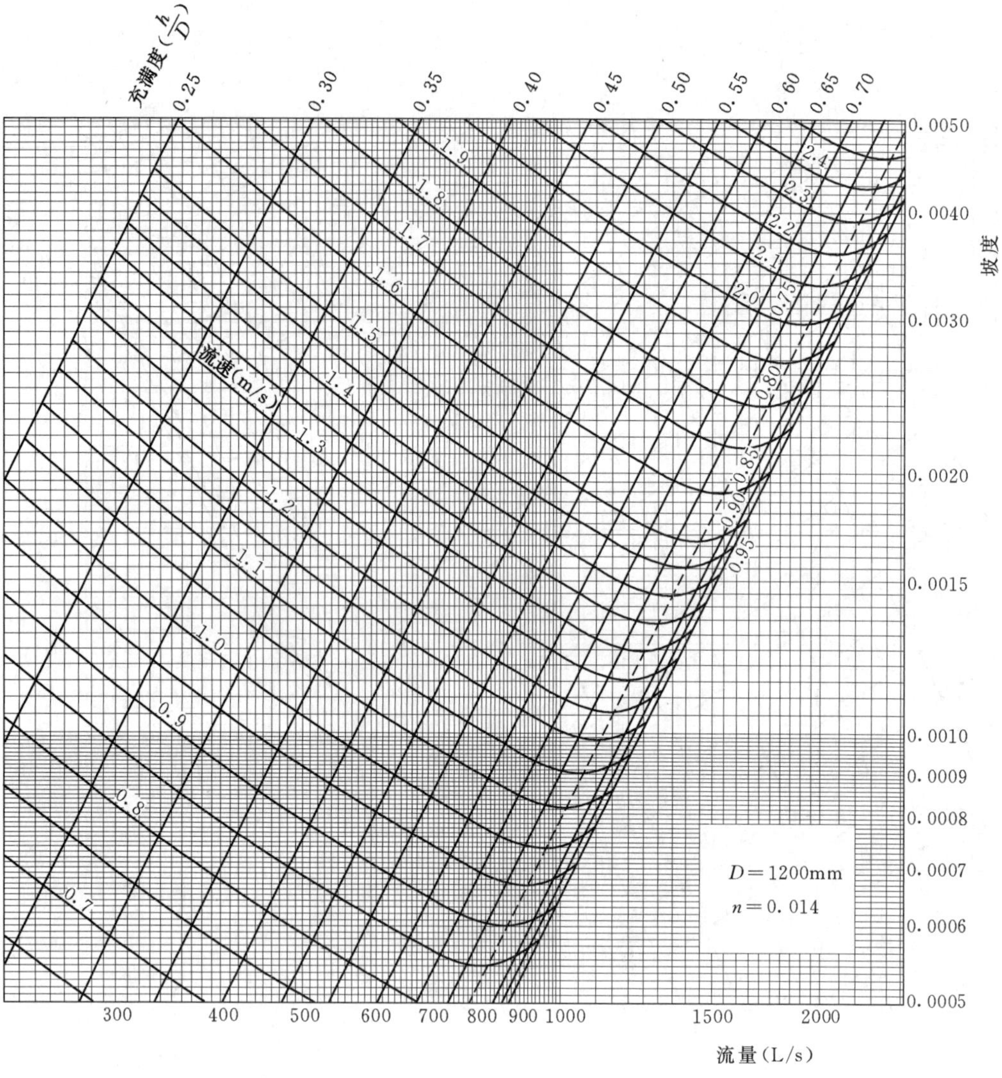

附图 1-11 D=1200mm，n=0.014 非满流钢筋混凝土圆管计算图

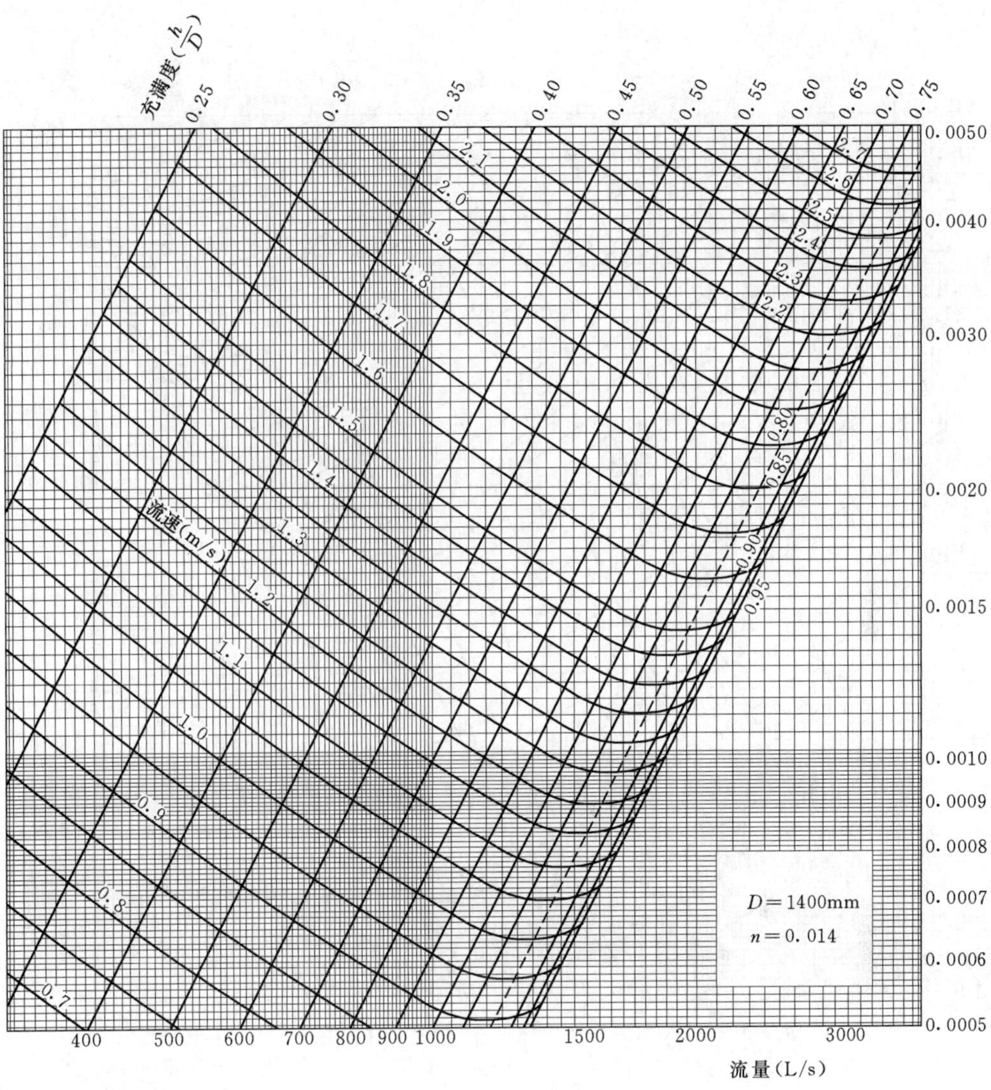

附图 1-12　D=1400mm，n=0.014 非满流钢筋混凝土圆管计算图

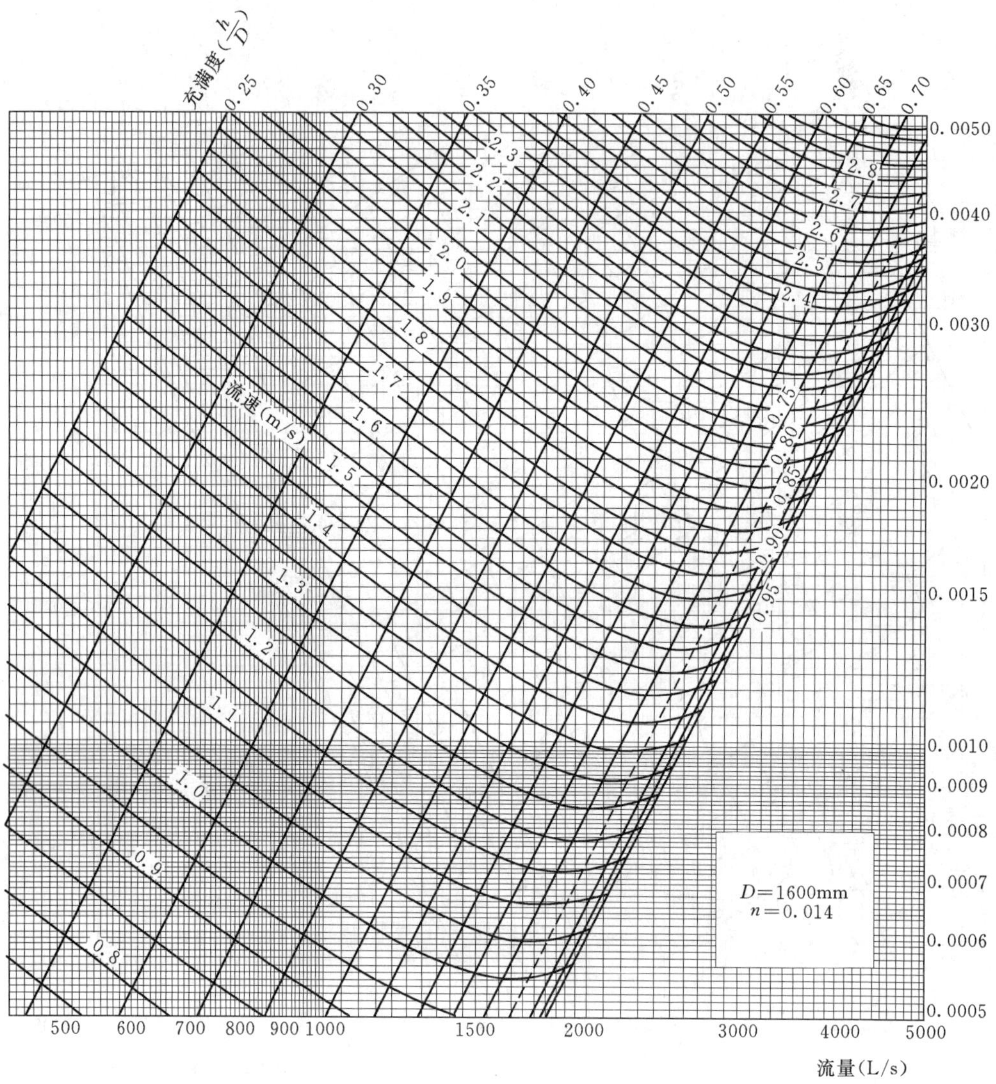

附图 1-13 D=1600mm，n=0.014 非满流钢筋混凝土圆管计算图

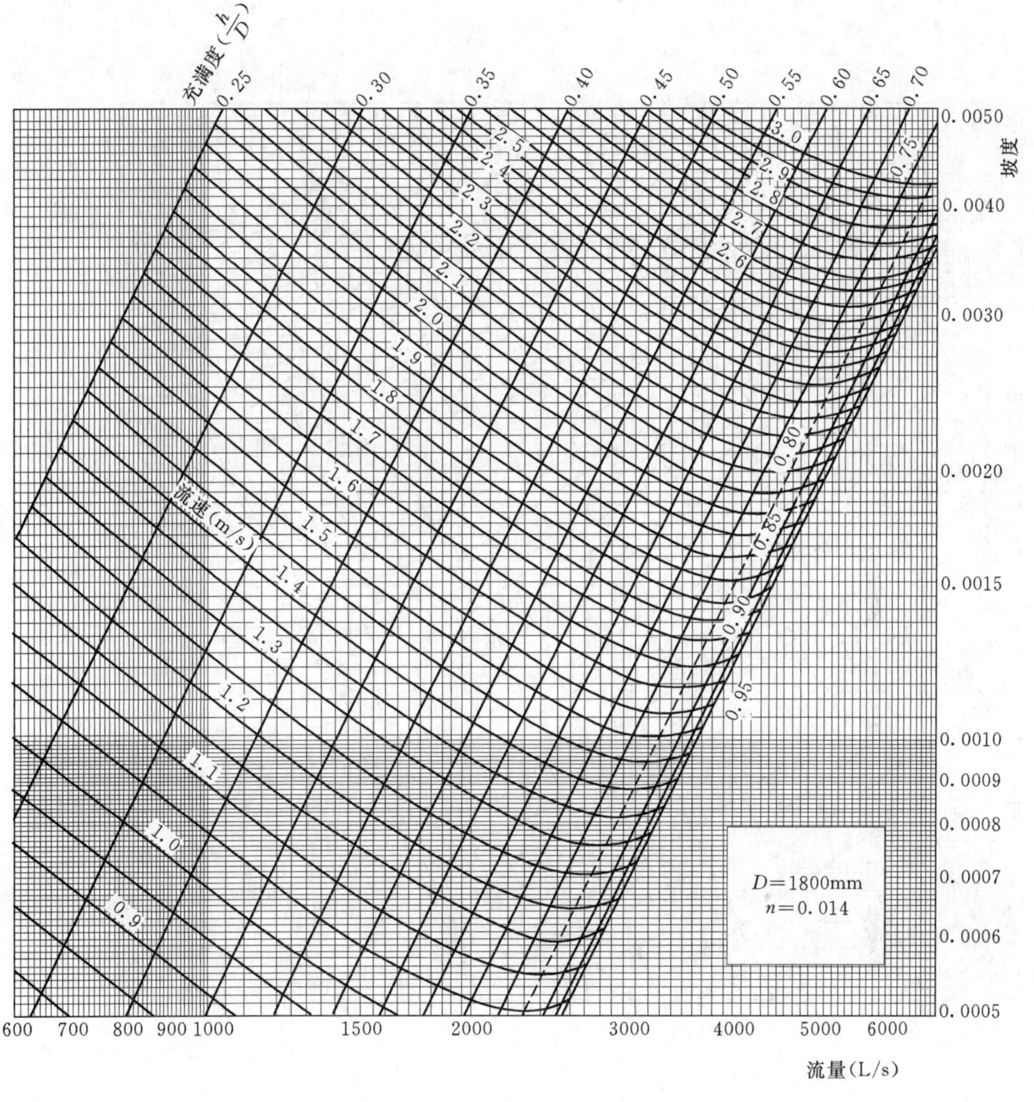

附图 1-14　$D=1800$mm，$n=0.014$ 非满流钢筋混凝土圆管计算图

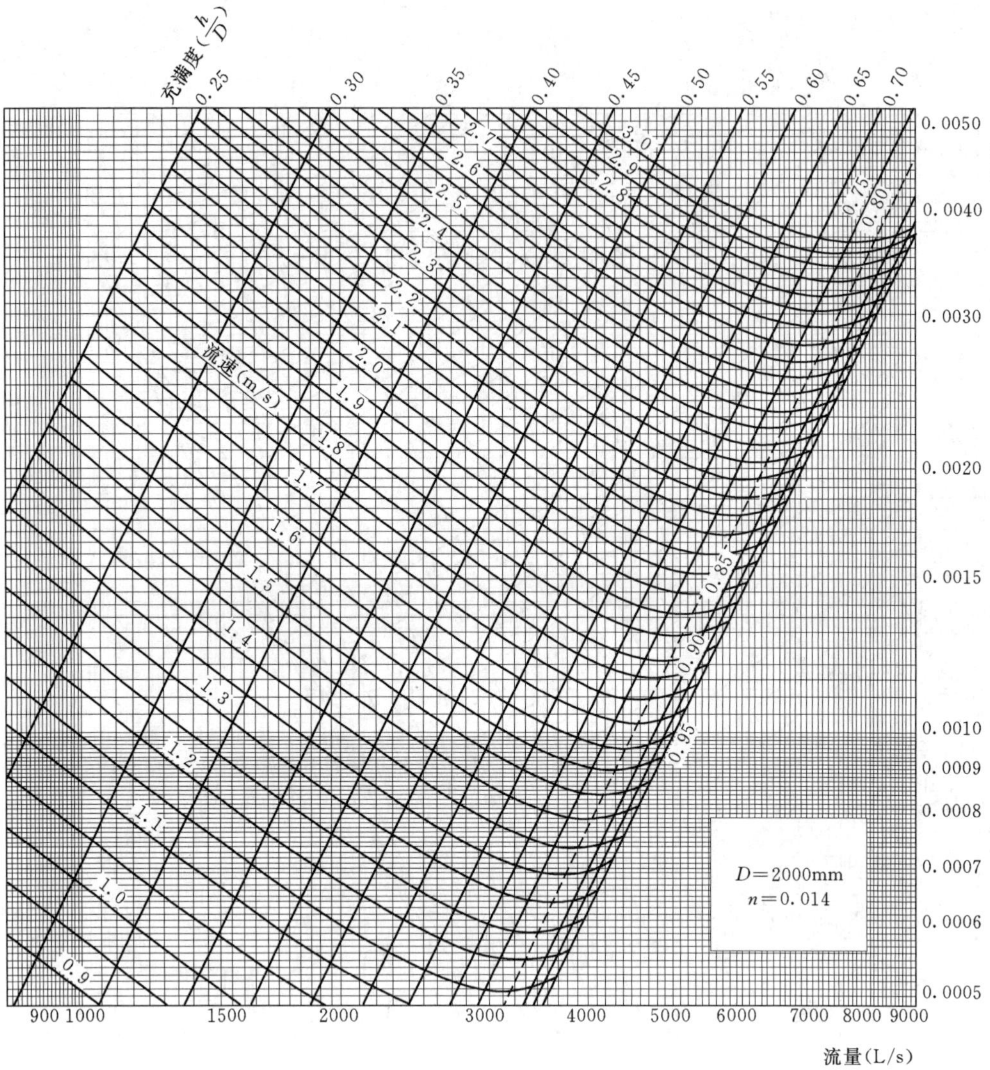

附图 1-15　$D=2000\text{mm}$，$n=0.014$ 非满流钢筋混凝土圆管计算图

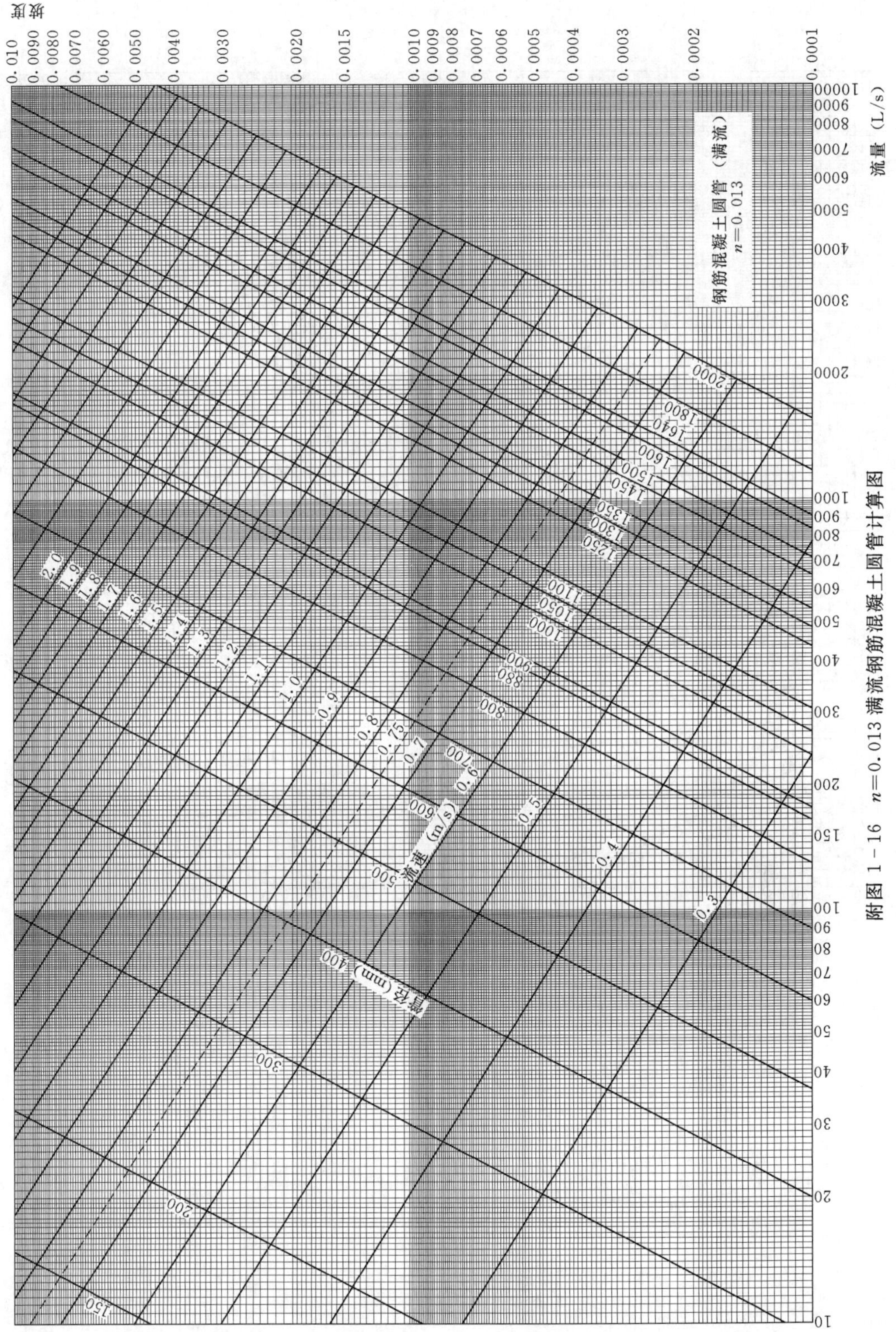

附图 1-16　$n=0.013$ 满流钢筋混凝土圆管计算图

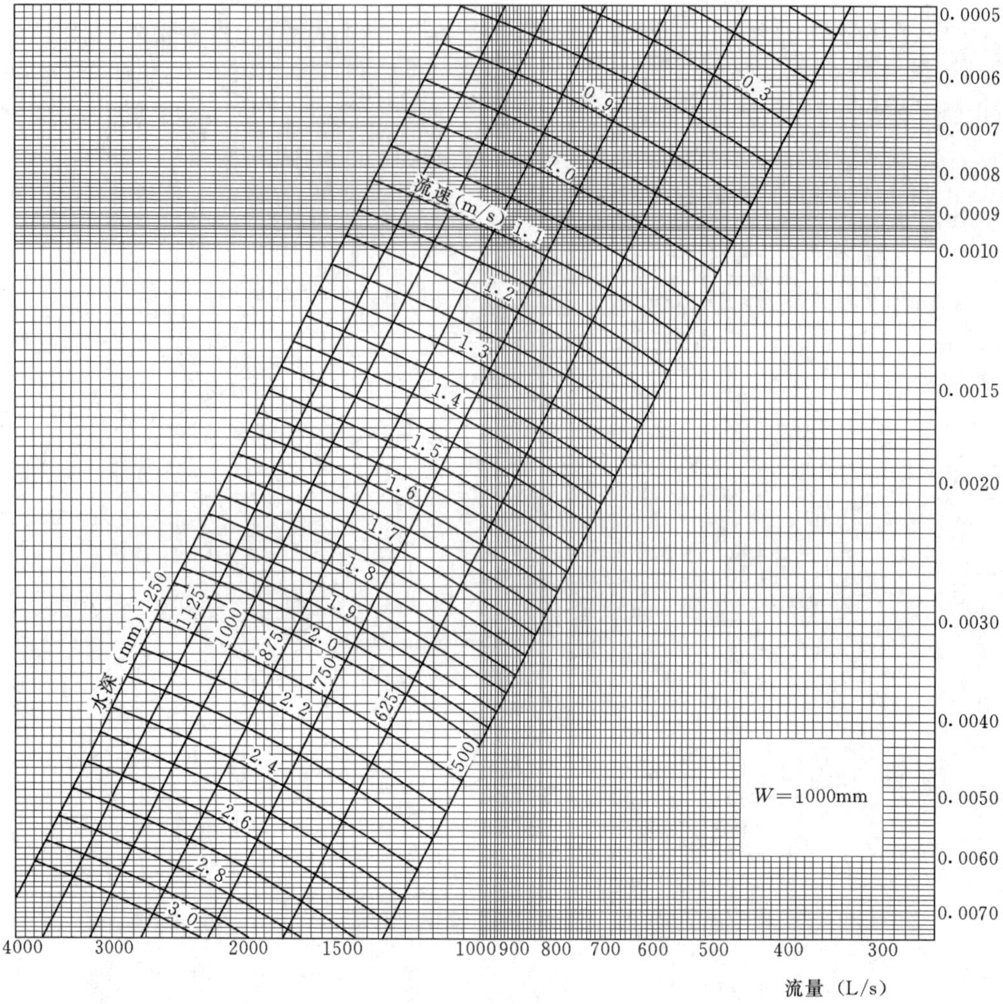

附图 1-17 矩形断面渠道计算图(非满流,n=0.013,底宽 W=1000mm)

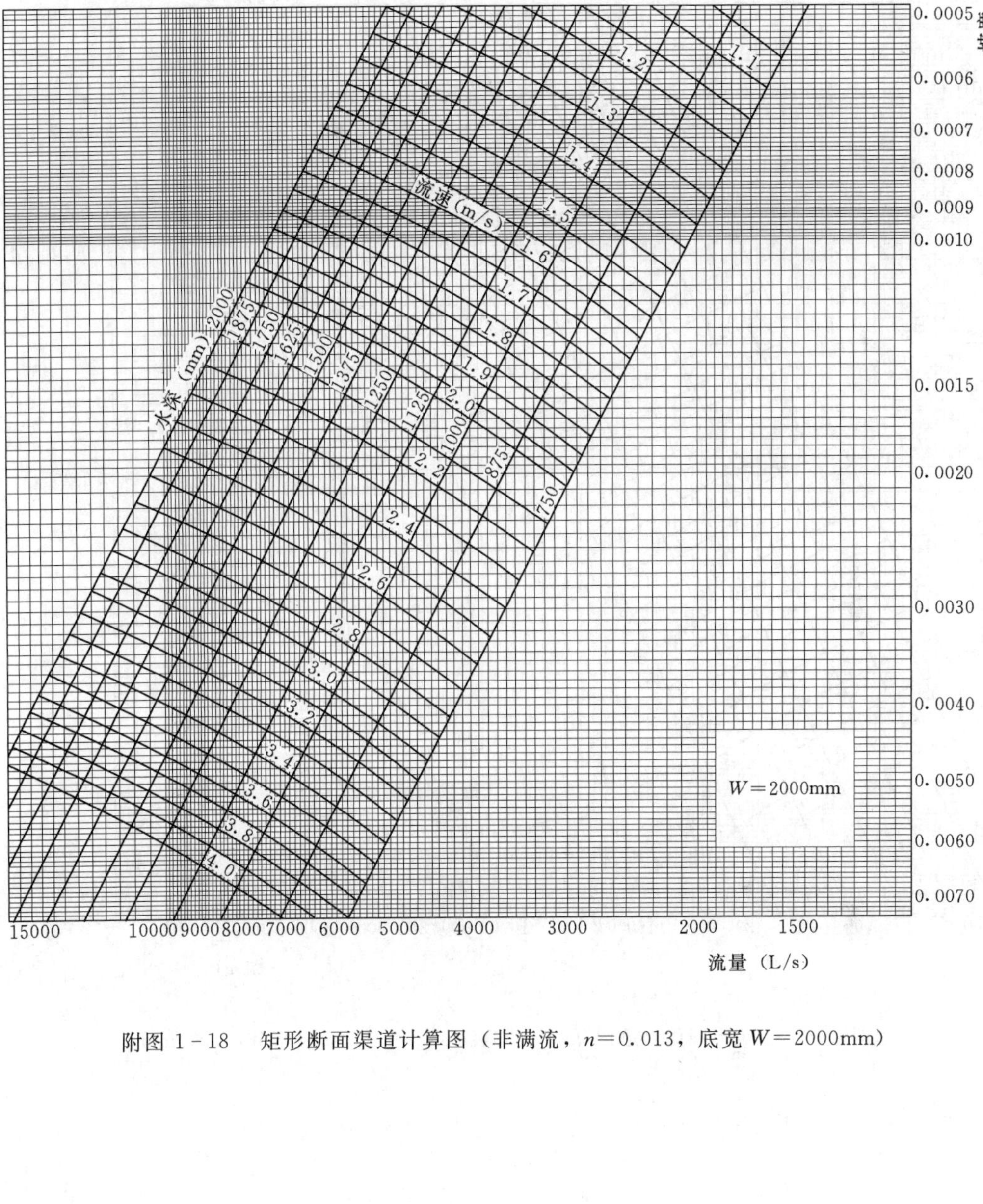

附图 1-18　矩形断面渠道计算图（非满流，$n=0.013$，底宽 $W=2000$mm）

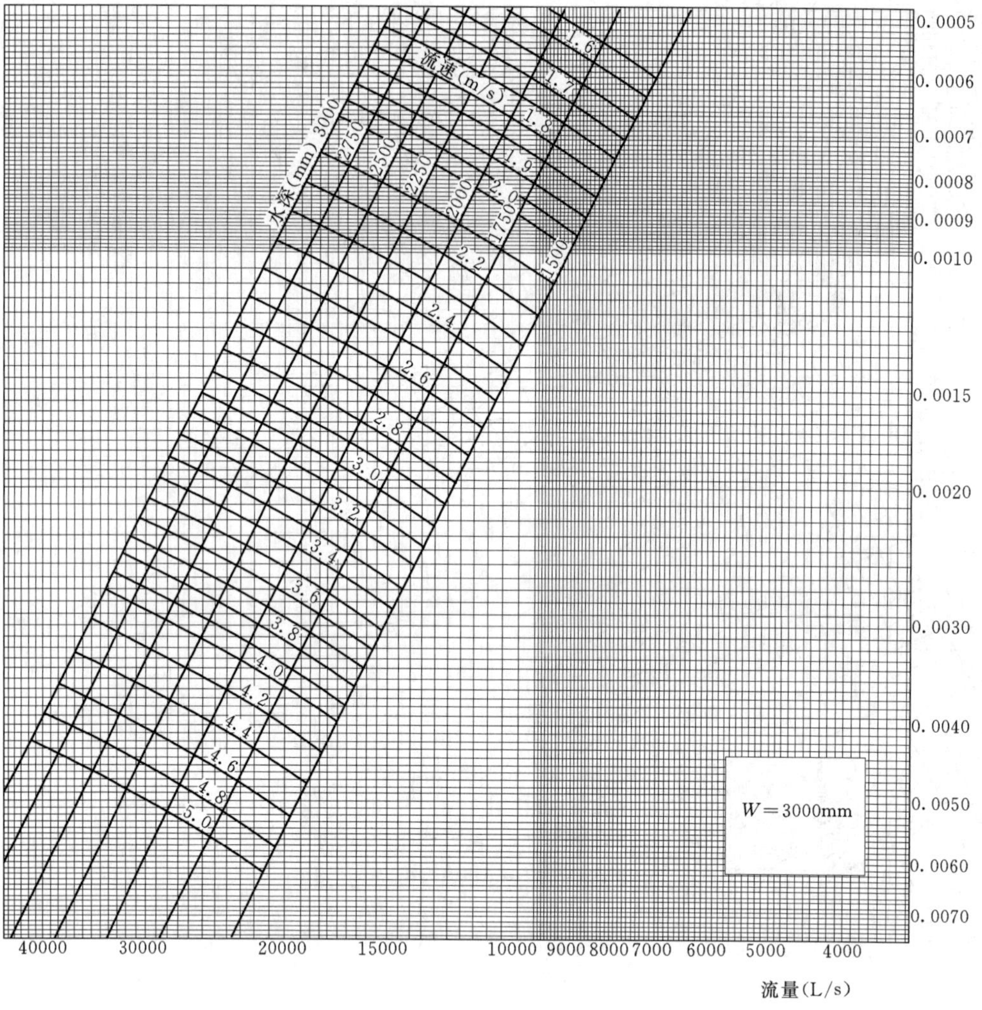

附图 1-19　矩形断面渠道计算图（非满流，n=0.013，底宽 W=3000mm）

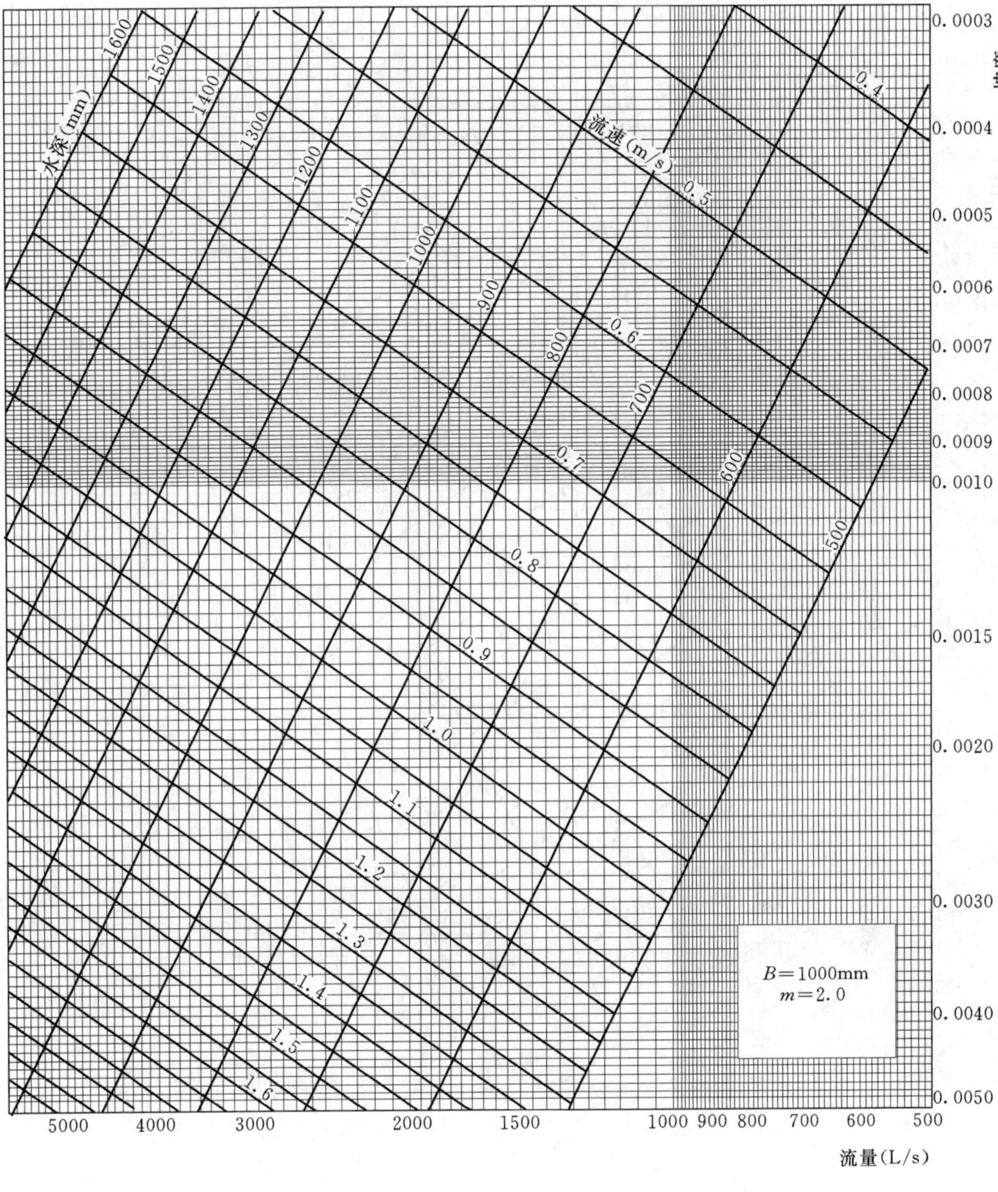

附图 1-20　梯形断面明渠计算图（$n=0.025$，$m=2.0$，底宽 $B=1000$mm）

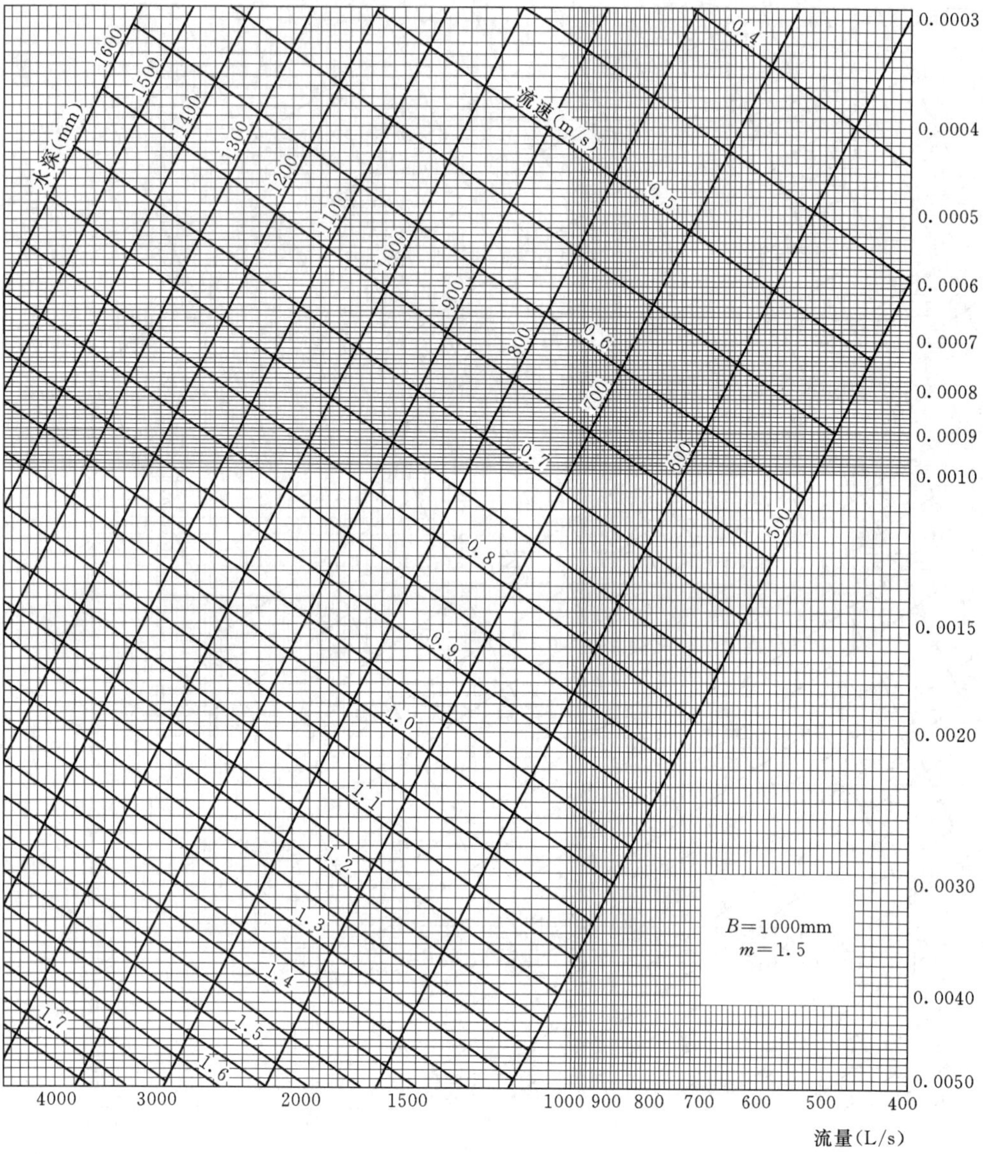

附图 1-21　梯形断面明渠计算图（$n=0.025$，$m=1.5$，底宽 $B=1000$mm）

参 考 文 献

[1] 王宪国．村镇给水排水［M］．北京：中国建筑工业出版社，1993.

[2] 苏福临．给水排水工程［M］．北京：中国建筑工业出版社，1988.

[3] 姚雨霖，任周宇，陈忠正，等．城市给水排水［M］．北京：中国建筑工业出版社，2000.

[4] 张智，张勤，郭士权，等．大学生毕业设计指南丛书——给水排水工程专业毕业设计指南［M］．北京：中国水利水电出版社，2000.

[5] 朱建达．小城镇规划与建设丛书——小城镇基础设施规划［M］．南京：东南大学出版社，2002.

[6] 李丙寅，马同森．环境科学选论［M］．开封：河南大学出版社，1992.

[7] 薛建军，田子华，谢慧芳．环境工程［M］．北京：中国林业出版社，2002.

[8] 德力格尔桑．食品科学与工程概论［M］．北京：中国农业出版社，2002.

[9] 郑平．环境微生物学［M］．杭州：浙江大学出版社，2002.

[10] 陈英旭．环境学［M］．北京：中国环境科学出版社，2001.

[11] 缪应祺．水污染控制工程［M］．南京：东南大学出版社，2002.

[12] 高廷耀，顾国维．水污染控制工程（下册）（第二版）［M］．北京：高等教育出版社，1999.

[13] 耿安朝，张洪林．废水生物处理发展与实践［M］．沈阳：东北大学出版社，1997.

[14] 时鹏辉，李多松．推流式与完全混合式曝气池的比较［J］．电力环境保护，2006，22（6）：59-60.

[15] 国家技术监督局．GB 5084—2005《农田灌溉水质标准》［S］．北京：中国标准出版社，2006.

[16] 中华人民共和国农业部．NY 5051—2001《无公害食品标准　淡水海水养殖水质》［S］．北京：中国标准出版社，2001.

[17] 中华人民共和国卫生部．TJ 36—79《工业企业设计卫生标准》［S］．北京：中国建筑工业出版社，2005.

[18] 中华人民共和国建设部．CJ 3082—1999 污水排入城市下水道水质标准［S］．北京：中国标准出版社，1999.

[19] 王美兰．浅谈臭氧消毒［J］．企业家天地（理论版），2007，（4）：123-124.

[20] 马云，高艳玲，陈丽春，等．中国医院污水处理现状及前景分析［J］．环境科学与管理，2007，32（3）：128-130，164.

[21] 谢雄华，尹玲玲，倪娟．城市污水厂污泥综合利用的研究［J］．山西建筑，2006，32（4）：192-193.

[22] 裘伯钢．污泥资源化处置与综合利用［J］．环境保护科学，2006，32（5）：36-38，41.

[23] 张屹，孙文超．城市污水厂污泥处置方式及资源化利用［J］．黑龙江科技信息，2008，（16）：27，29.

[24] 曹慧敏，魏杰，吴新泉．城市污水污泥的资源化研究与利用［J］．科技资讯，2006，（1）：89-90.

[25] 程五良，方萍，陈玲，等．城市污水厂污泥土地利用可靠性探讨［J］．同济大学学报（自

然科学版)，2004，32 (7)：939 - 942.

[26] 邱琴忠．污水处理厂最终处置污泥的方法研究 [J]．甘肃科技，2004，20 (3)：127 - 128，131.

[27] 周少奇．城市污泥处理处置与资源化 [M]．广州：华南理工大学出版社，2002.

[28] 胡勇有，刘绮．水处理工程 [M]．广州：华南理工大学出版社，2006.

[29] 黄晓庆，黄少斌，杨顺汉．污泥的特性与建筑材料资源化利用 [J]．粉煤灰，2006，(1)：45 - 48.

[30] 赵由才，宋立杰，张华．实用环境工程手册（固体废物污染控制与资源化）[M]．北京：化学工业出版社，2002 .

[31] 郭鸿，万金泉，马邕文．污泥资源化技术研究新进展 [J]．化工科技，2007，15 (1)：46 - 50.

[32] 冯生华．浅谈建设污水处理厂的五大问题 [J]．中国市政工程，2002，(2)：42 - 44.

[33] 周建忠，马林伟，孙政，等．城市污水处理厂厂址选择新思维 [J]．中国给水排水，2007，23 (2)：36 - 38.

[34] 林东升．城市污水厂建设中污水处理工艺的选择 [J]．现代商贸工业，2008，20 (2)：293 -294.

[35] 朱雅兰．污水生物脱氮除磷处理工艺的研究 [D]．武汉：华中师范大学，2002：9.

[36] 娄金生，谢水波，何少华．生物脱氮除磷原理与应用 [M]．长沙：国防科技大学出版社，2002，84 - 85.

[37] 刘炳娟．氧化沟工艺及其在污水处理中的应用．河北科技大学环境工程学院，2008，21 (3)：58 - 60.

[38] 宫宇周，徐建宇．氧化沟工艺的发展及特点．桂林工学院，2009，(4)：106 - 107.

[39] 樊力超，王增长．浅谈 SBR 处理污水工艺的特点及发展．太原理工大学环境科学与工程学院，2007，17 (6)：162 - 163.

[40] 俞远．污水生物处理新技术——SBR 工艺 [J]．河北师范大学学报（自然科学版)，2004，28 (3)：287.

[41] 张永健，邢旭．传统活性污泥法与吸附——再生活性污泥法的比较 [J]．环境保护与循环经济，2008：22.

[42] 韩耀霞，张格红．浅析生态塘系统在污水处理中的应用 [J]．环境保护科学，2008，34 (3)：54 - 55.

[43] 李娜，于晓晶．农村污水生态处理工艺分析．山东建筑大学，2008，(1)：74.

[44] 谷晋文，蒋文举，雍毅．城市污水处污泥处理与资源化 [M]．北京：化工工业出版社，2008：97 - 101.

[45] 何品晶，顾国维，李笃中，等．城市污泥处理与利用 [M]．北京：科学出版社，2003：194.

[46] 张杨．机械加工行业典型污泥无害化处置及资源化利用新技术研究 [D]．武汉：武汉理工大学，2008：12 - 13.

[47] 尹军，谭学军．污水污泥处理处置与资源化利用 [M]．北京：化工工业出版社，2005：237 - 240.

[48] 严煦世，范瑾初．给水工程 [M]．北京：中国建筑工业出版社，2008.

[49] 上海市政工程设计研究院．给水排水设计手册（城镇给水）[M]．北京：中国建筑工业出版社，2004.

[50] 北京市市政工程设计研究总院．给水排水设计手册（城镇排水）［M］．北京：中国建筑工业出版社，2004.
[51] 孙慧修．排水工程（上册）［M］．北京：中国建筑工业出版社，1999.
[52] 张自杰．排水工程（下册）［M］．北京：中国建筑工业出版社，2000.
[53] 上海市建设和交通委员会．室外给水设计规范［S］．北京：中国计划出版社，2006.
[54] 上海市建设和管理委员会．建筑给水排水设计规范［S］．北京：中国计划出版社，2003.
[55] 中华人民共和国公安部．建筑设计防火规范［S］．北京：中国计划出版社，2006.
[56] 中华人民共和国水利部．村镇供水工程技术规范［S］．北京：中国水利水电出版社，2005.
[57] 钟淳昌，戚盛豪．简明给水设计手册［M］．北京：中国建筑工业出版社，1989.
[58] 韩会玲，程伍群，等．小城镇给排水［M］．北京：科学出版社，2001.